建筑工人技术系列手册

放线工手册

（第三版）

王永臣　王翠玲　编著

中国建筑工业出版社

图书在版编目（CIP）数据

放线工手册/王永臣，王翠玲编著. —3版. —北京：中国建筑工业出版社，2005

（建筑工人技术系列手册）

ISBN 978-7-112-07134-0

Ⅰ. 放… Ⅱ. ①王…②王… Ⅲ. 施工放线-技术手册 Ⅳ. TU198-62

中国版本图书馆CIP数据核字（2005）第009043号

建筑工人技术系列手册

放线工手册

（第三版）

王永臣　王翠玲　编著

*

中国建筑工业出版社出版、发行（北京西郊百万庄）

各地新华书店、建筑书店经销

北京富生印刷厂印刷

*

开本：787×1092毫米　1/32　印张：18¼　字数：410千字

2005年4月第三版　2014年11月第三十三次印刷

定价：**28.00**元

ISBN 978-7-112-07134-0

（13088）

本书根据近年来新颁布的建筑结构设计、建筑工程施工质量验收系列规范和新设备、新技术发展及《建设行业职业技能标准》等进行编写。

全书共分16章内容，其中包括：常用数据和符号；建筑识图；水准仪及高程测量；经纬仪及角度测量；距离丈量和直线定线；总平面图的应用；小地区控制测量；建筑物的定位测量；建筑物的抄平放线；复杂工程定位、施工观测、竣工图测绘；房地产开发与规划测量；地形图测绘；管线、路桥施工测量；激光电子技术在测量中的应用；测量放线的技术管理等。

本书特点是按照最新技术规范、标准编写，包括了放线工初、中、高级工应掌握的知识和操作技能，文图并茂、通俗易懂、简明实用。

* * *

责任编辑：余永祯
责任设计：赵　力
责任校对：李志瑛　赵明霞

第三版出版说明

建筑工人技术系列手册 1999 年修订了第二版。近年来我国先后对建筑材料、建筑结构设计、建筑工程施工质量验收系列规范等进行了全面地修订，现在大量的新标准、新规范已颁布实施，这套工人技术系列手册密切结合新的标准和规范，以 1996 年建设部《建筑行业职业技能标准》为主线进行修订。这次修订补充了许多新技术内容，但仍突出了文字通俗易懂，深入浅出，文图并茂，实用性强的特点。

这次修订的第三版反映了目前我国最新的施工技术水平，更适应 21 世纪建筑企业广大建筑工人的新的需求，继续成为建筑工人的良师益友。

中国建筑工业出版社

2005 年 1 月

第二版出版说明

建筑工人技术系列手册共列题9种，自1990年出版以来深受广大建筑工人的欢迎，累计印数达到40余万册，对提高建筑工人的技术素质起到了较好的作用。

1996年建设部颁发了《建设行业职业技能标准》，1989年建设部颁发的《土木建筑工人技术等级标准》停止使用；这几年新技术、新工艺、新材料、新设备有了新的发展，为此我们组织了这套系列手册的修订。这次修订增加了许多新的技术内容，但仍保持了第一版的风格，文字通俗易懂，深入浅出，文图并茂，便于使用。

这次修订的第二版更适应新形势下的需要和要求，希望这套建筑工人技术系列手册继续成为建筑工人的良师益友。

中国建筑工业出版社

1999年3月

第一版出版说明

随着四化建设的深入进行，工程建设的蓬勃发展，建筑施工新技术、新工艺和新材料不断涌现，为了适应这种形势，提高建筑工人技术素质与水平，满足建筑工人的使用要求，我们组织出版了这套“建筑工人技术手册”。希望这套书能成为建筑工人的良师益友，帮助他们提高技术水平，建造出更多的优质工程。

这套书是按工种来编写的，它包括了本工种初、中、高级工人必备的理论和实践知识，尽量以图表形式为主，文字通俗易懂，深入浅出，便于使用。全套书共列题八种。

这套工人技术手册能否满足读者的要求，还希望广大读者提出批评意见，以便不断提高和改进。

中国建筑工业出版社

1990年

目　　录

绪　论

建设工程测量一般分为两个阶段。第一阶段是规划设计阶段，由勘察设计部门对建设区域进行勘察测量，绘制地形图，建立坐标系，布设控制网，为设计者提供地形条件。第二阶段是对建筑物进行施工测量。即把图纸上设计好的建筑物，按设计要求测设到地面上，并为建筑物施工的各阶段提供依据。施工测量的目的是为各工种按图施工提供标志，把设计在图纸上的建筑物通过施工变成现实。

施工测量包括平面测量和高程测量两项工作。

施工测量工作在施工现场称施工放线。施工测量大致包括如下内容：

小地区控制测量。由勘察部门提供的控制点（三角点、导线点）往往不能满足建筑物测量定位的需要，需加密控制点或局部地形图测绘。

房地产开发与规划测量。对开发区域进行地界测量和地物测量，为规划建设提供数据。

建立施工方格网。大中型企业或开发区由多栋建筑物组成、为便于建筑物的定位测量，保证建筑物的平面位置和标高符合设计要求，需根据控制点在施工现场建立与建筑物轴线相平行的施工方格网，作为各单位工程定位测量的依据。

建筑物定位测量。根据场地控制点或方格网，按设计要求把图纸上的建筑物测设到地面上、建立建筑物矩形控制网，作为细部放线的依据。

抄平放线。根据建筑物矩形控制网，按施工图进行细部放线，把建筑物结构的平面和标高位置标志出来，为各工序施工提供依据。

结构安装测量。预制结构在安装过程中要进行安装测量。首先在预制构件上要弹出各种标志的线、为构件安装过程的对位、校正提供标准。另外，在构件安装过程中还要进行校正测量。

其他施工测量。如建（构）筑物的沉降观测，管道，道路施工放线，地形测绘，场地平整等。

施工测量是建筑施工的先行基础工作，对保证工程质量，加快工程进度有直接影响。只有放线工为各工序提供了正确标志，才能保证结构尺寸符合设计要求；没有施工测量就没法施工。测量工作的各个环节都相当重要，稍有不慎，就会出现错误，甚至造成事故，所以，施工测量工作历来为各级领导所重视。

放线工的职责是按各工序的需要，按时准确无误的提供出各种施工标志（平面位置、标高等）。放线工的责任心要强，要求工作认真、细致、一丝不苟。

做好放线工，首先要认真熟悉图纸，图纸是放线工进行工作的依据。图纸要经过会审，对各种技术资料不仅要看，而且要看懂、搞明白，发现问题及时纠正。如果数据没有记准，不能主观臆断就去操作，否则会造成错误。施工过程的技术变更，要及时的在图纸上改正过来。有关数据可写在笔记上或画成简图，以便随时查阅。重点部位（基础轴线，承重结构平面标高尺寸）不能马虎。重点出现问题就会造成事故。另外，还要了解各工序施工程序和进度安排，深入现场主动与有关工种搞好配合。

俗话说熟能生巧，要熟练掌握测量技术，对自己做的工作要能说得清，讲得明。仪器是测量的主要工具，使用前要弄清仪器的产地、型号、精度、性能及各部分的调整装置，能熟练的使用仪器。各种仪器、工具要加强保养，定期检查。对测量成果和设置的各种标志，要认真的加以保护，防止碰撞损伤。各种测量资料要整理好，内容应真实、完善，保持原始性，按规定归档保存。

应了解“建设行业职业技能标准”规定的各等级应知、应会内容，做一名合格的放线工。随着科学技术的发展，测量工作中新技术、新工艺，新的测量方法不断出现，红外测距仪，激光经纬仪、全站仪等先进测量工具得到了广泛应用，超高层建筑、特殊形状建筑不断增多，对放线工也提出了更高的要求，因此，只有善于学习，才能适应新形势发展的要求。

1 常用数据和符号

1.1 常用符号、代号

1.1.1 常用字母

常用字母　　表 1-1

汉语拼音字母			英文(拉丁)字母			希腊字母		
大写	小写	读音	大写	小写	读音	大写	小写	读音
A	a	啊	A	a	埃	A	α	阿尔法
B	b	玻	B	b	比	B	β	贝塔
C	c	雌	C	c	西	Γ	γ	伽马
D	d	得	D	d	地	Δ	δ	德耳塔
E	e	鹅	E	e	衣	E	ε	艾普西隆
F	f	佛	F	f	埃夫	Z	ζ	截塔
G	g	哥	G	g	基	H	η	艾塔
H	h	喝	H	h	埃曲	θ	θ	西塔
I	i	衣	I	i	哀	I	ι	约塔
J	j	基	J	j	街	K	χ	卡帕
K	k	科	K	k	凯	Λ	λ	兰姆达
L	l	勒	L	l	埃耳	M	μ	米尤
M	m	摸	M	m	埃姆	N	υ	纽
N	n	讷	N	n	埃恩	Ξ	ξ	克西
O	o	喔	O	o	欧	O	o	奥密克戎

续表

汉语拼音字母			英文(拉丁)字母			希腊字母		
大写	小写	读音	大写	小写	读音	大写	小写	读音
P	p	坡	P	p	批	π	π	派
Q	q	欺	Q	q	克由	P	ρ	洛
R	r	日	R	r	阿尔	Σ	σ	西格马
S	s	思	S	s	埃斯	T	τ	陶
T	t	特	T	t	梯	γ	υ	宇普西隆
U	u	乌	U	u	由	Φ	φ	斐
V	v	万	V	v	维衣	χ	χ	喜
W	w	乌	W	w	达不留	Ψ	ψ	普西
X	x	希	X	x	埃克斯	Ω	ω	欧米伽
Y	y	衣	Y	y	外			
Z	z	资	Z	z	资埃			

1.1.2 常用符号

数学符号 **表 1-2**

中文意义	符号	中文意义	符号	中文意义	符号
加、正	+	加或减 正或负	±	x的平方	x^2
减、负	−	减或加 负或正	∓	x的立方	x^3
乘	×或·	百分号	%	x的n次方	x^n
除	÷或$\frac{a}{b}$	等于	=	平方根	$\sqrt{\ }$
比	:	不等于	≠或≠	立方根	$\sqrt[3]{\ }$
小数点	.	约等于	≈	n次方根	$\sqrt[n]{\ }$
小括弧	( )	小于 大于	< >	垂直于	⊥
中括弧	[ ]	小于或等于	⩽	平行于	‖或//
大括弧	{ }	大于或等于	⩾	角[平面]	∠

续表

中文意义	符　号	中文意义	符　号	中文意义	符　号
直角	∟	自然对数（以 e 为底）	ln	y 的增量	Δy
三角形	△				
圆	⊙	度	°	$a_1+a_2\cdots\cdots$ 的和	$\sum a$
正方形	□	分	′	a 的绝对值	$\|a\|$
矩形	▭	秒	″	因为	∵
平行四边形	▱	正弦	sin	所以	∴
相似	∽	余弦	cos	AB 线段	$\overline{AB}$或 AB
全等	≌	正切 余切	tg 或 tan ctg 或 cot	AB 弧	$\overset{\frown}{AB}$
最小 最大	min max	反正弦 反余弦	arcsin arccos	中-中间距	@
无限大	∞	反正切 反余切	arctg arcctg	数值范围（自…至…）	～
常用对数（以 10 为底）	lg	x 的增量	Δx		

常用单位符号含义　　表 1-3

中 文 意 义	符　号	中 文 意 义	符　号
1. 长度		毫克	mg
米	m	3. 面积	
分米	dm	平方米	m^2
厘米	cm	平方厘米	cm^2
毫米	mm	平方毫米	mm^2
微米	μm	4. 体积、容积	
2. 质量		立方米	m^3
吨	t	立方厘米	cm^3
千克	kg	升	L
克	g	5. 时间、频率	

续表

中文意义	符号	中文意义	符号
天	d	牛顿/平方毫米	N/mm^2
小时	h	帕斯卡	Pa
分	min	兆帕斯卡	MPa
秒	s	8. 温度、热量	
赫兹	Hz	度(摄氏)	℃
千赫	kHz	焦耳	J
兆赫	MHz	千焦耳	kJ
6. 平面角		9. 电、功率	
度	°	伏特	V
分	′	千伏	kV
秒	″	安培	A
7. 力、压力、压强		电阻	Ω
牛顿	N	瓦特	W
千牛顿	kN	千瓦	kW
牛顿/平方厘米	N/cm^2	千伏安	kVA

物理量符号 **表 1-4**

中文意义	符号	中文意义	符号
1. 几何量值		截面、表面面积	A、S
长	L、l	体积	V
宽	b	2. 力学的量	
高	h	质量	m
厚	d、δ	相对密度	d
半径	R、r	密度	ρ
直径	D、d	力	F
距离	s	重力、恒荷载	W、P、G
平面角	α、β、γ、θ、φ 等	力矩、弯矩	M

续表

中文意义	符号	中文意义	符号
压力、压强	p	线膨胀系数	α
正应力	σ	导热系数	λ
剪应力	τ	热阻	R
弹性模量	E	4. 电学的量	
压缩系数	χ	电压	U
截面系数	W、Z	电阻	R
摩擦系数	μ、f	电流	I
3. 热学的量		功率	P

1.1.3 常用代号

砖、石、砌块、混凝土材料强度等级　　表 1-5

符号	中文含义	材料强度等级
MU	砖、石、砌块强度等级	1. 烧结普通砖、非烧结硅酸盐砖和承重黏土砖等的强度等级： MU7.5、MU10、MU15、MU20、MU25、MU30 2. 石材强度等级： MU10、MU15、MU20、MU30、MU40、MU50、MU60、MU80、MU100 3. 砌块强度等级： MU3.5、MU5、MU7.5、MU10、MU15、MU20
M	砂浆强度等级	M2.5、M5、M7.5、M10、M15
C	混凝土强度等级	C10、C15、C20、C25、C30、C35、C40、C50、C60

注：1. 砖的强度等级 MU10 相当于原来的 100 号砖。
2. 砂浆强度等级 M5 相当于原来的 50 号砂浆。
3. 混凝土强度等级 C10 相当于原来的 100 号混凝土。

钢筋符号　　表 1-6

种类		符号
热轧钢筋	HPB235(Q235)	ϕ
	HRB335(20MnSi)	Φ
	HRB400(20MnSiV、20MnSiNb、20MnTi)	⏀
	RRB400(K20MnSi)	⏀^{R}

续表

<table>
<tr><th colspan="3">种　类</th><th>符　号</th></tr>
<tr><td colspan="2">预应力钢筋</td><td>钢绞线</td><td>ϕ^{S}</td></tr>
<tr><td rowspan="2">预应力钢筋</td><td>消除应力钢丝</td><td>光　面
螺旋肋
刻　痕</td><td>ϕ^{P}
ϕ^{H}
ϕ^{I}</td></tr>
<tr><td>热处理钢筋</td><td>40Si2Mn
48Si2Mn
45Si2Cr</td><td>ϕ^{HT}</td></tr>
</table>

建筑构件代号表　　表 1-7

序号	名　称	代号	序号	名　称	代号
1	板	B	19	基础梁	JL
2	屋面板	WB	20	楼梯梁	TL
3	空心板	KB	21	檩条	LT
4	槽形板	CB	22	屋架	WJ
5	折板	ZB	23	托架	TJ
6	密肋板	MB	24	天窗架	CJ
7	楼梯板	TB	25	刚架	GJ
8	盖板、沟盖板	GB	26	框架	KJ
9	檐口板	YB	27	支架	ZJ
10	吊车安全走道板	DB	28	柱	Z
11	墙板	QB	29	基础	J
12	天沟板	TGB	30	设备基础	SJ
13	梁	L	31	桩	ZH
14	屋面梁	WL	32	柱间支撑	ZC
15	吊车梁	DL	33	垂直支撑	CC
16	圈梁	QL	34	水平支撑	SC
17	过梁	GL	35	梯	T
18	连系梁	LL	36	雨篷	YP

续表

序号	名　　称	代号	序号	名　　称	代号
37	阳台	YT	42	钢门	GM
38	梁垫	LD	43	钢窗	GC
39	预埋件	M	44	门联窗	CM
40	木门	M	45	天窗	TC
41	木窗	C	46	塑钢	SG

注：预应力钢筋混凝土构件，应在代号前面加注“Y”。如 YKB 表示预应力钢筋混凝土空心板。现浇钢筋混凝土构件，应在代号前面加注“X”，如 XB 表示现浇钢筋混凝土板。

1.1.4 常用计量单位及换算

公制计量单位名称　　表 1-8

长　度			面　积		
名称	代号	对主单位的比	名称	代号	对主单位的比
毫米	mm	0.001m	平方毫米	mm^2	$0.000001m^2$
厘米	cm	0.01m	平方厘米	cm^2	$0.0001m^2$
分米	dm	0.1m	平方米	m^2	1
米	m	1	公亩	a	$100m^2$
千米	km	1000m	公顷	ha	$10000m^2$
重　量			**容　积**		
名称	代号	对主单位的比	名称	代号	对主单位的比
克	g	0.001kg	毫升	mL	0.001L
十克	dag	0.01kg	升	L	1
百克	hg	0.1kg	千升	kL	1000L
千克	kg	1			
公担	q	100kg			
吨	t	1000kg			

长度单位换算　　　　表 1-9

厘米 (cm)	米 (m)	公里 (km)	市尺	市里	英寸 (in)	英尺 (ft)	码 (yd)	英里 (mile)	海里
1	0.01		0.03		0.3937	0.0328			
100	1	0.001	3	0.002	39.37	3.2808	1.0936		
	1000	1	3000	2	39370	3280.8	1093.6	0.6214	0.5396
33.33	0.3333		1		13.123	1.0936	0.3645		
	500	0.5	1500	1		1640.4	546.8	0.3107	0.2698
2.54	0.0254		0.0763		1	0.0833	0.278		
30.48	0.3048		0.9144		12	1	0.3333		
	0.9144		2.7432		36	3	1		
	1609.3	1.6093	4828	3.2187		5280	1760	1	0.8684
	1853	1.853	5559.6	3.7064		6080	2026.6	1.1515	1

注：1 日尺＝0.3030 米（m）＝0.9091 市尺＝0.9939 英尺（ft）。

英寸的分数、小数习惯称呼与毫米对照　　表 1-10

英　寸（分数）	英　寸（小数）	我国习惯称呼	毫米（mm）	英　寸（分数）	英　寸（小数）	我国习惯称呼	毫米（mm）
1/16	0.0625	半分	1.5875	9/16	0.5625	四分半	14.2875
1/8	0.1250	一分	3.1750	5/8	0.6250	五分	15.8750
3/16	0.1875	一分半	4.7625	11/16	0.6875	五分半	17.4625
1/4	0.2500	二分	6.3500	3/4	0.7500	六分	19.0500
5/16	0.3125	二分半	7.9375	13/16	0.8125	六分半	20.6375
3/8	0.3750	三分	9.5250	7/8	0.8750	七分	22.2250
7/16	0.4375	三分半	11.1125	15/16	0.9375	七分半	23.8125
1/2	0.5000	四分	12.7000	1	1.0000	一英寸	25.4000

面积单位换算 **表 1-11**

平方厘米 (cm^2)	平方米 (m^2)	公亩 (a)	平方公里 (km^2)	平方市尺	市亩
1	0.0001			0.0009	
10000	1	0.01		9	0.0015
	100	1	0.0001	900	0.15
		10000	1		1500
1111.1	0.1111			1	
	666.67	6.6667		6000	1
		2500	0.25		375
6.4516				0.0058	
929.03	0.0929			0.8361	0.0014
	4045.9	40.469		36422	6.0703
		2590	2.59		3.885

平方市里	平方英寸(in^2)	平方英尺(ft^2)	英亩(acre)	平方英里($mile^2$)
	0.155			
	1550	10.764		
0.0004		1076.4	0.0247	
4			247.11	0.3861
	172.22	1.196		
		7176	0.1647	
1			61.763	0.0965
	1	0.0069		
	144	1		
		43560	1	0.0016
10.36			640	1

注：1 日尺^2＝0.0918 米^2 (m^2)＝0.8264 市尺^2＝0.9881 英尺^2 (ft^2)。

体积单位换算 **表 1-12**

立方厘米 (cm^3)	立方米 (m^3)	升(L)	立方市尺	立方英寸 (in^3)	立方英尺 (ft^3)	美加仑 (美 gal)	英加仑 (英 gal)
1				0.061			
	1	1000	27	61027	35.315	264.18	219.98
1000	0.001	1	0.027	61.027	0.035	0.264	0.220
	0.037	37.046	1	2260	1.308	9.784	8.1515
16.387		0.0164	0.0004	1	0.0006	0.0043	0.0036
	0.0283	28.317	0.7646	1728	1	7.4805	6.229
	0.0038	3.7853	0.1022	231	0.1337	1	0.8327
	0.0045	4.546	0.1227	277.42	0.1605	1.201	1

注：1 日尺^3＝0.0278 米^3 (m^3)＝0.7513 市尺^3＝0.9827 英尺^3 (ft^3)。

1.1.5 常用非法定计量单位与法定计量单位换算

习用非法定计量单位与法定计量单位换算关系表 表 1-13

量的名称	习用非法定计量单位		法定计量单位		单位换算关系
	名称	符号	名称	符号	
力	千克力	kgf	牛顿	N	1kgf=9.80665N
	吨力	tf	千牛顿	kN	1tf=9.80665kN
线分布力	千克力每米	kgf/m	牛顿每米	N/m	1kgf/m=9.80665N/m
	吨力每米	tf/m	千牛顿每米	kN/m	1tf/m=9.80665kN/m
面分布力、压强	千克力每平方米	kgf/m^2	牛顿每平方米（帕斯卡）	N/m^2(Pa)	$1kgf/m^2=9.80665N/m^2$(Pa)
	吨力每平方米	tf/m^2	千牛顿每平方米（千帕斯卡）	kN/m^2(kPa)	$1tf/m^2=9.80665kN/m^2$(kPa)
	标准大气压	atm	兆帕斯卡	MPa	1atm=0.101325MPa
	工程大气压	at	兆帕斯卡	MPa	1at=0.0980665MPa
	毫米水柱	mmH_2O	帕斯卡	Pa	$1mmH_2O=9.80665Pa$ （按水的密度为 $1g/cm^2$ 计）
	毫米汞柱	mmHg	帕斯卡	Pa	1mmHg=133.322Pa
	巴	bar	帕斯卡	Pa	$1bar=10^5Pa$
体分布力	千克力每立方米	kgf/m^3	牛顿每立方米	N/m^3	$1kgf/m^3=9.80665N/m^3$
	吨力每立方米	tf/m^3	千牛顿每立方米	kN/m^3	$1tf/m^3=9.80665kN/m^3$
力矩、弯矩、扭矩、力偶矩、转矩	千克力米	kgf·m	牛顿米	N·m	1kgf·m=9.80665N·m
	米	tf·m	千牛顿米	kN·m	1tf·m=9.80665kN·m

续表

量的名称	习用非法定计量单位		法定计量单位		单位换算关系
	名称	符号	名称	符号	
应力、材料强度	千克力每平方毫米	kgf/mm^2	兆帕斯卡	MPa	$1kgf/mm^2=9.80665MPa$
	千克力每平方厘米	kgf/cm^2	兆帕斯卡	MPa	$1kgf/cm^2=0.0980665MPa$
	吨力每平方米	tf/m^2	千帕斯卡	kPa	$1tf/m^2=9.80665kPa$
弹性模量、剪变模量、压缩模量	千克力每平方厘米	kgf/cm^2	兆帕斯卡	MPa	$1kgf/cm^2=0.0980665MPa$
压缩系数	平方厘米每千克力	cm^2/kgf	每兆帕斯卡	MPa^{-1}	$1cm^2/kgf=(1/0.0980665)MPa^{-1}$
比热容	千卡每千克摄氏度	kcal/(kg·℃)	千焦耳每千克开尔文	kJ/(kg·K)	1kcal/(kg·℃) =4.1868kJ/(kg·K)
	热化学千卡每千克摄氏度	$kcal_{th}$/(kg·℃)	千焦耳每千克开尔文	kJ/(kg·K)	$1kcal_{th}$/(kg·℃) =4.184kJ/(kg·K)
体积热容	千卡每立方米摄氏度	kcal/(m^3·℃)	千焦耳每立方米开尔文	kJ/(m^3·K)	1kcal/(m^3·℃) =4.1868kJ/(m^3·K)
	热化学千卡每立方米摄氏度	$kcal_{th}$/(m^3·℃)	千焦耳每立方米开尔文	kJ/(m^3·K)	$1kcal_{th}$/(m^3·℃) =4.184kJ/(m^3·K)
传热系数	卡每平方厘米秒摄氏度	cal/(cm^2·s·℃)	瓦特每平方米开尔文	W/(m^2·K)	1cal/(cm^2·s·℃) =41868W/(m^2·K)
	千卡每平方米小时摄氏度	kcal/(m^2·h·℃)	瓦特每平方米开尔文	W/(m^2·K)	1kcal/(m^2·h·℃) =1.163W/(m^2·K)

续表

量的名称	习用非法定计量单位		法定计量单位		单位换算关系
	名称	符号	名称	符号	
导热系数	卡每厘米秒摄氏度	cal/(cm·s·℃)	瓦特每米开尔文	W/(m·K)	1cal/(cm·s·℃)=418.68W/(m·K)
	千卡每米小时摄氏度	kcal/(m·h·℃)	瓦特每米开尔文	W/(m·K)	1kcal/(m·h·℃)≒1.163W/(m·K)
热负荷	千卡每小时	kcal/h	瓦特	W	1kcal/h=1.163W
热强度、容积热负荷	千卡每立方米小时	kcal/(m^3·h)	瓦特每立方米	W/m^3	1kcal/(m^3·h)=1.163W/m^3
热流密度	卡每平方厘米秒	cal/(cm^2·s)	瓦特每平方米	W/m^2	1cal/(cm^2·s)=41868W/m^2
	千卡每平方米小时	kcal/(m^2·h)	瓦特每平方米	W/m^2	1kcal/(m^2·h)=1.163W/m^2
功、能、热量	千克力米	kgf·m	焦耳	J	1kgf·m=9.80665J
	吨力米	tf·m	千焦耳	kJ	1tf·m=9.80665kJ
	立方厘米标准大气压	cm^3·atm	焦耳	J	1cm^3·atm=0.101325J
	升标准大气压	L·atm	焦耳	J	1L·atm=101.325J
	升工程大气压	L·at	焦耳	J	1L·at=98.0665J
	国际蒸汽表卡	cal	焦耳	J	1cal=4.1868J
	热化学卡	cal_{th}	焦耳	J	1cal_{th}=4.184J
	15℃卡	cal_{15}	焦耳	J	1cal_{15}=4.1855J

续表

量的名称	习用非法定计量单位		法定计量单位		单位换算关系
	名称	符号	名称	符号	
功率	千克力米每秒	kgf·m/s	瓦特	W	1kgf·m/s=9.80665W
	国际蒸汽表卡每秒	cal/s	瓦特	W	1cal/s=4.1868W
	千卡每小时	kcal/h	瓦特	W	1kcal/h=1.163W
	热化学卡每秒	cal_{th}/s	瓦特	W	$1cal_{th}/s=4.184W$
	升标准大气压每秒	L·atm/s	瓦特	W	1L·atm/s=101.325W
	升工程大气压每秒	L·at/s	瓦特	W	1L·at/s=98.0665W
	米制马力		瓦特	W	1米制马力=735.499W
	电工马力		瓦特	W	1电工马力=746W
	锅炉马力		瓦特	W	1锅炉马力=9809.5W
发热量	千卡每立方米	$kcal/m^3$	千焦耳每立方米	kJ/m^3	$1kcal/m^3=4.1868kJ/m^3$
	热化学千卡每立方米	$kcal_{th}/m^3$	千焦耳每立方米	kJ/m^3	$1kcal_{th}/m^3=4.184kJ/m^3$
汽化热	千卡每千克	kcal/kg	千焦耳每千克	kJ/kg	1kcal/kg=4.1868kJ/kg

1.2 常用求面积、体积公式

1.2.1 平面图形面积

平面图形的面积和重心　　表 1-14

图形		尺寸符号	面积(A)	重心(G)
正方形		a——边长 d——对角线	$A=a^2$ $a=\sqrt{A}=0.707d$ $d=1.414a=1.414\sqrt{A}$	在对角线交点上
长方形		a——短边 b——长边 d——对角线	$A=a\cdot b$ $d=\sqrt{a^2+b^2}$	在对角线交点上
三角形		h——高 l——$\frac{1}{2}$周长 a、b、c——对应角 A、B、C 的边长	$A=\frac{bh}{2}=\frac{1}{2}c\cdot b\sin\alpha$ $l=\frac{a+b+c}{2}$	$GD=\frac{1}{3}BD$ $CD=DA$
平行四边形		a、b——邻边 h——对边间的距离	$A=b\cdot h=a\cdot b\sin\alpha$ $=\frac{AC\cdot BD}{3}\cdot\sin\beta$	对角线交点上

续表

	图形	尺寸符号	面积(A)	重心(G)
梯形		$CE=AB$ $AF=CD$ $a=CD$(上底边) $b=AB$(下底边) h——高	$A=\frac{a+b}{2}\cdot h$	$HG=\frac{h}{3}\cdot\frac{a+2b}{a+b}$ $KG=\frac{h}{3}\cdot\frac{2a+b}{a+b}$
圆形		r——半径 d——直径 p——圆周长	$A=\pi r^2=\frac{1}{4}\pi d^2$ $=0.785d^2$ $=0.07958p^2$ $p=\pi d$	在圆心上
椭圆形		a,b——主轴	$A=\frac{\pi}{4}a\cdot b$	在主轴交点 G 上
扇形		r——半径 s——弧长 α——弧 s 的对应中心角	$A=\frac{1}{2}r\cdot s=\frac{\alpha}{360}\pi r^2$ $s=\frac{\alpha\pi}{180}r$	$Go=\frac{2}{3}\cdot\frac{rb}{s}$ 当 $\alpha=90°$时 $Go=\frac{4}{3}\cdot\frac{\sqrt{2}}{\pi}r\cdot$ $\approx0.6r$

续表

图形	尺寸符号	面积(A)	重心(G)
弓形	r——半径 s——弧长 α——中心角 b——弦长 h——高	$A=\frac{1}{2}r^2\left(\frac{\alpha\pi}{180}-\sin\alpha\right)$ $=\frac{1}{2}[r(s-b)+bh]$ $s=r\cdot\alpha\cdot\frac{\pi}{180}=0.0175r\cdot\alpha$ $h=r-\sqrt{r^2-\frac{1}{4}<b^2}$	$Go=\frac{1}{12}\cdot\frac{b^2}{F}$ 当 $\alpha=180°$ 时 $Go=\frac{4r}{3\pi}=0.4244r$
圆环	R——外半径 r——内半径 D——外直径 d——内直径 t——环宽 D_{pj}——平均直径	$A=\pi(R^2-r^2)$ $=\frac{\pi}{4}(D^2-d^2)$ $=\pi D_{pj}t$	在圆心 o
部分圆环	R——外半径 r——内半径 D——外直径 d——内直径 R_{pj}——圆环平均半径 t——环宽	$A=\frac{\alpha\pi}{360}(R^2-r^2)$ $=\frac{\alpha\pi}{180}R_{pj}\cdot t$	$GO=38.2\frac{R^3-r^3}{R^2-r^2}\cdot\frac{\sin\frac{\alpha}{2}}{\frac{\alpha}{2}}$

续表

<table>
<tr><th colspan="2">图　形</th><th colspan="4">尺 寸 符 号</th><th colspan="3">面积(A)</th><th colspan="2">重心(G)</th></tr>
<tr><td rowspan="3">新月形</td><td></td><td colspan="4">$Oo_1=l$——圆心间的距离
d——直径</td><td colspan="3">$A=r^2\left(\pi-\frac{\pi}{180}\alpha+\sin\alpha\right)$
$=r^2\cdot P$
$P=\pi-\frac{\pi}{180}\alpha+\sin\alpha$
P 值见下表</td><td colspan="2">$o_1G=\frac{(\pi-P)L}{2P}$</td></tr>
<tr><td>L</td><td>$\frac{d}{10}$</td><td>$\frac{2d}{10}$</td><td>$\frac{3d}{10}$</td><td>$\frac{4d}{10}$</td><td>$\frac{5d}{10}$</td><td>$\frac{6d}{10}$</td><td>$\frac{7d}{10}$</td><td>$\frac{8d}{10}$</td><td>$\frac{9d}{10}$</td></tr>
<tr><td>P</td><td>0.40</td><td>0.79</td><td>1.18</td><td>1.56</td><td>1.91</td><td>2.25</td><td>2.55</td><td>2.81</td><td>3.02</td></tr>
<tr><td>抛物线形</td><td></td><td colspan="4">b——底边
h——高
l——曲线长
S——$\triangle ABC$ 的面积</td><td colspan="3">$l=\sqrt{b^2+1.3333h^2}$
$A=\frac{2}{3}b\cdot h=\frac{4}{3}\cdot S$</td><td colspan="2"></td></tr>
<tr><td>等边多边形</td><td></td><td colspan="4">a——边长
K_i——系数，i 指多边形的边数</td><td colspan="3">$A=K\cdot a^2$
三边形 $K_3=0.433$
四边形 $K_4=1.000$
五边形 $K_5=1.720$
六边形 $K_6=2.598$
七边形 $K_7=3.614$
八边形 $K_8=4.828$
九边形 $K_9=6.182$
十边形 $K_{10}=7.694$</td><td colspan="2">在内、外接圆心处</td></tr>
</table>

1.2.2 多面体的体积和表面积

多面体的体积和表面积　　表 1-15

	图形	尺寸符号	体积(V) 底面积(A) 表面积(S) 侧表面积(S_1)	重心(G)
立方体		a——棱 d——对角线 S——表面积 S_1——侧表面积	$V=a^3$ $S=6a^2$ $S_1=4a^2$	在对角线交点上
长方体(棱柱)		a、b、h——边长 o——底面对角线交点	$V=a\cdot b\cdot h$ $S=2(a\cdot b+a\cdot h+b\cdot h)$ $S_1=2h(a+b)$ $d=\sqrt{a^2+b^2+h^2}$	$Go=\frac{h}{2}$
三棱柱		a、b、c——边长 h——高 F——底面积 o——底面中线的交点	$V=A\cdot h$ $S=(a+b+c)\cdot h+2A$ $S_1=(a+b+c)\cdot h$	$Go=\frac{h}{2}$
棱锥		f——一个组合三角形的面积 n——组合三角形的个数 o——锥底各对角线交点	$V=\frac{1}{3}A\cdot h$ $S=n\cdot f+A$ $S_1=n\cdot f$	$Go=\frac{h}{4}$

续表

	图形	尺寸符号	体积(V) 底面积(A) 表面积(S) 侧表面积(S_1)	重心(G)
棱台		F_1、F_2——两平行底面的面积 h——底面间的距离 a——一个组合梯形的面积 n——组合梯形数	$V=\frac{1}{3}h(A_1+A_2+\sqrt{A_1A_2})$ $S=an+A_1+A_2$ $S_1=an$	$Go=\frac{h}{4}\cdot\frac{F_1+2\sqrt{F_1F_2}+3F_2}{F_1+\sqrt{F_1F_2}+F_2}$
圆柱和空心圆柱(管)		R——外半径 r——内半径 t——柱壁厚度 p——平均半径 S_1——内外侧面积	圆柱: $V=\pi R^2\cdot h$ $S=2\pi Rh+2\pi R^2$ $S_1=2\pi Rh$ 空心直圆柱: $V=\pi h(R^2-r^2)=2\pi Rpth$ $S=2\pi(R+r)h+2\pi(R^2-r^2)$ $S_1=2\pi(R+r)h$	$Go=\frac{h}{2}$
斜截直圆柱		h_1——最小高度 h_2——最大高度 r——底面半径	$V=\pi r^2\cdot\frac{h_1+h_2}{2}$ $S=\pi r(h_1+h_2)+\pi r^2\times\left(1+\frac{1}{\cos\alpha}\right)$ $S_1=\pi r(h_1+h_2)$	$Go=\frac{h_1+h_2}{4}+\frac{r^2\text{tg}^2\alpha}{4(h_1+h_2)}$ $GK=\frac{1}{2}\cdot\frac{r^2}{h_1-h_2}\times\text{tg}\alpha$

续表

图形		尺寸符号	体积(V) 底面积(A) 表面积(S) 侧表面积(S_1)	重心(G)
直圆锥	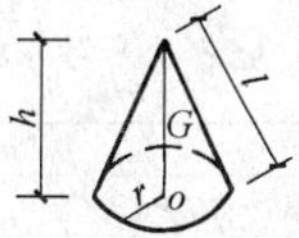	r——底面半径 h——高 l——母线长	$V=\frac{1}{3}\pi r^2 h$ $S_1=\pi r\sqrt{r^2+h^2}=\pi rl$ $l=\sqrt{r^2+h^2}$ $S=S_1+\pi r^2$	$Go=\frac{h}{4}$
圆台	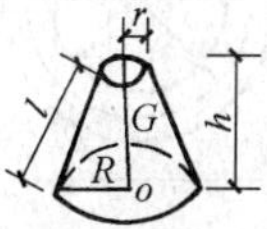	R、r——底面半径 h——高 l——母线	$V=\frac{\pi h}{3}\cdot(R^2+r^2+Rr)$ $S_1=\pi(R+r)$ $l=\sqrt{(R-r)^2+h^2}$ $S=S_1+\pi(R^2+r^2)$	$Go=\frac{h}{4}\times\frac{R^2+2Rr+3r^2}{R^2+Rr+r^2}$
球		r——半径 d——直径	$V=\frac{4}{3}\pi r^3=\frac{\pi d^3}{6}=0.5236d^3$ $S=4\pi r^2=\pi d^2$	在球心上
球扇形(球楔)	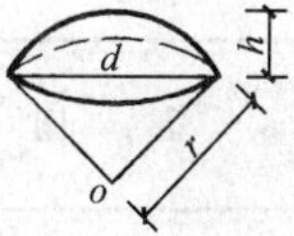	r——球半径 d——弓形底圆直径 h——弓形高	$V=\frac{2}{3}\pi r^2 h=2.0944r^2 h$ $S=\frac{\pi r}{2}(4h+d)$ $=1.57r(4h+d)$	$Go=\frac{3}{4}\left(r-\frac{h}{2}\right)$

续表

	图形	尺寸符号	体积(V) 底面积(A) 表面积(S) 侧表面积(S_1)	重心(G)
球缺		h——球缺的高 r——球缺半径 d——平切圆直径 $S_曲$——曲面面积 S——球缺表面积	$V=\pi h^2\left(r-\frac{h}{3}\right)$ $S_曲=2\pi rh=\pi\left(\frac{d^2}{4}+h^2\right)$ $S=\pi h(4r-h)$ $d^2=4h(2r-h)$	$Go=\frac{3}{4}\cdot\frac{(2r-h)^2}{3r-h}$
圆环体		R——圆环体平均半径 D——圆环体平均直径 d——圆环体截面直径 r——圆环体截面半径	$V=2\pi^2R\cdot r^2=\frac{1}{4}\pi^2Dd^2$ $S=4\pi^2Rr=\pi^2Dd=39.478Rr$	在环中心上
球带体		R——球半径 r_1、r_2——底面半径 h——腰高 h_1——球心 o 至带底圆心 o_1 的距离	$V=\frac{\pi h}{b}(3r_1^2+3r_2^2+h^2)$ $S_1=2\pi Rh$ $S=2\pi Rh+\pi(r_1^2+r_2^2)$	$Go=h_1+\frac{h}{2}$

续表

	图　形	尺寸符号	体积(V)　底面积(A) 表面积(S)　侧表面积(S_1)	重心(G)
桶形		D——中间断面直径 d——底直径 l——桶高	对于抛物线形桶板： $V=\frac{\pi l}{15}\left(2D^2+Dd+\frac{3}{4}d^2\right)$ 对于圆形桶板： $V=\frac{1}{12}\pi l(2D^2+d^2)$	在轴交点上
椭球体		a、b、c——半轴	$V=\frac{4}{3}abc\pi$ $S=2\sqrt{2}\cdot b\times\sqrt{a^2+b^2}$	在轴交点上
交叉圆柱体		r——圆柱半径 l_1、l——圆柱长	$V=\pi r^2\left(l+l_1-\frac{2r}{3}\right)$	在二轴线交点上
梯形体		a、b——下底边长 a_1、b_1——上底边长 h——上、下底边距离(高)	$V=\frac{h}{6}[(2a+a_1)b+(2a_1+a)b_1]$ $=\frac{h}{6}[ab+(a+a_1)\times(b+b_1)$ $+a_1b_1]$	

1.2.3 物料堆体积计算

物料堆体积计算方法　　表 1-16

图形	计算方法
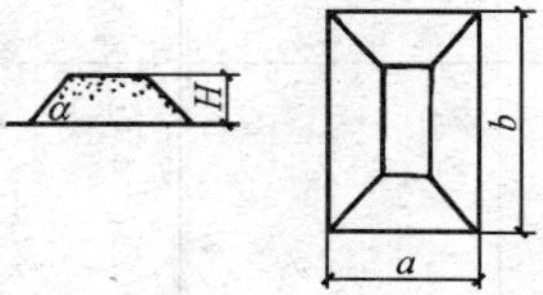	$V=\left[ab-\frac{H}{\mathrm{tg}\alpha}\left(a+b-\frac{4H}{3\mathrm{tg}\alpha}\right)\right]\times H$ α—物料自然堆积角
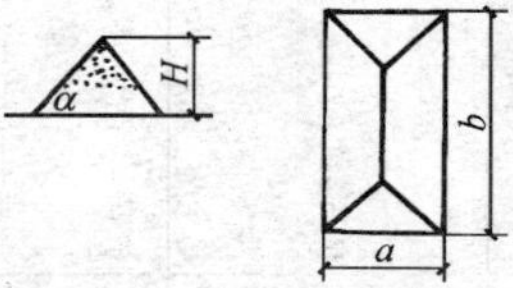	$a=\frac{2H}{\mathrm{tg}\alpha}$ $V=\frac{aH}{6}(3b-a)$
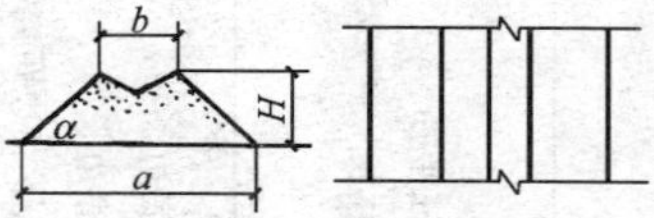	V_0(延米体积)$=\frac{H^2}{\mathrm{tg}\alpha}+bH-\frac{b^2}{4}\mathrm{tg}\alpha$

1.3 三角函数

1.3.1 角度与弧度换算

角度与弧度互换表　　表 1-17

角度	弧度 (rad)	角度	弧度 (rad)	角度	弧度 (rad)	角度	弧度 (rad)	角度	弧度 (rad)
1′	0.0003	4′	0.0012	7′	0.0020	10′	0.0029	40′	0.0116
2′	0.0006	5′	0.0015	8′	0.0023	20′	0.0058	50′	0.0145
3′	0.0009	6′	0.0017	9′	0.0026	30′	0.0087	60′	0.0175

续表

角度	弧度 (rad)	角度	弧度 (rad)	角度	弧度 (rad)	角度	弧度 (rad)	角度	弧度 (rad)
1°	0.0175	13°	0.2269	25°	0.4363	37°	0.6458	85°	1.4835
2°	0.0349	14°	0.2443	26°	0.4538	38°	0.6632	90°	1.5708
3°	0.0524	15°	0.2618	27°	0.4712	39°	0.6807	100°	1.7458
4°	0.0698	16°	0.2793	28°	0.4887	40°	0.6981	110°	1.9199
5°	0.0873	17°	0.2967	29°	0.5061	45°	0.7854	120°	2.0943
6°	0.1047	18°	0.3142	30°	0.5286	50°	0.8727	150°	2.6189
7°	0.1222	19°	0.3316	31°	0.5411	55°	0.9599	180°	3.1416
8°	0.1396	20°	0.3491	32°	0.5585	60°	1.0472	200°	3.4907
9°	0.1571	21°	0.3665	33°	0.5760	65°	1.1345	250°	4.3633
10°	0.1745	22°	0.3840	34°	0.5934	70°	1.2217	270°	4.7124
11°	0.1920	23°	0.4014	35°	0.6109	75°	1.3090	300°	5.2360
12°	0.2094	24°	0.4189	36°	0.6283	80°	1.3963	360°	6.2802

注：1. 圆周率 $\pi=3.14159$　$\pi/4=0.7854$　$3\pi/4=2.3562$

2. 自然对数底（e）$e=2.71828 \lg e=0.43429$

3. 角度与弧度　$1°=\frac{\pi}{180°}=0.01745$ 弧度

$$1\text{ 弧度}=\frac{180°}{\pi}=57.2958°=57°17'44.81''$$

$$\rho=1\text{ 弧秒}=\frac{360\times60\times60}{2\pi}=206265''$$

弧度与角度互换表　　　　**表 1-18**

弧度 (rad)	角度	弧度 (rad)	角度	弧度 (rad)	角度	弧度 (rad)	角度
0.001	0°03′	0.01	0°34′	0.1	5°44′	1	57°18′
0.002	0°07′	0.02	1°09′	0.2	11°28′	2	114°35′
0.003	0°10′	0.03	1°43′	0.3	17°11′	3	171°53′
0.004	0°14′	0.04	2°18′	0.4	22°55′	4	229°11′
0.005	0°17′	0.05	2°52′	0.5	28°39′	5	286°29′
0.006	0°21′	0.06	3°26′	0.6	34°23′	6	343°46′
0.007	0°24′	0.07	4°01′	0.7	40°06′	7	401°04′
0.008	0°28′	0.08	4°35′	0.8	45°50′	8	458°22′
0.009	0°31′	0.09	5°09′	0.9	51°34′	9	515°40′

斜度、角度、斜距换算 **表 1-19**

斜度（%）	角度	斜距	斜度（%）	角度	斜距	斜度（%）	角度	斜距
1	0°40′	100.005	11	6°20′	100.603	22	12°25′	102.391
2	1°10′	100.020	12	6°50′	100.717	24	13°30′	102.840
3	1°40′	100.045	13	7°20′	100.841	26	14°35′	103.324
4	2°20′	100.080	14	8°0′	100.975	28	15°40′	103.846
5	2°50′	100.125	15	8°30′	101.119	30	16°50′	104.403
6	3°25′	100.180	16	9°10′	101.272	32	17°45′	104.995
7	4°0′	100.245	17	9°40′	101.434	34	18°50′	105.622
8	4°40′	100.319	18	10°10′	101.607	36	19°50′	106.283
9	5°10′	100.454	19	10°45′	101.789	38	20°50′	106.977
10	5°45′	100.499	20	11°20′	101.980	40	21°50′	107.703

1.3.2 割圆（弓形）面积系数与弧长系数查对表

表 1-20

φ°	$\frac{L}{c}$	K	e'	φ°	$\frac{L}{c}$	K	e'
6	0.0131	0.6667	1	23	0.0504	0.6681	1.007
7	0.0153	0.6668	1.001	24	0.0526	0.6682	1.007
8	0.0175	0.6668	1.001	25	0.0548	0.6684	1.008
9	0.0197	0.6669	1.001				
10	0.0218	0.6670	1.001	26	0.0570	0.6685	1.009
				27	0.0592	0.6687	1.009
11	0.0240	0.6670	1.002	28	0.0614	0.6688	1.010
12	0.0262	0.6671	1.002	29	0.0636	0.6688	1.011
13	0.0284	0.6672	1.002	30	0.0658	0.6690	1.012
14	0.0306	0.6672	1.002				
15	0.0328	0.6673	1.003	31	0.0681	0.6691	1.012
				32	0.0703	0.6693	1.013
16	0.0350	0.6674	1.004	33	0.0725	0.6694	1.014
17	0.0372	0.6675	1.004	34	0.0747	0.6696	1.015
18	0.0394	0.6676	1.004	35	0.0770	0.6698	1.016
19	0.0416	0.6677	1.005				
20	0.0437	0.6678	1.005	36	0.0792	0.6700	1.017
				37	0.0814	0.6702	1.018
21	0.0459	0.6679	1.005	38	0.0837	0.6704	1.019
22	0.0481	0.6680	1.007	39	0.0859	0.6706	1.020

续表

φ°	$\frac{L}{c}$	K	e'
40	0.0882	0.6708	1.021
41	0.0904	0.6710	1.022
42	0.0927	0.6712	1.023
43	0.0949	0.6714	1.024
44	0.0972	0.6717	1.025
45	0.0995	0.6719	1.026
46	0.1017	0.6722	1.027
47	0.1040	0.6724	1.029
48	0.1063	0.6727	1.030
49	0.1086	0.6729	1.031
50	0.1109	0.6732	1.034
51	0.1131	0.6734	1.033
52	0.1154	0.6737	1.035
53	0.1177	0.6740	1.037
54	0.1200	0.6743	1.038
55	0.1224	0.6746	1.039
56	0.1247	0.6749	1.041
57	0.1270	0.6752	1.043
58	0.1293	0.6755	1.044
59	0.1316	0.6758	1.046
60	0.1340	0.6761	1.047
61	0.1363	0.6764	1.049
62	0.1387	0.6768	1.050
63	0.1410	0.6771	1.052
64	0.1434	0.6775	1.054
65	0.1457	0.6779	1.056
66	0.1481	0.6782	1.057
67	0.1505	0.6786	1.059
68	0.1529	0.6790	1.061
69	0.1553	0.6794	1.063
70	0.1577	0.6797	1.065
71	0.1601	0.6802	1.067
72	0.1625	0.6805	1.069
73	0.1649	0.6809	1.071
74	0.1673	0.6814	1.073
75	0.1697	0.6818	1.075
76	0.1722	0.6322	1.077
77	0.1746	0.6326	1.079
78	0.1771	0.6831	1.082
79	0.1795	0.6835	1.084
80	0.1820	0.6840	1.086
81	0.1845	0.6844	1.088
82	0.1869	0.6849	1.091
83	0.1894	0.6854	1.093
84	0.1919	0.6860	1.096
85	0.1944	0.6865	1.098
86	0.1970	0.6869	1.100
87	0.1995	0.6874	1.103
88	0.2020	0.6879	1.105
89	0.2046	0.6884	1.108
90	0.2071	0.6890	1.110
91	0.2097	0.6895	1.113
92	0.2122	0.6901	1.116
93	0.2148	0.6906	1.119
94	0.2174	0.6912	1.122
95	0.2200	0.6918	1.125
96	0.2226	0.6924	1.128
97	0.2252	0.6930	1.130
98	0.2279	0.6936	1.133
99	0.2305	0.6942	1.136
100	0.2332	0.6948	1.139
101	0.2358	0.6954	1.142

续表

φ°	$\frac{L}{c}$	K	e'	φ°	$\frac{L}{c}$	K	e'
102	0.2385	0.6961	1.145	129	0.3155	0.7170	1.247
103	0.2412	0.6967	1.148	130	0.3185	0.7180	1.252
104	0.2439	0.6974	1.151	131	0.3216	0.7189	1.256
105	0.2466	0.6980	1.154	132	0.3247	0.7199	1.261
106	0.2493	0.6987	1.158	133	0.3278	0.7209	1.266
107	0.2520	0.6994	1.162	134	0.3309	0.7219	1.271
108	0.2548	0.7001	1.165	135	0.3341	0.7229	1.275
109	0.2575	0.7008	1.168	136	0.3373	0.7239	1.280
110	0.2603	0.7015	1.172	137	0.3404	0.7249	1.285
111	0.2631	0.7022	1.175	138	0.3436	0.7260	1.290
112	0.2659	0.7030	1.178	139	0.3460	0.7270	1.295
113	0.2687	0.7037	1.182	140	0.3501	0.7281	1.300
114	0.2715	0.7045	1.186	141	0.3534	0.7292	1.305
115	0.2743	0.7052	1.190	142	0.3567	0.7303	1.311
116	0.2772	0.7060	1.193	143	0.3600	0.7314	1.316
117	0.2800	0.7068	1.197	144	0.3630	0.7320	1.321
118	0.2829	0.7076	1.201	145	0.3666	0.7330	1.327
119	0.2858	0.7084	1.205	146	0.3700	0.7340	1.332
120	0.2887	0.7092	1.209	147	0.3734	0.7360	1.338
121	0.2916	0.7100	1.213	148	0.3770	0.7372	1.344
122	0.2945	0.7109	1.217	149	0.3800	0.7384	1.349
123	0.2975	0.7117	1.221	150	0.3836	0.7396	1.355
124	0.3004	0.7126	1.235	151	0.3870	0.7408	1.361
125	0.3034	0.7134	1.230	152	0.3906	0.7421	1.367
126	0.3064	0.7143	1.234	153	0.3940	0.7434	1.373
127	0.3094	0.7152	1.238	154	0.3980	0.7442	1.379
128	0.3124	0.7161	1.243	155	0.4010	0.7460	1.385

注

φ——圆心角

L——矢高

c——弦长

e——弧长

R——半径

K——割圆面积系数

e'——弧长系数

割圆面积$=c\times L\times K$

弧长 $e=c\times e'$

查表说明

举例：

已知：$c=4.5\text{m}$，$L=0.85\text{m}$

求：弧长及割圆面积

先求出 $\frac{L}{c}=\frac{0.85}{4.5}=0.189$

查表得 $K=0.6854$

$e'=1.093$

则割圆面积$=c\times L\times K=4.5\times0.85\times0.6854=2.62\text{m}^2$

弧长 $e=c\times e'=4.5\times1.093=4.92\text{m}$

如已知圆心角时可以直接从表中求得 K 与 e'。

1.3.3 三角函数

三角函数表 **表 1-21**

度	正弦							
	0′	10′	20′	30′	40′	50′	60′	
0	0.0000	0.0029	0.0058	0.0087	0.0116	0.0145	0.0175	89
1	0.0175	0.0204	0.0233	0.0262	0.0291	0.0320	0.0349	88
2	0.0349	0.0378	0.0407	0.0436	0.0465	0.0494	0.0523	87
3	0.0523	0.0552	0.0581	0.0610	0.0640	0.0669	0.0698	86
4	0.0698	0.0727	0.0756	0.0785	0.0814	0.0843	0.0872	85
5	0.0872	0.0901	0.0929	0.0958	0.0987	0.1016	0.1045	84
6	0.1045	0.1074	0.1103	0.1132	0.1161	0.1190	0.1219	83
7	0.1219	0.1248	0.1276	0.1305	0.1334	0.1363	0.1392	82
8	0.1392	0.1421	0.1449	0.1478	0.1507	0.1536	0.1564	81
9	0.1564	0.1593	0.1622	0.1650	0.1679	0.1708	0.1736	80
10	0.1736	0.1765	0.1794	0.1822	0.1851	0.1880	0.1908	79
11	0.1908	0.1937	0.1965	0.1994	0.2022	0.2051	0.2079	78
12	0.2079	0.2108	0.2136	0.2164	0.2193	0.2221	0.2250	77
	60′	50′	40′	30′	20′	10′	0′	度
	余弦							

续表

度	正弦							
	0′	10′	20′	30′	40′	50′	60′	
13	0.2250	0.2278	0.2306	0.2334	0.2363	0.2391	0.2419	76
14	0.2419	0.2447	0.2476	0.2504	0.2532	0.2560	0.2588	75
15	0.2588	0.2616	0.2644	0.2672	0.2700	0.2728	0.2756	74
16	0.2756	0.2784	0.2812	0.2840	0.2868	0.2896	0.2924	73
17	0.2924	0.2952	0.2979	0.3007	0.3035	0.3062	0.3090	72
18	0.3090	0.3118	0.3145	0.3173	0.3201	0.3228	0.3256	71
19	0.3256	0.3283	0.3311	0.3333	0.3366	0.3393	0.3420	70
20	0.3420	0.3448	0.3475	0.3502	0.3529	0.3557	0.3584	69
21	0.3584	0.3611	0.3638	0.3665	0.3692	0.3719	0.3746	68
22	0.3746	0.3773	0.3800	0.3827	0.3854	0.3881	0.3907	67
23	0.3907	0.3934	0.3961	0.3987	0.4014	0.4041	0.4067	66
24	0.4067	0.4094	0.4120	0.4147	0.4173	0.4200	0.4226	65
25	0.4226	0.4253	0.4279	0.4305	0.4331	0.4358	0.4384	64
26	0.4384	0.4410	0.4436	0.4462	0.4488	0.4514	0.4540	63
27	0.4540	0.4566	0.4592	0.4617	0.4643	0.4669	0.4695	62
28	0.4695	0.4720	0.4746	0.4772	0.4797	0.4823	0.4848	61
29	0.4848	0.4874	0.4899	0.4924	0.4950	0.4975	0.5000	60
30	0.5000	0.5025	0.5050	0.5075	0.5100	0.5125	0.5150	59
31	0.5150	0.5175	0.5200	0.5225	0.5250	0.5275	0.5299	58
32	0.5299	0.5324	0.5348	0.5373	0.5398	0.5422	0.5446	57
33	0.5446	0.5471	0.5495	0.5519	0.5544	0.5568	0.5592	56
34	0.5592	0.5616	0.5640	0.5664	0.5688	0.5712	0.5736	55
35	0.5736	0.5760	0.5783	0.5807	0.5831	0.5854	0.5878	54
36	0.5878	0.5901	0.5925	0.5948	0.5972	0.5995	0.6018	53
37	0.6018	0.6041	0.6065	0.6088	0.6111	0.6134	0.6157	52
38	0.6157	0.6180	0.6202	0.6225	0.6248	0.6271	0.6293	51
39	0.6293	0.6316	0.6333	0.6361	0.6383	0.6406	0.6428	50
40	0.6428	0.6450	0.6472	0.6494	0.6517	0.6539	0.6561	49
41	0.6561	0.6583	0.6604	0.6626	0.6648	0.6670	0.6691	48
42	0.6691	0.6713	0.6734	0.6756	0.6777	0.6799	0.6820	47
	60′	50′	40′	30′	20′	10′	0′	度
	余弦							

续表

度	正弦							
	0′	10′	20′	30′	40′	50′	60′	
43	0.6820	0.6841	0.6862	0.6884	0.6905	0.6926	0.6947	46
44	0.6947	0.6967	0.6988	0.7009	0.7030	0.7050	0.7071	45
45	0.7071	0.7092	0.7112	0.7133	0.7153	0.7173	0.7193	44
46	0.7193	0.7214	0.7234	0.7254	0.7274	0.7294	0.7314	43
47	0.7314	0.7333	0.7353	0.7373	0.7392	0.7412	0.7431	42
48	0.7431	0.7451	0.7470	0.7490	0.7509	0.7528	0.7547	41
49	0.7547	0.7566	0.7585	0.7604	0.7623	0.7642	0.7660	40
50	0.7660	0.7679	0.7698	0.7716	0.7735	0.7753	0.7771	39
51	0.7771	0.7790	0.7808	0.7826	0.7844	0.7862	0.7880	38
52	0.7880	0.7898	0.7916	0.7934	0.7951	0.7969	0.7986	37
53	0.7986	0.8004	0.8021	0.8039	0.8056	0.8073	0.8090	36
54	0.8090	0.8107	0.8124	0.8141	0.8158	0.8175	0.8192	35
55	0.8192	0.8208	0.8225	0.8241	0.8258	0.8274	0.8290	34
56	0.8290	0.8307	0.8323	0.8339	0.8355	0.8371	0.8387	33
57	0.8397	0.8403	0.8418	0.8434	0.8450	0.8465	0.8480	32
58	0.8480	0.8496	0.8511	0.8526	0.8542	0.8557	0.8572	31
59	0.8572	0.8587	0.8601	0.8616	0.8631	0.8646	0.8660	30
60	0.8660	0.8675	0.8689	0.8704	0.8718	0.8732	0.8746	29
61	0.8746	0.8760	0.8774	0.8788	0.8802	0.8816	0.8829	28
62	0.8829	0.8843	0.8857	0.8870	0.8884	0.8897	0.8910	27
63	0.8910	0.8923	0.8936	0.8949	0.8962	0.8975	0.8988	26
64	0.8988	0.9001	0.9013	0.9026	0.9038	0.9051	0.9063	25
65	0.9063	0.9075	0.9088	0.9100	0.9112	0.9124	0.9135	24
66	0.9135	0.9147	0.9159	0.9171	0.9182	0.9194	0.9205	23
67	0.9205	0.9216	0.9228	0.9239	0.9250	0.9261	0.9272	22
68	0.9272	0.9283	0.9293	0.9304	0.9315	0.9325	0.9336	21
69	0.9336	0.9346	0.9356	0.9367	0.9377	0.9387	0.9397	20
70	0.9397	0.9407	0.9417	0.9426	0.9436	0.9446	0.9455	19
71	0.9455	0.9465	0.9474	0.9483	0.9492	0.9502	0.9511	18
72	0.9511	0.9520	0.9528	0.9537	0.9546	0.9555	0.9563	17
73	0.9563	0.9572	0.9580	0.9588	0.9596	0.9605	0.9613	16
	60′	50′	40′	30′	20′	10′	0′	度
	余弦							

续表

度	正弦							
	0′	10′	20′	30′	40′	50′	60′	
74	0.9613	0.9621	0.9628	0.9636	0.9644	0.9652	0.9659	15
75	0.9659	0.9667	0.9674	0.9681	0.9689	0.9696	0.9703	14
76	0.9703	0.9710	0.9717	0.9724	0.9730	0.9737	0.9744	13
77	0.9744	0.9750	0.9757	0.9763	0.9769	0.9775	0.9781	12
78	0.9781	0.9787	0.9793	0.9799	0.9805	0.9811	0.9816	11
79	0.9816	0.9822	0.9827	0.9833	0.9838	0.9843	0.9848	10
80	0.9848	0.9853	0.9858	0.9863	0.9868	0.9872	0.9877	9
81	0.9877	0.9881	0.9886	0.9890	0.9894	0.9899	0.9903	8
82	0.9903	0.9907	0.9911	0.9914	0.9918	0.9922	0.9925	7
83	0.9925	0.9929	0.9932	0.9936	0.9939	0.9942	0.9945	6
84	0.9945	0.9948	0.9951	0.9954	0.9957	0.9959	0.9962	5
85	0.9962	0.9964	0.9967	0.9969	0.9971	0.9974	0.9976	4
86	0.9976	0.9978	0.9980	0.9981	0.9983	0.9985	0.9986	3
87	0.9986	0.9988	0.9989	0.9990	0.9992	0.9993	0.9994	2
88	0.9994	0.9995	0.9996	0.9997	0.9997	0.9998	0.99985	1
89	0.99985	0.99989	0.99993	0.99996	0.99998	0.99999	1.0000	0
	60′	50′	40′	30′	20′	10′	0′	度
	余弦							

度	正切							
	0′	10′	20′	30′	40′	50′	60′	
0	0.0000	0.0029	0.0058	0.0087	0.0116	0.0145	0.0175	89
1	0.0175	0.0204	0.0233	0.0262	0.0291	0.0320	0.0349	88
2	0.0349	0.0378	0.0407	0.0437	0.0466	0.0495	0.0524	87
3	0.0524	0.0558	0.0582	0.0612	0.0641	0.0670	0.0699	86
4	0.0699	0.0729	0.0758	0.0787	0.0816	0.0846	0.0875	85
5	0.0875	0.0904	0.0934	0.0963	0.0992	0.1022	0.1051	84
6	0.1051	0.1080	0.1110	0.1139	0.1169	0.1198	0.1228	83
7	0.1228	0.1257	0.1287	0.1317	0.1346	0.1376	0.1405	82
	60′	50′	40′	30′	20′	10′	0′	度
	余切							

续表

度	正切							
	0′	10′	20′	30′	40′	50′	60′	
8	0.1405	0.1435	0.1465	0.1495	0.1524	0.1554	0.1584	81
9	0.1584	0.1614	0.1644	0.1673	0.1703	0.1733	0.1763	80
10	0.1763	0.1793	0.1823	0.1853	0.1883	0.1914	0.1944	79
11	0.1944	0.1974	0.2004	0.2025	0.2065	0.2095	0.2126	78
12	0.2126	0.2156	0.2186	0.2217	0.2247	0.2278	0.2309	77
13	0.2309	0.2339	0.2370	0.2401	0.2432	0.2462	0.2493	76
14	0.2493	0.2524	0.2555	0.2586	0.2617	0.2648	0.2679	75
15	0.2679	0.2711	0.2742	0.2773	0.2805	0.2836	0.2867	74
16	0.2867	0.2899	0.2931	0.2962	0.2994	0.3026	0.3057	73
17	0.3057	0.3089	0.3121	0.3153	0.3185	0.3217	0.3249	72
18	0.3249	0.3281	0.3314	0.3346	0.3378	0.3411	0.3443	71
19	0.3443	0.3476	0.3508	0.3541	0.3574	0.3607	0.3640	70
20	0.3640	0.3673	0.3706	0.3739	0.3772	0.3805	0.3839	69
21	0.3839	0.3872	0.3906	0.3939	0.3973	0.4006	0.4040	68
22	0.4040	0.4074	0.4108	0.4142	0.4176	0.4210	0.4245	67
23	0.4245	0.4279	0.4314	0.4348	0.4383	0.4417	0.4452	66
24	0.4452	0.4487	0.4522	0.4557	0.4592	0.4628	0.4663	65
25	0.4663	0.4699	0.4734	0.4770	0.4806	0.4841	0.4877	64
26	0.4877	0.4913	0.4950	0.4986	0.5022	0.5059	0.5095	63
27	0.5095	0.5132	0.5169	0.5206	0.5243	0.5280	0.5317	62
28	0.5317	0.5354	0.5392	0.5430	0.5467	0.5505	0.5543	61
29	0.5543	0.5581	0.5619	0.5658	0.5696	0.5735	0.5774	60
30	0.5774	0.5812	0.5851	0.5890	0.5930	0.5969	0.6009	59
31	0.6009	0.6048	0.6088	0.6128	0.6163	0.6208	0.6249	58
32	0.6249	0.6289	0.6330	0.6371	0.6412	0.6453	0.6494	57
33	0.6494	0.6536	0.6577	0.6619	0.6661	0.6703	0.6745	56
34	0.6745	0.6787	0.6830	0.6873	0.6916	0.6959	0.7002	55
35	0.7002	0.7046	0.7089	0.7133	0.7177	0.7221	0.7265	54
36	0.7265	0.7310	0.7355	0.7400	0.7445	0.7490	0.7536	53
	60′	50′	40′	30′	20′	10′	0′	度
	余切							

续表

度	正切							
	0′	10′	20′	30′	40′	50′	60′	
37	0.7536	0.7581	0.7627	0.7673	0.7720	0.7766	0.7813	52
38	0.7813	0.7860	0.7907	0.7954	0.8002	0.8050	0.8098	51
39	0.8093	0.8146	0.8195	0.8243	0.8292	0.8342	0.8391	50
40	0.8391	0.8441	0.8491	0.8541	0.8591	0.8642	0.8693	49
41	0.8693	0.8744	0.8796	0.8847	0.8899	0.8952	0.9004	48
42	0.9004	0.9057	0.9110	0.9163	0.9217	0.9271	0.9325	47
43	0.9325	0.9380	0.9435	0.9490	0.9545	0.9601	0.9657	46
44	0.9657	0.9713	0.9770	0.9827	0.9884	0.9942	1.0000	45
45	1.0000	1.0058	1.0117	1.0476	1.0235	1.0295	1.0355	44
46	1.0355	1.0416	1.0477	1.0538	1.0599	1.0661	1.0724	43
47	1.0724	1.0786	1.0850	1.0913	1.0977	1.1041	1.1106	42
48	1.1106	1.1171	1.1237	1.1303	1.1369	1.1436	1.1504	41
49	1.1504	1.1571	1.1640	1.1708	1.1778	1.1847	1.1918	40
50	1.1918	1.1988	1.2059	1.2131	1.2203	1.2276	1.2349	39
51	1.2349	1.2423	1.2497	1.2572	1.2647	1.2723	1.2799	38
52	1.2799	1.2876	1.2954	1.3032	1.3111	1.3190	1.3270	37
53	1.3270	1.3351	1.3432	1.3514	1.3597	1.3680	1.3764	36
54	1.3764	1.3848	1.3934	1.4019	1.4106	1.4193	1.4281	35
55	1.4281	1.4370	1.4460	1.4550	1.4641	1.4733	1.4826	34
56	1.4826	1.4919	1.5013	1.5108	1.5204	1.5301	1.5399	33
57	1.5399	1.5497	1.5597	1.5697	1.5798	1.5900	1.6003	32
58	1.6003	1.6107	1.6213	1.6318	1.6426	1.6534	1.6643	31
59	1.6643	1.6753	1.6864	1.6977	1.7090	1.7205	1.7321	30
60	1.7321	1.7438	1.7556	1.7675	1.7796	1.7917	1.8041	29
61	1.8041	1.8165	1.8291	1.8418	1.8546	1.8676	1.8807	28
62	1.8807	1.8940	1.9074	1.9210	1.9347	1.9486	1.9626	27
63	1.9626	1.9768	1.9912	2.0057	2.0204	2.0353	2.0503	26
64	2.0503	2.0655	2.0809	2.0965	2.1123	2.1283	2.1445	25
65	2.1445	2.1609	2.1775	2.1943	2.2113	2.2286	2.2460	24
	60′	50′	40′	30′	20′	10′	0′	度
	余切							

续表

度	正切							
	0′	10′	20′	30′	40′	50′	60′	
66	2.2460	2.2637	2.2817	2.2998	2.3183	2.3369	2.3558	23
67	2.3559	2.3750	2.3945	2.4142	2.4342	2.4545	2.4751	22
68	2.4751	2.4960	2.5172	2.5387	2.5605	2.5826	2.6051	21
69	2.6051	2.6279	2.6511	2.6746	2.6985	2.7228	2.7475	20
70	2.7475	2.7725	2.7980	2.8239	2.8502	0.8770	2.9042	19
71	2.9042	2.9319	2.9600	2.9887	3.0178	3.0475	3.0777	18
72	3.0777	3.1084	3.1397	3.1716	3.2041	3.2371	3.2709	17
73	3.2709	3.3052	3.3402	3.3759	3.4124	3.4495	3.4874	16
74	3.4874	3.5261	3.5656	3.6059	3.6470	3.6891	3.7321	15
75	3.7321	3.7760	3.8208	3.8667	3.9136	3.9617	4.0108	14
76	4.0108	4.0611	4.1126	4.1653	4.2193	4.2747	4.3315	13
77	4.3315	4.3897	4.4494	4.5107	4.5736	4.6383	4.7046	12
78	4.7046	4.7729	4.8430	4.9152	4.9894	5.0658	5.1446	11
79	5.1446	5.2257	5.3093	5.3955	5.4845	5.5764	5.6713	10
80	5.6713	5.7694	5.8708	5.9758	6.0844	6.1970	6.3138	9
81	6.3138	6.4348	6.5605	6.6912	6.8269	6.9682	7.1154	8
82	7.1154	7.2687	7.4287	7.5958	7.7704	7.9530	8.1444	7
83	8.1444	8.3450	8.5556	8.7769	9.0098	9.2553	9.5144	6
84	9.5144	9.4882	10.0780	10.3854	10.7119	11.0594	11.4301	5
85	11.4301	11.8262	12.2505	12.7062	13.1969	13.7267	14.3007	4
86	14.3007	14.9244	15.6048	16.3499	17.1693	18.0750	19.0811	3
87	19.0811	20.2056	21.4704	22.9038	24.5418	26.4316	28.6363	2
88	28.6363	31.2416	34.3678	38.1885	42.9641	49.1039	57.2900	1
89	57.2900	68.7501	85.9398	114.5887	171.8850	343.7740	∞	0
	60′	50′	40′	30′	20′	10′	0′	度
	余切							

1.4 等边多边形作图法

1.4.1 等边三角形作法

（1）见图 1-1，已知线段 AB，分别以 A、B 为圆心，以 AB 长为半径，作弧交于 C。

（2）连接 AC、BC 即为等边三角形。

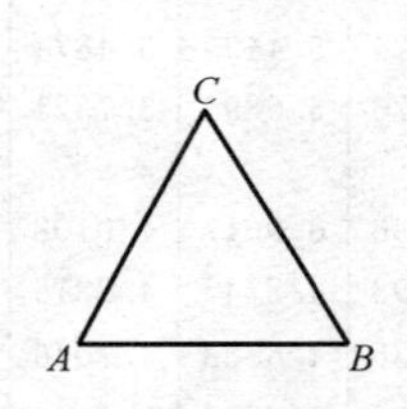

图 1-1 等边三角形作法

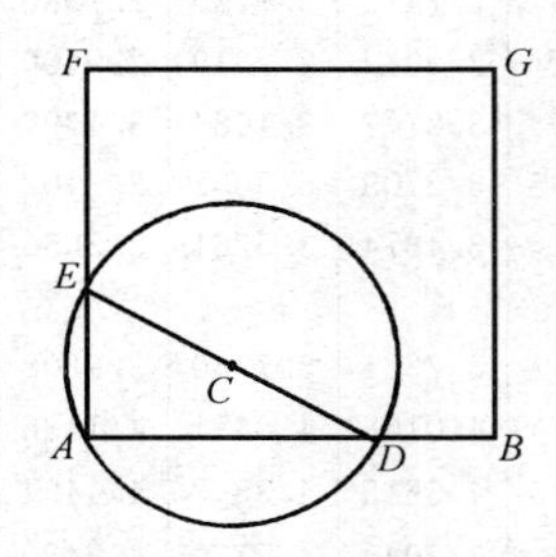

图 1-2 正方形作法

1.4.2 正方形作法

（1）见图 1-2，已知线段 AB（边长），以线段外的任意点 C 为圆心，以 AC 为半径，作圆交 AB 线于 D。

（2）连接 DC，并延长交圆于 E，作 AE 延长线，截 $AF=AB$。

（3）分别以 B、F 为圆心，以 AB 长为半径，作弧交于 G，连接 FG、BG 即为正方形（注意其两对角线应相等）。

1.4.3 正五边形作法

（1）见图 1-3（a），已知圆心 o，两直径 AP 和 KF 垂直相交于 o。

（2）作半径 oF 的等分点 G，并以 G 为圆心，以 GA 为半径作弧，交直径 KF 于 H 点（图 1-3b）。

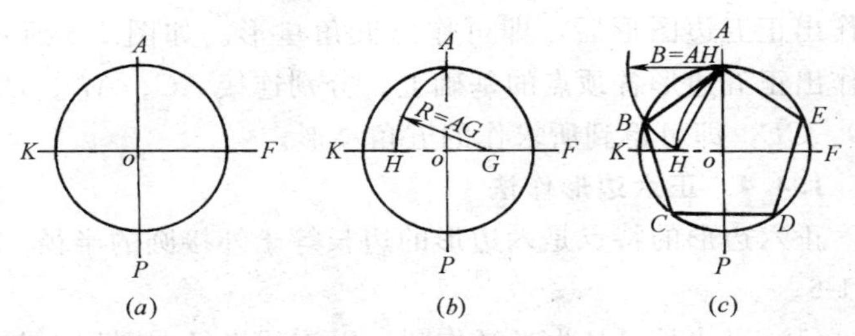

图 1-3　正五边形作图步骤

（3）以 AH 为半径，分圆周为五等分，得 A、B、C、D、E 各点，顺序连接各点，即可得到所求作的内接正五边形（图 1-3c）。

经过计算得知正五边形的外接圆的半径近似等于边长的 0.85。如图 1-4 所示，已知有一正五角亭，其边长 AB 为 2.8m，试依 AB 边为基线作五角亭。

图 1-4　依已知边作正五边形

（1）这个正五角亭可看作是半径等于 0.85 边长的圆的内接正五边形。

故圆的半径　$R=0.85\times2.8=2.38$m

（2）分别以 A、B 为圆心，以 2.38m 为半径作弧相交，得正五边形的外接圆的圆心 o，然后以 o 为圆心，以 oA（或 oB）为半径作圆。

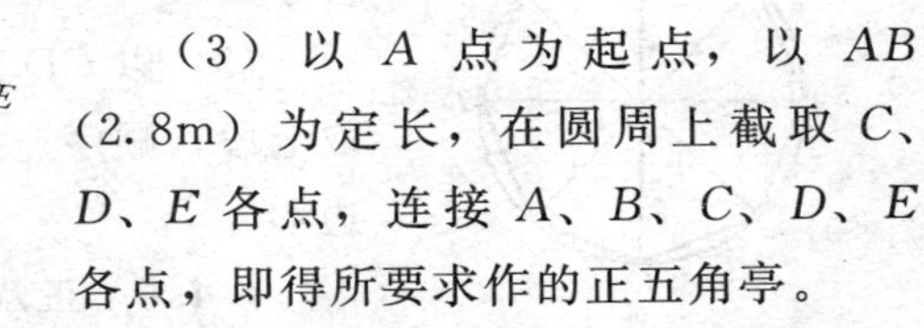

（3）以 A 点为起点，以 AB（2.8m）为定长，在圆周上截取 C、D、E 各点，连接 A、B、C、D、E 各点，即得所要求作的正五角亭。

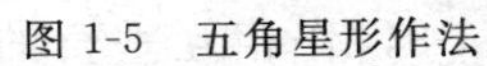

图 1-5　五角星形作法

五角星形是正五边形的变化图形，

在作出正五边图形后，即可作出五角星形。如图 1-5 所示，在作出正五边形各顶点的基础上，分别连接 AC、AD、BE、BD、CE，即可得到所求作的五角星形。

1.4.4 正六边形作法

正六边形的特点是六边形的边长等于外接圆的半径，如图 1-6。

(1) 以边长 AB 为半径作圆，以该圆半径在圆周上截取六段。

(2) 顺序连接各点，即得所求作的正六边形。

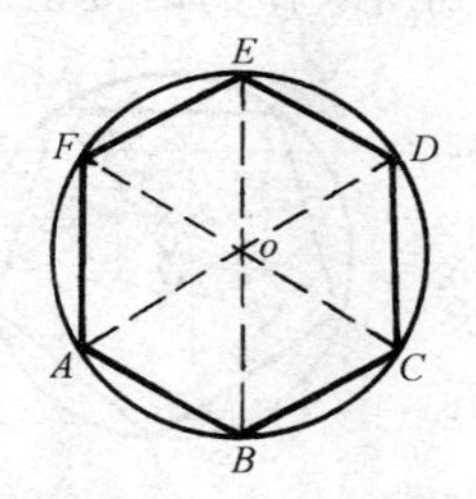

图 1-6 正六边形作法

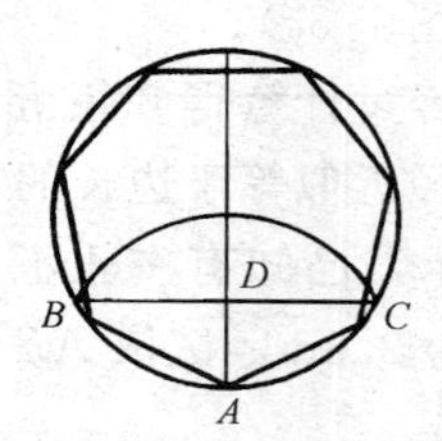

图 1-7 正七边形作法

1.4.5 正七边形作法

(1) 见图 1-7，取圆上任意点 A 为圆心，以圆半径作弧，交圆于 B、C。

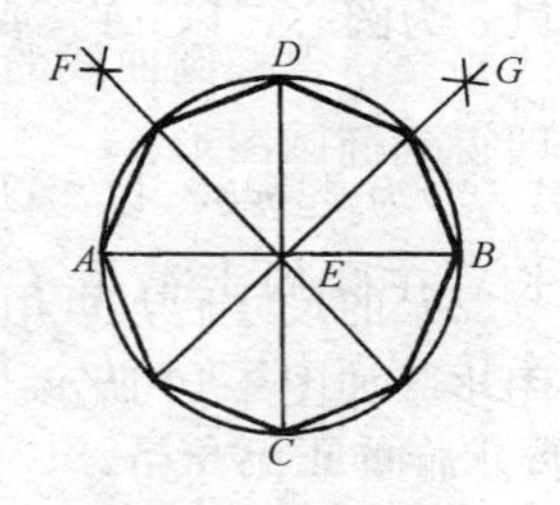

图 1-8 正八边形作法

(2) 连 B、C，交过 A 点的直径于 D。

(3) 以 CD 为半径，在圆上截取七段，顺序连接各点，即为正七边形。

1.4.6 正八边形作法

(1) 见图 1-8，作相互垂直的

直径 AB、CD，交于 E。

（2）以 A、B、D 为圆心，任意长为半径，作弧交于 F、G，连接 FE、GE，并延长与圆相交。

（3）顺序连接圆上各点，即为正八边形。

1.4.7 椭圆形作法

1. 同心圆法

如图 1-9，当已知椭圆的长轴（$2a$）和短轴（$2b$）的尺寸后，可用同心圆法求作其椭圆曲线。作图步骤如图 1-9 所示。

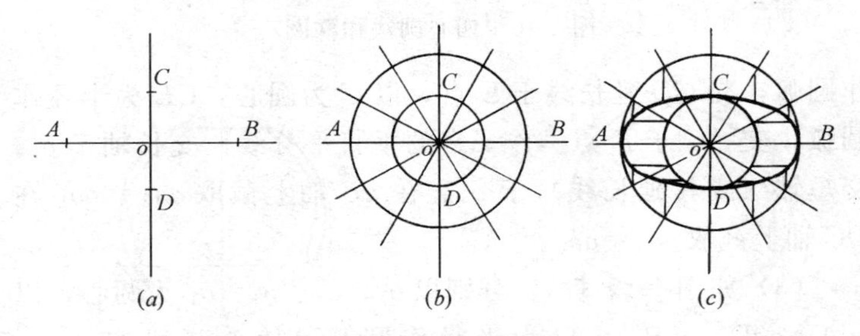

图 1-9　同心圆法作椭圆

（1）作椭圆的长轴 AB 和短轴 CD，如图 1-9（a）。

（2）见图 1-9（b），分别以 AB 和 CD 为直径作大小两同心圆，把两同心圆等分为若干等分，如十二等分。

（3）见图 1-9（c），从大圆弧上各等分点作竖向垂线，与过小圆弧各对应等分点所作的水平线相交，得椭圆曲线的各点，将其各点顺序连成圆滑曲线，即得到椭圆图形。

2. 四心圆法

当已知椭圆的长轴（$2a$）和短轴（$2b$）的尺寸后，可用四心圆法求作其近似的椭圆曲线。作图步骤如图 1-10 所示。

（1）作椭圆的长轴 AB 和短轴 CD，如图 1-10（a）

（2）如图 1-10（b），连接 AC，以 o 为圆心，oA 为半径

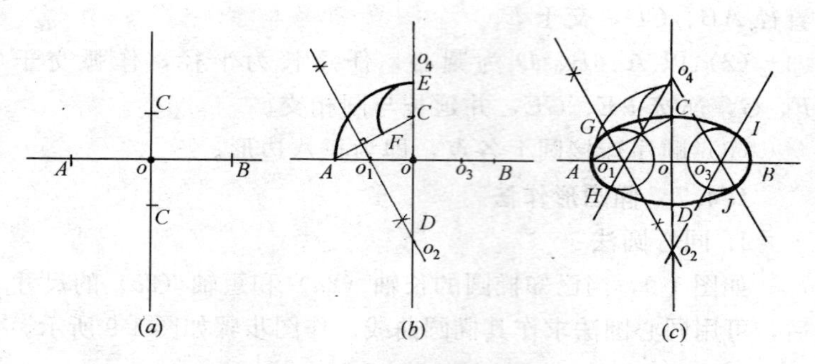

图 1-10　四心圆法作椭圆

作圆弧，交 CD 延长线于 E 点，以 C 为圆心，CE 为半径作圆弧，交 AC 于 F 点。作 AF 的垂直平分线，交长轴于 o_1，交短轴（或其延长线）于 o_2。在 oB 轴上截取 $oo_3=oo_1$ 在 DC 轴上截取 $oo_4=oo_2$。

（3）如图 1-10（c），分别以 o_1、o_2、o_3、o_4 为圆心，以 o_1A、o_2D、o_3B、o_4C 为半径作圆弧，使各弧段在 o_2o_1、o_2o_3 和 o_4o_1、o_4o_3 的延长线上的 G、I、H、J 四点处相交，则所得的封闭曲线即为所要求作的近似的椭圆曲线。

3. 拉线法

当已知椭圆的长轴（$2a$）和短轴（$2b$）尺寸后，可用拉线（亦称连续运动）法画出椭圆曲线。

（1）如图 1-11（a），作出椭圆的长轴 AB 和短轴 CD，计算出焦距尺寸，确定焦点 F_1、F_2，焦点至长轴中点距离：

$$c=\sqrt{a^2-b^2}$$

（2）如图 1-11（b），找一根伸缩性极小的线（如细铁丝），使其长度等于 F_1C+F_2C，两端固定在 F_1、F_2 点上，然后用铅笔套住铁丝作缓慢移动，即可得出上半部分的椭圆曲线，反过来用同法又可作出下半部分曲线，整个闭合曲线即为所求作的椭圆曲线。采用此法作曲线，描画曲线过程中，应始终把线拉紧，不能时松时紧，要保持曲线平滑。

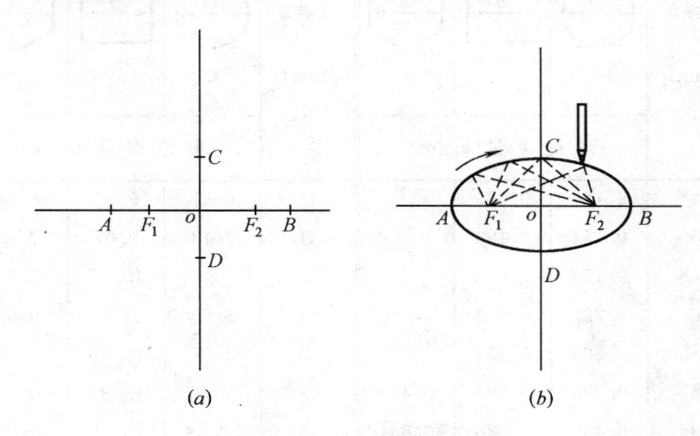

图 1-11　拉线法作椭圆

采用不同作图方法，得出的焦距 C 是不同的，不完全符合公式：$c=\sqrt{a^2-b^2}$

也不完全符合公式：$y=\pm\frac{b}{a}\sqrt{a^2-x^2}$

1.5　常用建筑材料重量

1.5.1　钢材的规格与重量

1. 圆钢、方钢、六角钢规格重量见表 1-22。
2. 热轧扁钢规格与重量见表 1-23。
3. 薄板、钢板规格重量见表 1-24。
4. 热轧等边角钢规格、重量见表 1-25。
5. 热轧不等边角钢规格、重量见表 1-26。

圆钢、方钢、六角钢规格、重量　　　表 1-22

D或a (mm)	圆钢 D	方钢 a	六角钢 a	D或a (mm)	圆钢 D	方钢 a	六角钢 a
	理论重量(kg/m)				理论重量(kg/m)		
4	0.100	0.126		32	6.31	8.04	6.96
5	0.154	0.196		34	7.13	9.07	7.86
5.6	0.193	—		36	7.99	10.17	8.81
6	0.222	0.283		38	8.90	11.24	9.82
6.5	0.260	0.332		40	9.87	12.56	10.88
8	0.395	0.502	0.435	42	10.87	13.85	11.99
9	0.499	0.636	0.551	45	12.48	15.90	13.77
10	0.617	0.785	0.68	48	14.21	18.09	15.66
11	0.746	0.950	0.823	50	15.42	19.63	16.99
12	0.888	1.13	0.979	55	18.64	23.75	20.55
14	1.21	1.54	1.33	60	22.19	28.26	24.50
15	1.39	1.77	1.53	65	26.05	33.17	28.70
16	1.58	2.01	1.74	70	30.21	38.47	33.30
18	2.00	2.54	2.20	75	34.68	44.16	—
20	2.47	3.14	2.72	80	39.46	50.24	
22	2.98	3.80	3.29	85	44.55	56.72	
24	3.55	4.52	3.92	90	49.94	63.56	
25	3.85	4.91	4.25	95	55.64	70.85	
26	4.17	5.30	4.59	100	61.65	78.50	
28	4.83	6.15	5.33	105	67.97	—	
30	5.55	7.06	6.12	110	74.60		

注：热轧变形钢筋重量与普通圆钢基本相同。

热轧扁钢规格、重量　　表 1-23

厚度(mm) / 宽度(mm)	理　论　重　量(kg/m)											
	2.5	3	4	5	6	7	8	9	10	11	12	14
10	0.20	0.24	0.31	0.39	0.47	0.55	0.63					
12	0.24	0.28	0.38	0.47	0.57	0.66	0.75					
14	0.27	0.33	0.44	0.55	0.66	0.77	0.88					
16	0.31	0.38	0.50	0.63	0.75	0.88	1.00	1.15	1.26			
18	0.35	0.42	0.57	0.71	0.85	0.99	1.13	1.27	1.41			
20	0.39	0.47	0.63	0.79	0.94	1.10	1.26	1.41	1.57	1.73	1.88	
22	0.43	0.52	0.69	0.86	1.04	1.21	1.38	1.55	1.73	1.90	2.07	
25	0.49	0.59	0.79	0.98	1.18	1.37	1.57	1.77	1.96	2.16	2.36	2.75
28	0.55	0.66	0.88	1.10	1.32	1.54	1.76	1.98	2.20	2.42	2.64	3.08
30	0.59	0.71	0.94	1.18	1.41	1.65	1.88	2.12	2.36	2.59	2.83	3.36
32	0.63	0.75	1.01	1.25	1.50	1.76	2.01	2.26	2.54	2.76	3.01	3.51
36	0.71	0.85	1.13	1.41	1.60	1.97	2.26	2.51	2.82	3.11	3.39	3.95
40	0.79	0.94	1.26	1.57	1.88	2.20	2.51	2.83	3.14	3.45	3.77	4.40
45	0.88	1.06	1.41	1.77	2.12	2.47	2.83	3.18	3.53	3.89	4.24	4.95
50	0.98	1.18	1.57	1.96	2.36	2.75	3.14	3.53	3.93	4.32	4.71	5.50
56	1.08	1.32	1.76	2.20	2.64	3.08	3.52	3.95	4.39	4.83	5.27	6.15
60	1.18	1.41	1.88	2.33	2.88	3.30	3.77	4.24	4.71	5.18	5.65	6.59
63	1.24	1.48	1.98	2.47	2.97	3.46	3.95	4.45	4.94	5.44	5.93	6.92
65	1.28	1.53	2.04	2.55	3.06	3.57	4.08	4.59	5.10	5.61	6.12	7.14
70	1.37	1.65	2.20	2.75	3.30	3.85	4.40	4.95	5.50	6.04	6.59	7.69
75	1.47	1.77	1.36	2.96	3.53	4.12	4.71	5.30	5.89	6.48	7.07	8.24
80	1.57	1.88	2.51	3.14	3.77	4.40	5.02	5.65	6.28	6.91	7.54	8.79
85	1.67	2.00	2.67	3.34	4.00	4.67	5.34	6.01	6.67	7.34	8.01	9.34
90	1.77	2.12	2.83	3.53	4.24	4.95	5.65	6.36	7.07	7.77	8.48	9.89
95	1.86	2.24	2.98	3.73	4.47	5.22	5.97	6.71	7.46	8.20	8.95	10.44
100	1.96	2.36	3.14	3.95	4.71	5.50	6.28	7.07	7.85	8.84	9.42	10.99
105	2.06	2.47	3.30	4.12	4.95	5.77	6.59	7.42	8.24	9.07	9.89	11.54
110	2.16	2.59	3.45	4.32	5.18	6.04	6.91	7.77	8.64	9.50	10.36	12.09
120	2.36	2.83	3.77	4.71	5.65	6.59	7.54	8.48	9.42	10.36	11.30	13.19

续表

宽度(mm) \ 厚度(mm)	理论重量(kg/m)											
	2.5	3	4	5	6	7	8	9	10	11	12	14
125	2.45	2.94	3.93	4.91	5.89	6.67	7.85	8.83	9.81	10.79	11.78	13.74
130	2.55	3.06	4.08	5.10	6.12	7.14	8.16	9.18	10.21	11.23	12.25	14.29
140	2.75	3.30	4.40	5.50	6.59	7.69	8.79	9.89	10.99	12.09	13.19	15.39
150	2.94	3.53	4.71	5.89	7.07	8.24	9.42	10.60	11.78	12.95	14.13	16.49
160	3.14	3.77	5.02	6.28	7.54	8.79	10.05	11.30	12.65	13.82	15.07	17.59
170	3.33	4.00	5.34	6.67	8.01	9.34	10.68	12.01	13.35	14.68	16.01	18.68
180	3.53	4.24	5.65	7.07	8.48	9.89	11.30	12.72	14.13	15.54	16.96	19.78
190	3.73	4.47	5.97	7.46	8.95	10.44	11.93	13.42	14.92	16.41	17.90	20.88
200	3.93	4.71	6.28	7.85	9.42	10.99	12.56	14.13	15.70	17.27	18.84	21.98
250	4.91	5.89	7.85	9.81	11.78	13.74	15.70	17.66	19.63	21.59	23.55	27.48

薄板、钢板、规格、重量　　表 1-24

厚度(mm)	理论重量(kg/m²)	厚度(mm)	理论重量(kg/m²)	厚度(mm)	理论重量(kg/m²)	厚度(mm)	理论重量(kg/m²)
0.2	1.570	1.2	9.420	4.5	35.33	18	141.3
0.25	1.963	1.25	9.813	5.0	39.25	19	149.2
0.3	2.355	1.4	10.99	5.5	43.18	20	157.0
0.35	2.748	1.5	11.78	6.0	47.10	21	164.9
0.4	3.140	1.6	12.56	7.0	54.95	22	172.7
0.45	3.533	1.8	14.13	8.0	62.80	23	180.6
0.5	3.925	2.0	15.70	9.0	70.65	24	188.4
0.55	4.318	2.2	17.27	10.0	78.50	25	196.3
0.6	4.710	2.5	19.63	11	86.35	26	204.1
0.7	5.495	2.8	21.98	12	94.20	27	212.0
0.75	5.888	3.0	23.55	13	102.10	28	219.8
0.8	6.280	3.2	25.12	14	109.9	29	227.7
0.9	7.065	3.5	27.48	15	117.8	30	235.5
1.0	7.850	3.8	29.83	16	125.6	32	251.2
1.1	8.635	4.0	31.40	17	133.5	34	266.9

续表

厚度 (mm)	理论重量 (kg/m²)	厚度 (mm)	理论重量 (kg/m²)	厚度 (mm)	理论重量 (kg/m²)	厚度 (mm)	理论重量 (kg/m²)
36	282.6	44	345.4	52	408.2	60	471.0
38	298.3	46	361.4	54	423.9		
40	314.0	48	376.8	56	439.6		
42	329.7	50	392.5	58	455.3		

热轧等边角钢规格、重量　　表 1-25

型号	尺寸(mm)		理论重量 (kg/m)	型号	尺寸(mm)		理论重量 (kg/m)
	b	*d*			*b*	*d*	
2	20	3	0.887	5.6	56	3.5	3.028
		4	1.146			4	3.438
2.2	22	3	0.980			5	4.247
		4	1.270			8	6.568
2.5	25	3	1.123	6.3	63	4	3.896
		4	1.460			5	4.814
2.8	28	3	1.269			6	5.720
3	30	4	1.780			8	7.269
3.2	32	3	1.463			10	9.157
		4	1.911	7	70	4.5	4.870
3.6	36	3	1.651			5	5.380
		4	2.162			6	6.395
		5	2.655			7	7.392
4	40	3	1.846			8	8.373
		4	2.419	7.5	75	5	5.795
		5	2.926			6	6.885
4.5	45	3	2.081			7	7.964
		4	2.733			8	9.024
		5	3.369			9	10.068
		6	3.885			10	11.089
5	50	3	2.324	8	80	5.5	6.777
		4	3.054			6	7.360
		5	3.769			7	8.513
		6	4.465			8	9.652
						10	11.874

续表

型号	尺寸(mm)		理论重量(kg/m)
	b	d	
9	90	6	8.327
		7	9.638
		8	10.933
		9	12.213
10	100	6.5	10.062
		7	10.794
		8	12.246
		10	15.104
		12	17.898
		14	20.630
		16	23.299
11	110	7	11.893
		8	13.502
12.5	125	8	15.546
		9	17.286
		10	19.099
		12	22.678
		14	26.195
		16	29.649
14	140	9	19.405
		10	21.454
		12	25.504
16	160	10	24.672
		12	29.350
		14	33.966
		16	38.519
		18	43.009
		20	47.437
18	180	11	30.474
		12	33.118
20	200	12	36.974
		13	39.918
		14	42.846
		16	48.655
		20	60.085
		25	74.018
		30	87.560
22	220	14	47.395
		16	53.832
25	250	16	61.545
		18	68.861
		20	76.115
		22	83.305
		25	93.973
		28	104.500
		30	111.440

注：*b*—边的宽度；*d*—边的厚度。

热轧不等边角钢规格、重量　　　表 1-26

型号	尺寸(mm)			理论重量(kg/m)
	B	b	d	
2.5/1.6	25	16	3	0.911
3.2/2	32	20	3	1.170
			4	1.523
4/2.5	40	25	3	1.480
			4	1.937
4.5/2.8	45	28	3	1.681
			4	2.199
5/3.2	50	32	3	1.900
			4	2.489
5.6/3.6	56	36	3.5	2.479
			4	2.810
			5	3.462
6.3/4	63	40	4	3.173
			5	3.911
			6	4.033
			8	6.031

续表

型号	尺寸(mm)			理论重量(kg/m)	型号	尺寸(mm)			理论重量(kg/m)
	B	*b*	*d*			*B*	*b*	*d*	
7/4.5	70	45	4.5 5	3.977 4.391	12.5/8	125	80	7 8 10 12	11.038 12.529 15.465 18.338
7.5/5	75	50	5 6 8	4.795 5.388 7.431	14/9	140	90	8 10	14.130 17.459
8/5	80	50	5 6	4.990 5.924	16/10	160	100	9 10 12 14	17.966 18.847 23.584 27.259
9/5.6	90	56	5.5 6 8	6.172 6.700 8.773	18/11	180	110	10 12	22.236 26.443
10/6.3	100	63	6 7 8 10	7.526 8.704 9.866 12.142	20/12.5	200	125	11 12 14 16	27.370 29.740 34.435 39.066
11/7	110	70	6.5 7 8	8.985 9.638 10.933	25/16	250	160	12 16 18 20	37.916 49.911 55.814 61.655

注：*B*—长边宽度；*b*—短边宽度；*d*—边厚度。

6. 热轧工字钢规格、重量见表 1-27。

热轧工字钢规格、重量　　　　表 1-27

型号	尺寸(mm)			理论重量(kg/m)	型号	尺寸(mm)			理论重量(kg/m)
	h	*b*	*d*			*h*	*b*	*d*	
10	100	68	4.5	11.2	20*a*	200	100	7.0	27.9
12	120	74	5.0	14.0	20*b*	200	102	9.0	31.1
12.6	126	74	5.0	14.2	22*a*	220	110	7.5	33.0
14	140	80	5.5	16.9	22*b*	220	112	9.5	36.4
16	160	88	6.0	20.5	24*a*	240	116	8.0	37.4
18	180	94	6.5	24.1	24*b*	240	118	10.0	41.2

续表

型号	尺寸(mm)			理论重量(kg/m)	型号	尺寸(mm)			理论重量(kg/m)
	h	*b*	*d*			*h*	*b*	*d*	
25*a*	250	116	8.0	38.1	63*b*	630	178	15.0	131.6
25*b*	250	118	10.0	42.0	63*c*	630	180	17.0	141.0
27*a*	270	122	8.5	42.8	轻型工字钢				
27*b*	270	124	10.5	47.1	10	100	55	4.5	9.46
28*a*	280	122	8.5	43.4	12	120	64	4.8	11.5
28*b*	280	124	10.5	47.9	14	140	73	4.9	13.7
30*a*	300	126	9.0	48.0	16	160	81	5.0	15.0
30*b*	300	128	11.0	52.7	18	180	90	5.1	18.4
30*c*	300	130	13.0	57.4	18*a*	180	100	5.1	19.9
32*a*	320	130	9.5	52.7	20	200	100	5.2	21.0
32*b*	320	132	11.5	57.7	20*a*	200	110	5.2	22.7
32*c*	320	134	13.5	62.8	22	220	110	5.4	24.0
36*a*	360	136	10.0	59.9	22*a*	220	120	5.4	25.8
36*b*	360	138	12.0	65.6	24	240	115	5.6	27.3
36*c*	360	140	14.0	71.2	24*a*	240	125	5.6	29.4
40*a*	400	142	10.5	67.6	27	270	125	6.0	31.5
40*b*	400	144	12.5	73.8	27*a*	270	135	6.0	33.9
40*c*	400	146	14.5	80.1	30	300	135	6.5	36.5
45*a*	450	150	11.5	80.4	30*a*	300	145	6.5	39.2
45*b*	450	152	13.5	87.4	33	330	140	7.0	42.2
45*c*	450	154	15.5	94.5	36	360	145	7.5	48.6
50*a*	500	158	12.0	93.6	40	400	155	8.0	56.1
50*b*	500	160	14.0	101.00	45	450	160	8.6	65.2
50*c*	500	162	16.0	109.00	50	500	170	9.5	76.8
55*a*	550	166	12.5	105.0	55	550	180	10.3	89.8
55*b*	550	168	14.5	114.0	60	600	190	11.1	104.0
55*c*	550	170	16.5	123.0	65	650	200	12.0	120.0
56*a*	560	166	12.5	106.2	70	700	210	13.0	138.0
56*b*	560	168	14.5	115.0	70*a*	700	210	15.0	158.0
56*c*	560	170	16.5	123.9	70*b*	700	210	17.5	184.0
63*a*	630	176	13.0	121.6					

注：*h*—高度；*b*—腿宽；*d*—腰厚度。

7. 热轧槽钢规格、重量见表 1-28。

热轧槽钢规格、重量 **表 1-28**

型号	尺寸(mm)			理论重量 (kg/m)	型号	尺寸(mm)			理论重量 (kg/m)
	h	*b*	*d*			*h*	*b*	*d*	
5	50	37	4.5	5.44	25*a*	250	78	7.0	27.47
6.3	63	40	4.8	6.63	25*b*	250	80	9.0	31.39
6.5	65	40	4.8	6.70	25*c*	250	82	11.0	35.32
8	80	43	5.0	8.04	27*a*	270	82	7.5	30.83
10	100	48	5.3	10.00	27*b*	270	84	9.5	35.07
12	120	53	5.5	12.06	27*c*	270	86	11.5	39.30
12.6	126	53	5.5	12.37	28*a*	280	82	7.5	31.42
14*a*	140	58	6.0	14.53	28*b*	280	84	9.5	35.81
14*b*	140	60	8.0	16.73	28*c*	280	86	11.5	40.21
16*a*	160	63	6.5	17.23	30*a*	300	85	7.5	34.45
16	160	65	8.5	19.74	30*b*	300	87	9.5	39.16
18*a*	180	68	7.0	20.17	30*c*	300	89	11.5	43.81
18	180	70	9.0	22.99	32*a*	320	88	8.0	38.22
20*a*	200	73	7.0	22.63	32*b*	320	90	10.0	43.25
20	200	75	9.0	25.77	32*c*	320	92	12.0	48.28
22*a*	220	77	7.0	24.99	36*a*	360	96	9.0	47.80
22	220	79	9.0	28.45	36*b*	360	98	11.0	53.45
24*a*	240	78	7.0	26.55	40*a*	400	100	10.5	58.91
24*b*	240	80	9.0	30.62	40*b*	400	102	12.5	65.19
24*c*	240	82	11.0	34.39	40*c*	400	104	14.5	71.47

注：*h*—高度；*b*—腿宽度；*d*—腰厚度。

8. 轻型槽钢规格、重量见表 1-29。

轻型槽钢规格、重量 **表 1-29**

型号	尺寸(mm)			理论重量 (kg/m)	型号	尺寸(mm)			理论重量 (kg/m)
	h	*b*	*d*			*h*	*b*	*d*	
5	50	32	4.4	4.84	10	100	46	4.5	8.59
6.5	65	36	4.4	5.90	12	120	52	4.8	10.4
8	80	40	4.5	7.05	14	140	58	4.9	12.3

续表

型号	尺寸(mm)			理论重量(kg/m)	型号	尺寸(mm)			理论重量(kg/m)
	h	*b*	*d*			*h*	*b*	*d*	
14*a*	140	62	4.9	13.3	22*a*	220	87	5.4	22.6
16	160	64	5.0	14.2	24	240	90	5.6	24.0
16*a*	160	68	5.0	15.3	24*a*	240	95	5.6	25.8
18	180	70	5.1	16.3	27	270	95	6.0	27.7
18*a*	180	74	5.1	17.4	30	300	100	6.5	31.8
20	200	76	5.2	18.4	33	330	105	7.0	36.5
20*a*	200	80	5.2	19.8	36	360	110	7.5	41.9
22	220	82	5.4	21.0	40	400	115	8.0	48.3

注：*h*—高度；*b*—腿宽度；*d*—腰厚度。

9. 水、煤气输送钢管规格、重量见表1-30。

水、煤气输送钢管规格、重量　　　　表1-30

公称直径		钢管				
		外径(mm)	普通管		加厚管	
(mm)	(in)		壁厚(mm)	理论重量(kg/m)	壁厚(mm)	理论重量(kg/m)
6	1/8	10.00	2.00	0.39	2.50	0.46
8	1/4	13.50	2.25	0.62	2.75	0.73
10	3/8	17.00	2.25	0.82	2.75	0.97
15	1/2	21.25	2.75	1.25	3.25	1.44
20	3/4	26.75	2.75	1.63	3.50	2.01
25	1	33.50	3.25	2.42	4.00	2.91
32	$1\frac{1}{4}$	42.25	3.25	3.13	4.00	3.77
40	$1\frac{1}{2}$	48.00	3.50	3.84	4.25	4.58
50	2	60.00	3.50	4.88	4.50	6.16
70	$2\frac{1}{2}$	75.50	3.75	6.64	4.50	7.88
80	3	88.50	4.00	8.34	4.75	9.81
100	4	114.00	4.00	10.85	5.00	13.44
125	5	140.00	4.50	15.04	5.50	18.24
150	6	165.00	4.50	17.81	5.50	21.63

注：1. 公称直径是钢管的规格称呼，它不一定等于管外径减2倍壁厚之差；
2. 镀锌钢管比不镀锌钢管重3%～6%。

10. 热轧无缝钢管规格、重量见表1-31。

热轧无缝钢管规格、重量 **表 1-31**

壁厚(mm) / 外径(mm)	理论重量(kg/m)															
	2.5	3	3.5	4	4.5	5	5.5	6	7	8	9	10	12	14	16	18
32	1.76	2.15	2.46	2.76	3.05	3.33	3.59	3.85	4.32	4.74	—					
38	2.19	2.59	2.98	3.35	3.72	4.07	4.41	4.74	5.35	5.92	—	—				
42	2.44	2.89	3.35	3.75	4.16	4.56	4.96	5.23	6.04	6.71	7.32	7.88	—			
45	2.62	3.11	3.58	4.04	4.49	4.93	5.36	5.77	6.56	7.30	7.99	8.63	—			
50	2.93	3.48	4.01	4.54	5.05	5.55	6.04	6.51	7.42	8.29	9.10	9.86	—			
57	—	4.00	4.62	5.23	5.83	6.41	6.99	7.55	8.63	9.67	10.65	11.59	13.32	—		
63	—	4.48	5.18	5.87	6.55	7.31	7.87	8.51	9.75	10.95	12.10	13.19	15.24	17.09	—	
68	—	4.81	5.57	6.31	7.05	7.77	8.48	9.17	10.53	11.84	13.10	14.30	16.57	18.64	20.52	—
73	—	4.96	5.74	6.51	7.60	8.38	9.16	9.91	11.39	12.82	14.21	15.54	18.05	20.37	22.49	24.41
76	—	5.40	6.26	7.10	7.93	8.75	9.50	10.36	11.91	13.42	14.37	16.28	18.94	21.41	25.68	25.75
89		—	7.38	8.38	9.38	10.36	11.33	12.28	14.16	15.98	17.76	19.48	22.79	25.89	28.80	31.52
95		—	7.90	8.98	10.04	11.10	12.14	13.17	15.19	17.16	19.09	20.96	24.56	27.97	31.17	34.18
102		—	8.50	9.67	10.82	11.96	13.09	14.21	16.40	18.55	20.64	22.09	26.63	30.38	33.93	37.29
108			—	10.26	11.49	12.70	13.90	15.09	17.44	19.73	21.97	24.17	28.41	32.45	36.30	39.95
114			—	10.85	12.15	13.44	14.72	15.98	18.47	20.91	23.31	25.63	30.19	34.53	38.67	42.62
121			—	11.54	12.93	14.30	15.67	17.02	19.68	22.29	24.86	27.37	32.26	36.94	41.43	45.72

续表

外径 (mm) \ 壁厚 (mm)	理论重量 (kg/m)														
	2.5	3	3.5	4	4.5	5	5.5	6	7	8	9	10	12	14	16	18
127				12.13	13.59	15.04	16.48	17.90	20.72	23.48	26.10	28.85	34.03	39.01	43.80	48.39
133				12.73	14.26	15.78	17.20	18.79	21.75	24.66	27.92	30.33	35.81	41.00	46.17	51.65
140					15.04	16.65	18.24	19.83	22.96	26.04	29.08	32.06	37.88	43.50	48.93	54.16
146					15.70	17.39	19.06	20.72	24.00	27.23	30.41	33.54	39.66	45.57	51.30	56.82
152	—	—	—	—	16.37	18.13	19.87	21.00	25.03	28.41	31.74	35.02	41.41	47.65	53.66	59.48
159					17.15	18.99	20.82	22.64	26.24	29.79	33.29	36.75	43.50	50.06	56.43	62.59
168						20.10	22.04	23.97	27.79	31.57	35.29	38.97	46.17	53.17	59.98	66.59
180						21.59	23.70	25.75	29.87	33.98	37.95	41.92	49.72	57.31	64.71	71.91
194						23.31	25.60	27.82	32.28	36.70	41.06	45.38	53.86	62.15	70.24	78.13
203								29.14	33.83	38.47	43.05	47.59	56.52	65.94	73.78	82.12
219								31.52	36.60	41.63	46.61	51.54	61.26	70.78	80.10	89.23
245								38.23	41.09	46.76	52.38	57.95	68.95	79.76	90.36	100.77
273	—	—	—	—	—	—	—	42.64	45.92	52.28	58.60	64.86	77.24	89.42	101.41	113.20
299								—	—	57.41	64.37	71.27	89.93	98.40	111.67	124.74
325										62.54	70.14	77.68	92.63	107.38	121.93	136.28
351										—	75.91	84.10	100.32	116.35	132.19	147.82
402											87.21	96.67	115.41	133.94	152.30	170.45
459											97.87	108.50	130.61	150.52	171.24	191.76

11. 圆钢钉规格见表1-32。

圆钢钉规格（英制）　　表1-32

钢钉号(in)	全长(mm)	钉身直径(mm)	1000个约重(kg)	每kg大约个数
3/8	9.52	0.89	0.046	21700
1/2	12.70	1.07	0.088	11300
5/8	15.87	1.25	0.152	6580
3/4	19.05	1.47	0.25	4000
1	25.40	1.65	0.42	2380
$1\frac{1}{4}$	31.75	1.83	0.65	1540
$1\frac{1}{2}$	38.10	2.11	1.03	971
$1\frac{3}{4}$	44.45	2.41	1.57	637
2	50.80	2.77	2.37	422
$2\frac{1}{2}$	63.50	3.05	3.58	279
3	76.20	3.40	5.35	187
$3\frac{1}{2}$	88.90	3.76	7.63	131
4	101.60	4.19	10.82	92.4
$4\frac{1}{2}$	114.30	4.57	14.49	69
5	127.00	5.16	20.53	48.7
6	152.40	5.59	28.93	34.5

1.5.2 木材、金属、砂石、砖等建筑材料重量

常用建筑材料重量见表1-33。

常用建筑材料重量表　　表1-33

名　　称	重　量	备　　注
1. 木材		
杉木　(kg/m³)	＜400	重量随含水率而不同
云杉、红松、华山松、樟子松、铁杉、杨木　(kg/m³)	400～500	重量随含水率而不同

续表

名　　称		重　量	备　　注
马尾松、云南松、广东松、柳木、秦岭落叶松、新疆落叶松	(kg/m^3)	500～600	重量随含水率而不同
东北落叶松、榆木、桦木、水曲柳、木荷、臭椿	(kg/m^3)	600～700	重量随含水率而不同
锥木、栎木、槐木、乌墨	(kg/m^3)	700～800	重量随含水率而不同
普通板条、椽、檩条	(kg/m^3)	＞600	重量随含水率而不同
胶合三夹板(杨木)	(kg/m^2)	1.9	
胶合三夹板(椴木)	(kg/m^2)	2.2	
胶合三夹板(水曲柳)	(kg/m^2)	2.8	
胶合五夹板(杨木)	(kg/m^2)	3.0	
胶合五夹板(椴木)	(kg/m^2)	3.4	
胶合五夹板(水曲柳)	(kg/m^2)	3.9	
隔声板按 1cm 厚计	(kg/m^2)	3.0	
木屑板按 1cm 厚计	(kg/m^2)	12.0	
2. 金属			
铸铁	(kg/m^3)	7250	
钢	(kg/m^3)	7850	
紫铜、赤铜	(kg/m^3)	8900	
黄铜、青铜	(kg/m^3)	8500	
铝	(kg/m^3)	2700	
铝合金	(kg/m^3)	2800	
铅	(kg/m^3)	7400	
金	(kg/m^3)	19300	
硫矿	(kg/m^3)	2050	
石棉矿	(kg/m^3)	2460	
石棉	(kg/m^3)	1000	
石膏粉	(kg/m^3)	900	
石膏	(kg/m^3)	1300～1450	
3. 土、砂、砾石、岩石			
腐植土	(kg/m^3)	1500～1600	
黏土	(kg/m^3)	1600～2000	与孔隙率、含水率有关
砂土	(kg/m^3)	1600～2000	
砂子	(kg/m^3)	1400	干、细砂
砂子	(kg/m^3)	·1700	干、粗砂
卵石	(kg/m^3)	1600～1800	干

续表

名　　称		重　量	备　　注
砂夹卵石	(kg/m³)	1500～1700	干、压实
砂夹卵石	(kg/m³)	1600～1920	湿
浮石	(kg/m³)	600～800	干
浮石填充料	(kg/m³)	400～600	
花岗岩、大理石	(kg/m³)	2800	
花岗岩	(kg/m³)	1540	片石堆置
玄武岩	(kg/m³)	2950	
碎石子	(kg/m³)	1400～1500	堆置
硅藻土填充料	(kg/m³)	400～600	
4. 砖			
普通砖	(kg/m³)	1800	240×115×53 684 块/m³
普通砖	(kg/m³)	1900	机制
缸砖	(kg/m³)	2100～2150	230×110×65 609 块/m³
耐火砖	(kg/m³)	1900～2200	230×110×65 609 块/m³
耐酸瓷砖	(kg/m³)	2300～2500	
煤渣砖	(kg/m³)	1700～1850	
黏土坯	(kg/m³)	1200～1500	
空心砖	(kg/m³)	1000	
水泥空心砖	(kg/m³)	980	
黏土空心砖	(kg/m³)	1100～1450	
碎砖	(kg/m³)	1200	堆置
磁砖	(kg/m³)	1780	150×150×8 5556 块/m³
5. 石灰、水泥、灰浆、混凝土			
生石灰块	(kg/m³)	1100	堆置
生石灰粉	(kg/m³)	1200	堆置
熟石灰膏	(kg/m³)	1350	
石灰砂浆、混合砂浆	(kg/m³)	1700	
纸筋石灰泥	(kg/m³)	1600	
石灰三合土	(kg/m³)	1750	
水泥	(kg/m³)	1250	轻质疏松
水泥	(kg/m³)	1450	散装
水泥	(kg/m³)	1600	袋装压实

续表

名　　称	重　量	备　　注
矿渣水泥　(kg/m³)	1450	
水泥砂浆　(kg/m³)	2000	
膨胀珍珠岩砂浆　(kg/m³)	700～1500	
碎砖混凝土　(kg/m³)	1850	
素混凝土　(kg/m³)	2200～2400	
矿渣混凝土　(kg/m³)	2000	
沥青混凝土　(kg/m³)	2000	
泡沫混凝土　(kg/m³)	400～600	
加气混凝土　(kg/m³)	550～750	
钢筋混凝土　(kg/m³)	2400～2500	
粉煤灰陶粒混凝土　(kg/m³)	1950	
6. 沥青、煤灰、油料		
石油沥青　(kg/m³)	1000～1100	
煤灰　(kg/m³)	650	
煤灰　(kg/m³)	800	压实
煤油　(kg/m³)	720～800	
汽油　(kg/m³)	640～670	
7. 杂项		
普通玻璃　(kg/m³)	2560	
玻璃棉　(kg/m³)	50～100	
沥青玻璃棉毡　(kg/m³)	80～100	
玻璃棉板　(kg/m³)	100～150	
矿渣棉　(kg/m³)	120～150	
沥青矿渣棉毡　(kg/m³)	120～160	
膨胀珍珠岩粉　(kg/m³)	80～200	
膨胀珍珠岩制品　(kg/m³)	250～400	
膨胀蛭石　(kg/m³)	80～200	
石棉板　(kg/m³)	1300	
乳化沥青　(kg/m³)	980～1050	
水　(kg/m³)	1000	

1.6 其他资料

1.6.1 噪声

1. 城市区域环境噪声标准，见表1-34。

城市区域环境噪声限值（单位：等效声级，分贝dB）

表1-34

适用区域	白天	夜间	备注
特殊住宅区	50	40	1)本表摘自《城市区域环境噪声标准》(GB 3096—93)；
居民、文教区	55	45	2)特殊住宅是指特别需要安静的住宅区；
一类混合区	60	50	一类混合区是指一般商业与居民混合区；
商业中心区、二类混合区	60	50	二类混合区是指工业、商业、少量交通与居民混合区；商业中心区是指商业集中的繁华区；
工业集中区	65	55	工业集中区指在一个城市或区域内规划明确的工业区；
交通干线道路两侧	70	55	交通干线道路两侧是指车流量每小时一百辆以上的道路两侧

2. 建筑现场主要施工机械产生的噪声见表1-35。

施工机械产生的噪声级 **表1-35**

机械名称	噪声级(dB)	机械名称	噪声级(dB)
推土机	78～96	挖土机	80～93
搅拌机	75～88	运土卡车	85～94
汽锤、风钻	82～98	打桩机	95～105
混凝土破碎机	85	空气压缩机	75～88
卷扬机	75～88	钻机	87

注：表中所列皆为距离噪声源约15m处测得的数据，现场操作人员所承受的噪声还要大10～20dB。

3. 建筑施工场界噪声标准见表1-36。

为贯彻《中华人民共和国环境保护法》和《中华人民共和国环境噪声污染防治条例》，控制城市环境噪声污染，特制定了国家标准《建筑施工场界噪声限值》GB 12523—90。

（1）适用范围

适用于城市建筑施工期间施工场地产生的噪声。

（2）标准值

1）不同施工阶段作业噪声限值列于表1-36。

等效声级 L_{eq} [dB(A)]　　表1-36

施工阶段	主要噪声源	噪声限值	
		昼间	夜间
土石方	推土机、挖掘机、装载机等	75	55
打桩	各种打桩机等	85	禁止施工
结构	混凝土搅拌机、振捣棒、电锯等	70	55
装修	吊车、升降机等	65	55

2）表中所列噪声值是指与敏感区域相应的建筑施工场地边界线处的限值。

3）如有几个施工阶段同时进行，以高噪声阶段的限值为准。

（3）监测方法

建筑施工场地边界线处的等效声级测量应按《建筑施工场界噪声测量方法》(GB 12524）进行。

1.6.2　荷载

民用建筑楼面均布活荷载标准值见表1-37。

民用建筑楼面均布活荷载标准值　　　　表 1-37

项次	类　别	标准值 (kN/m²)
1	(1)住宅、宿舍、旅馆、办公楼、医院病房、托儿所、幼儿园 (2)教室、试验室、阅览室、会议室、医院门诊室	2.0
2	食堂、餐厅、一般资料档案室	2.5
3	(1)礼堂、剧场、影院、有固定座位的看台 (2)公共洗衣房	3.0 3.0
4	(1)商店、展览厅、车站、港口、机场大厅及其旅客等候室 (2)无固定座位的看台	3.5 3.5
5	(1)健身房、演出舞台 (2)舞厅	4.0 4.0
6	(1)书库、档案库、贮藏室 (2)密集柜书库	5.0 12.0
7	通风机房、电梯机房	7.0
8	汽车通道及停车库： (1)单向板楼盖(板跨不小于 2m) 客车 消防车 (2)双向板楼盖和无梁楼盖(柱网尺寸不小于 6m×6m) 客车 消防车	 4.0 35.0 2.5 20.0
9	厨房 (1)一般的 (2)餐厅的	 2.0 4.0
10	浴室、厕所、盥洗室： (1)第 1 项中的民用建筑 (2)其他民用建筑	 2.0 2.5

续表

项次	类　别	标准值 (kN/m²)
11	走廊、门厅、楼梯： (1)宿舍、旅馆、医院病房托儿所、幼儿园、住宅 (2)办公楼、教室、餐厅、医院门诊部 (3)消防疏散楼梯，其他民用建筑	 2.0 2.5 3.5
12	阳台： (1)一般情况 (2)当人群有可能密集时	 2.5 3.5

注：1. 本表所给各项活荷载适用于一般使用条件，当使用荷载较大或情况特殊时，应按实际情况采用。

2. 第6项书库活荷载当书架高度大于2m时，书库活荷载尚应按每米书架高度不小于2.5kN/m² 确定。

3. 第8项中的客车活荷载只适用于停放载人少于9人的客车；消防车活荷载是适用于满载总量为300kN的大型车辆；当不符合本表的要求时，应将车轮的局部荷载按结构效应的等效原则，换算为等效均布荷载。

4. 第11项楼梯活荷载，对预制楼梯踏步平板，尚应按1.5kN集中荷载验算。

5. 本表各项荷载不包括隔墙自重和二次装修荷载。对固定隔墙的自重应按恒荷载考虑，当隔墙位置可灵活自由布置时，非固定隔墙的自重应取每延米长墙重（kN/m）的1/3作为楼面活荷载的附加值（kN/m²）计入，附加值不小于1.0kN/m²。

2 建筑识图

2.1 建筑施工图的一般概念

2.1.1 建筑施工图的种类

1. 建筑物的分类

（1）工业建筑。工业建筑主要是指为工业生产所建造的房屋。根据使用性质的不同，工业建筑可分为生产建筑（如各种厂房）和附属建筑（如仓库、变电所等）两种。

（2）民用建筑。民用建筑主要是指为人们日常生活需要所建造的房屋。根据使用性质的不同可分为住宅建筑和公用建筑（如学校、商店、俱乐部）两种。

（3）在建筑工程中根据结构特点又有建筑物和构筑物之分。

2. 结构的分类

（1）木结构。主要是指用木材来承受荷重的房屋。

（2）混合结构。主要是指以砖砌体来承受竖向荷重，以钢筋混凝土楼板、钢筋混凝土屋架、屋面板，或木楼板、木屋架、瓦屋面等多种材料来承受荷重的房屋。

（3）钢结构。主要承重结构（如柱、梁、屋架）都是以型钢制成的房屋。

（4）钢筋混凝土结构。主要承重结构（柱、梁、屋架、板）都是以钢筋混凝土制成的房屋。

3. 施工图的分类

（1）初步设计或扩大初步设计图，亦称草图或方案图。

（2）施工图。在扩初设计的基础上，经过结构计算、建筑造型而绘制出完整的用来作为施工依据的图纸，称施工图。

（3）标准图，亦称通用图。是经权威部门审定批准、可以通用的统一标准图集。有国家标准（称国标）和地方标准（称省标、地区标或市标），选用标准图集可减轻重复设计工作量，减少蓝图。

（4）重复使用图。一般是设计单位绘制的可以重复使用的图纸。

4. 建筑施工图的种类

（1）建筑总平面图：它是说明建筑区域整体布局的图纸。图上应标出新建筑物的位置、外形、朝向、方位，以及建筑物周围环境、道路、绿化、水源、电源干线的位置。有的总图上还标出等高线、坐标网、控制点等标志。

（2）建筑施工图：建筑施工图是说明房屋建造的规模、尺寸和细部构造的图纸。这类图纸的目录编号常写为“建施×”，也有用汉语拼音字母“J”来代表建筑图的。建筑图包括平面图、立面图、剖面图、详图以及说明等。

（3）结构施工图：结构施工图是说明房屋骨架结构的类型、尺寸、使用材料、构件节点详图的图纸。图纸目录编号常写为“结施×”，也有用“G”来代表结构图的。结构施工图包括平面布置图、剖面图、构件详图以及说明等。基础施工图归属于结构图中。

（4）暖卫施工图：暖卫施工图说明房屋的卫生设备，上、下水管道，以及煤气和通风设备的构造情况。它分为平面图、透视图、详图等。图纸编号常写为“暖施×”。也有用“S”代表给排水，用“K”代表暖卫空调的。

（5）电气施工图：电气设备施工图是说明房屋电气设备，线路走向，材料规格、数量和安装方法的图纸。它亦分为平面图、系统图、详图等。图纸编号常写为“电施×”。也有用“D”代表电气的。

2.1.2 建筑施工图上的符号、名称

施工图上的各种符号和标注方式是按《房屋建筑制图统一标准》（GB/T 50001—2001）规定来表示的。

1. 线条

线型分为实线、点划线、虚线、折断线、波浪线等，见图 2-1。按线的宽度分为粗、中、细三种。

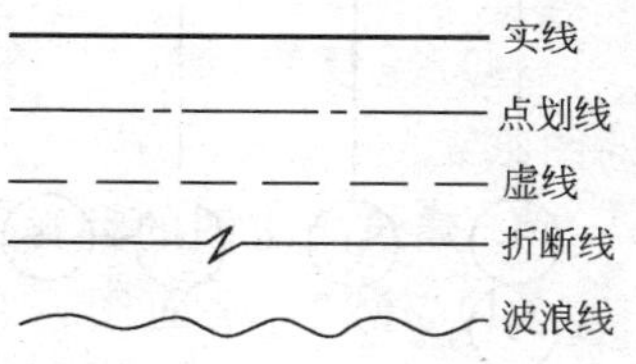

图 2-1 线型

（1）轴线：表示建筑物的主要结构或墙体平面位置。轴线一般应编号，在图上水平方向的编号采用阿拉伯数字，由左向右依次注写；在图上竖直方向采用英文大写字母，由下向上依次注写，见图 2-2。有时一个详图适用于几个轴线

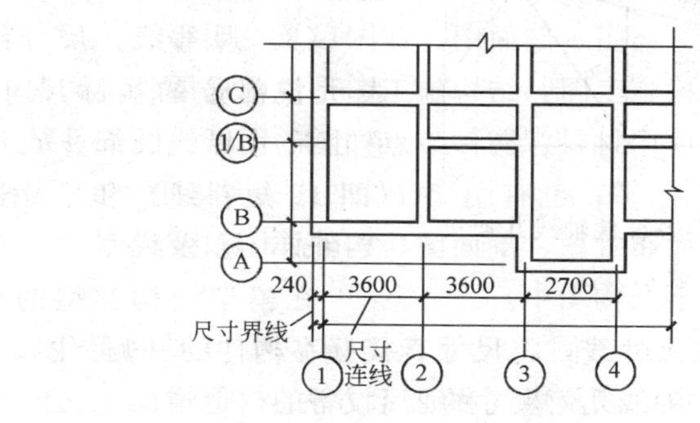

图 2-2 轴线

时，应将有关轴线的编号都注明。注法见图 2-3。图 2-3（*a*）表示适用于 1、3 两个轴线。图 2-3（*b*）表示用于 3、6、9 三个轴线。图 2-3（*c*）表示用于 1 至 15 连续编号的轴线。图 2-3（*d*）表示可以通用。图 2-3（*e*）表示所在轴线与其他轴线的关系。两个轴线之间若有附加轴线时，轴线编号就用分数表示，分母表示前一个轴线的编号，分子表示附加轴线的编号。见图 2-3（*f*）。

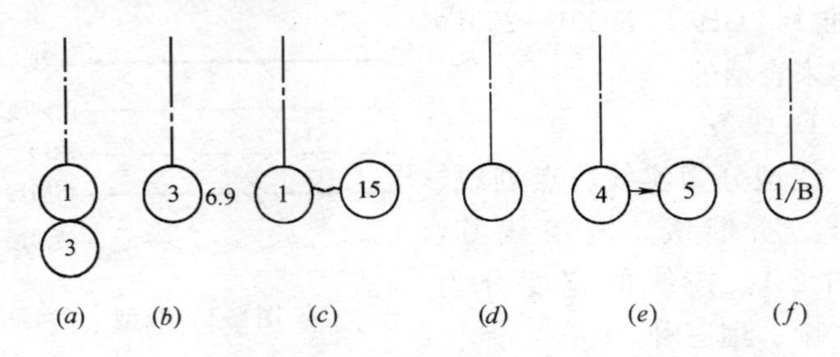

图 2-3　各类轴线标注方法

（2）中心线：中心线是表示墙体或构件中心位置的。它与轴线有的重合，有的不重合（称为偏中）。

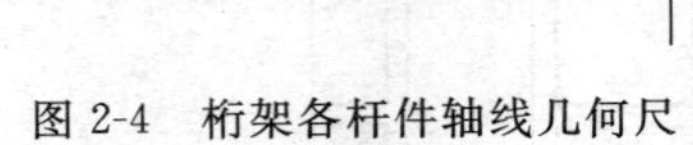

（3）尺寸线：尺寸线表示各部位的实际尺寸。它由尺寸界线、起止点线（即 45°短斜线）和尺寸连线组成，见图 2-2。

在桁架结构类型的单线图中可省去尺寸线，将尺寸直接标在构件的一侧。图 2-4 是桁架各杆件轴线几何尺寸的表示方法。

图 2-4　桁架各杆件轴线几何尺寸表示方法

（4）剖切线：图上的剖切线表示剖面图是从这里剖切

的。注字的一侧（或箭头方向）表示人的视图方向。为能剖切在有代表性的位置，剖切线有时为转折切线。

（5）引出线：因为图面上书写部位尺寸有限，而用引出线把要书写的文字引到图面适当位置加以注解，引出线形式见图 2-5。

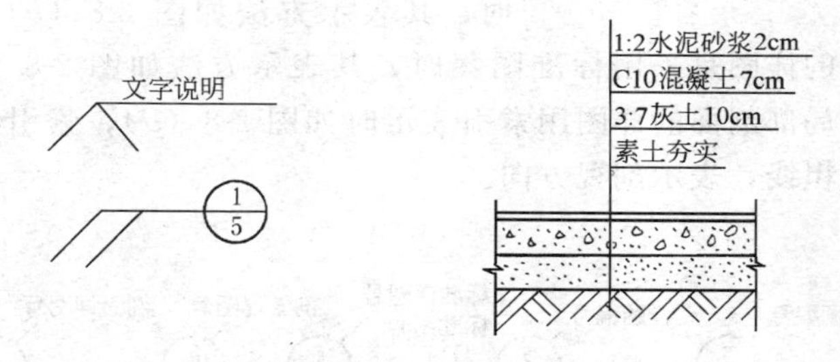

图 2-5 引出线

（6）折断线：折断线是绘图时为了少占图面而把不必要的部分省略不画的表示方法，如图 2-6 所示。

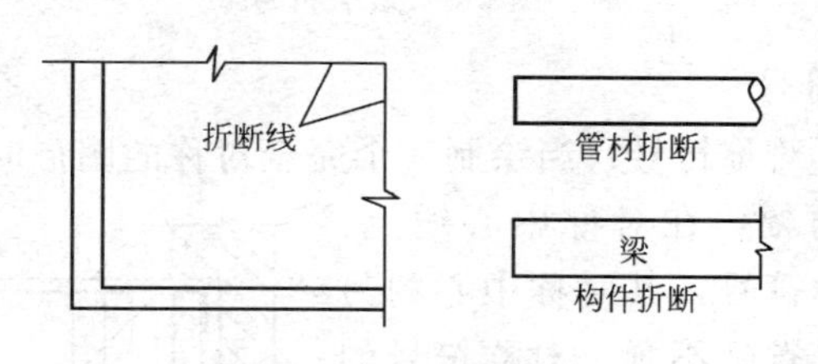

图 2-6 折断线

（7）虚线：虚线表示的是构件视线看不见的背面或内部必要的轮廓线；或是某些物体位置的轮廓线。

（8）波浪线：为表示构件的内部构造，常用波浪线将局部划开，画出内部构造层次。图 2-7 为用波浪线勾出的柱基配筋图。

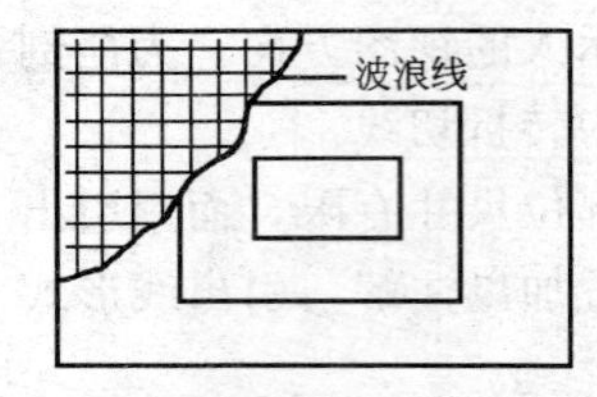

图 2-7　波浪线

2. 索引标志

索引标志是表示图上该部分另有详图的意思。如索引的详图在本张图纸上时，其表示方法如图 2-8（a）。所引的详图不在本张图纸上时，其表示方法如图 2-8（b）。若所引的详图是采用标准图集时，其表示方法如图 2-8（c）。构件局部剖面的详图用索引表示时如图 2-8（d），索引线上的短粗线，表示剖视方向。

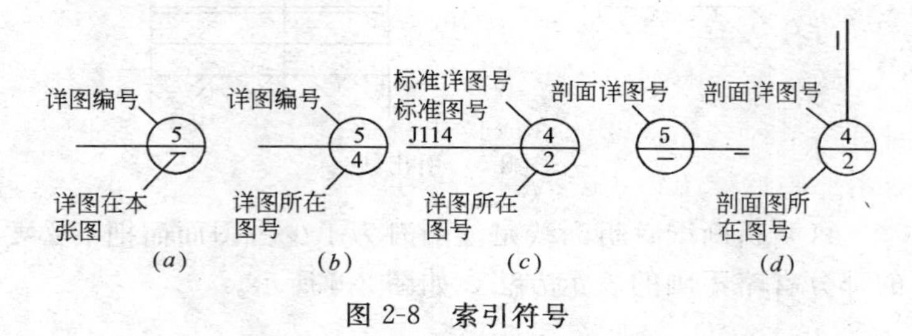

图 2-8　索引符号

3. 符号

（1）对称符号：当绘制一个完全对称的图形时，为了节省图纸篇幅，在对称中心线上，绘上对称符号，其对称中心的另一侧可以省略不画。对称符号的表示方法如图 2-9。

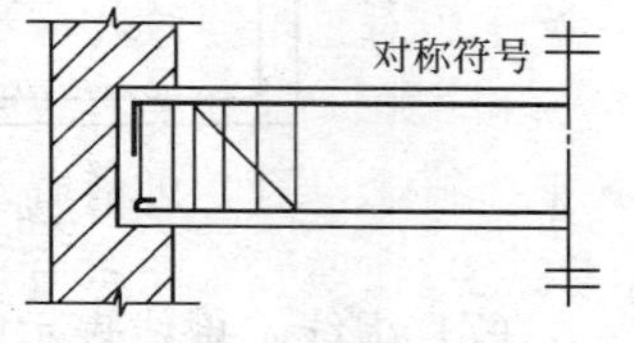

图 2-9　对称符号

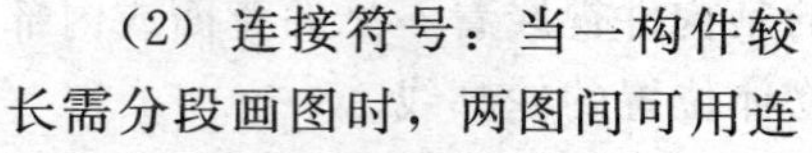

（2）连接符号：当一构件较长需分段画图时，两图间可用连接符号表示，如图 2-10（a）若两构件仅有一部分不同时，可只画另一构件不同部分，然后用连接符号表示，两连接符号应对齐在一条直线上，如图 2-10（b）。

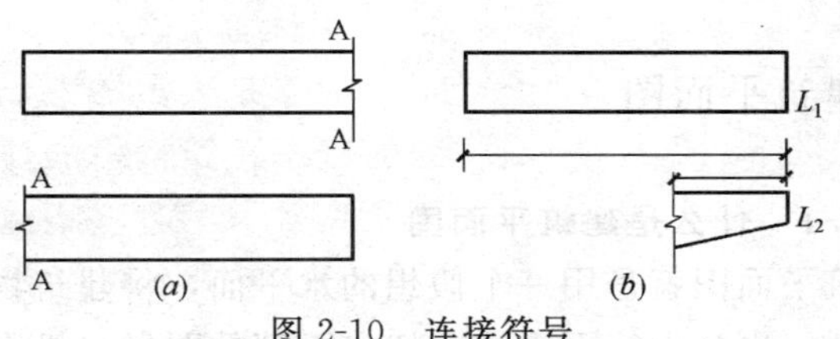

图 2-10 连接符号

2.1.3 看图的方法和步骤

（1）看图的顺序一般是：先建筑图，后结构图；先平面，后立（剖）面；先轮廓，后细部；先粗后细，不要东看一下西看一下，要有规律地循序渐进地看。

（2）拿到图纸后，应先看一遍目录，了解本工程是什么建筑，工程名称，设计单位，建设单位，共有多少张图纸，选用那些标准图，按图纸编号核对图纸是否齐全。

（3）看设计说明，了解工程概况、技术要求、使用材料、装饰情况以及建筑面积、使用功能等。

（4）阅图一般是按图纸目录顺序往下看，先看平面图，了解建筑物的长度、宽度、房间布局，开间、进深、轴线尺寸等，再看立面图、剖面图。一般看完平、立、剖面以后，在脑子中对整个建筑物应形成一个立体形象，能想象出它的规模和轮廓，这就要有较强的空间概念和形象思维能力。有了整体概念以后，可沿着建筑、结构、详图的顺序看图。

（5）在通看全图以后，再侧重重点阅图，详细熟悉与自己工作有关的那部分图纸。其中还要先熟悉马上要施工的那一部分。

（6）在熟悉图纸过程中，还要把建筑图和结构图互相对照审视，各项尺寸是否交圈相符，操作中是否有难度。发现问题应做好记录，并及时向有关人员反映。

2.2 建筑平面图

2.2.1 什么是建筑平面图

建筑平面图就是用一个假想的水平面，将建筑物沿窗口位置切开，再从上往下看这个切口下部的图形（投影到水平面上），即为该建筑物的平面图。

2.2.2 看图顺序及应记住的主要数据

(1) 先看图标，了解图名、图号、是那一层平面图、比例等。

(2) 看房屋内部布局，房间用途，地坪标高，内墙位置、厚度，内门、窗的位置、尺寸和编号，有关详图的编号、内容等。

(3) 看房屋的朝向，外围尺寸，有几道轴线，轴线间距尺寸，外门窗的尺寸和编号，有无墙垛，外墙厚度。

(4) 看剖切线的位置、编号，以便看剖面图时互相对照。

(5) 看与水、暖、电、安装有关的部位、内容，如暖气，电表箱位置、预留孔洞等。

(6) 选用哪几种标准图集和图集的编号。

2.2.3 看平面图的步骤和方法

现以图 2-11 为例看图。

(1) 从图标中可以看到这是一座小学教学楼，本张图为首层平面图。

(2) 从图内看（一般是沿人流方向由入口往里看）进大门是一个门厅、中间有一条走廊，共 6 个教室，2 个办公室，2 个楼梯间及贮藏室，还有男、女厕所各 1 间。楼梯间、

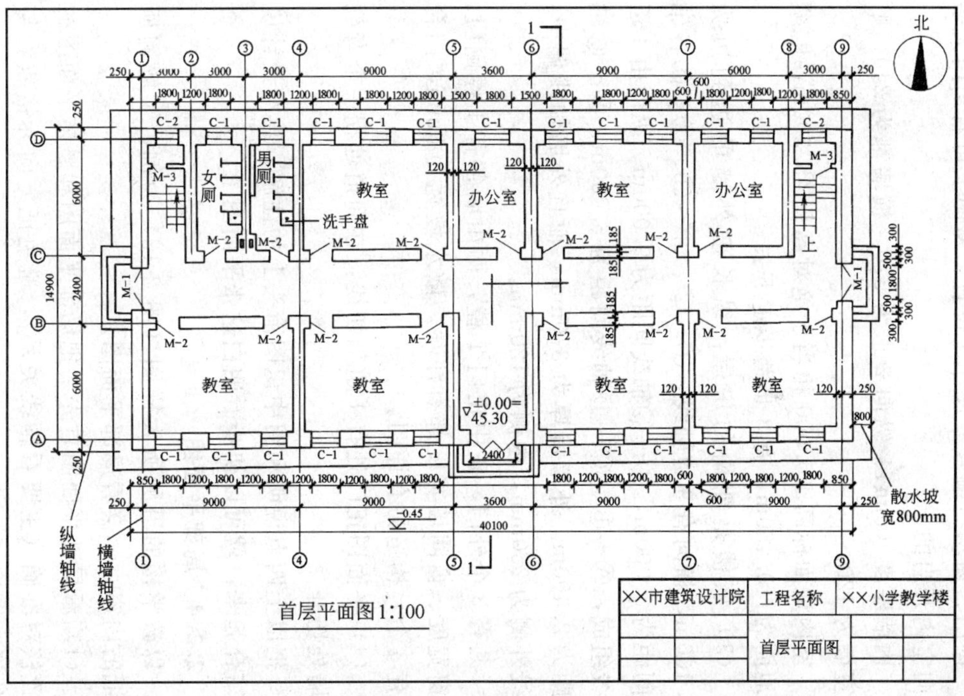

北
教室
办公室
女厕
男厕
洗手盘
上
±0.00=45.30
-0.45
散水坡
宽800mm
纵墙轴线
横墙轴线
首层平面图 1:100
××市建筑设计院
工程名称
××小学教学楼
首层平面图

图 2-11 建筑平面图

厕所间都另有详图。

内门、窗均有编号、尺寸、位置，从图上可看出门大多是向室内开启的。

内墙厚度（mm）：纵向 2 道为 370，横墙都为 240，贮藏室墙为 120。

室内地面标高±0.000 相当于绝对高程 45.300m，贮藏室地面为－0.450m，有 3 步踏步走下去。

（3）该楼是朝南的房屋，纵长度外墙的边到边为 40.100m，横向有 9 道轴线，①～②、②～③、③～④各轴线间距为 3.000m，④～⑤轴线间距为 9.000m。纵向由 4 道轴线组成，Ⓐ～Ⓑ、Ⓒ～Ⓓ轴线间距为 6.000m，Ⓑ～Ⓒ轴间距为 2.400m。外墙墙厚为 370mm，而且外墙轴线偏中，轴线外侧为 250mm，内侧为 120mm。

共有 3 个外门，正中正门 1 樘，两山墙各有 1 樘侧门。各窗宽度、窗间墙宽度都有注写。散水坡宽 800mm，门台阶有 3 个，构造另有详图。

（4）平面图正门处有 1 道剖切线，在间道处拐一个弯到北墙处切开。

把以上四点说明和图中识图箭头上的注解，再与设计说明结合起来，就可以初步看明白这张平面图了。

2.2.4 局部平面图

以教学楼的男厕所大样图（图 2-12）为例，了解厕所图纸的内容，学会看局部平面图。

（1）看局部平面图首先要把局部平面图和整体平面图的位置核对准确（主要看轴线关系），避免把方向弄错或者与其他平面图混淆。

（2）从厕所平面图中，看到有 1 个小便池，1 个拖布

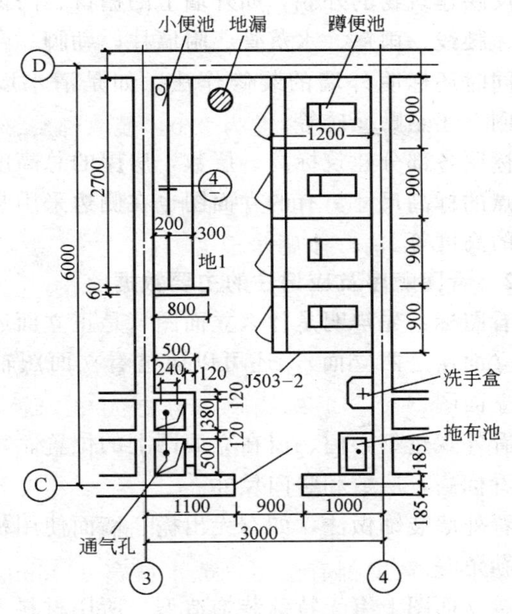

图 2-12　局部平面（大样）图

池，有 4 个蹲位，每个蹲位都有隔断隔开，隔断墙选用的是标准图集。还可看到通气孔、地漏的位置等。

2.3　建筑立面图

2.3.1　什么是建筑立面图

建筑立面图是建筑物的各个侧面，向它平行的竖直平面所作的正投影，这种投影得到的侧视图，称立面图。它分为正立面、背立面和侧立面。有时按朝向分为南立面、北立面、东立面、西立面等，立面图的内容为：

（1）反映建筑物的外貌，如外墙上的檐口、门窗套、出檐、阳台、腰线、雨篷、水落管、附墙柱、勒脚、台阶等构造形式。同时还标明外墙的装修作法，如是清水墙还是抹灰，是水刷石还是贴面砖等。

（2）标明各部分建筑标高、层数，房屋的总高度或突出部分最高点的标高尺寸。有的立面图也在侧边采用竖向尺寸标出窗口的高度等。

2.3.2 看图顺序及应记住的主要数据

（1）看图标：先辨明是什么立面图（是正立面还是背立面，是东立面还是西立面），还可以通过看立面图轴线来辨明是那个立面图。

（2）看外观造型，门、窗在立面图上的位置。

（3）看标高，层数和竖向尺寸。

（4）看外墙装饰做法，如有无出檐、墙面使用材料、颜色，有无勒角等。

（5）看立面图上有无特殊装饰造型、所用材料、颜色。

2.3.3 看立面图的步骤和方法

图 2-13 是立面图，现以这个立面图为例练习看立面图。

（1）看图的外廓尺寸及造型，从立面图轴线可看出这是教学楼的正立面图。该楼为 3 层楼房。女儿墙最高点为 10.500m。首层窗台标高为 0.900m，每层窗身高为 1.800m 每层横向 13 樘窗，各项尺寸均标在侧面。

（2）看外墙的各种装饰做法，从各引出线及文字说明看出，该楼外墙做法为贴白色面砖，窗台出檐处局部为深色，首层窗台以下为大理石勒角：门上雨篷及台阶另有构造详图。

（3）看局部造型及各节点大样详图。

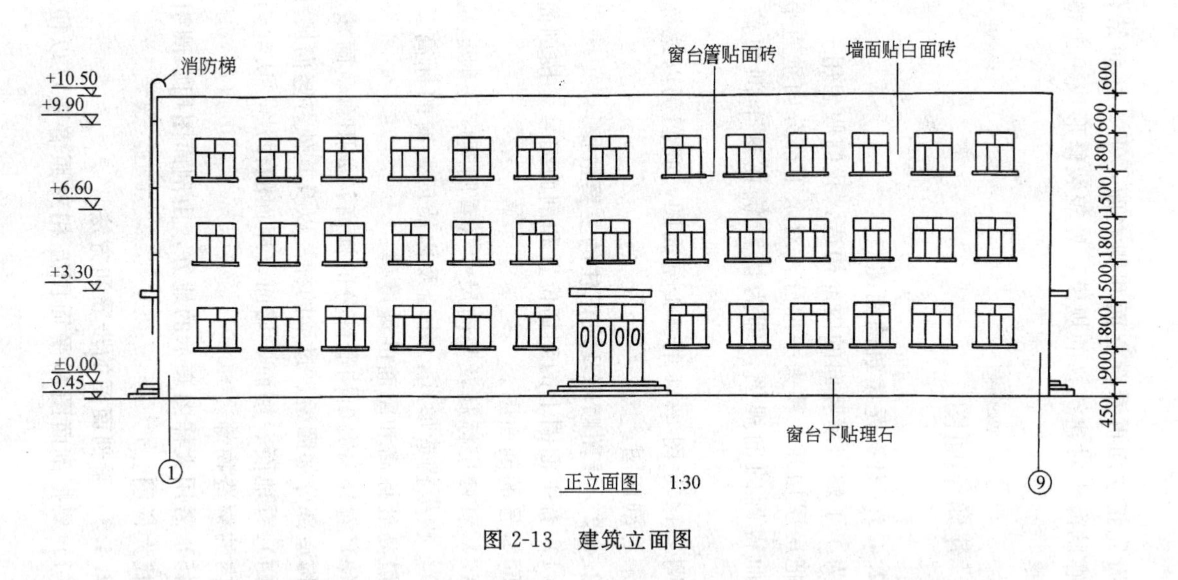

消防梯
窗台簷贴面砖
墙面贴白面砖
+10.50
+9.90
+6.60
+3.30
±0.00
-0.45
600
600
1800
1500
1800
1500
1800
900
450
窗台下贴理石
①
⑨
正立面图 1:30

图 2-13 建筑立面图

看完正立面再看背立面和侧立面，平、立面结合起来，就能在脑海中对建筑物的规模、外貌装修形成一个整体的立体形象。

2.4 建筑剖面图

2.4.1 什么是建筑剖面图

为了了解房屋竖向的内部构造，我们假想用一个垂直的平面把房屋切开，移去一部分，对余下部分向垂直平面作正投影而得到的剖视图，即为该建筑在这个剖切位置的剖面图。

图 2-14 是图 2-11 的 1-1 剖面图，我们仍以这栋教学楼为例来看剖面图。

2.4.2 看图顺序及应记住的主要数据

（1）看平面图上的剖切位置和剖面编号，按剖面编号找到相同编号的剖面图。

（2）看楼层标高及竖向尺寸（看图顺序一般是从底层往上看），楼板构造形式，外墙及内墙门、窗的标高及竖向尺寸，最高处标高和屋面的坡度等。

（3）看外墙突出构造部分的标高，如阳台、雨篷、檐口，墙内构造部分如圈梁、过梁的标高以及其他各竖向尺寸等。

（4）看地面、楼面、墙面、屋面的作法，从剖切处可看出室内的构造物等。

（5）需用大样图表示的地方，由剖面图用圆圈引出，以便查找大样图。

2.4.3 看剖面图的步骤和方法

（1）要把剖面图和平面图互相对照着看，以便加深理

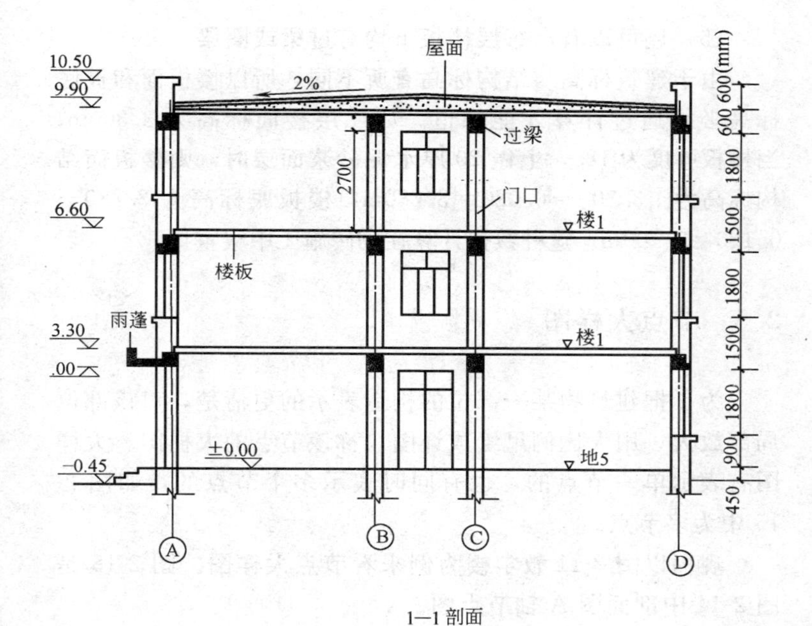

1—1 剖面

图 2-14　建筑剖面图

解。从图上左侧看该教学楼室外地坪为－0.450m，各层标高分别为 3.300m，6.600m 和 9.900m，女儿墙顶标高为 10.500m。

（2）结合立面图可以看到窗的竖向尺寸为 1800，上层窗与下层窗之间的墙高为 1500，窗上口为钢筋混凝土过梁，内门的竖向尺寸为 2700，内门口上亦为钢筋混凝土过梁。

（3）看到屋顶的屋面作法用引出线作了注明，楼面的作法为楼 1，地面作法为地 5 等，这些均可以从材料作法表中查到。

（4）可看出屋面的坡度为 2%，还有雨篷下沿标高为 3.000m。

（5）还可以看出每层楼板下均有过梁或圈梁。

由于建筑标高与结构标高有所不同，所以楼板面和板底标高必须通过计算才能知道。如二层楼面标高为 3.300m，当楼板厚度为 180，上做 20 厚水泥砂浆面层时，则楼板面结构标高为：3.300－0.020＝3.280m，楼板底标高为 3.280－0.180＝3.100m。这种数据计算在砌砖施工中很重要。

2.5　节点大样图

为了把建筑物某一部位的构造表示的更清楚，对该部位局部放大，用大比例尺绘成详图，称该节点的大样图。大样图有表示单一节点的，也有同时表示多个节点的，如图 2-15 中为多节点。

现仍以图 2-11 教学楼为例来看节点大样图。图 2-15 是图 2-14 中剖面图 A 轴节点图。

（1）看图时首先要辨明节点所取的部位，节点编号，节点所在图纸号。然后再到节点所在的图纸上找到该号节点，对号入座。因为一份或一张图纸上可能有多个节点详图，应注意不要张冠李戴。

（2）看图时仔细阅读细部尺寸，构造特点，所用材料，施工做法，有无特殊要求。尤其标准图中的节点图，数字密集，更应仔细阅读。从本大样图中可看出窗台处有挑檐，窗口上有过梁，女儿墙有压顶，还可看到雨篷，台阶、楼面等的剖切情况。大样图是细部进行施工的依据。当整体图中未表示清楚时，应按大样图施工。

（3）看节点图要辨明节点所表示的方向，与所取部位是否一致。节点图要和整体图结合起来对照看，注意核对局部

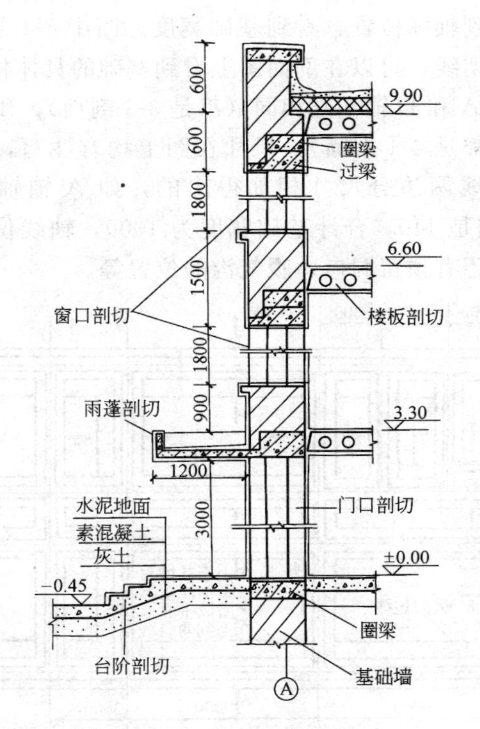

图 2-15　建筑节点大样图

和整体是否一致，在尺寸方面和构造上有无矛盾。

2.6　结构施工图

以小学教学楼为例来看结构施工图。

2.6.1　基础施工图

1. 基础平面图

图 2-16 是小学教学楼的基础平面图，和建筑平面图一

样可以看到轴线位置，看到基础宽度。图中 1-1 至 5-5 是墙基础的剖切线，可以在剖面图上看到基础的具体构造。同时看出其中 A 和 D 轴基础相同（都是 3-3 剖面），B 和 C 轴基础相同（都是 4-4 剖面）。尺寸在图上均有注写，基础的宽度是以轴线两边分尺寸相加得出的，如 A 轴轴线外侧是 560，里侧是 440，合计基础宽度为 1000，轴线位置是偏中的。图上还有预留洞口、暖气沟的位置等。

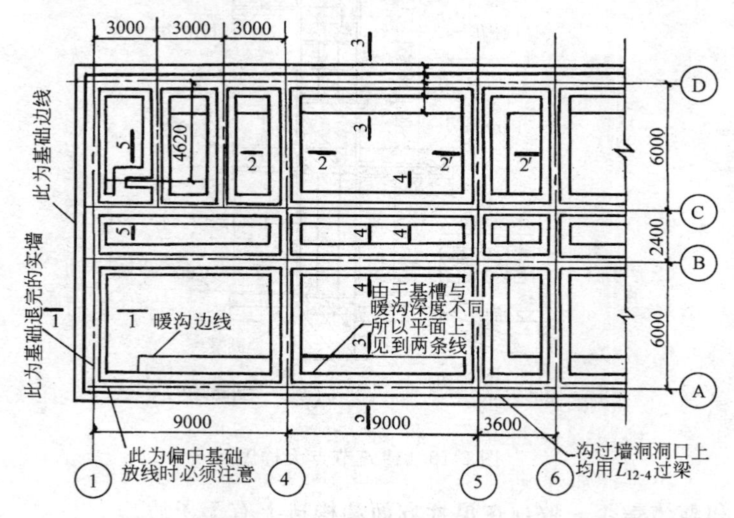

图 2-16　基础平面图（单位 mm）

2. 基础剖面图

为了表明基础的具体构造，在平面图上将不同的构造部位用剖切线标出，如 1-1，2-2 剖面等，详见图 2-17。

3. 看基础图应抓住的关键

（1）平面图纵、横各有几道轴线，轴线尺寸和编号与建筑平面图是否相符，建筑物的总长、总宽是多少。

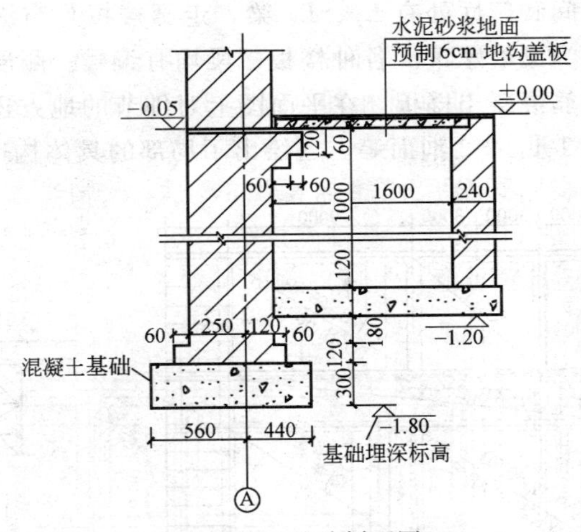

图 2-17 基础剖面图

(2) 每一基础剖面的宽度、底标高、大放脚收退形式，使用材料，墙体宽度，轴线是偏中还是正中，偏中偏向哪一侧、偏多少。

(3) 每条轴线都是哪个剖面，每一剖面的起止点在什么位置。预留洞口的位置、标高、出檐、留槽形式等。

认真熟悉基础图纸是放线工作的关键，如果弄错了到基础施工完毕才发现将很难补救。

2.6.2 结构施工图

仍以小学教学楼为例，取它的首层顶板（也就是二层楼面）结构平面图，作为看结构平面图的例子。

1. 结构平面图

从图 2-18 中我们可以看到墙体和楼板布置形式。在大教室房间预制楼板是与横墙平行摆放的，即外墙和内纵墙承重。在⑤～⑥轴间预制楼板是与横轴垂直摆放的，即横墙承重。楼梯间和门厅处有 L_1、L_2 梁，走廊楼板是与纵墙垂直摆放的，为纵墙承重。各种楼板、梁均有编号。厕所的楼板为现浇钢筋混凝土楼板，在平面图上对细节的地方还画有剖切线，如 1-1，2-2 剖面等。还绘出了局部的具体构造图。

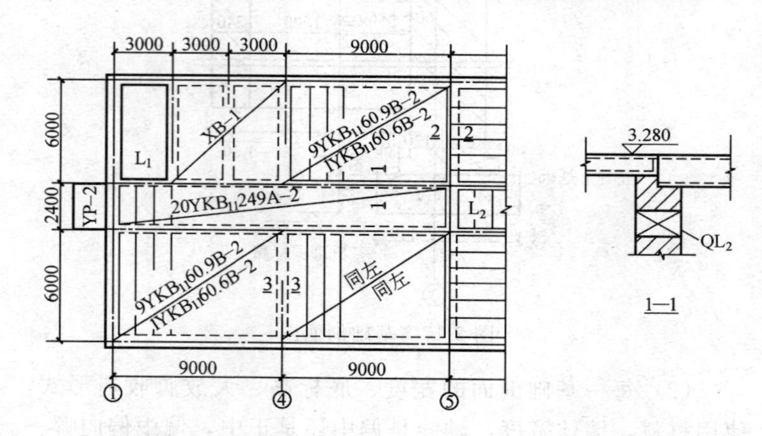

图 2-18　结构平面布置图

2. 结构构件图

结构构件包括预制构件和现浇构件。构件的编号形式一般为：

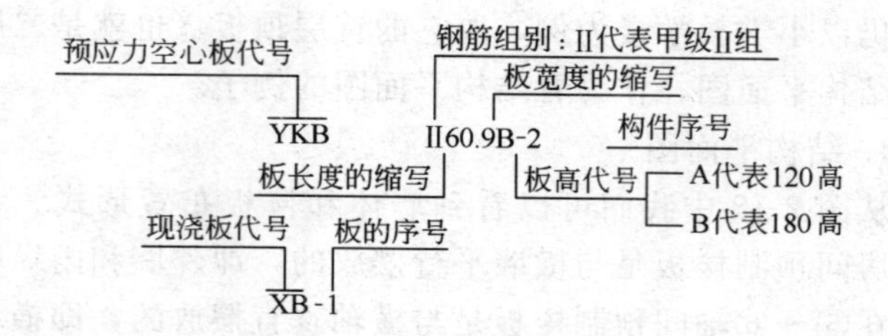

构件编号前面的数字表示构件的数量。

从平面图中可看出，每间教室为 9 块 6.0m 长，900mm 宽，180mm 高的预应力空心板另加 1 块 6.0m 长，600 宽，180 高的预应力空心板。①～⑤轴走廊为 20 块 2.40m 长，900 宽，120 高的预应力空心板。全部数清各种型号、规格的构件数量后，就可提出构件加工计划表，按构件图进行施工。

3. 构件配筋图

（1）图 2-19 是 1 根简支梁。钢筋混凝土构件分模板图和配筋图两种，表示构件外形尺寸和预埋件位置的图，称模板图。

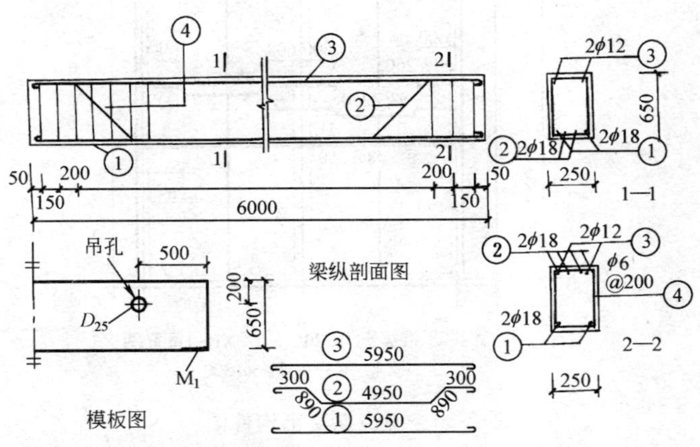

图 2-19 钢筋混凝土构件图（单位 mm）

从图上可以看出梁的长度为 6000，断面为矩形，梁高 650，梁宽 250。模板图上梁端底部有 M_1 铁件，并且有一圆孔，另外从配筋图可看出共有①～④号钢筋，钢筋图形上有各部分的尺寸，从配筋纵剖面和横剖面上可辨明各号钢筋在梁内的位置。

（2）图 2-20 是小学教学楼厕所部分的现浇板，可以看出板厚为 80，配筋形式为连续配筋的双跨板，每跨为 3.0m，图下面还有施工说明。

4. 看结构图应记住的数据

（1）钢筋的钢种、规格、数量、间距、钢筋断开或搭接的位置，箍筋变换间距范围等。

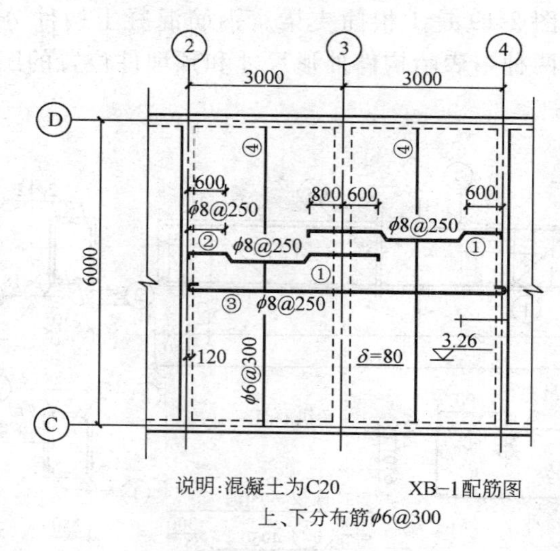

图 2-20　现浇混凝土构件图

（2）构件规格、型号、荷载等级、数量、使用部位，更应注意构件编号的角标，预埋件的位置和安装时的方向，当选用的标准图集有修改（如长度修改）时，要看清改后的数值。

（3）节点构造、构件施工技术要求、结构尺寸与建筑尺寸有无矛盾。

2.7 标准图集

2.7.1 标准图集的一般知识

根据新规范，新标准的要求，近年来对原有标准图集进行了修改，出版了一批新图集。目前使用的标准图集中有全新版本、对原图做局部修改本及原图版本。

标准图集分整套图集、单行本和合订本三种。

1. 标准图集的封面形式

在图集的封面上以明显的文字标题，表示出图集的构件名称和类别，一看就知道是什么标准图。如表 2-1 所示。

表 2-1

图集号	图集名称	主编单位	标准类别	备注
01SG515	轻型屋面梯形钢屋架	中国建筑标准设计研究院	试用图	与局部修改版 01(04) SG515 配合使用
00G514-6	吊车轨道联结及车挡	北京钢铁设计研究总院	标准图	与局部修改版 00(04) G514-6 配合使用
03J601-2	〈木门窗（部品集成式）〉	中国建筑标准设计研究院	标准图	新编
…	…	…	…	…

（1）现行“国家建筑标准”图集，图集号的编排规则表示方法

单行本图集号的编排规则如下：

例 98SG212-1

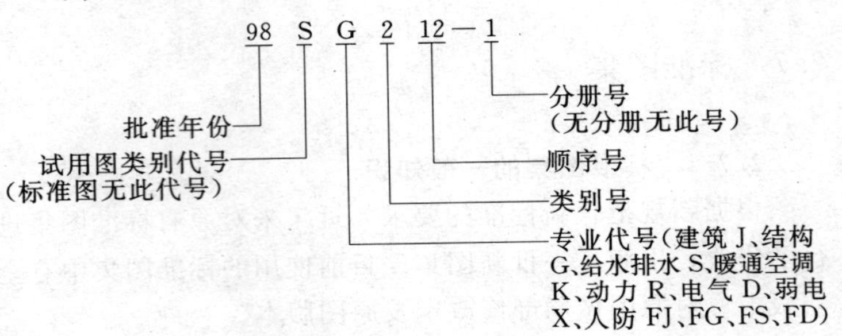

合订本图集号编排规则如下：

例：G211-1～4（2002 年合订本）

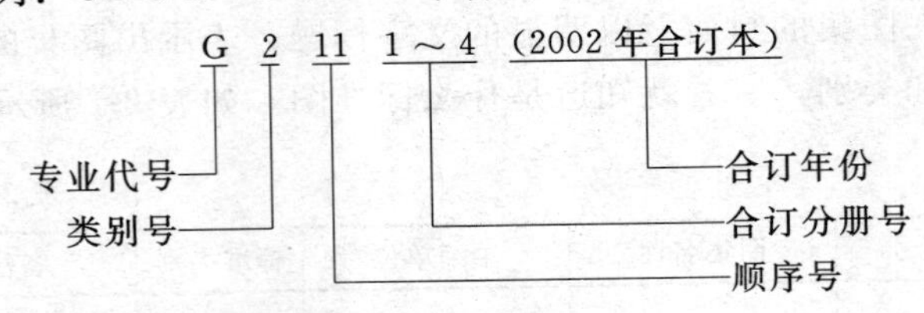

参考图集号编排规则如下：

例 04CJ01-1

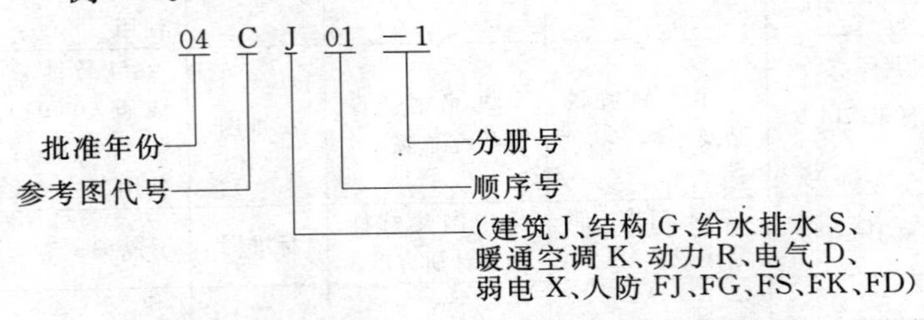

对于目前尚不能按照新规范全面修改的部分图集，编制了符合新规范要求的局部修改版，与原图集配合使用。局部修改版图集编号示例：原图集号 93G320，局部修改版图集号为 93（03）G320。原图集号 98G517，局部修改版图集号为 98（04）G517。

（2）目前发行“标准图集”的分类专业及代号　建筑—J，结构—G，给水排水—S，暖通空调—K，动力—R，电气—D，弱电—X，人防—FJ，FG，FS，FK，FR，FD。

2. 图集的内容

（1）说明：内容有一般说明，设计依据，选用方法，采用材料，施工制作与安装技术要求和经济指标等。

（2）施工详图和节点大样图，内容有构件全图，选用表，构件尺寸、规格、数量、重量，混凝土构件的模板图、配筋图、配件图等。

（3）材料用量表，按不同型号、规格分别编制成材料明细表。

2.7.2　看图顺序及应记住的数据

1. 钢筋混凝土构件图

标准图种类很多，我们仍以小学教学楼所用空心板为例。

空心板的编号为 YKB_{II} 60，9B—2，选用图集为龙 G401（地方标准图），图名《预应力混凝土空心板》，看图顺序是：

（1）首先看清设计图上所选用标准图集编号，和构件名称，然后按图号查找图集。

（2）拿到图集后，先看说明的选用方法，了解本图集的设计依据，采用材料，施工制作和安装的技术要求。

（3）按空心板编号在图册上找到该板的有关数据，如在图集第 6 页空心板选用表中找到我们要采用的板编号 YKB_{II} 60，9B—2（见表 2-2）。

表 2-2

900×180 预应力空心板选用表

构件编号	构件长度(mm)	允许荷载(N/m^2)	允许弯矩(N·m)	预应力筋根数 $n\phi^{b}$	钢筋重量(kg)	含钢量(kg/m^3)	混凝土体积(m^3)	板重(kg)
……		…	…	…	…	…		
YKBⅡ 57.9B-4	5680	6650	23300	23ϕ5	20.7	45.4	0.456	1140
YKBⅡ 60.9B-1		4950	19350	19ϕ5	18.0	37.5		
YKBⅡ 60.9B-2	5980	5450	21350	21ϕ5	20.0	41.5	0.480	1205
YKBⅡ 60.9B-3		5950	23300	23ϕ5	21.8	45.5		

通用图	构件选用表(甲级Ⅱ组冷拔低碳钢丝)	龙 G401	
1975		页	6

(4) 按空心板的规格再到图集第 15，16 页上找到该板的模板图及配筋图，如图 2-21。

通过以上看图，明确了该板的设计条件，采用材料，预应力筋技术指标，配筋形式，构件尺寸，以及施工与安装过程的一系列数据。

2. 木构件图（门窗）

门窗的标准图有很多，有国家标准还有地方标准如 01SJ606—住宅门，03SJ601—木门窗等等，看图时一定要明确施工图中选用的是哪种图集，辨明门窗在图集中的编号。

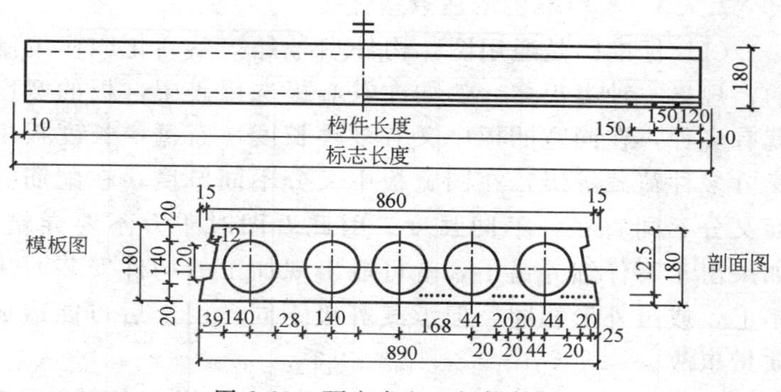

图 2-21　预应力空心板构件图

（1）木门选用编号的规则是：

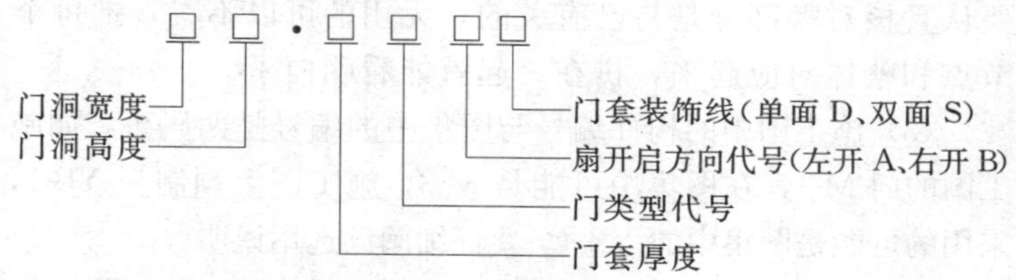

（2）木窗选用编号的规则是：

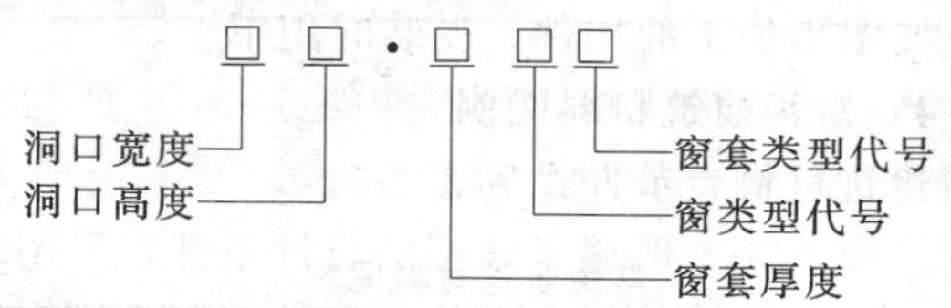

门窗图集中每个代号都代表某种用途或造型，每种造型都有对应的节点大样，看图时要认准代号的含义，采用有用节点，放弃无关数据，立面尺寸和节点大样结合起来才能构成完整图形。由于图集的设计单位不同，对构件编号的表示方式也有不同，使用图集时要灵活掌握识图方法，不要弄错了。

2.7.3 看标准图应注意些什么

(1) 标准图是通用图，构件型号是按系列化顺序编制的，规格、种类很多。例如在空心板选用表中，板的宽度就有多种，在同宽的板中又有多种长度，而每一长度板中又分多种荷载等级，在同宽板中又分不同厚度，在配筋方面又分不同直径，不同强度。因此看图时千万不要弄错。如果由于不仔细弄错了，就可能出现加工的构件安装时用不上，或虽外形相同，但承载等级不同，用上后可能造成质量事故。

(2) 标准图集一般图幅很小，且各种图样密密麻麻布满图面，有的字体很小，初学者会感到眼花瞭乱，看图时首先要认真核对哪部分是与己有关的，无用的可以不看，把每个节点和整体对应起来，拼在一起就能看明白了。

(3) 施工图中的构件编号与图集中的编号是两码事，如施工图的门 M-1，在图集中可能是 M-3，施工图上预制板 YB-1，采用的可能是图集中的 YB-4。要仔细阅读选用说明。

(4) 单体构件图要和安装部位对照看，核对尺寸是否相符、防止按图集加工的构件，安装时用不上。

2.7.4 常用建筑材料图例

常用建筑材料表示方式见表 2-3。

常用建筑材料图例　　表 2-3

序号	名　称	图　　例	备　　注
1	自然土壤		包括各种自然土壤
2	夯实土壤		
3	砂、灰土		靠近轮廓线绘较密的点

续表

序号	名 称	图 例	备 注
4	砂砾石、碎砖三合土		
5	石材		
6	毛石		
7	普通砖		包括实心砖、多孔砖、砖块等砌体。断面较窄不易绘出图例线时，可涂红
8	耐火砖		包括耐酸砖等砌体
9	空心砖		指非承重砖砌体
10	饰面砖		包括铺地砖、马赛克、陶瓷锦砖、人造大理石等
11	焦渣、矿渣		包括与水泥、石灰等混合而成的材料
12	混凝土		1. 本图例指能承重的混凝土及钢筋混凝土 2. 包括各种强度等级、骨料、添加剂的混凝土 3. 在剖面图上画出钢筋时，不画图例线 4. 断面图形小，不易画出图例线时，可涂黑
13	钢筋混凝土		
14	多孔材料		包括水泥珍珠岩、沥青珍珠岩、泡沫混凝土、非承重加气混凝土、软木、蛭石制品等
15	纤维材料		包括矿棉、岩棉、玻璃棉、麻丝、木丝板、纤维板等
16	泡沫塑料材料		包括聚苯乙烯、聚乙烯、聚氨酯等多孔聚合物类材料

续表

序号	名　称	图　例	备　注
17	木材		1. 上图为横断面，上左图为垫木、木砖或木龙骨 2. 下图为纵断面
18	胶合板		应注明为×层胶合板
19	石膏板		包括圆孔、方孔石膏板、防水石膏板等
20	金属		1. 包括各种金属 2. 图形小时，可涂黑
21	网状材料		1. 包括金属、塑料网状材料 2. 应注明具体材料名称
22	液体		应注明具体液体名称
23	玻璃		包括平板玻璃、磨砂玻璃、夹丝玻璃、钢化玻璃、中空玻璃、加层玻璃、镀膜玻璃等
24	橡胶		
25	塑料		包括各种软、硬塑料及有机玻璃等
26	防水材料		构造层次多或比例大时，采用上面图例
27	粉刷		本图例采用较稀的点

注：序号1、2、5、7、8、13、14、16、17、18、22、23图例中的斜线、短斜线、交叉斜线等一律为45°。

3 水准仪及高程测量

3.1 高程的概念

施工测量中经常用到绝对高程，高差，设计高程，相对高程，建筑标高等名词术语，它们的意义如下。

3.1.1 绝对高程

自然地面是起伏不平的，要衡量地面上某一点的高度，就要确定一个基准。我国规定以青岛验潮站经长期对海水面的观测，取其海水面的平均值，作为大地水准面的基准。其高程值确定为零。并在青岛建立了水准原点，水准原点的高程为 72.260m。目前我国采用的是“1985 年国家高程基准”，全国的高程系统都是以它为基准测算出来的。

地面上某一点到大地水准面的铅直高度，称该点的绝对高程，也叫海拔。如珠穆朗玛峰的高度是海拔 8848.13m，也就是说它比大地水准面高 8848.13m。

3.1.2 高差

地面上两点间的高程之差，叫高差。

如果地面上两点的高程为已知，那么两点间的高差就可计算出来了。图 3-1 中 B 点对 A 点的高差为：

$$h_{AB}=H_{B}-H_{A} \tag{3-1}$$

【例 1】 图 3-1 中已知 A 点高程 $H_{A}=42.700\text{m}$，B 点高程 $H_{B}=63.200\text{m}$，求两点间高差 $h_{AB}=?$

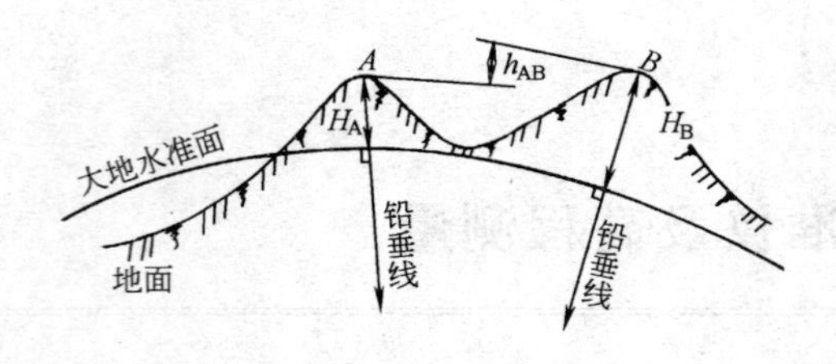

图 3-1　大地水准面与高程

【解】 B 点对 A 点的高差

$$h_{AB}=H_B-H_A=63.200-42.700=20.500\text{m}$$

3.1.3　建筑标高

在工程设计中，每一个独立的单位工程（一栋楼、一座水塔）都有它自身的高度起算面，叫±0.000（±0.000 一般取建筑物首层室内地坪高度）。建筑物结构本身各部位的高度都是以±0.000 为起算面算起的相对高度，叫建筑标高。如图 3-2 厂房吊车轨顶标高为 9.000m，是指它比±0.000高 9.000m，基础深－2.000m，是指比±0.000 低 2.000m，如果建筑物两部位的标高已知，其高差就可以计算出来。如某建筑物窗过梁底标高为 4.500m、窗台标高为 1.200m，那么窗高为

$$4.500-1.200=3.300\text{m}。$$

3.1.4　建筑标高与绝对高程的关系

工程设计者在施工图上明确给出该单位工程的±0.000 相当于绝对高程×××m，这个确定±0.000 的绝对高程值叫设计高程，也叫设计标高。在一个建筑群中各单位工程设计高程可能相同，也可能不相同，在山区建设中有时相差很大。

绝对高程是确定建筑物±0.000 的依据，但不介入结构

本身的高度计算。±0.000 一经建立后，建筑物在施工过程都以±0.000 为起算面来测定各部位的标高。在图 3-2 中±0.000 相当于绝对高程 119.800m。窗台比±0.000 高 1.000m，我们只能说窗台标高是 1.000m，而不能写成窗台标高是 120.800m；基础深比±0.000 低 2.000m，只能说基础深−2.000m，不能说基础深 117.800m。因此，绝对高程与建筑标高是有联系的两个概念。

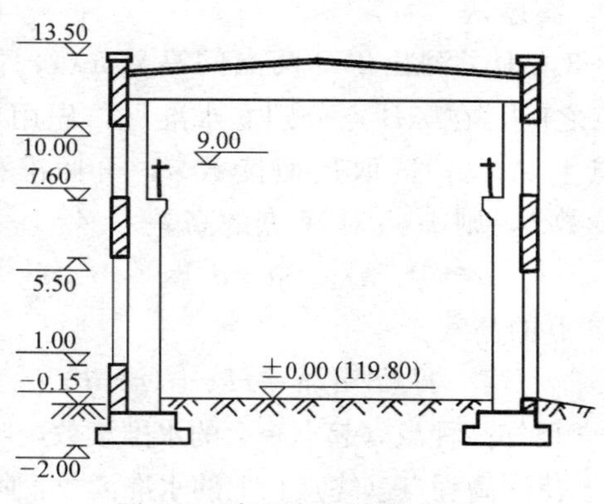

图 3-2　高程与标高的关系

3.1.5　相对高程

在局部地区施工测量中，也可不用绝对高程，而是选定某一点作为假定水准面，作为高程起算面。与假定水准面的高差，称相对高差，用相对高差推算出的高程称相对高程。如在建设工程中，常以原有建筑物地面或路边石为基准来确定新建工程的±0.000。需注意的是在选定相对高程时一定要考虑新建工程的排水、管网、道路与外部的衔接关系，避免造成坡度矛盾。同时还需考虑挖填土方量的合理平衡。

3.2 水准测量的原理

水准仪的主要功能就是它能为水准测量提供一条水平视线。水准测量就是利用水准仪所提供的水平视线直接测出地面上两点之间的高差，然后再根据其中一点的已知高程来推算出另一点的高程。

3.2.1 高差法

见图 3-3，为了测出 AB 两点间高差 h_{AB}，把仪器安置在 AB 两点之间，在 AB 点分别立水准尺，先用望远镜照准已知高程点上 A 尺，读取尺面读数 a，再照准待测点上 B 尺，读取读数 b，则 B 点对 A 点的高差

$$h_{AB}=a-b \tag{3-2}$$

待测 B 点的高程

$$H_B=H_A+h_{AB}=H_A+(a-b) \tag{3-3}$$

式中 a——已知高程点（起点）上的水准读数，叫后视读数；

b——待测高程点（终点）上的水准读数，叫前视读数。

"+"号为代数和。用后视读数减去前视读数所得的高差 h_{AB}有正负之分，当后视读数大于前视读数时（图 3-3a），高差为正，说明前视点高于后视点；当后视读数小于前视读数时（图 3-3b），高差为负，说明前视点低于后视点。

【例 2】 图 3-3a 中已知 A 点高程 $H_A=122.632$m，后视读数 $a=1.547$m，前视读数 $b=0.924$m，求 B 点高程 $H_B=?$

【解】 B 点对 A 点的高差

$$h_{AB}=a-b=1.547-0.924=0.623\text{m}$$

B 点高程

$H_B = H_A + h_{AB} = 122.632 + 0.623 = 123.255\text{m}$

【例 3】 图 3-3*b* 中已知桩顶标高为±0.000，*A* 点后视读数 $a=1.250\text{m}$，*B* 点前视读数 $b=2.730\text{m}$，求槽底标高 $H_B=?$

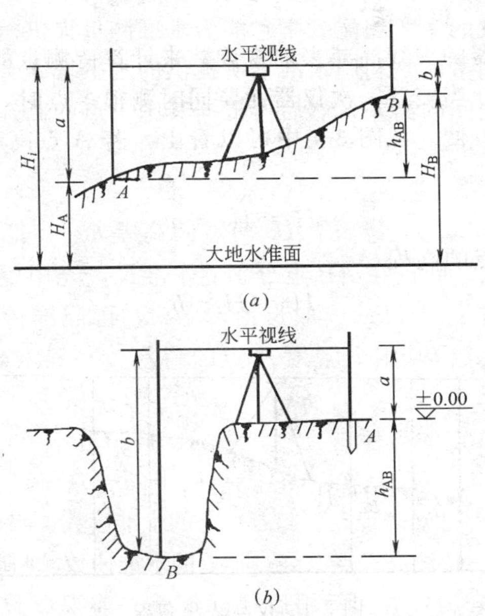

图 3-3　水准测量原理

【解】 *B* 点对 *A* 点的高差

$$h_{AB} = a - b = 1.250 - 2.730 = -1.480\text{m}$$

槽底标高

$$H_B = H_A + h_{AB} = 0.00 + (-1.480) = -1.480\text{m}$$

槽底深度和槽底标高并不是一码事，槽底标高是相对于±0.000 而言，槽底深度是相对于后视点而言。假如本例中的桩顶标高不是±0.000，而是+4.000m，那么

$$H_B = H_A + h_{AB} = 4.000 + (-1.480) = 2.520\text{m}$$

这时槽底标高是 2.520m，而槽底深度相对于桩顶来说仍然是 1.480m。这种槽底高于±0.000 的情况在山区阶梯形建筑中经常遇到。

3.2.2 仪高法

用仪器的视线高减去前视读数来计算待测点的高程，称为仪高法。当安置一次仪器而要同时测很多点时，采用这种方法比较方便。从图 3-4 中可以看出，若 A 点高程为已知，则视线高

$$H_i = H_A + a \tag{3-4}$$

待测点的高程

$$H_B = H_i - b \tag{3-5}$$

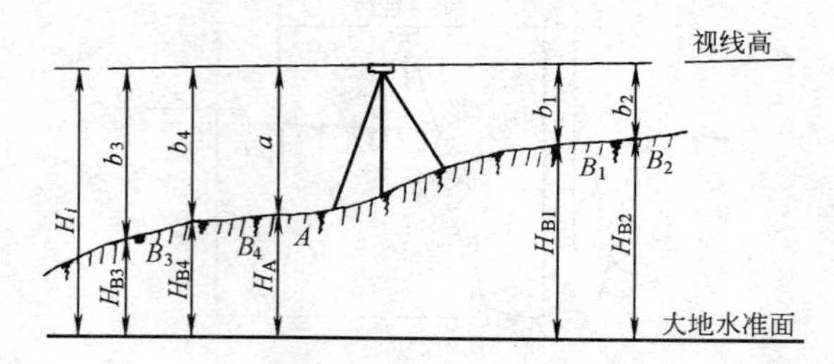

图 3-4 仪高法测高程

【例 4】 图 3-4 中已知 A 点高程 $H_A = 117.364$m，欲测出 B_1、B_2、B_3、B_4 点的高程。先测得 A 点读数 $a = 1.462$m，然后在各待测点上立水准尺，分别测出读数为：$b_1 = 0.827$m，$b_2 = 0.732$m，$b_3 = 1.640$m，$b_4 = 1.522$m。

【解】 先计算出视线高

$$H_i = H_A + a = 117.364 + 1.462 = 118.826\text{m}$$

然后分别求出

$$H_{B1} = H_i - b_1 = 118.826 - 0.827 = 117.999\text{m}$$

$$H_{B2}=H_i-b_2=118.826-0.732=118.094\text{m}$$

$$H_{B3}=H_i-b_3=118.826-1.640=117.186\text{m}$$

$$H_{B4}=H_i-b_4=118.826-1.522=117.304\text{m}$$

高差法和仪高法的区别在于计算顺序上的不同，其测量原理是相同的。

地球表面本来是一个曲面，因施工测量范围较小，故可不考虑曲面的影响。另外，仪器安置在两点中间，使前后视距相等，亦可消除地球曲率和大气折光的影响。

非等级测量仪器安置的位置和高度可以任意选择，但水准仪的视线必须水平。

3.2.3 水准点

具有已知高程值的高程控制点叫水准点。在图纸上通常用字母 BM 表示（BM 英文字母含义为高度符号）或用图例符号⊖表示。在测区内勘测设计部门提供一个以上的已知高程控制点即水准点，作为控制建筑物高程或引测高程的基准点。

3.3 水准仪的构造及使用方法

水准仪按其精度分，有 $S_{0.5}$、S_1、S_3 和 S_{10} 不同的精度等级。S 是汉语拼音水字的第一个字母，DS 意为大地测量水准仪，下角标 0.5、1、3 和 10 表示仪器的等级（每公里水准测量往返测偶然中误差不大于的数值，以 mm 计）。建筑工程一般用 S_3 级水准仪。影响仪器精度的主要因素，一是水准管的角值，角值越小，灵敏度越高；二是望远镜的放大倍数，放大的倍数越大，观察效果越好。

下面以 S_3 型微倾式水准仪为例，介绍仪器的构造原理。

设有微倾螺旋的水准仪称微倾式水准仪。其构造由望远镜、水准器、基座三部分组成，见图 3-5。

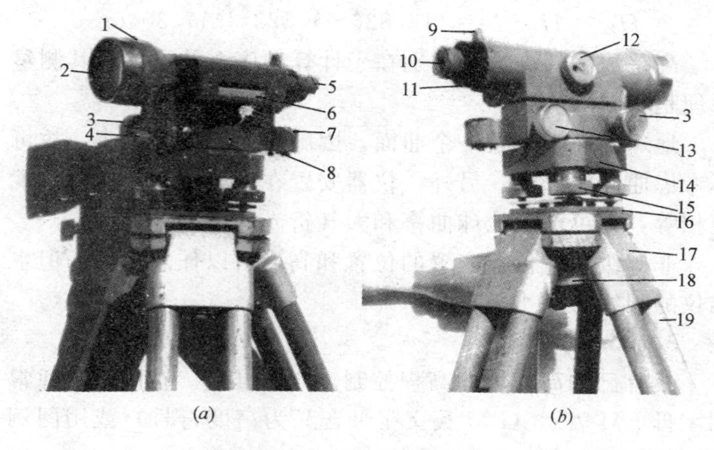

图 3-5 水准仪各部名称

1—准星；2—物镜；3—微动螺旋；4—制动螺丝；5—观测镜；6—水准管；7—水准盒；8—校正螺丝；9—照门；10—目镜；11—目镜对光螺旋；12—物镜对光螺旋；13—微倾螺旋；14—基座；15—定平螺旋；16—连接板；17—架头；18—连接螺旋；19—三角架

3.3.1 望远镜

望远镜是水准仪进行测量的主要工作部分，由物镜、目镜和十字线三部分组成。它的主要作用是使观测者能清楚地看清水准尺并提供水平视线进行读数。图 3-6 是内对光式倒像望远镜的构造原理图。目标经过物镜和凹透镜的作用，在十字线分划板上形成缩小的倒立小实像。十字线平面位于目镜的焦面上，再经过目镜的作用，把小像和十字线同时放大成虚像，于是看到的目标就非常清楚了。从目镜中看到的像与目标实物大小的比值叫望远镜的放大率，它是鉴别仪器质

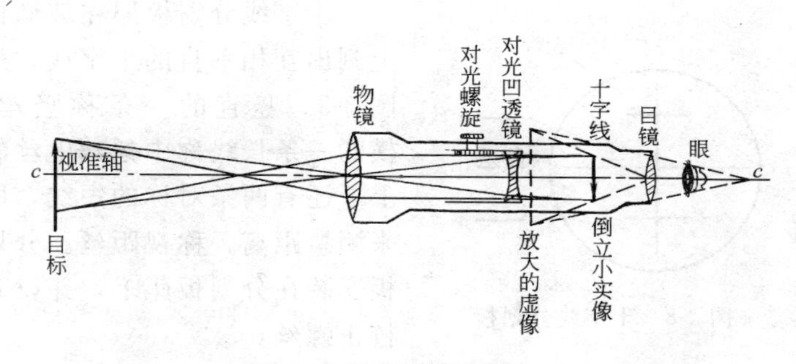

图 3-6　望远镜构造原理

量的主要指标。一般工程中常用的普通水准仪放大率为18～30倍。

由于目标有远有近，为了使目标都能看得清楚，就要随时调整物镜对光螺旋（改变组合透镜的等效像距）。图 3-7是内对光望远镜调焦示意图。目标 P 经物镜 L_1 和调焦镜 L_2 后，成像在 P' 位置上，因 P' 不在十字线板平面上，故成像不清楚。转动对光螺旋让影像逐渐向十字线平面靠近，当调焦镜移到 L_2 位置时，物像便落在十字线平面上。内对光望远镜的特点是物镜和十字线板不动，因对光而引起的视准轴变化较小。且望远镜筒短而轻便，封闭性好，灰尘和潮气不易侵入。

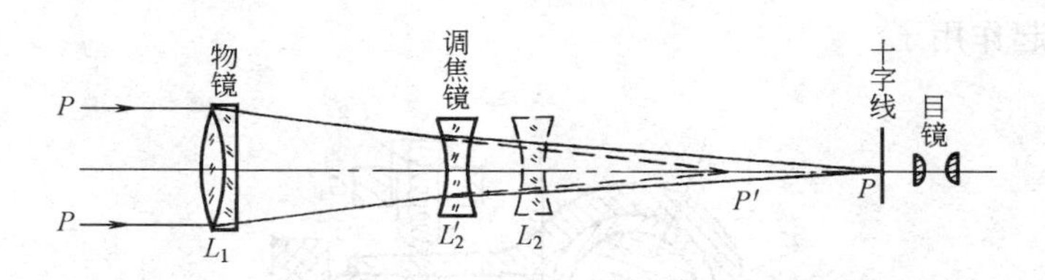

图 3-7　望远镜调焦示意

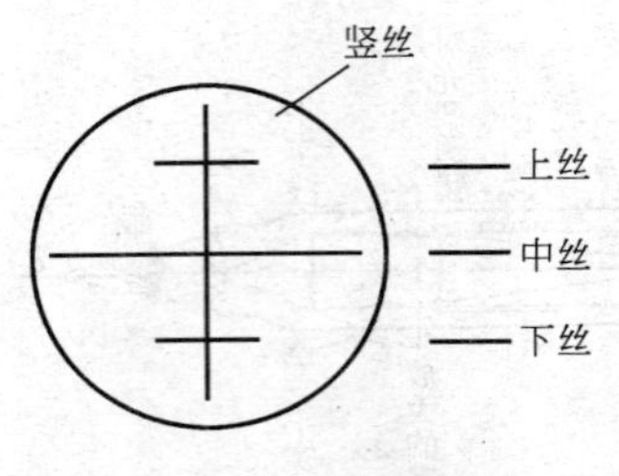

图 3-8　十字线分划板

十字线分划板即在玻璃板上刻出互相垂直的十字线。见图 3-8。竖直的一条称竖丝，横的一条长线称中丝，中丝的上下还有两条对称的短线，用来测量距离，称视距丝。分划板安装在分划板座上，并设有校正螺丝。

十字线中央交点和物镜光心的连线（图 3-6 中 *c-c* 轴）叫视准轴，也叫视线。

为控制望远镜水平转动，使其能准确照准目标，在水准仪上装有一套制动和微动螺旋，它的构造见图 3-9。拧紧制动螺丝，望远镜不能转动。此时如果转动微动螺旋，望远镜绕竖轴中心作水平微动。当松开制动螺丝时，微动螺旋就不起作用了。

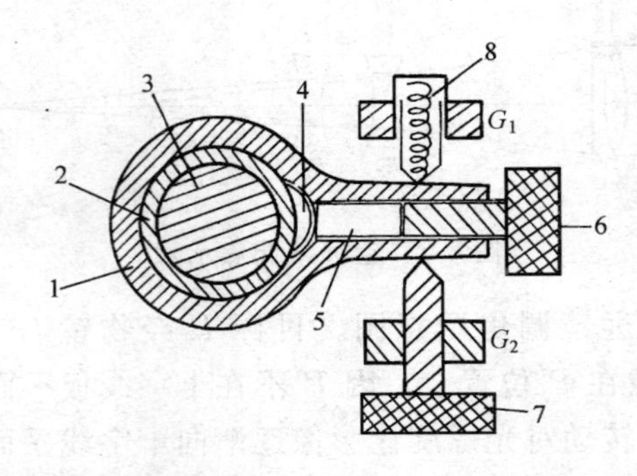

图 3-9　制动装置

1—制动套环；2—基座轴套；3—竖轴；4—制动片；5—制动顶棍；6—制动螺丝；7—微动螺旋；8—微动弹簧

3.3.2　水准器

水准器有两种形式，一种叫水准盒，一种叫水准管。

1. 水准盒

构造如图 3-10。玻璃顶面圆圈的中心叫水准盒的零点。通过零点的球面法线叫水准盒轴线。当气泡居中时水准盒轴处于铅垂位置。水准盒轴安装成与仪器竖轴互相平行，当水准盒气泡居中时，仪器竖轴也就处于铅垂位置。

水准盒的灵敏度较低，其角值为 8′～10′，借助水准盒可将仪器调到粗平。

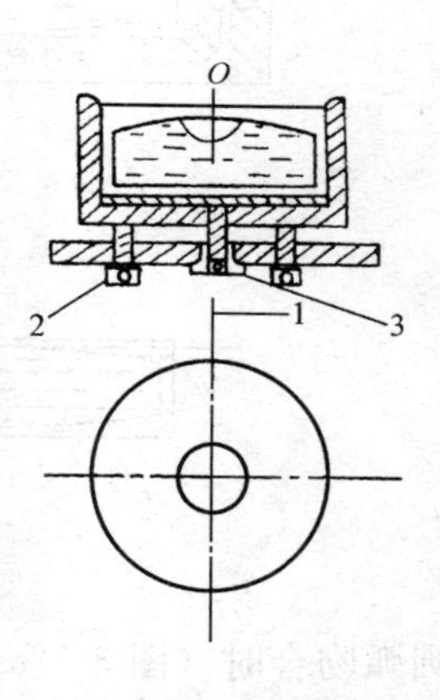

图 3-10　水准盒

1—水准盒轴；2—校正螺丝；3—固定螺丝

2. 水准管

水准管是把一个内纵壁磨成圆弧形的玻璃管，管内装有酒精和乙醚的混合液，如图 3-11。管的中心点叫零点。通过零点作圆弧的纵切线叫水准管轴。气泡与零点对称时叫气泡居中，这时水准管轴处于水平位置。气泡每移动 2mm 水准管轴所倾斜的角度，叫水准管的角值，角值越小，灵敏度越高。S_3 级水准仪角值一般为 20″。

水准管轴安装成与望远镜视准轴相互平行。这样当气泡居中时，即水准管轴水平，视准轴也就处于水平位置。所以水准管轴与视准轴互相平行是水准仪构造上应具备的最重要条件。借助水准管可将仪器调到精平。

符合式水准器是在水准管上方设置一组符合棱镜，气泡两端的影像经过棱镜反射之后，从观察镜中观看，当两个半

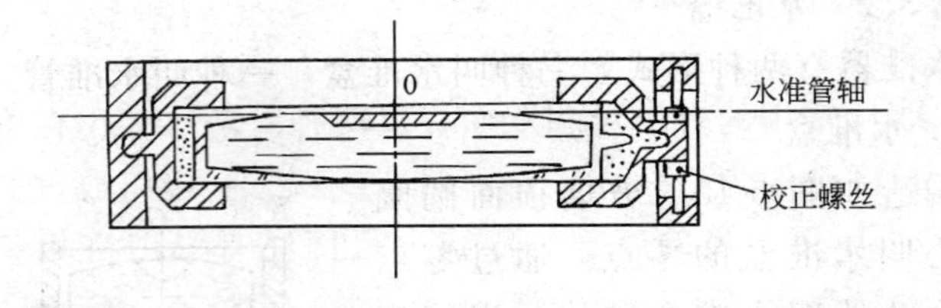

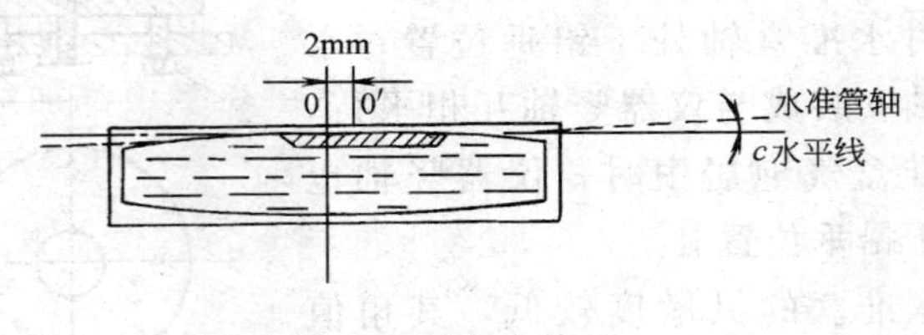

图 3-11　水准管

圆弧吻合时（图 3-12*a*）表示气泡居中；如果两个圆弧错开（图 3-12*b*）表示气泡偏离中点，应转动微倾螺旋，使气泡居中。符合式水准器不仅使用方便，而且灵敏度高。

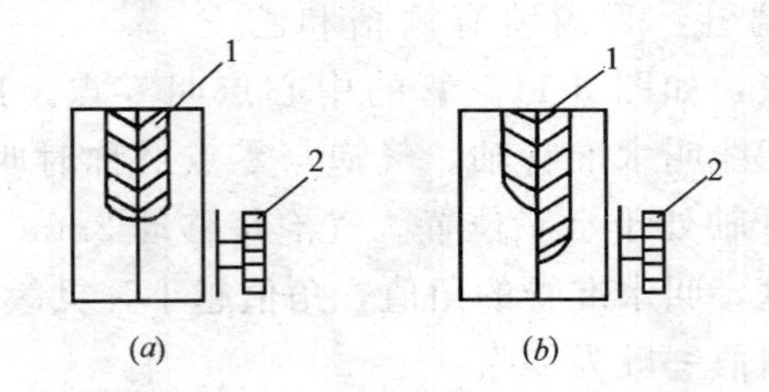

图 3-12　气泡调平影像

1—气泡影像；2—微倾螺旋

3.3.3　基座

基座主要由轴座、调平螺旋和连接板组成。起支承仪器、连接三角架及仪器初步调平作用。

3.3.4 水准尺及读数方法

1. 水准尺

水准尺常用的有塔尺和双面板尺两种。塔尺多用在野外测量，长度一般为4～5m。它由两节或三节套接组成，如图3-13（*a*）所示。尺的底部为零点，尺面注有黑白格相间的刻划，每一刻划为0.5cm，每分米处注有数字。有的注正字，有的注倒字，分米位置有以字顶为准，有的以字底为准，读数时不要弄错。超过1m的注字在字顶都加红点，如$\dot{2}$表示1.2m，$\ddot{3}$表示2.3m。

双面板尺多用在三、四等水准测量，长度为3m，两面

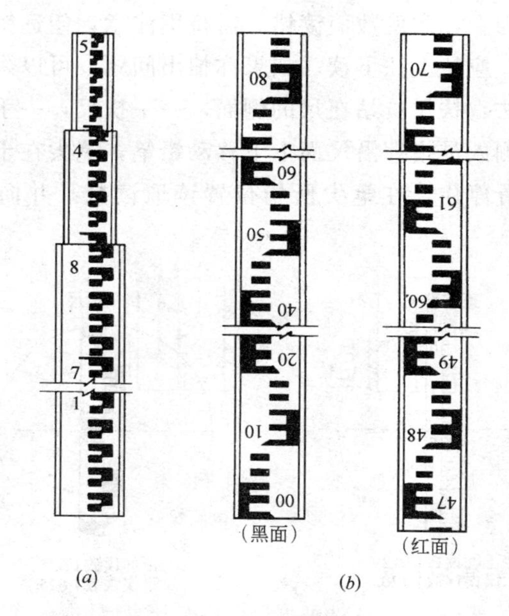

图3-13 水准尺

（*a*）塔尺；（*b*）板尺

都有刻划，尺的一面为红白格相间，称红面；另一面为黑白格相间，称黑面，如图 3-13（*b*）所示。每一刻划为 1cm，在分米处注字。尺的黑面均由零开始，而尺的红面由 4.687m 开始或由 4.787m 开始。在一根尺上黑红两面的刻划之差为一个常数，即 4.687m 或 4.787m。

2. 读数方法

通过望远镜在水准尺上的读数，是当视线水平时，十字线中丝所指示的数值，见图 3-14。读数顺序是由大到小读出 m、cm、mm。现在多使用倒像望远镜，开始做测量工作的同志，不习惯读望远镜中倒立尺面，往往把上误以为下，把下误以为上，致使数值读错。需特别注意，望远镜中看到的是倒像，应从上往下读。如果你怕出问题，可以采用一种可靠的方法：扶尺员站在尺的侧面，一手扶尺，一手平持铅笔，按观测人员指挥沿尺面上下移动铅笔，笔尖在十字线中丝照准位置停住，在笔尖所指位置读取读数，并向观测员回读。

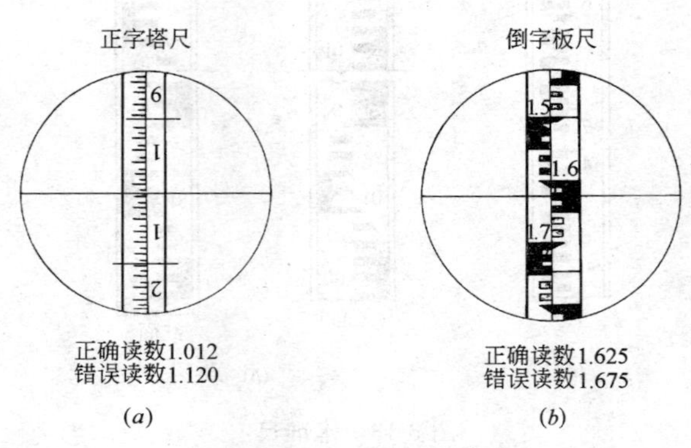

(*a*)　　(*b*)

图 3-14　望远镜读数影像

3.4　水准测量的方法和记录

3.4.1　水准测量的操作程序

安置一次仪器测量两点间高差的操作程序和主要工作内容如下：

1. 安置仪器

仪器尽可能安置在两测点中间。打开三角架，高度适中，架头大致水平、稳固地架设在地面上。用连接螺栓将水准仪固定在三角架上。利用调平螺旋使水准盒气泡居中。调平方法：图 3-15*a* 表示气泡偏离在 *a* 的位置，首先按箭头指的方向同时转动调平螺旋 1、2，使气泡移到 *b* 点（图 3-15*b*），再转动调平螺旋 3，使气泡居中。再变换水准盒位置，反复调平，直到水准盒在任何位置时气泡皆居中为止。转动调平螺旋让水准盒气泡居中的规律是：气泡需向哪个方向移动，左手拇指就向哪个方向转动。若使用右手，拇指就按相反方向转动。

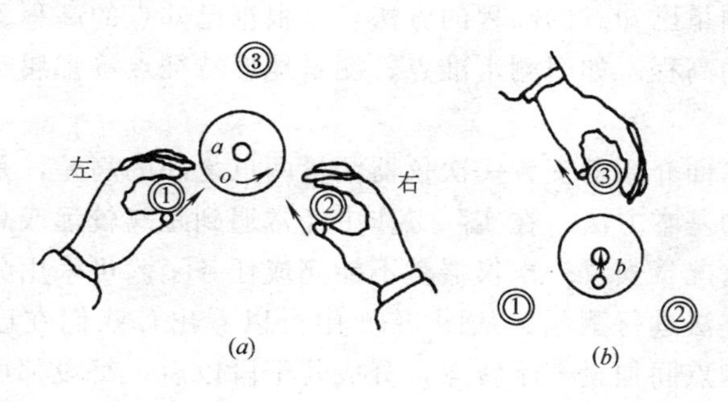

图 3-15　水准盒调平顺序

2. 读后视读数

操作顺序为：立尺于已知高程点上──→利用望远镜准星瞄准后视尺──→拧紧制动螺丝──→目镜对光，看清十字线──→物镜对光，看清后视尺面──→转动水平微动，用十字线竖丝照准尺中──→调整微倾螺旋，让水准管气泡居中（观察镜中两个半圆弧相吻合）──→按中丝所指位置读出后视精确读数──→及时做好记录。读数后还应检查水准管气泡是否仍居中，如有偏离，应重新调整，重新读数，并修改记录。读数时要将物镜、目镜调到最清晰，以消除视差。

3. 读前视读数

用望远镜照准前视尺，按后视读数的操作程序，读出前视读数。

4. 做好原始记录

每一测站都应如实地把记录填写好，经简单计算、核对无误。记录的字迹要清楚，以备复查。只有把各项数据归纳完毕后，方能移动仪器。

3.4.2 测量已知点的高程

测量已知点的高程的方法，是根据已知点的高程测出另一点的高程。如引测水准点、测量地形特征点等都属于这种方法。

前面介绍的安置一次仪器测量两点之间的高差，是水准测量的基本方法。在实际工作中经常遇到距离较远或高差较大的情况，安置一次仪器就不能完成任务了。可采用分段转站的办法进行测量。从图 3-16 中可以看出，我们在已知点和待测点间加设若干转点，分成若干段以后，每段都可以按水准测量的基本方法测出高差，再根据起点高程（A 点为已知高程）依次推算出转点 1、2、3……和终点 B 的高程。

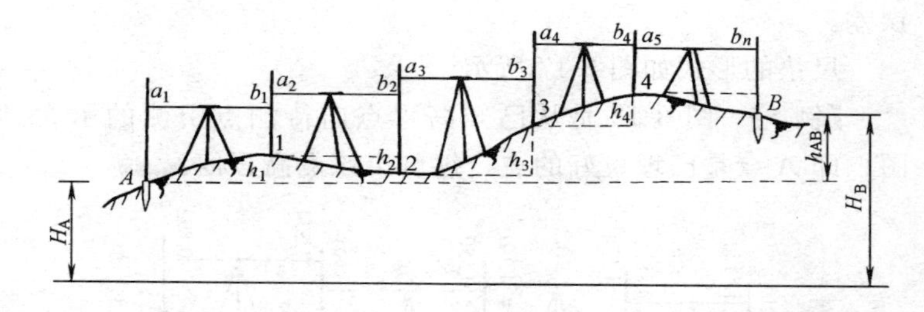

图 3-16　转点测量方法

B 点对 A 点的高差

$$h_{AB}=h_1+h_2+h_3+h_4+h_n$$

已知　$h_1=a_1-b_1$，$h_2=a_2-b_2$……

写成竖式

$$\begin{array}{|c|}
h_1=a_1-b_1 \\
h_2=a_2-b_2 \\
\cdots\quad\cdots\quad\cdots \\
h_n=a_5-b_n \\
\hline
h_{AB}=\Sigma h=\Sigma a-\Sigma b
\end{array} \tag{3-6}$$

说明：式中 Σ（读音：西格马）表示总和的意思。

从式中可以看出终点对起点的高差等于各段高差的总和。即各段高差的总和 $\Sigma h=\Sigma a$（后视总和）$-\Sigma b$（前视总和）

待测点高程 $H_B=H_A$（起点高程）$+\Sigma h$（各段高差总和）

从图 3-16 中还可以看出，长距离的转站测量，实际上是测量基本方法的连续运用。转点高程的施测、计算正确与否对最后终点高程的准确性有直接影响，在施测过程中不能忽视。转点必须设在比较坚实、有突起的地方，如设在一般的土地上应加尺垫或钉木桩，以防转点高程变化而产生

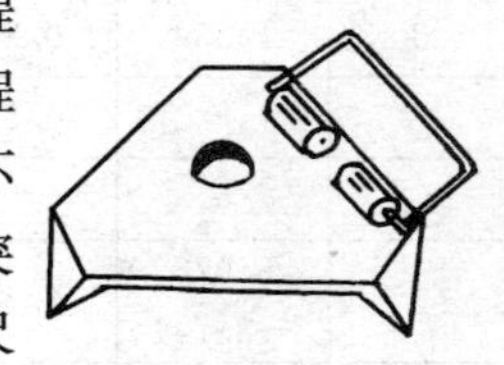

图 3-17　尺垫

误差。

尺垫的形式如图 3-17 所示。

【例 5】 图 3-18 是从已知高程点向待测点引测的示意图，即 A 点是已埋设好的点，欲测出该点高程值。

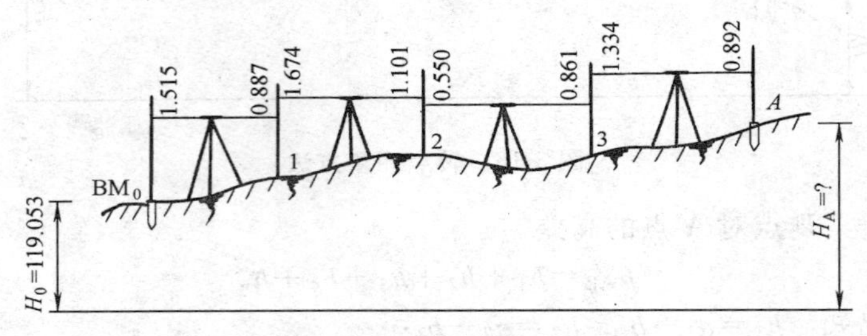

图 3-18 引测高程示意

【解】 用高差法计算的格式见表 3-1。

水准测量手簿 **表 3-1**

工程名称 BM_0～A 日期 年 月 日 观测：

仪器型号 S_3 天气 记录：

测点	后视读数（m）	前视读数（m）	高差（m）		高程（m）	说明
			＋	－		
BM_0	1.515		0.628		119.053	水准点
1	1.674	0.887	0.573		119.681	
2	0.550	1.101		0.311	120.254	
3	1.334	0.861	0.442		119.943	
A		0.892			120.385	待测点
Σ	5.073 －3.741	3.741	1.643	0.311	120.385 －119.053	
$\Sigma a-\Sigma b$	＋1.332		Σh＝＋1.332		＋1.332	

用仪高法计算的格式见表 3-2。

水准测量手簿 **表 3-2**

工程名称 BM_0～A　　日期　年　月　日　　观测：

仪器型号 S_3　　天气　　记录：

测点	后视读数（m）	视线高（m）	前视读数		高程（m）	说明
			转点（m）	终点（m）		
BM_0	1.515	120.568			119.053	水准点
1	1.674	121.355	0.887		119.681	
2	0.550	120.804	1.101		120.254	
3	1.334	121.277	0.861		119.943	
A				0.892	120.385	待测点
Σ	5.073 −3.741		2.849 +0.892 3.741	0.892	120.385 −119.053	
Σh	+1.332				+1.332	

对记录计算校核，如以上各项数值都平衡相等，说明计算没有错误。如果不平衡应查找原因，重新计算，直到各项数值相等为止。这项校核只能说明计算过程无误，不能肯定测量成果如何。只有经过复测，才能鉴别其精确程度。

3.4.3 测设已知高程的点

测设已知高程的点，是根据已知水准点的高程在地面上或物体立面上测设出设计高程位置，并做好标志，作为施工过程控制高程的依据。如建筑物±0.000 的测设、道路中心高的测设等都属于这种方法，施工中应用较广。

测设的基本方法是：

（1）以已知高程点为后视，测出后视读数，求出视线高。

视线高＝已知高程＋后视读数

（2）根据视线高先求出设计高程与视线高的高差，再计算出前视应读读数。

$$b_{应}=H_i-H_{设} \tag{3-7}$$

（3）以前视应读读数为准，在尺底画出设计高程的竖向位置。

【例 6】 图 3-19 某楼房±0.000 的设计高程 $H_{设}=119.800$m，已知水准点 BM_0 的高程 $H_0=119.053$m，欲在木桩侧面测出 119.800m 的高程。

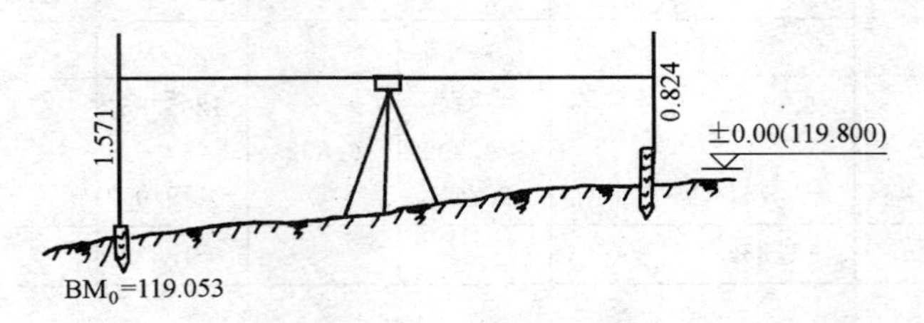

图 3-19　测设已知高程的点

测设步骤如下：

（1）两点间安仪器，测 BM_0 点上后视读数 $a=1.571$m，则视线高：

$$H_i=H_0+a=119.053+1.571=120.624\text{m}$$

（2）计算设计高程的前视应读读数：

$$b_{应}=H_i-H_{设}=120.624-119.800=0.824\text{m}$$

（3）立水准尺于木桩侧面，按观测员指挥，上下慢慢移动尺身，当中丝对准 0.824m 时停住，沿尺底在木桩侧面画一水平线，其高程就是要求的设计高程 119.800m。

测设已知高程的点时，由于两点高程均为已知，其两点间高差可以预先算出（119.800－119.053＝0.747m），可不必求视线高。当测出后视读数后，后视读数－高差＝前视应读读数。

$$b_{应}=1.571-0.747=0.824\text{m}$$

采用上下移动水准尺的方法，比较费事，也可先立尺于桩顶，测出桩顶读数，根据下式求出桩顶修改数：

桩顶修改数＝前视应读读数－桩顶读数　　(3-8)

由（3-8）式计算得到的修改数为“＋”时，表示桩顶高于设计高程，应从桩顶向下量出修改数并画出设计高程位置。若为“－”时，说明桩顶低于设计高程，应更换木桩。

施工现场的习惯作法是沿所画水平线将木桩上部截掉，以便以后利用此点时将尺直接立在桩顶，既便于扶尺，又可减少差错。截后的桩顶应水平，并应将水准尺立在桩顶进行复核。也有的在高程线处画一小三角形，其顶尖与高程线对齐，并注有±0.000（119.800）。

3.4.4 抄平测量

施工中常需同时测设若干同一标高点，如测设龙门板、设置水平桩等，施工现场称为抄平。为了提高工作效率，仪器要经过精确定平，利用视线高法原理，安置一次仪器就可测出很多同一标高的点。实际工作中一般习惯用一小木杆代替水准尺，既方便灵活，又可避免读数误差。木杆的底面应与立边相垂直。

图 3-20 中 A 点是建立的±0.000 标高点，欲在 B、C、D、E 各桩上分别测出±0.000 标高线。

操作方法：仪器安好后，将木杆立在 A 点±0.000 标志

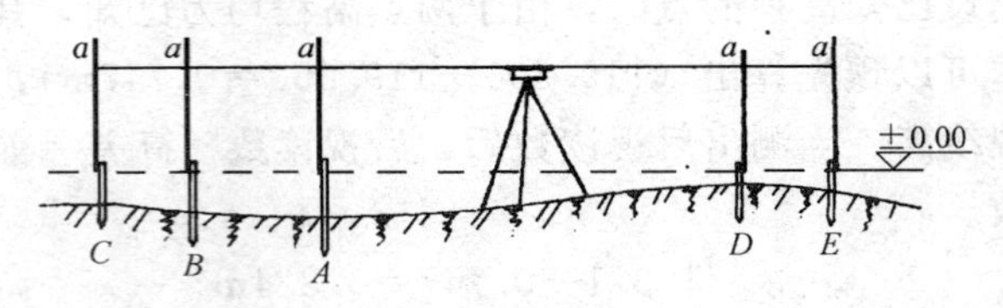

图 3-20　抄平

上，扶尺员平持铅笔在视线的大约高度按观测员指挥沿木杆上下移动，在中丝照准位置停住，并画一横线，即视线高。然后移木杆于待抄平桩侧面，按观测员指挥上下移动木杆（注意随时调整微倾螺旋，保持水准管气泡居中）。当木杆上的横线恰好对齐中丝时，沿尺底画一横线，此线即为±0.000位置。不移动仪器，采用同法即可在各桩上测出同一标高线。

要测设比±0.000 高 50cm 的标高线，先从木杆横线向下量 50cm 另画一横线，测设时以改后横线为准，即可测设出高 50cm 的标高线。其他情况依此类推。

需注意的是当仪器高发生变动时（重新安置仪器或重新调平），要再将木杆立在已知高程点上，重新在木杆上测出视线高横线，不能利用以前所画横线。杆上以前画的没用的线要抹掉，以防止观测中发生错误。

3.4.5　传递测量

在实际工作中有时两点间高差很大，可采用吊钢尺法或接力法测量。

1. 吊钢尺法

某工程地下室基础深－7.000m，当土方快挖到设计标高时，要根据±0.000 标高点向坑底引测－6.000m 的标高桩，作为基础各阶段施工的标高控制点。

具体作法是在槽边设一吊杆，从杆顶向下吊一钢尺（图 3-21），尺的零端在下，钢尺下端吊一重锤以便使尺身竖直。在地面安置仪器后，先立尺于±0.000 点，测得后视读数 $a_1=1.420\text{m}$（即视线高 1.420m），测得钢尺读数 $b_1=7.040\text{m}$，然后移仪器于槽内，测得钢尺读数 $b_2=1.020\text{m}$。

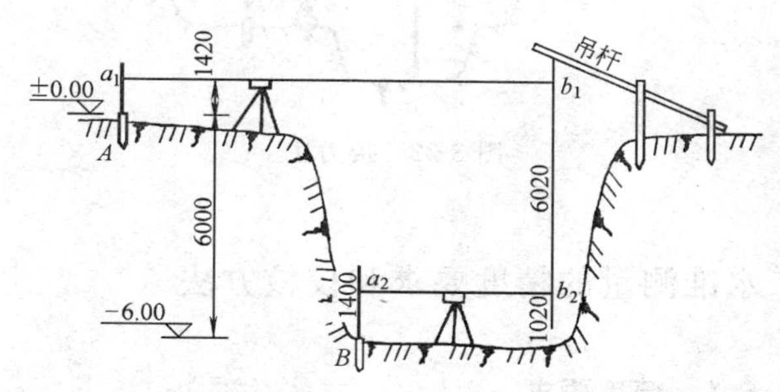

图 3-21　吊钢尺法

待测点与视线高的高差

$$h=1.420-(-6.00)=7.420\text{m}$$

钢尺两次读数差

$$b_1-b_2=7.040-1.020=6.020\text{m}$$

故 B 尺前视应读读数

$$a_2=h-(b_1-b_2)=7.420-6.020=1.400\text{m}$$

将水准尺立于 B 点木桩侧面，上下移动尺身，当中丝正照准应读数 1.400m 时，沿尺底画一横线，该横线即是所要测设的−6.000m 标高线。上例是从高处向低处引测的情况，如从低处向高处引测也可按同样方法进行。

2. 接力法

如两点间有阶梯地段，可采用接力法测设。如图 3-22，测坑底标高作法是在阶梯地段设一转点 C，先根据地面上已知 A 点标高测出 C 点标高，然后再利用 C 点标高测出 B 点标高。

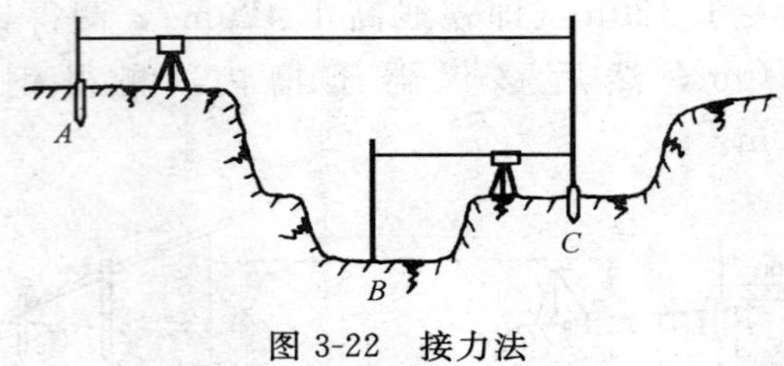

图 3-22　接力法

3.5　水准测量的精度要求和校核方法

3.5.1　精度要求

1. 误差

在两点间安置两次仪器，测得两个高差，从理论上讲两次所得高差应相等。但由于仪器构造本身的误差、估读数值的偏差及各种外界自然条件等因素的影响往往不相等，这个高差不符值就是误差，或叫闭合差。误差是指施测过程中由于不可避免的因素造成的，其数值较小而不超过一定的限值；而错误是由于工作中粗心大意造成的，数值往往较大。

只观测一次所得出的成果不能肯定其误差是多少，必须用比较的方法（再观测一次或数次）才能鉴别出来。

2. 精度要求

建筑施工测量中，按不同的工程对象，规范中明确规定了误差的允许范围，叫允许误差，用 $\Delta h_{允}$ 表示。测量误差若小于允许误差，则精度合格，成果可用；若大于允许误差，成果就不能用。允许误差也就是精度要求。水准网的主要技术要求见表 3-3。

水准网的主要技术要求　　　　表 3-3

等级	每公里高差中误差（mm）	附合路线长度（km）	水准仪型号	水准尺	观测次数		往返较差、附合或环线闭合差	
					与已知点联测	附合或环线	平地（mm）	山地（mm）
二	±2		S_1	因瓦	往返各一次	往返各一次	$\pm 4\sqrt{L}$①	
三	±6	50	S_3	双面	往返各一次	往返各一次	$\pm 12\sqrt{L}$	$\pm 4\sqrt{n}$②
			S_1	因瓦		往一次		
四	±10	16	S_3	双面	往返各一次	往一次	$\pm 20\sqrt{L}$	$\pm 6\sqrt{n}$
图根	±20	5	S_3		往返各一次	往一次	$\pm 40\sqrt{L}$	$\pm 12\sqrt{n}$

① L 为水准路线的总长（km）；

② n 为测站数。

施工测量中建立高程控制点时采用四等水准要求。

$$\Delta h_{允} = \pm 20\sqrt{L} 或 \pm 6\sqrt{n} \qquad (3\text{-}9)$$

一般工程测量允许误差采用

$$\Delta h_{允} = \pm 40\sqrt{L} 或\ 12\pm\sqrt{n} \qquad (3\text{-}10)$$

当每公里测站少于 15 站时用前式，每公里多于 15 站时用后式。

建筑物施工过程的水准测量一般为等外测量，其允许误差应符合各分项工程质量要求。精密设备安装及连动生产线施工应采用等级测量。工作中应精益求精，合理地控制误差，以提高测量精度。高程测量允许误差见表 3-4 和表 3-5。

高程测量允许误差（mm）　　表 3-4

测量距离 (km)	四等测量 $\pm 20\sqrt{L}$	一般工程 $\pm 40\sqrt{L}$	测量距离 (km)	四等测量 $\pm 20\sqrt{L}$	一般工程 $\pm 40\sqrt{L}$
0.1	6	13	1.9	28	55
0.2	9	18	2.0	28	57
0.3	11	22	2.2	30	59
0.4	13	25	2.4	31	62
0.5	14	28	2.6	32	64
0.6	15	31	2.8	33	66
0.7	17	33	3.0	35	69
0.8	18	36	3.2	36	72
0.9	19	38	3.4	37	74
1.0	20	40	3.6	38	76
1.1	21	42	3.8	39	78
1.2	22	44	4.0	40	80
1.3	23	46	4.2	41	82
1.4	24	47	4.4	42	84
1.5	25	49	4.6	43	86
1.6	25	50	4.8	44	88
1.7	26	52	5.0	45	89
1.8	27	54	5.2	46	91

高程测量允许误差（mm）　　表 3-5

测站数 n	四等测量 $\pm 5\sqrt{n}$	一般工程 $\pm 12\sqrt{n}$	测站数 n	四等测量 $\pm 5\sqrt{n}$	一般工程 $\pm 12\sqrt{n}$
5	11	27	13	18	43
6	12	29	14	19	45
7	13	32	15	19	46
8	14	34	16	20	48
9	15	36	17	21	49
10	16	38	18	21	51
11	16	40	19	22	52
12	17	42	20	22	54

续表

测　站	四等测量	一般工程	测　站	四等测量	一般工程
数　n	$\pm 5\sqrt{n}$	$\pm 12\sqrt{n}$	数　n	$\pm 5\sqrt{n}$	$\pm 12\sqrt{n}$
21	23	55	40	32	76
22	23	56	41	32	77
23	24	57	42	32	78
24	24	59	43	33	79
25	25	60	44	33	80
26	25	61	45	33	80
27	26	62	46	34	81
28	26	63	47	34	82
29	27	65	48	35	83
30	27	66	49	35	84
31	28	67	50	35	85
32	28	68	51	36	86
33	29	69	52	36	86
34	29	70	53	36	87
35	30	71	54	37	88
36	30	72	55	37	89
37	30	73	56	37	90
38	31	74	57	38	91
39	31	75	58	38	91

3.5.2　校核方法

1. 复测法（单程双线法）

从已知水准点测到待测点后，再从已知水准点开始重测一次，叫复测法或单程双线法。再次测得的高差，符号（+、-）应相同，数值应相等。如果不相等，两次所得高差之差叫较差，用 $\Delta h_{测}$ 表示，即

$$\Delta h_{测} = h_{初} - h_{复} \tag{3-11}$$

较差小于允许误差，精度合格。然后取高差平均值计算

待测点高程。

$$\text{高差平均值} \quad h=\frac{h_{初}+h_{复}}{2} \tag{3-12}$$

高差的符号有"＋"、"－"之分，按其所得符号代入高程计算式。

【例 7】 江边某泵站引测水准点，已知 BM_0 点高程 $H_0=119.053\text{m}$，由 BM_0 至泵站 A 点距离 $L=640\text{m}$，初测高差 $h_{初}=+0.784\text{m}$，复测高差 $h_{复}=+0.792\text{m}$，检查这段水准测量是否合格，并求出 A 点高程 H_A。

【解】 允许误差 $\Delta h_{允}=\pm 20\sqrt{L}=\pm 20\sqrt{0.64}$
$=\pm 16\text{mm}$

较差 $\Delta h_{测}=h_{初}-h_{复}=0.784-0.792$
$=-0.008\text{m}<\pm 16\text{mm}$ 精度合格。

高差平均值 $h=\frac{h_{初}+h_{复}}{2}=\frac{0.784+0.792}{2}$
$=0.788\text{m}$

A 点高程 $H_A=H_0+h=119.053+0.788$
$=119.841\text{m}$

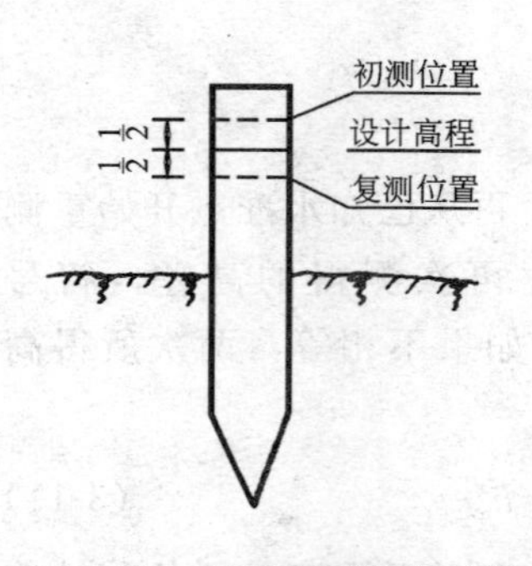

图 3-23 复测法测设计高程

复测法用在测设已知高程的点时，初测时在木桩侧面画一横线，复测又画一横线，若两次测得的横线不重合（图 3-23），两条线间的距离就是较差（误差），若小于允许误差，取两线中间位置作为测量成果。

2. 往返测法

从已知水准点起测到待测点

后，再按相反方向测回到原来的已知水准点，称往返测法。两次测得的高差，符号（+、-）应相反，往返高差的代数和应等于零。如不等于零，其差值叫较差。即

$$\Delta h_{测}=h_{往}+h_{返} \tag{3-13}$$

较差小于允许误差，精度合格。取高差平均值计算待测点高程。

$$高差平均值\ h=\frac{h_{往}-h_{返}}{2} \tag{3-14}$$

【例 8】 厂区内有一点 B，欲从厂外已知水准点 BM_0 引测出 B 点的高程，已知 BM_0 高程 $H_0=119.053\text{m}$，测量距离 $L=1210\text{m}$，往测高差 $h_{往}=+1.332\text{m}$，返测高差 $h_{返}=-1.348\text{m}$，计算精度是否合格，求出 B 点高程 H_B。

【解】 允许误差

$$\Delta h_{允}=\pm 20\sqrt{L}=\pm 20\sqrt{1.21}=\pm 22\text{mm}$$

较差

$$\Delta h_{测}=h_{往}+h_{返}=1.332+(-1.348)$$
$$=-16\text{mm}<\pm 22\text{mm}\quad 精度合格$$

$$高差平均值\ h=\frac{h_{往}-h_{返}}{2}=\frac{1.332-(-1.348)}{2}$$
$$=1.340\text{m}$$

$$B\ 点高程\ H_B=H_0+h=119.053+1.340$$
$$=120.393\text{m}$$

3. 闭合测法

从已知水准点开始，在测量水准路线上若干个待测点后，又测回到原来的起点上（图 3-24），由于起点与终点的高差为零，所以全线高差的代数和应等于零。如不等于零，

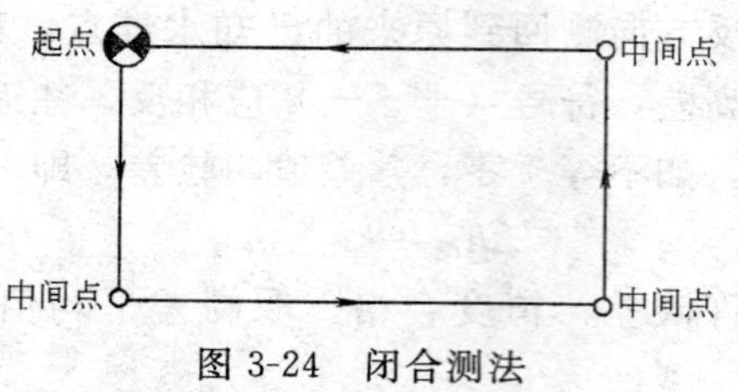

图 3-24　闭合测法

其差值叫闭合差。闭合差小于允许误差，叫精度合格。

在复测法、往返测法和闭合测法中，都是以一个水准点为起点，如果起点的高程记错、用错或点位发生变动，那么即使高差测得正确，计算也无误，而测得的高程还是不正确的。因此，必须注意准确地抄录起点高程并检查点位有无变化。

4. 附合测法

从一个已知水准点开始，测完待测点（一个或数个）后，继续向前施测到另一个已知水准点上闭合（图 3-25)。把测得终点对起点的高差与已知终点对起点的高差相比较，其差值叫闭合差，闭合差小于允许误差，精度合格。

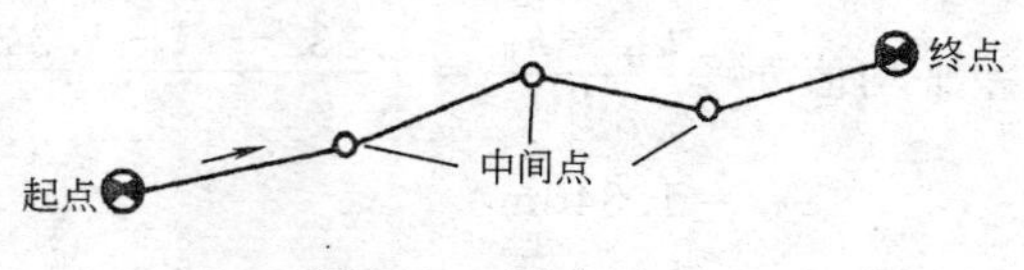

图 3-25　附合测法

中间点闭合差的修正方法见第 7 章。

3.6　微倾式水准仪的检验和校正方法

根据水准仪各轴线的几何关系可知，只有符合仪器构造的要求，才能提供一条水平视线。仪器经过长时间使用或运转过程中的震动，各部分的轴线关系会发生变化。因此，使用前必须进行检校，以保证测量精度。

微倾式水准仪各轴线间应具备的几何关系如图 3-26 所示。

（1）水准盒轴平行于竖轴；

（2）十字线横丝垂直于竖轴；

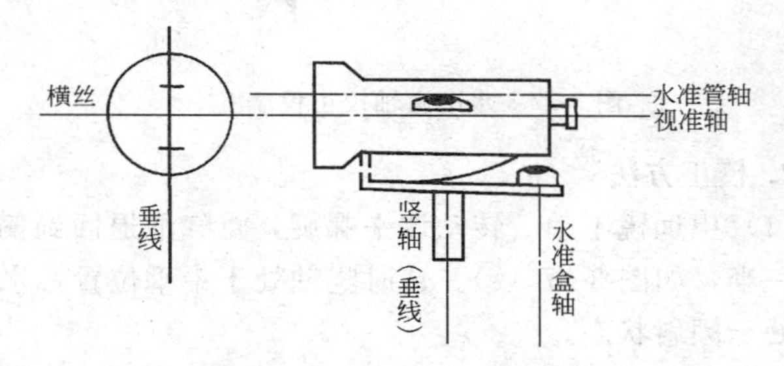

图 3-26　水准仪轴线关系

（3）水准管轴平行于视准轴；

（4）竖轴平行于垂线（仪器定平条件）。

检校的方法和步骤如下。

3.6.1　水准盒轴的检验和校正

要求水准盒轴平行于竖轴。如果平行，当水准盒气泡居中时，仪器竖轴处于铅垂位置，满足仪器定平条件。

1. 检验方法

（1）仪器安稳后，转动调平螺旋使水准盒气泡居中，如图 3-27（*a*）。

（2）将望远镜平转 180°，此时若水准盒气泡仍居中，说明水准盒轴平行仪器竖轴，符合仪器构造要求；如气泡偏离中心，表明两轴不平行，如图 3-27（*b*），需校正。

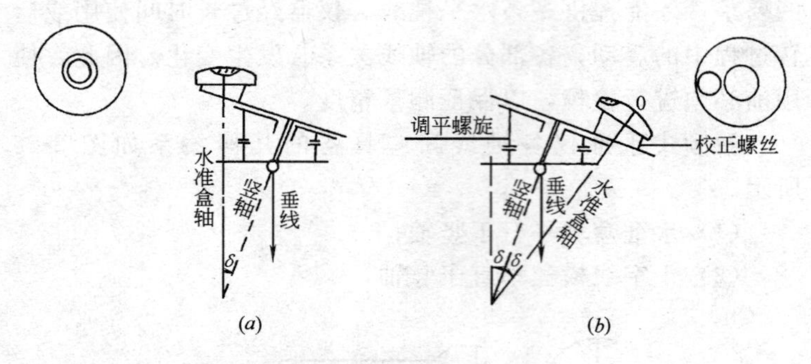

图 3-27　水准盒轴校正程序（一）

2. 校正方法

（1）望远镜不动，转动调平螺旋，将气泡退回到偏离零点的一半，如图 3-27（*c*）。这时竖轴处于铅垂位置，水准盒轴仍处于倾斜状态。

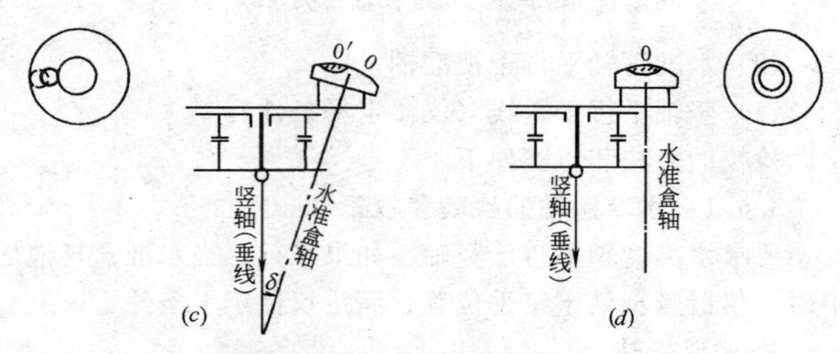

图 3-27　水准盒轴校正程序（二）

（2）先放松固定螺丝，再调整水准盒校正螺丝，使气泡居中，如图 3-27（*d*）。这时水准盒轴也处于铅垂位置，两端已平行。

用以上方法反复检验校正，直到望远镜转到任意位置气泡皆居中为止。然后再拧紧固定螺丝。

在外业无条件校正时，也可将仪器调整到第一步进行施测。因为此时虽然水准盒轴尚存在误差，但竖轴已处于铅垂位置，满足了仪器定平条件，这种操作法叫等偏定平法。

3.6.2 十字线横丝的校验和校正

十字线横丝要求垂直于竖轴。如果垂直，当竖轴处于铅垂位置时，横丝是水平的，利用横丝任何部位读数都是一致的。

1. 检验方法

仪器定平后，用中横丝一端对准远处一个明显的点作标志，如图 3-28（*a*），平转望远镜，如果该点始终在横丝上移动（随时调整水准管气泡，保持视线水平），如图 3-28（*b*），说明横丝垂直竖轴。若该点偏离横丝，如图 3-28（*c*）需校正。

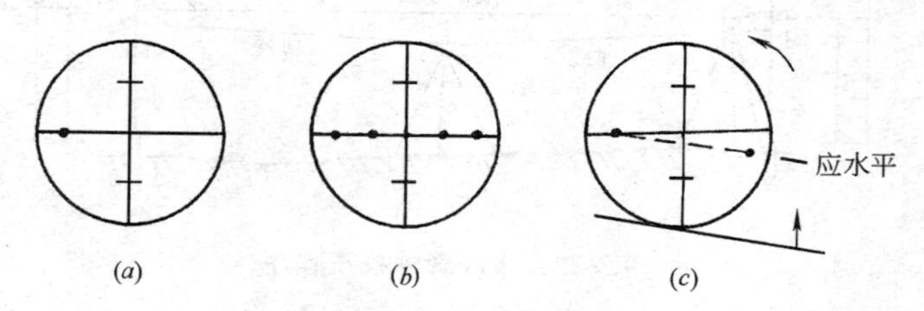

图 3-28 横丝校正程序

2. 校正方法

松开十字线板校正螺丝，转动十字线板，调整所发现的误差，直到满意为止。

由于这是一项次要条件，当误差不明显时，一般不必校正。在实际工作中，应利用横丝中央部分读数，以减少这项误差的影响。

3.6.3 水准管轴的检验和校正

要求水准管轴平行视准轴。如果平行，当水准管气泡居中时视线水平，在固定的两点间，仪器安置在任何位置（视距有远有近）测得的高差是一致的。

1. 检验方法

(1) 在场地上选择相距 60～100m 的两点 A 和 B，点位要选在坚实的地方，顶面为球形（加尺垫，钉木桩），两点要通视良好，测量时选择无风或微风天气，避免逆光观测。

(2) 仪器安置在 A、B 两点中间（用尺量），见图 3-29，测出两尺精确读数 a_1、b_1。由于仪器距 A、B 两点的距离相等。两轴不平行的误差可以抵消，所以 a_1、b_1 点是在同一水平线上。设 $a_1=1.234$m，$b_1=1.658$m。

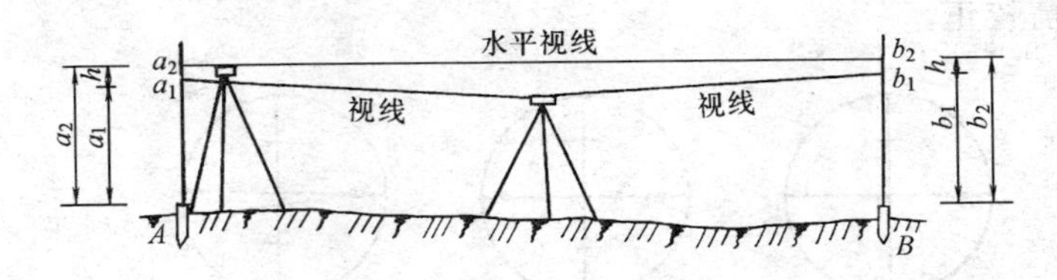

图 3-29 水准管轴校正程序

(3) 移仪器于 A 点附近（2m 左右），测出 A 尺读数 $a_2=1.486$m。因仪器距 A 点很近，两轴不平行的误差可以忽略不计。计算 A 尺两次的视线高差

$$h=a_2-a_1=1.486-1.234=0.252\text{m}$$

(4) 在 B 尺上也加一相等的高差，计算出 B 尺应读读数

$$b_2=b_1+h=1.658+0.252=1.910\text{m}$$

由于 a_2b_2 都是在 a_1b_1 基础上加了一个相等的高差 h，

所以 b_2、a_2 处在同一水平线上。

转动望远镜将视线照准 B 尺 1.910m 处，这时视线水平。检查水准管气泡，若气泡居中，说明两轴平行。如气泡偏向一侧，需进行校正。

2. 校正方法

视线照准 b_2 不动，拨动水准管校正螺丝，使水准管的一端抬高或降低，让气泡居中，这时水准管轴和视准轴都处于水平位置，两轴也就平行了。

水准管校正螺丝在水准管的一端，构造如图 3-30。拨动校正螺丝时要先松后紧，以免损坏螺丝。

整个校正过程水准尺的尺底标高不能发生上下移动，校正顺序不能颠倒，各项校正要反复进行，直至校好为止。如果施工测量使用的仪器校正过程中误差在 3mm 以内，就可认为校正好了。校正是一项细致的工作，操作时不要大拧大动，对仪器构造不了解、误差不清时不要随意乱动。

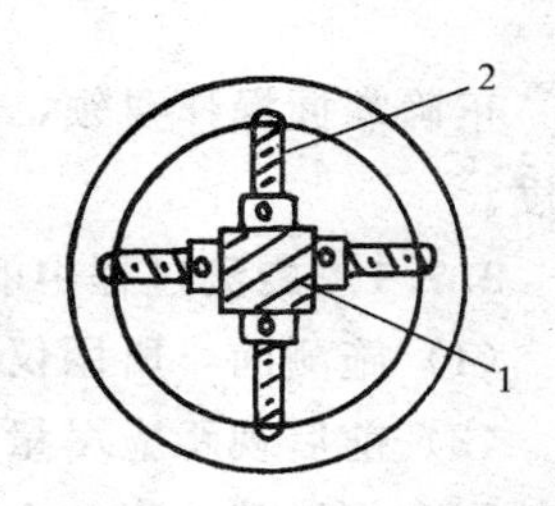

图 3-30　水准管校正螺丝
1—水准管端头；2—校正螺丝

使用水准尺进行校正，读数和运算都比较麻烦，一旦发生误解影响校正效果。可以采用一种简便方法，它的校正原理和前面讲的相同，只是在 A、B 点上不是立水准尺，而是各立一根小木杆（也可利用建筑物墙面贴白纸），仪器在中间位置时，分别照准 A 点和 B 点木杆，在木杆上画出视线高横线，这时不论地形高差如何，两木杆上的横线处在同一水平线上。把仪器移动 A 点附近后，按视线照准位置在 A 点木杆上画出第二条横线。量出 A 点两次观测的视线高的高差（即两条横线的距离），然后在 B 点木杆上也按相同方向（在第一条横线的上或下）量出同长距离，画出第二条横线。转动望远镜照准 B 点木杆第二条横线，这时视线处于水平位置。检查水准管气泡，若气泡居中，表示两轴平行，否则需校正。

水准管轴与视准轴夹角引起的误差

$$\Delta h=\frac{\text{两轴夹角}\times\text{距离}}{\rho}$$

3.7 施测中的操作要领

正确掌握操作要领，能防止错误，减少误差，提高测量精度。

3.7.1 施测过程中的注意事项

(1) 施测前，所用仪器和水准尺等器具必须经检校。

(2) 前后视距应尽量相等，以消除仪器误差和其他自然条件因素（地球曲率、大气折光等）的影响。从图3-31 (*a*) 中可以看出，如果把仪器安置在两测点中间，即使仪器有误差（水准管轴不平行视准轴），但前后视读数中都含有同样大小的误差，用后视读数减去前视读数所得的高差，误差即抵消。如果前后视距不相等如图 3-31 (*b*)，因前后视读数中所含误差不相等，计算出的高差仍含有误差。

(3) 仪器要安稳，选择比较坚实的地方，三角架要踩牢。

(4) 读数时水准管气泡要居中，读数后应检查气泡仍居中。在强阳光照射下，要撑伞遮住阳光，防止气泡不稳定。

(5) 水准尺要立直，防止尺身倾斜造成读数偏大。如 3m 长塔尺上端倾斜 30cm，读数中每 1m 将增大 5mm。要经

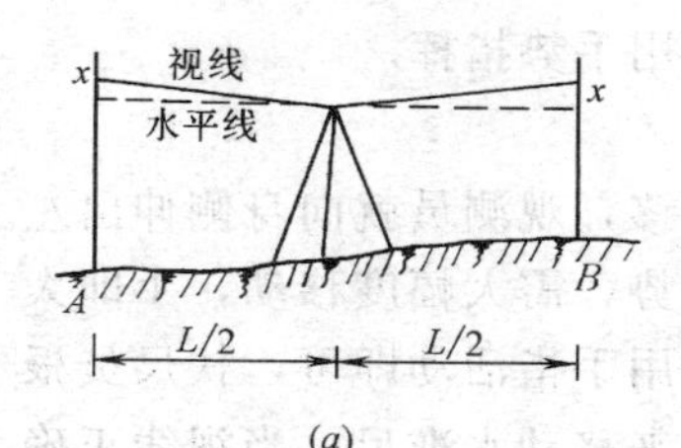

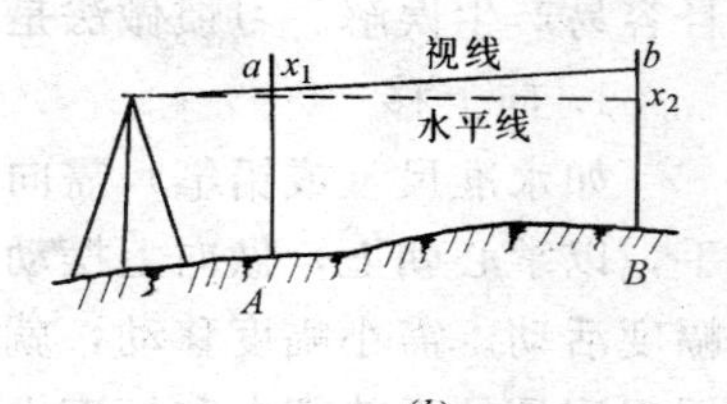

图 3-31　仪器安置位置对高差的影响

$(a)(a-x)-(b-x)=a-b$；$(b)(a-x_1)-(b-x_2)\neq a-b$

常检查和清理尺底泥土。水准尺要立在坚硬的点位上（加尺垫、钉木桩）。作为转点，前后视读数尺子必须立在同一标高点上。塔尺上节容易下滑，使用上尺时要检查卡簧位置，防止造成尺差错误。

（6）物镜、目镜要仔细对光，以消除视差。

（7）视距不宜过长，因视距越长读数误差越大。在春季或夏季雨后阳光下观测时，由于地表蒸汽流的影响，也会引起读数误差。

（8）了解尺的刻划特点，注意倒像的读数规律，读数要准确。

（9）认真做好记录，按规定的格式填写，字迹整洁、清楚。禁止草记，以免发生误解造成错误。

（10）测量成果必须经过校核，才能认为准确可靠。

（11）要想提高测量精度，最好的方法是多观测几次，最后取算术平均值作为测量成果。因为经多次观测，其平均值较接近这个量的真值。

3.7.2　指挥信号

观测过程中，观测员要随时指挥扶尺员调整水准尺的位置，结束时还要通知扶尺员，如采用喊话等形式不仅费力而且容易产生误解。习惯做法是采用手势指挥。

1. 向上移

如水准尺（或铅笔）需向上移，观测员就向身侧伸出左手，以掌心朝上，做向上摆动之势，需大幅度移动，手即大幅度活动。需小幅度移动，就只用手指活动即可，扶尺员根据观测员的手势朝向和幅度大小来移动水准尺。当视线正确照准应读读数时，手势停住。需注意的是望远镜中看到的是倒像，指挥时不要弄错方向。

2. 向下移

如果水准尺需向下移，观测员同样伸出左手，但掌心朝下摆动，作法同前。

3. 向右移

如水准尺没有立直，上端需向右摆动，观测员就抬高左手过顶，掌心朝里，做向右摆动之势。

4. 向左移

如水准尺上端需向左摆动，观测员就抬高右手过顶，掌心朝里，做向左摆动之势。

5. 观测结束

观测员准确的读出读数，做好记录，认为没有疑点后，用手势通知扶尺员结束操作。手势形式是：观测员举双手由身侧向头顶划圆弧活动。扶尺员只有得到观测员结束手势后，方能移动水准尺。

3.8 精密水准仪的基本性能、构造和用法

3.8.1 精密水准仪的基本性能

精密水准仪和一般微倾式水准仪的构造基本相同。但与

一般水准仪相比有制造精密、望远镜放大倍率高、水准器分划值小、最小读数准确等特点。因此，它能提供精确水平视线、准确照准目标和精确读数，是一种高级水准仪。测量时它和精密水准尺配合使用，可取得高精度测量成果。精密水准仪主要用于国家一、二等水准测量和高等级工程测量，如大型建（构）筑物施工、大型设备安装、建筑物沉降观测等测量中。

普通水准仪（S_3 型）的水准管分划值为 20″/2mm，望远镜放大倍率≤30 倍，水准尺读数可估读到毫米。进行普通水准测量，每千米往返测高差偶然中误差为不大于±3mm。精密水准仪（$S_{0.5}$ 或 S_1 型）水准管有较高的灵敏度，分划值为 8～10″/2mm，望远镜放大倍率≥40 倍，照准精度高、亮度大，装有光学测微系统，并配有特制的精密水准尺，可直读 0.05～0.1mm，每千米往返测高差偶然中误差不大于 0.5～1.0mm。DS_1 水准仪外形如图 3-32。

国产精密水准仪技术参数如表 3-6 所示。

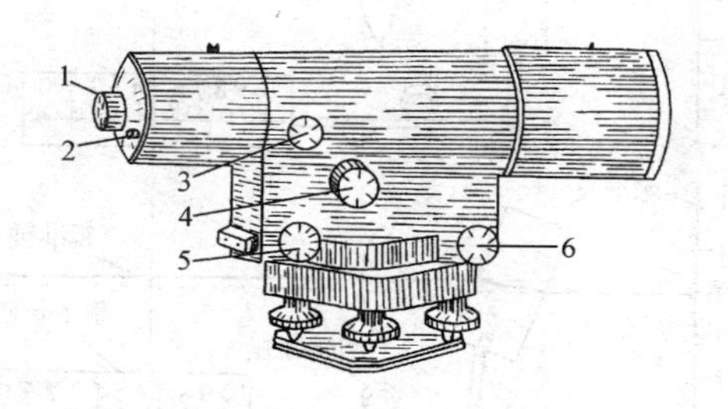

图 3-32　DS_1 型水准仪外形

1—目镜；2—测微尺读数目镜；3—物镜调焦螺旋；4—测微轮；5—微倾螺旋；6—微动螺旋

国产精密水准仪的技术参数　　表 3-6

技术参数项目	水准仪型号	
	$S_{0.5}$	S_1
每千米往返测平均高差中误差(mm)	±0.5	±1
望远镜放大倍率	≥40	≥40
望远镜有效孔径(mm)	≥60	≥50
水准管分划值	10″/2mm	10″/2mm
测微器有效移动范围(mm)	5	5
测微器最小分划值(mm)	0.05	0.05

3.8.2　光学测微器

光学读数测微器通过扩大了的测微分划尺，可以精读出小于分划值的尾数，改善普通水准仪估读毫米位存在的误差，提高了测量精度。

精密水准仪的测微装置如图 3-33 所示，它由平行玻璃

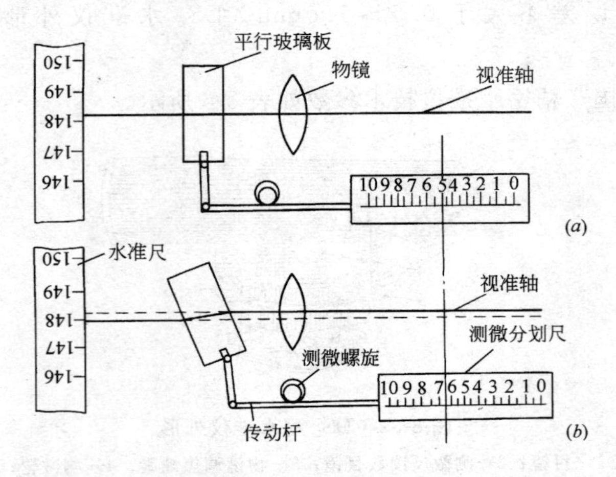

图 3-33　测微读数装置

板、测微分划尺、传动杆和测微轮系统组成，读数指标线刻在一个固定的棱镜上。测微分划尺刻有100个分格，它与水准尺的10mm相对应，即水准尺影像每移动1mm，测微尺上移动 10 个分格，每个分格为 0.1mm，可估读至0.01mm。

测微装置工作原理是：平行玻璃板装在物镜前，通过传动齿条与测微尺连接，齿条由测微轮控制，转动测微轮，齿条前后移带动玻璃板绕其轴向前后倾斜，测微尺也随之移动。

当平行玻璃板竖直时（与视准轴垂直）如图3-33（*a*）水平视线不产生平移，测微尺上的读数为5.00mm；当平行玻璃板向前后倾斜时，根据光的折射原理，视线则上下平移，图3-33（*b*），测微尺有效移动范围为上下各5mm（50个分格）。如测微尺移到10mm处，则视线向下平移5mm；若测微尺移到0mm处，则视线向上平移5mm。

需说明的是，测微尺上的10mm注字，实际真值是5mm，也就是注记数字比真值大1倍，这样就和精密水准尺的注字相一致（精密水准尺的注字比实际长度大1倍），以便于读数和计算。

如图3-33所示，当平行玻璃板竖直时，水准尺上的读数在1.48～1.49之间，此时测微尺上的读数是5mm，而不是0，旋转测微轮，则平行玻璃板向前倾斜，视线向下平移，与就近的1.48m分划线重合，此时测微尺的读数为6.54mm，视线平移量为6.54～5.00mm，最后读数为：1.48m＋6.54mm－5.00mm＝1.48654m－5.00mm。

在上式中，每次读数都应减去一个常数值5mm，但在水准测量计算高差时，因前、后视读数都含这个常数，会互相抵消。所以，在读数、记录和计算过程中都不考虑这个常数。但在进行单向测量读数时，就必须减去这个常数。

3.8.3 精密水准尺的构造

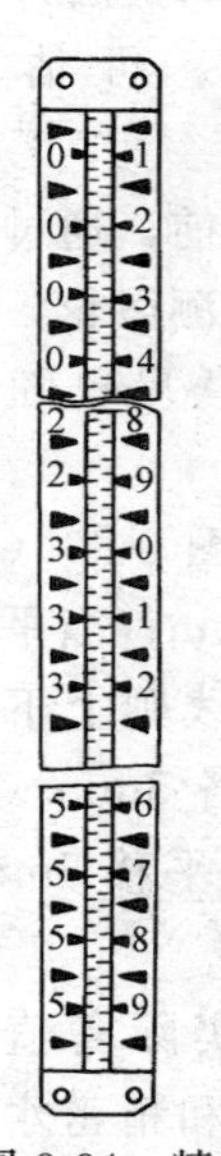

图 3-34 精密水准尺

图 3-34 为与 DS_1 型精密水准仪配套使用的精密水准尺。该尺全长 3m，注字长 6m，在木质尺身中间的槽内装有膨胀系数极小的因瓦合金带，故称因瓦尺。带的下端固定，上端用弹簧拉紧，以保证带的平直并且不受尺身长度变化的影响。因瓦合金带分左右两排分划，每排最小分划均为 10mm，彼此错开 5mm，把两排的分划合在一起使用，便成为左右交替形式的分划，其分划值为 5mm。合金带右边从0～5注记米数，左边注记分米数，大三角形标志对准分米分划，小三角形标志对准 5cm 分划，注记的数字为实际长度的 2 倍，即水准尺的实际长度等于尺面读数的$\frac{1}{2}$，所以用此水准尺进行测量作业时，须将观测高差除以 2，才是实际高差。

3.8.4 精密水准仪的读数方法

精密水准仪与一般微倾水准仪构造原理基本相同。因此使用方法也基本相同，只是精密水准仪装有光学测微读数系统，所测量的对象要求精度高，操作要更加准确。

图 3-35 是 DS_1 型精密水准仪目镜视场影像，读数程序是：

1. 望远镜水准管气泡调到精平，提供高精度的水平视线，调整物镜、目镜，精确照准尺面。

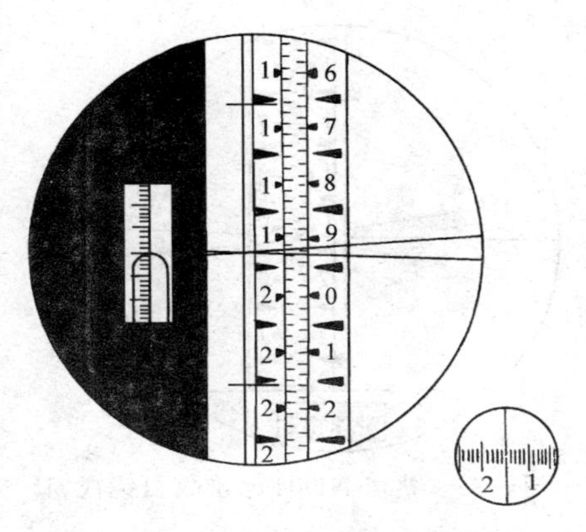

图 3-35　DS_1 型水准仪目镜视场

2. 转动测微轮，使十字丝的楔形丝精确夹住尺面整分划线，读取该分划线的读数，图中为 1.97m。

3. 再从目镜右下方测微尺读数窗内读取测微尺读数，图中为 1.50mm（测微尺每分格为 0.1mm，每注字格 1mm）。

4. 水准尺全部读数为 1.97m＋1.50mm＝1.97150m

5. 尺面读数是尺面实际高度的一半，应除以 2，即 1.97150÷2＝0.98575m。

测量作业过程中，可用尺面读数进行运算，在求高差时，再将所得高差值除以 2。

图 3-36 所示为蔡司 NI004 水准仪目镜视场影像，下面是水准管气泡影像，并刻有读数，测微尺刻在测微鼓上，随测微轮转动。该尺刻有 100 个分格，最小分划值为 0.1mm（尺面注字比实长大 1 倍，所以最小分划实为 0.05mm）。

当楔形丝夹住尺面 1.92m 分划时，测微尺上的读数为 34.0（即 3.40m），尺面全部读数为 1.92m＋3.40mm＝1.92340m

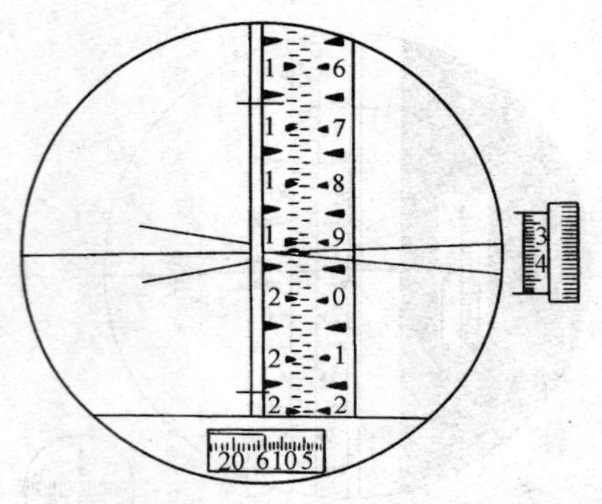

图 3-36　蔡司 NI004 水准仪目镜视场

实际尺面高度为　1.92340÷2=0.96170m

3.8.5　精密水准仪使用要点

1. 水准仪、水准尺要定期检校，以减少仪器本身存在的误差。

2. 仪器安置位置应符合所测工程对象的精度要求，如视线长度、前后视距差、累计视距差和仪器高都应符合观测等级精度的要求，以减少与距离有关的误差影响。

3. 选择适于观测的外界条件，要考虑强光、光折射、逆光、风力、地表蒸气、雨天和温度等外界因素的影响，以减少观测误差。

4. 仪器应安稳精平，水准尺应利用水准管气泡保持竖直，立尺点（尺垫、观测站点、沉降观测点）要有良好的稳定性，防止点位变化。

5. 观测过程要仔细认真，粗枝大叶是测不出精确成果的。

6. 熟练掌握所用仪器的性能、构造和使用方法，了解水准尺尺面分划特点和注字顺序，情况不明时不要作业，以防造成差错。

3.9 自动安平水准仪

3.9.1 自动安平水准仪的基本性能

微倾式水准仪安平过程中，利用圆水准器盒只能使仪器达到初平，每次观测目标读取读数前，必须利用微倾螺旋将水准管气泡调到居中，使视线达到精平。这种操作程序既麻烦又影响工效。有时因忘调微倾螺旋甚至还会造成读数误差。自动安平水准仪在结构上取消了水准管和微倾螺旋，而在望远镜光路系统中安置了一个补偿装置（如图 3-37 所示），当圆水准器调平后，视线虽仍倾斜一个 α 角，但通过物镜光心的水平视线经补偿器折射后，仍能通过十字丝交点，这样十字丝交点上读到的仍是视线水平时应该得到的读数。自动安平水准仪的主要优点就是视线能自动调平，操作简便；若仪器安置不稳或有微小变动时，能自动迅速调平，可以提高测量精度。

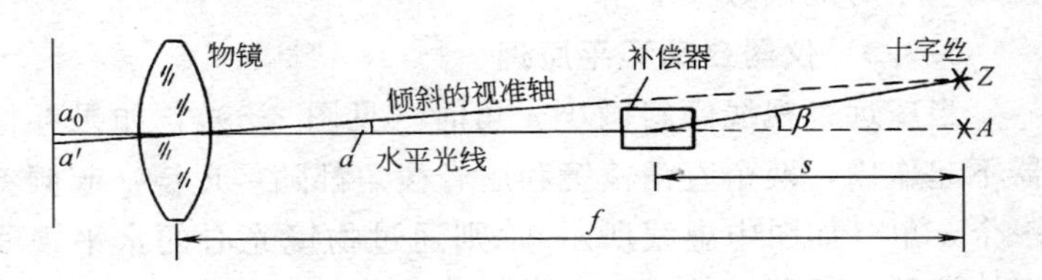

图 3-37 补偿器折光示意

3.9.2 水准仪的光路系统

图 3-38 是 DSZ_3 型自动安平水准仪的光路示意图。

该仪器在对光透镜和十字丝分划板之间安装一个补偿

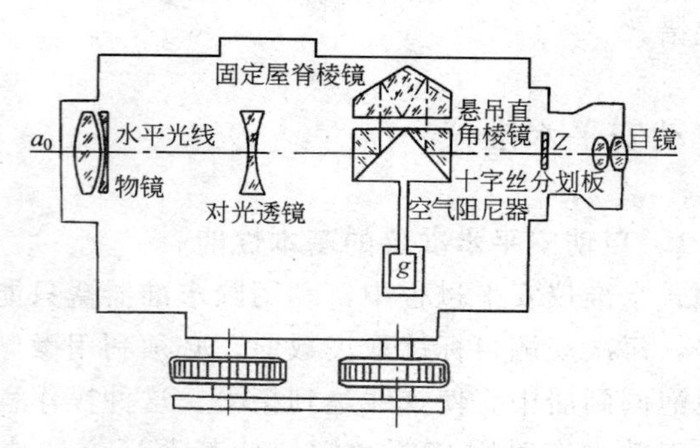

图 3-38　DSZ_3 自动安平水准仪的光路系统

器。这个补偿器由两个直角棱镜和一个屋脊棱镜组成，两个直角棱镜用交叉的金属片吊挂在望远镜上，能自由摆动，在物体重力 g 作用下，始终保持铅直状态。

图 3-38 所示为该仪器处于水平状态，视准轴水平时水准尺上读数为 a_0。光线沿水平视线进入物镜后经过第一个直角棱镜反射到屋脊棱镜，在屋脊棱镜内作三次反射后到达另一个直角棱镜，又被反射一次最后通过十字丝交点，读得视线水平时的读数 a_0。

3.9.3　仪器自动调平原理

当望远镜视线倾斜微小 α 角时（见图 3-39），如果补偿器不起作用，两个直角棱镜和屋脊棱角都随望远镜一起倾斜一个 α 角（如图中虚线所示），则通过物镜光心的水平视线经棱镜几次反射后，并不通过十字丝交点 Z，而是通过 A。此时十字丝交点上的读数不是水平视线的读数 a_0，而是 a'。实际上，当视线倾斜 α 角时，悬吊的两个直角棱镜在重力作用下，相对于望远镜屋脊棱镜偏转了一个 α 角，转到实线表示的位置（两个直角棱镜保持铅直状态）。这时，Z 沿着光

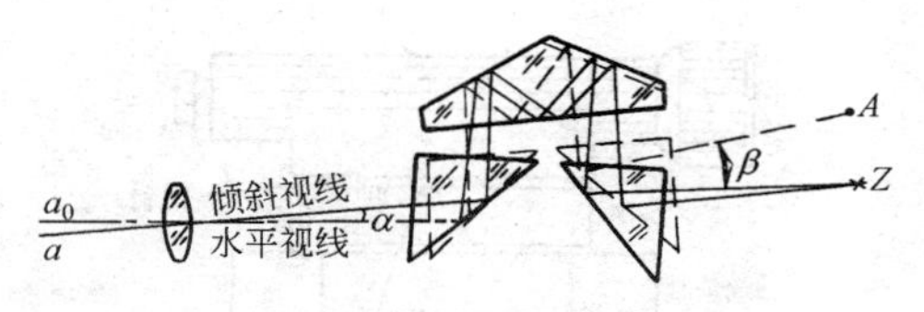

图 3-39 水准仪自动调平示意图

线（水平视线）在尺上的读数仍为 a_0。

补偿器的构造就是根据光的反射原理，当望远镜视准轴倾斜任意角度（当然很微小）时，水平视线通过补偿器都能恰好通过十字丝交点，读到正确读数，补偿器就这样起到了自动调平的作用。

3.10 普通水准仪常见故障的检修

3.10.1 安平系统的检修

1. 调平螺旋的检修

基座调平螺旋转动不正常、有过松过紧、晃动、卡滞等现象。一般是因螺母松动、螺母与螺杆之间有损伤、变形、锈蚀所致。若螺母松动，将螺母压紧即可排除；晃动一般是因螺纹磨损间隙过大或损坏所致，可更换新件；过紧、卡滞因污垢锈蚀造成的，经拆卸清洗可排除。

2. 微倾不灵敏的检修

（1）微倾不灵敏，在调平时，水准管气泡不能随微倾螺旋移动量做相应的移动。主要是微倾顶针不灵敏所致，图 3-40 是微倾调平示意图。

旋转微倾手轮，使手轮顶针移动，促使杠杆绕偏心轴旋转，微倾顶针抬高或降低，视准轴上转或下转。若顶针不灵

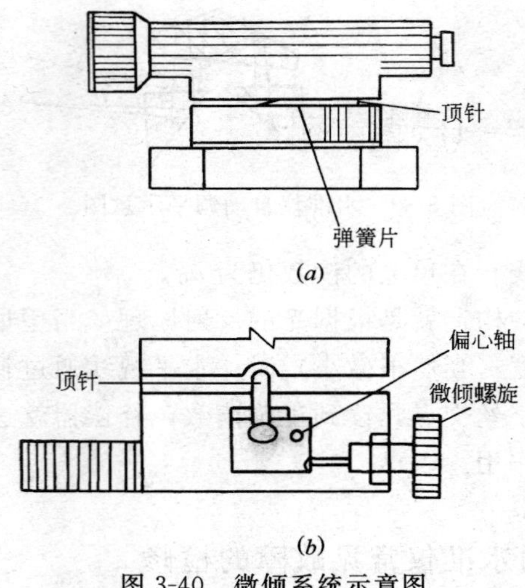

图 3-40　微倾系统示意图

活，进一步将手轮拆下、检查、清洗干净。

（2）长水准管气泡不稳定。调平后气泡有时会自动偏离，应检查水准管是否安置稳固，校正螺丝有无松动，弹簧片螺丝是否松动，把松动的螺丝拧紧。若微倾顶针有晃动、跳跃现象可能是微倾系统有污垢、应清洗干净。

（3）水准管轴倾斜度超过微倾调整范围。利用水准盒调平后，即便微倾螺旋调到极限，水准管气泡仍不能居中。产生这种现象多数是由于顶针过短或过长所致。如果是顶针过长，可将顶针磨短。要是顶针过短，先检查顶针是否倾斜，扶正后仍不能满足要求，可更换长顶针。

3.10.2　转动系统常见故障的检修

1. 竖轴紧涩转动不灵活

此故障可能是竖轴销键过紧或轴套间有污垢所致。先检查基座上的竖轴销键螺丝松紧是否适度，若过紧可适当放松（但不要拧得太松、否则会造成照准部与基座脱离）。也可把竖轴取出清洗干净，加油润滑。

2. 制动螺丝失灵

参看图 3-9，制动螺丝旋紧仍不能起到制动作用，其原因是制动顶杆因磨损而顶不紧制动瓦，或是制动圈、制动瓦缺油或有油污，前者是属顶杆短所致，应换新件；后者可通过清洗加油解决。

3. 微动螺旋失灵

参看图 3-9，拧紧制动螺丝后，转动微倾螺旋，望远镜不做水平微动。若微动螺旋过松或晃动，可调紧压环。若转动时不能起推进作用，可能是螺杆与螺母之间没有固定好，或螺纹磨损严重，若不能朝后退，可能是弹簧失灵所致，应拆开检修。另外，制动瓦与轴套粘结，也能约束微动活动，应拆洗干净。

3.10.3 照准系统常见故障的检修

1. 目镜调焦螺旋过紧或跳动

在目镜调焦时，如发现过紧现象，多是因螺纹中沾有灰尘或油污所致，若螺纹有缺损，而引起跳动，将目镜调焦螺旋取下，拆下其屈光度环，用汽油将油污清洗干净，加油即可。

2. 望远镜调焦失灵

产生这种现象的原因，主要是调焦手轮的转动齿轮和调焦透镜的齿条接触不好，或调焦齿条松动所致。可将调焦手轮拆下，把齿条固定好，使齿轮和齿条吻合好。

仪器检修是一项细致工作，要有个安静环境和操作空间。使用的工具要与修理的对象相匹配，工具不合适，不仅不易修好故障，还易损零部件。初学者宜在专业人员指导下进行，各种型号的仪器构造不尽相同，尤其光路系统情况不清，不要轻易拆动。仪器出厂时是经过精密检校的，修理一般不易达到原装标准。

4 经纬仪及角度测量

4.1 水平角测量原理

地面上不同高程点之间的夹角是以其在水平面上投影后水平夹角的大小来表示的。图 4-1 中 A、O、B 是三个位于不同高程的点，为了测出 AOB 三点水平角 β 的大小，在角顶 O 点上方任意高度安置经纬仪，使经纬仪的中心（水平度盘中心）与 O 点在一条铅垂线上；先用望远镜照准 A 点

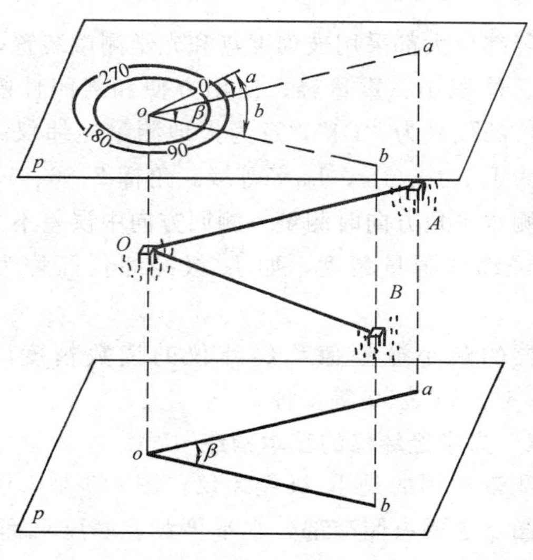

图 4-1　水平角测量原理

（后视读数称始边），读取后视度盘读数 a；再转动望远镜照准 B 点（前视称终边），读取读数 b；则视线从始边转到终边所转动的角度就是地面上 A、O、B 点所夹的水平角，也就是 $\angle AOB$ 沿 OA、OB 两个竖直面投影到水平面 P 上的 $\angle aob$，其角值为水平度盘的读数差，即：

$$\beta = b - a \tag{4-1}$$

式中 a——后视度盘读数；

b——前视度盘读数。

测量水平角时，视线仰、俯角度的大小对水平角值无影响。

4.2 光学经纬仪

光学经纬仪大都采用玻璃度盘和光学测微装置，它有读数精度高、体积小、重量轻、使用方便和封闭性能好等优点。经纬仪的代号为“DJ”，意为大地测量经纬仪。按其测量精度分为 J_2、J_6、J_{15}、J_{60} 等等级。角标 2、6、15、60 为经纬仪观测水平角方向时测量一测回方向中误差不大于的数值，称为经纬仪测量精度，如 J_6 级经纬仪简称为 6″级经纬仪。

测微器的最小分划值称经纬仪的读数精度，有直读 0.5″、1″、6″、20″、30″等多种。

4.2.1 光学经纬仪的基本构造

施工测量常用的是 J_6 级经纬仪，图 4-2 是 DJ_6 型经纬仪的外形图。主要由照准部、水平度盘、基座三部分组成，如图 4-3 所示。

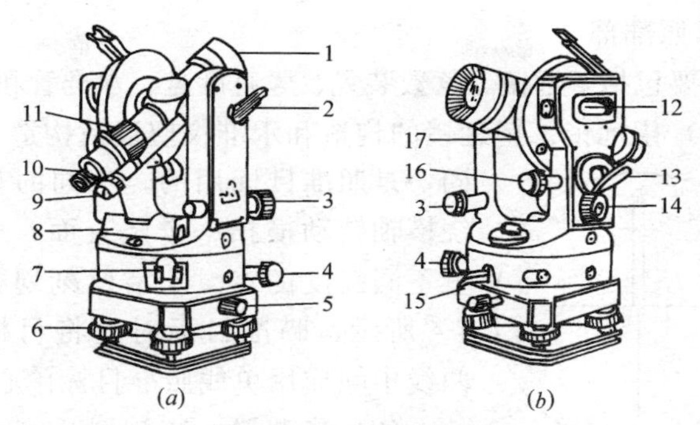

图 4-2　J_6 经纬仪外形

1—望远镜物镜；2—望远镜制动螺旋；3—望远镜微动螺旋；4—水平微动螺旋；5—轴座连接螺旋；6—脚螺旋；7—复测器扳手；8—照准部水准器；9—读数显微镜；10—望远镜目镜；11—物镜对光螺旋；12—竖盘指标水准管；13—反光镜；14—测微轮；15—水平制动螺旋；16—竖盘指标水准管微动螺旋；17—竖盘外壳

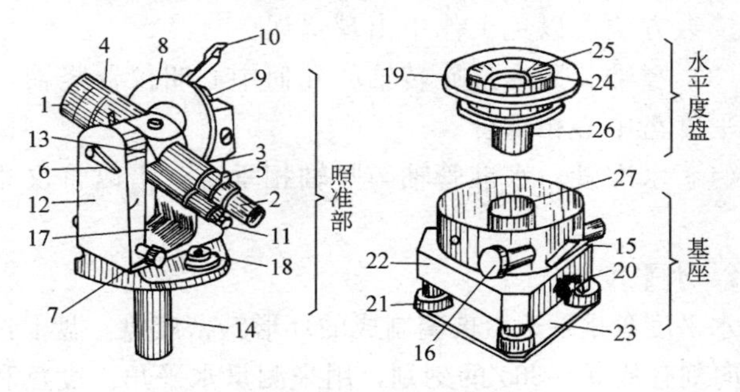

图 4-3　经纬仪组成部件

1—望远镜物镜；2—望远镜目镜；3—望远镜调焦环；4—准星；5—照门；6—望远镜固定扳手；7—望远镜微动螺旋；8—竖直度盘；9—竖盘指标水准管；10—竖盘水准管反光镜；11—读数显微镜目镜；12—支架；13—横轴；14—竖直轴；15—照准部制动螺旋；16—照准部微动螺旋；17—水准管；18—圆水准器；19—水平度盘；20—轴套固定螺旋；21—脚螺旋；22—基座；23—三角形底板；24—度盘插座；25—度盘轴套；26—外轴；27—度盘旋转轴套

1. 照准部

主要包括望远镜、读数装置、竖直度盘、水准管和竖轴。

(1) 望远镜。望远镜的构造和水准仪望远镜构造基本相同，是照准目标用的。不同的是它能绕横轴转动横扫一个竖直面，可以测量不同高度的点。十字丝刻划板如图4-4所示，瞄准目标时应将目标夹在两线中间或用单线照准目标中心。

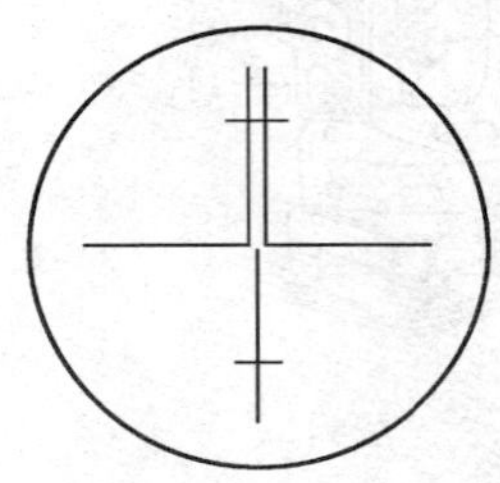

图 4-4　望远镜十字丝刻划板

(2) 测微器。测微器是在度盘上精确地读取读数的设备，度盘读数通过棱镜组的反射，成像在读数窗内，在望远镜旁的读数显微镜中读出。不同类型的仪器测微器刻划有很大区别，施测前一定要熟练掌握其读数方法，以免工作中出现错误。

(3) 竖轴。照准部旋转轴的几何中心叫仪器竖轴，竖轴与水平度盘中心相重合。

(4) 水准管。水准管轴与竖轴相垂直，借以将仪器调整水平。

2. 水平度盘

水平度盘是一个由玻璃制成的环形精密度盘，盘上按顺时针方向刻有从0°～360°的刻划，用来测量水平角。度盘和照准部的离合关系由装置在照准部上的复测器扳手来控制。度盘绕竖轴旋转。操作程序是：扳上复测器，度盘与照准部脱离，此时转动望远镜，度盘数值变化；扳下复测器、度盘和照准部结合，转动望远镜，度盘数值不变。注意工作中不要弄错。

3. 基座

基座是支撑照准部的底座。将三角架头上的连接螺栓拧进基座连接板内，仪器就和三角架连在一起。连接螺栓上的线坠钩是水平度盘的中心，借助线坠可将水平度盘的中心安置在所测角角顶的铅垂线上。

有的经纬仪装有光学对中器（如图 4-5），与线坠相比，它有精度高和不受风吹干扰的优点。

仪器旋转轴插在基座内，靠固定螺丝连接。该螺丝切不可松动，以防因照准部与基座脱离而摔坏仪器。

4. 光路系统

图 4-6 中，光线由反光镜（1）进入，经玻璃窗（2）、照明棱镜（3）转折 180°后，再经竖盘（4）后带着竖盘分划

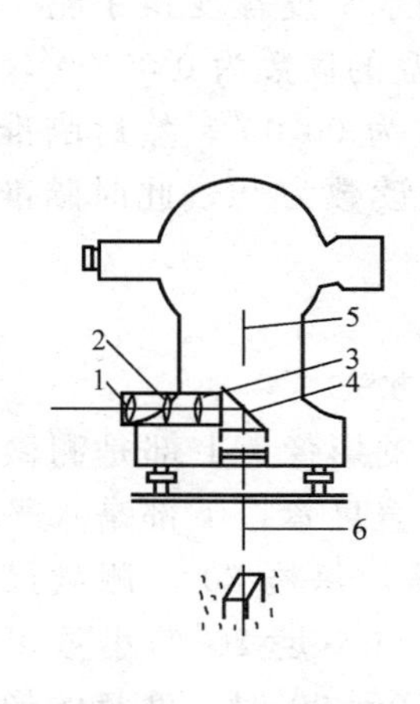

图 4-5　光学对中器光路图

1—目镜；2—刻划板；3—物镜；4—反光棱镜；5—竖轴轴线；6—光学垂线

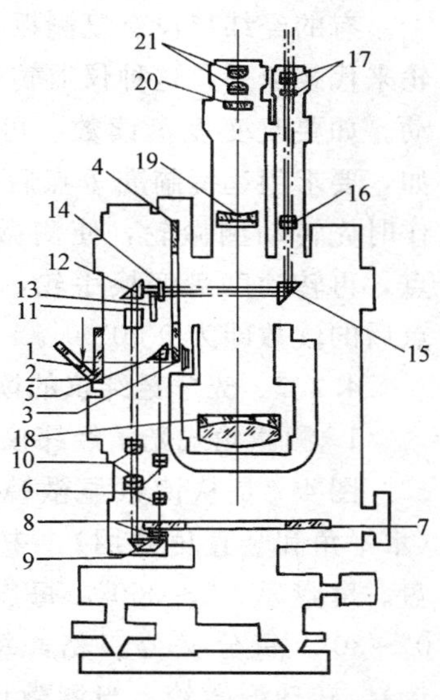

图 4-6　J_6 型经纬仪光路示意图

线的影像，通过竖盘照准棱镜（5）和显微物镜（6），使竖盘分划线成像在水平度盘（7）分划线的平面上。竖盘和水平度盘分划线的影像经场镜（8）、照准棱镜（9）由底部转折180°向上，通过水平度盘显微物镜（10）、平行玻璃板（11）、转向棱镜（12）和测微尺（13），使水平度盘分划、竖盘度盘分划以及测微尺同时成像在读数窗（14）上，再经转向棱镜（15）转折90°，进入读数显微镜，在读数显微镜中读取读数。平板玻璃与测微尺连在一起，由测微轮操纵绕同一轴转动，由于平板玻璃的转动（光折射），度盘影像也在移动，移动值的大小，即为测微尺上的读数。

有的经纬仪没有复测扳手，而是装置了水平度盘变换手轮来代替扳手，这种仪器转动照准部时，水平度盘不随之转动。如要改变度盘读数，可以转动水平度盘变换手轮。例如，要求望远镜瞄准 p 点后水平度盘的读数为0°00′00″，操作时先转动测微轮，使测微尺读数为00′00″，然后瞄准 p 点，再转动度盘变换手轮，使度盘读数为0°，此时瞄准 p 点后的读数即为0°00′00″。

4.2.2 光学经纬仪的读数方法

1. 测微轮式光学经纬仪的读数方法

图4-7是从读数显微镜内看到的影像，上部是测微尺（水平角和竖直角共用），中间是竖直度盘，下部是水平度盘。度盘从0°～360°，每度分两格，每格30′，测微尺从0′～30′，每分又分三格，每格20″（不足20″的小数可估读）。转动测微轮，当测微尺从0′移到30′时，度盘的像恰好移动一格（30′）。位于度盘像格内的双线及位于测微尺像格内的单线均称指标线。望远镜照准目标时，指标双线不一定恰好夹住度盘的某一分划线，读数时应转动测微轮使一条

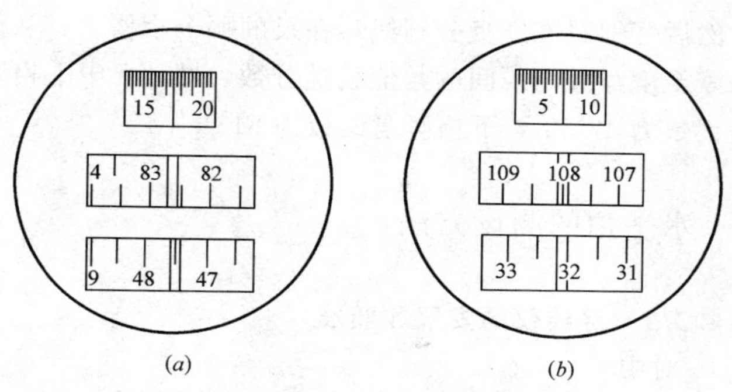

图 4-7　测微轮式读数窗影像

度盘分划线精确地平分指标双线，则该分划线的数值即为读数的整数部分。不足 30′的小数再从测微尺上指标线所对应位置读出。度盘读数加上测微尺读数即为全部读数。图 4-7（a）是水平度盘读数 47°30′＋17′30″＝47°47′30″。图 4-7（b）是竖盘读数 108°＋06′40″＝108°06′40″。

2. 测微尺式光学经纬仪读数方法

图 4-8 是从读数显微镜内看到的读数影像，上格是水平度盘和测微尺的影像，下格是竖盘和测微尺的影像。水平度盘和竖盘上一度的间隔，经放大后与测微尺的全尺相等。测微尺分 60 等分，最小分划值为 1′，小于 1′的数值可以估读。度盘分划线为指标线。读数时度盘度数可以从居于测微尺范围内的度盘分划线所注字直接读

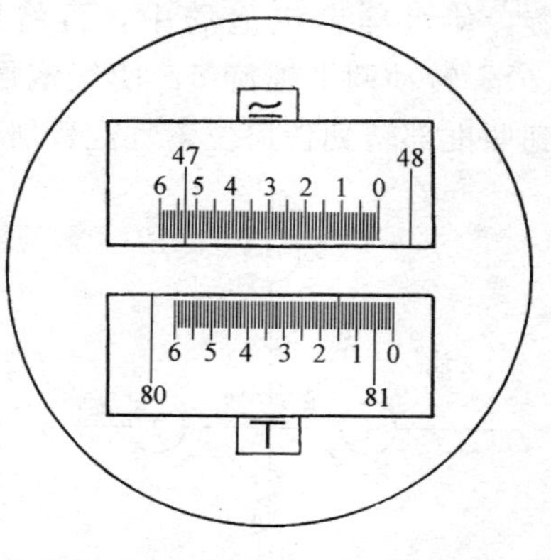

图 4-8　测微尺式读数窗影像

出，然后仔细看准度盘分划线落在尺的哪个小格上，从测微尺的零至度盘分划线间的数值就是分数。图 4-8 中上格水平度盘读数为 47°53′，下格竖盘读数为 81°05′.4。

4.3 水平角的测设方法

4.3.1 经纬仪的安置和照准

1. 对中

操作程序是：打开三角架，安上仪器，挂上线坠，平移三角架让线坠尖大致对准测角顶点，将三角架踩牢。此时如果线坠尖偏离测角顶点，可稍旋松连接螺旋，两手扶仪器基座在架头上平移，让线坠尖准确对准顶点，偏差一般不应大于 3mm，再将连接螺旋拧紧。

2. 调平

调平顺序：先将水准管平行于任意一对调平螺旋，如图 4-9 (*a*)，两手按箭头指的方向同时转动 1、2 两个调平螺旋，使水准管汽泡居中，再将照准部平转 90°，如图 4-9 (*b*)，转动调平螺旋 3，使气泡居中。按上法反复调整，直到照准部转到任何位置气泡皆居中为止。

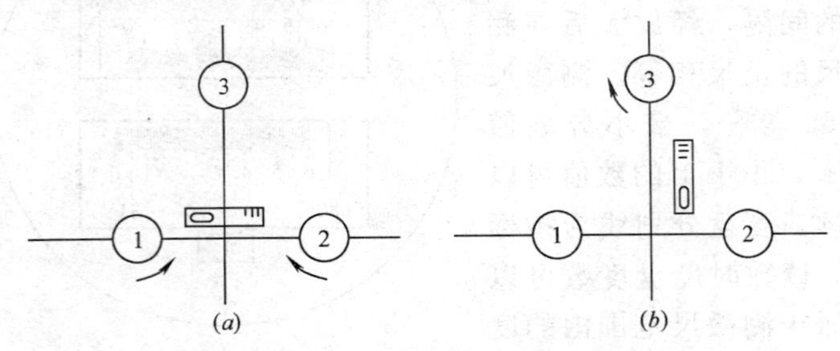

图 4-9 照准部调平顺序

3. 照准（也叫瞄准）

瞄准顺序：放松水平制动和望远镜制动→目镜对光，看清十字线→利用望远镜上的准星瞄准目标→物镜对光，从望远镜中观察，若目标在视场内（图 4-10a），拧紧水平制动和望远镜制动→旋转水平微动，用十字线竖丝对准目标（图 4-10b）→旋转望远镜微动，用十字线交点精确照准目标（铅笔尖或钉帽）（图 4-10c）。如在测点立花杆，要用两条竖丝夹住目标并尽量照准目标底部。

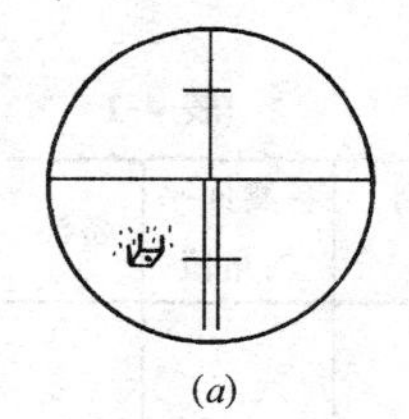

(a)

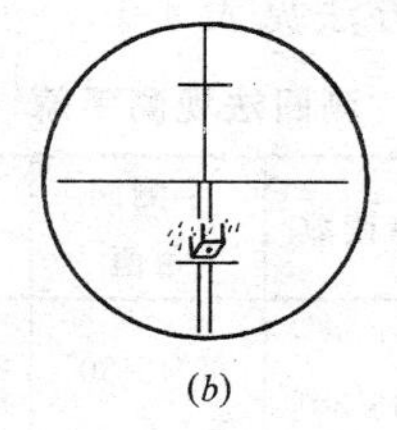

(b)

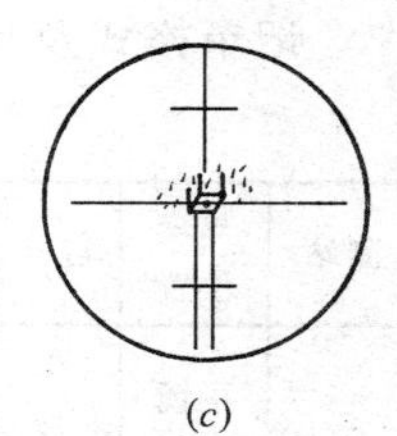

(c)

图 4-10　照准目标顺序

4.3.2　测量已知角的数值

测量已知角，即地面上给出三个点，测出三点所夹的水平角值是多少。常用以下几种方法。

1. 测回法

如图 4-11，AOB 为已知三点，欲测出$\angle AOB$ 的数值。

（1）将仪器安在 O 点上，先将度盘对到 0°00′00″（测微轮式先将测微尺对准 0°00′00″，扳上复测器，利用水平微动将指标线对准 0°）。

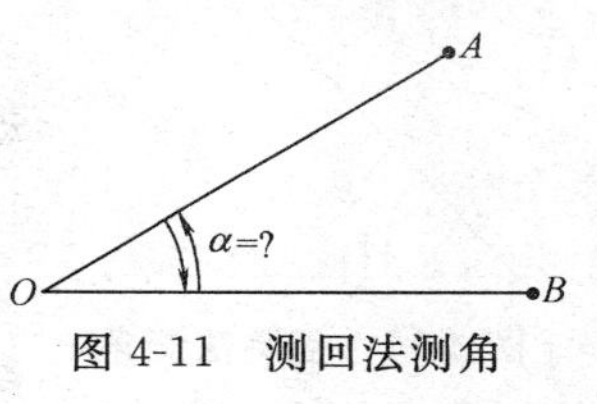

图 4-11　测回法测角

（2）先扳下复测器，后放松水平制动，以正镜（即竖盘在望远镜左侧）照准 A 点，检查度盘读数仍为 0°00′00″。

（3）扳上复测器，放松水平制动，平转镜，照准 B 点，读取度盘读数，如 32°45′30″（若为测微轮式，先转动测微轮使度盘刻划线平分指标双线，然后读数），以上称半测回。

（4）为消除仪器误差，再测半测回。纵转望远镜成倒镜，复测器仍扳上，平转镜（度盘变位 180°）照准 B 点，读取读数如 212°45′20″。

（5）放松水平制动，逆时针平转镜，照准 A 点，读数如 180°00′00″。用正、倒镜各测一次称一测回。

记录格式及计算方法见表 4-1。

测回法观测手簿 **表 4-1**

测站	竖盘位置	目标	度盘读数	半测回角值	一测回角值	各测回平均角值	备注
0	正镜	A	0°00′00″	32°45′30″	32°45′25″		
		B	32°45′30″				
	倒镜	B	212°45′20″	32°45′20″			
		A	180°00′00″				

2. 复测法

如图 4-12，AOB 为已知点，测$\angle AOB$ 的角值。

（1）安仪器于 O 点，将读数对准 0°00′00″，扳下复测器，用正镜照准 A 点。

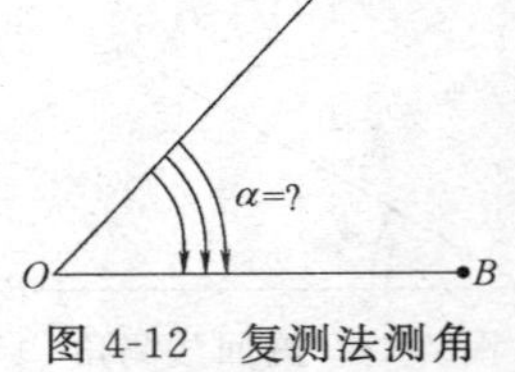

图 4-12　复测法测角

（2）扳上复测器，放松水平制动，照准 B 点，读出读数如 47°30′10″。此读数称为检验角。

（3）扳下复测器，放松水平制动，逆时针平转镜，再次照准 A 点（此时读数仍为 47°30′10″）。

（4）扳上复测器，放松水平制动，再照准 B 点，不用读数。

(5) 扳下复测器，逆转镜再照准 A 点，不用读数。

(6) 扳上复测器，平转镜，照准 B 点，读取读数如 142°30′45″。

因为起始读数为 0°00′00″，所以最后读数减去起始读数所得的累计角值仍为 142°30′45″，共复测 3 次，累计角值除以复测次数即为前半测回的平均角值。

$$\alpha=\frac{142°30'45''}{3}=47°30'15''$$

(7) 为提高精度，改倒镜再测半测回，最后取平均值作为观测成果。

如果所测角值很大或复测次数较多，累计角值会超过 360°，为此，观测过程中要记住复测的次数，用检验角乘以复测次数得出概略累计角值，然后除以 360°，商值整数部分得几，就在最后读数上加几个 360°，作为累计读数。

如测某角，初始读数为 10°40′，检验角为 144°20′，复测 4 次，最后读数为 228°00′40″，求平均角值。

$$超过360°次数=\frac{144°20'\times 4}{360°}>1$$

$$平均角值=\frac{228°00'40''+360°-10°40'}{4}=144°20'10''$$

由于复测过程多次变换度盘位置，计算角值时只用了初始读数和终止读数，减少了仪器误差和读数误差，可以提高测角的精度。

4.3.3 测设已知数值的角

测设已知数值的角，就是在地面上给出两点和一个设计角，要求测设出另一点。

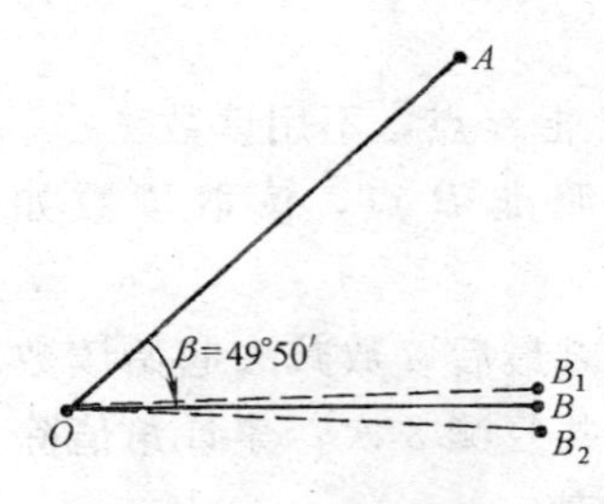

图 4-13　正倒镜法测已知角

如图 4-13，OA 是地面上给出的两点，要求以 O 点为角顶，顺时针测设一个 $\beta=49°50'$ 的角，定出 B 点，测角步骤如下。

1. 正倒镜法

（1）将仪器安于 O 点，将度盘对到 0°00′00″。

（2）先扳下复测器，后放松水平制动，用正镜照准 A 点。

（3）先扳上复测器，后放松水平制动，平转镜，将度盘读数对到要测角 49°50′（若使用测微轮式仪器，先将测微尺对到小数部分，后对度盘整数部分），检查全部读数符合设计角后，在视线方向线上定出 B_1 点。

以上用正镜观测的叫半测回，为了校核，并消除视准轴不垂直横轴及横轴不垂直竖轴误差的影响，用倒镜再测半测回。

（4）将度盘读数对到 90°00′00″，用倒镜照准 A 点。扳上复测器，平转镜，将读数对到要测角 139°50′在视线方向线上，定出 B_2 点。

（5）正常情况下 B_1、B_2 近于重合，取 B_1、B_2 的中点 B 作为观测成果。∠AOB 就是要求的设计角。

上述测法中，初始读数为 0°00′00″，这样计算简便，不易出错，是常用的方法。还可用角值相加的方法测角（在有的仪器不能对准 0°00′00″去照准后视时）。方法是：

仍测设 $\beta=49°50'$ 的角，当度盘读数为任意数值时，用望远镜照准 A 点（同图 4-13），读取后视读数，如 $a=14°40'15''$。测角时在后视读数的基础上加上设计角 β 作为前

视读数 b，

$$b=a+\beta=14°40'15''+49°50'=64°30'15''$$

在后视读数为 14°40′15″的基础上，扳上复测器，平转镜，将度盘全部读数对到 64°30′15″位置，在前视方向线上定出 B_1 点。同前法再定出 B_2 点，取 B_1、B_2 点中间 B 作为测量成果。

2. 角值改正法

仍以测 $\beta=49°50'$为例，在 O 点安仪器，先用正镜测出 B_1 点，如图 4-14 所示。然后用测回法反复（二次以上）测量 β_1 角，求出平均角值，如 $\beta_1=49°49'30''$，计算 B_1 与 β 角之差值 $\Delta\beta$。

$$\Delta\beta=\beta-\beta_1=49°50'-49°49'30''=30''$$

设 $OB=80$m，用下式求出修改数：

$$BB_1=OB\cdot\frac{\Delta\beta}{\rho}=80000\times\frac{30}{206265}=12\text{mm}$$

式中　$\rho=206265$ 是一个常数。

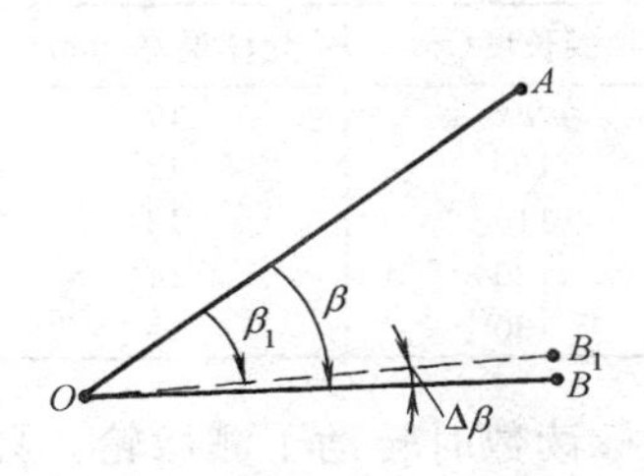

图 4-14　改正法测已知角

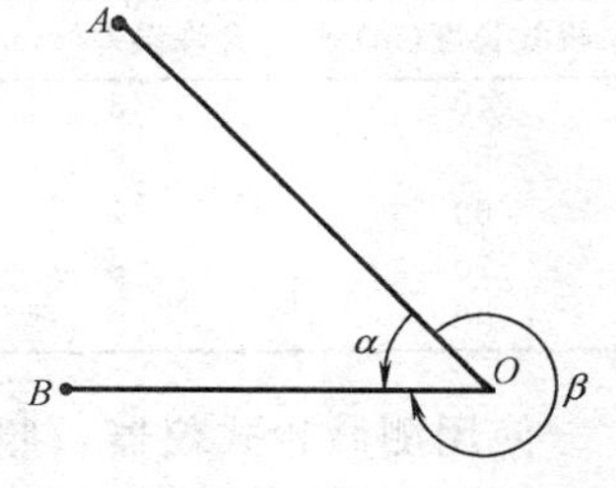

图 4-15　逆时针改顺时针测角

改正方法：从 B_1 点沿垂线方向向外量 12mm 定出 B 点，得 β 角。

实际工作中常会遇到需逆时针方向测角，图 4-15 中 O、A 为给定的两点，欲逆时针测设 α 角，定出 B 点。水平度盘一般都是顺时针注字，逆时针测角时，把测右角变成测左角，换算方法是：

$$\beta=360^{\circ}-\alpha$$

然后按顺时针测出 β 角，定出 B 点。

测角在前视方向右侧称右角，在前视方向左侧称左角。

对所用仪器来说，允许误差为仪器的两倍中误差。例如 J_6 级经纬仪允许误差为 $12''$，即测已知角的数值时，两个半测回角值之差不大于 $12''$。在测设已知数值的角时，两半测回角值之差（图 4-13 中 $\angle B_1OB_2$）不大于 $24''$。

用正倒镜测已知数值的角中，允许误差可用下式计算，如图 4-13 中，

$$B_1B_2=2\cdot l\cdot \text{tg}12''=2\times 0.000058l$$

式中　l——视线长度（m）。

J_6 级经纬仪两次投点允许误差见表 4-2。

J_6 级经纬仪两次投点允许误差　　　　表 4-2

视线长度(m)	允许误差(mm)	视线长度(m)	允许误差(mm)
40	5	90	10
50	6	100	12
60	7	110	13
70	8	120	14
80	9	130	15

使用测微轮式仪器，照准目标读数时转动了测微轮，只是调节了光路系统中度盘的影像，而度盘本身没有动，望远镜也没有动。反过来，转动望远镜时，测微尺的读数也不动。

4.3.4　测量两点的距离

图 4-16 中，欲测隔河相对的 A、B 两点间距离。设辅

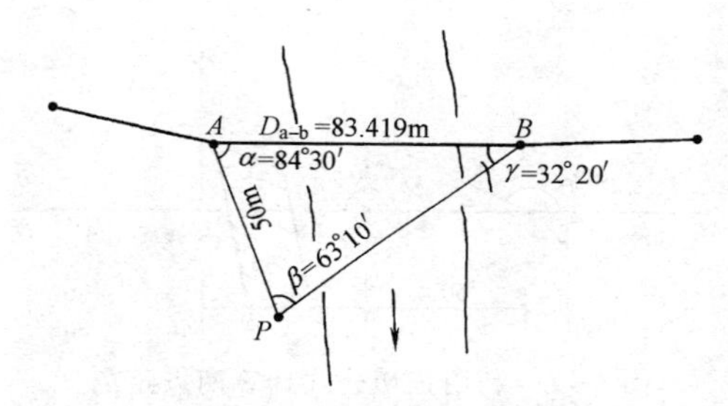

图 4-16　利用正弦定律计算两点距离

助点 p，利用三角正弦定律公式推算出 A、B 两点间的距离。

测量方法如下：

（1）在 A 点同岸设辅助点 p，精密丈量 Ap 两点距离，如 50m。

（2）置仪器于 A 点，后视 B 点，测出角 $\alpha=84°30'$。

（3）置仪器于 p 点，后视 A 点，测出角 $\beta=63°10'$。

（4）计算 B 点夹角 $\gamma=180°-84°30'-63°10'=32°20'$。

（5）计算 D_{a-b}距离：

根据正弦定律在任意三角形中：

$$\text{欲求边长}=\text{已知边长}\times\frac{\text{欲求边对应角正弦}}{\text{已知边对应角正弦}}$$

$$D_{a-b}=50\times\frac{\sin63°10'}{\sin32°20'}=50\times\frac{0.892323}{0.534844}=83.419\text{m}$$

图 4-17 中，欲测出 MN 直线，而 BN 两点间既不通视又不能量距，且不便直角测量，要求测设出 MN 直线，并计算 B、C 两点间距离。

测设方法如下：

（1）设辅助点 p，并假定 C 点在 MN 直线上。如图 4-17 所示构成$\triangle ApC$ 和$\triangle BpC$ 两个三角形。

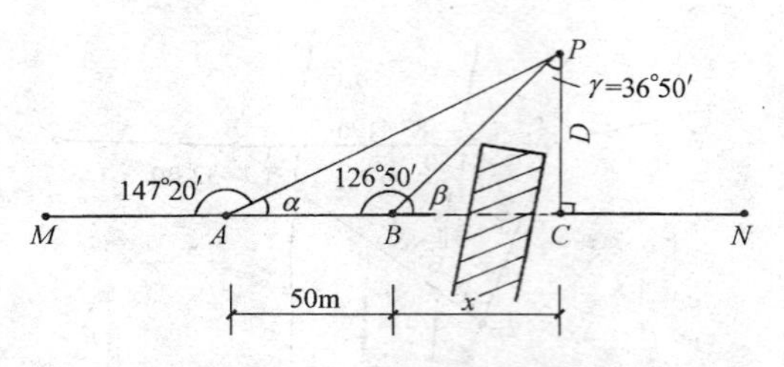

图 4-17　利用正切公式计算两点距离

（2）置仪器于 A 点，后视 M 点，前视 p 点，测角得 $147°20'$，$\alpha=32°40'$。

（3）置仪器于 B 点，后视 M 点，前视 p 点，测角得 $126°50'$，$\beta=53°10'$。

（4）计算 BC 点距离 x，pC 点距离 D。在 $\triangle BCp$ 直角三角形中，

$$\mathrm{tg}\beta=\frac{D}{x}，D=\mathrm{tg}\beta\cdot x=\mathrm{tg}53°10'\cdot x=1.33511x$$

在 $\triangle ACp$ 直角三角形中，

$$\mathrm{tg}\alpha=\frac{D}{50+x}\quad D=\mathrm{tg}32°40'\cdot(50+x)$$

$$=0.641167\times(50+x)$$

$$=32.058+0.641167x$$

两式相减：

$$D=1.33511x$$

$$-D=0.641167x+32.058$$

$$=0.693943x-32.058$$

$$x=46.197\mathrm{m}$$

$$D=1.33511\times46.197=61.678\mathrm{m}$$

（5）计算 $\angle BpC$　$\gamma=90°-53°10'=36°50'$。

（6）置仪器于 p 点，后视 B 点，测角 $36°50'$，在前视方向线上量取 $D=61.678$m，定出 C 点。

（7）置仪器于 C 点，后视 p 点，顺时针测 90°，定出 N 点，则 MCN 在一条直线上。

4.4 竖直角的测量

4.4.1 竖直角测量原理

竖直度盘是用来测量竖直角的。其构造及读数方法与水平度盘基本相同，注字大多为逆时针。当望远镜视准轴水平时，度盘读数为 0°或 90°的倍数，见图 4-18。视线在水平线以上称仰角，视线在水平线以下称俯角。

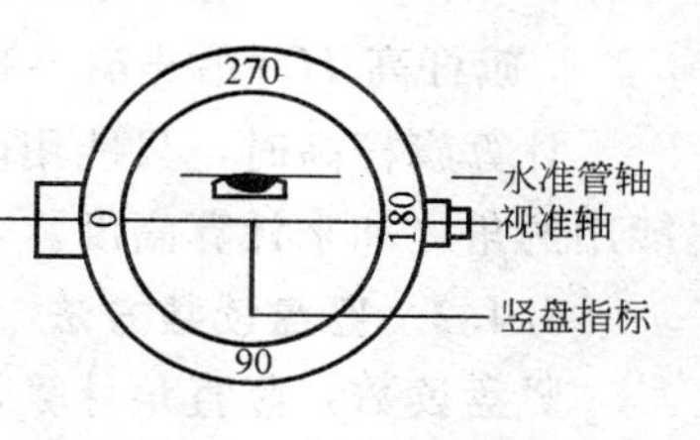

图 4-18 竖盘与指标

竖直角的测量方法如下：

将仪器安于测点上，调平并将指标水准管气泡调整居中，然后纵转望远镜照准目标（不需先照准后视），其竖盘度数就是所观测角的角值。

【例 1】 如图 4-19，欲测量旗杆的高度，先仰镜照准杆

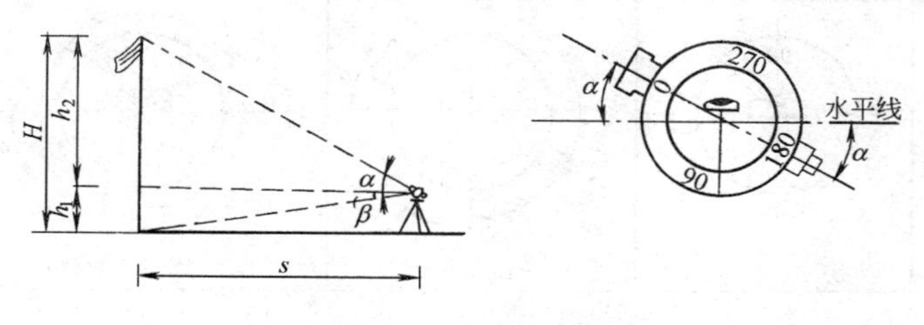

图 4-19 竖角测量

顶，如竖盘读数 $\alpha=122°10'$（视线水平时竖盘读数为 90°），再俯视照准杆底，如竖盘读数 $\beta=86°20'$，仪器中心至旗杆的水平距离 $s=23\text{m}$，求旗杆高 $H=$？

【解】 已知 $\alpha=122°10'-90°=32°10'$

$\beta=90°-86°20'=3°40'$

查表 $\text{tg}\alpha=\text{tg}32°10'=0.62892$

$\text{tg}\beta=\text{tg}3°40'=0.06410$

计算 $h_1=\text{tg}\beta\cdot s=0.06410\times23=1.474\text{m}$

$h_2=\text{tg}\alpha\cdot s=0.62892\times23=14.465\text{m}$

旗杆高 $H=h_1+h_2=1.474+14.465=15.939\text{m}$

计算旗杆高时，只能用两角分别计算高度后再增加，不能用两角之和来计算高度。

4.4.2 竖盘读数方法

竖盘读数，竖直角计算，是随度盘注字形式而异。以逆

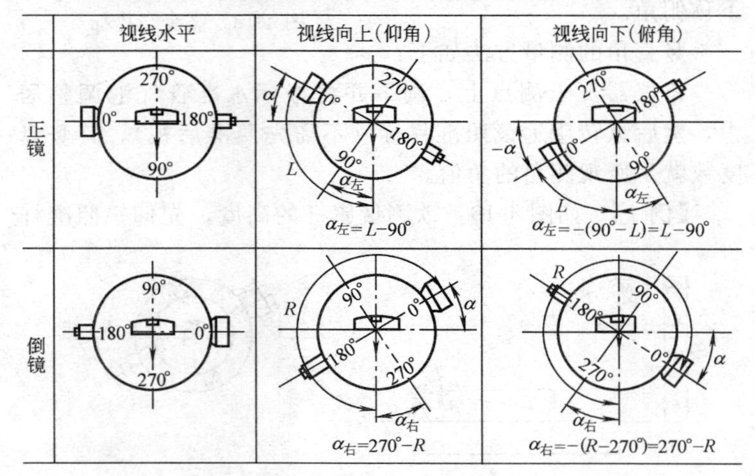

图 4-20 度盘读数与竖直角计算

时针注字的度盘为例，如下图 4-20 所示，当正镜视线水平时，指标读数为 90°，倒镜时，指标读数为 270°。

由图可知： $\alpha_{正}=L-90°$

$$\alpha_{倒}=270°-R$$

4.4.3 度盘指标差

由于度盘偏心或水准管轴不垂直于指标线的影响，度盘读数存在指标差。检验方法是：先以正镜、指标读数为 90°时，照准远处一目标。然后再倒镜照准远处目标，这时若指标读数为 270°，说明指标差为 0，若偏离 270°，其偏移量为指标差的 2 倍。

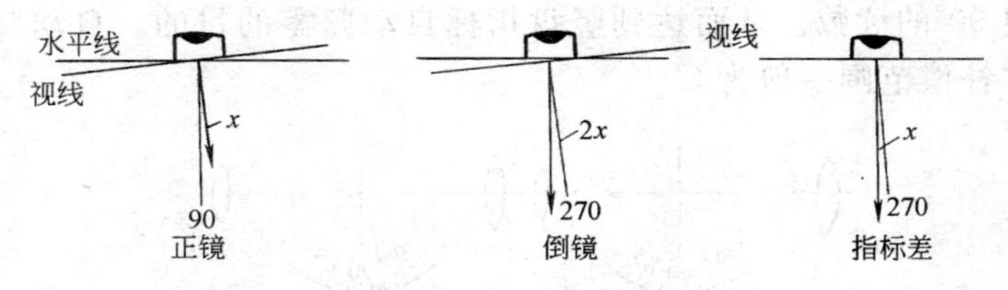

图 4-21 竖盘指标差

$$指标差\quad x=\frac{1}{2}(\alpha_{正}-\alpha_{倒})$$

为控制测角的精度，规范对各级仪器的指标差或一测回指标差都有限差规定。如 DJ_6 型为 25″，DJ_2 型为 15″。在实际操作中采用正、倒镜，取其平均值，指标差可以消除。

$$\alpha=\frac{1}{2}(\alpha_{正}+\alpha_{倒})$$

指标差对某台仪器是一个常数，要在初始读数中加一个指标差，那么视线将保持水平。也可校正指标水准管来消除误差。

4.4.4 指标自动归零装置

老式光学经纬仪，测竖角时，每次读数前都必须调指标水准管让气泡居中，使用不便。新式光学经纬仪、在度盘光路中安置补偿器，以取代指标水准管。当仪器在一定倾斜范围内，竖盘指标能自动归零。能读出相应于指标水准管气泡居中时的读数。这种补偿装置的原理和水准仪自动安平原理基本相同。为达到稳定效果，多采用液体阻尼。

如图 4-22 所示，它在指标 A 和竖盘间悬吊一透镜，当视线水平时，指标 A 处于铅垂位置，通过透镜 O 读出正确读数，如 90°。当仪器稍有倾斜时因无水准管指示，指标处于不正确 A' 位置，但悬吊的透镜在重力作用下，由 O 移到 O' 处，此时，指标 A' 通过透镜 O' 的边缘部分折射，仍能读出 90°的读数。从而达到竖盘指标自动归零的目的。自动归零补偿范围一般为 2′。

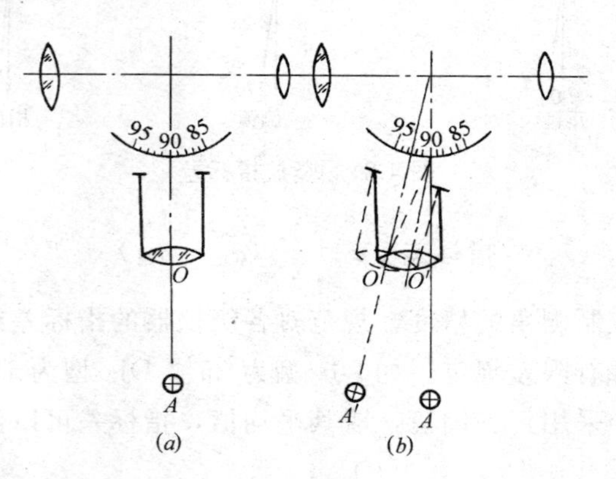

图 4-22　竖盘指标自动归零示意图

4.5　精密经纬仪的构造和用法

图 4-23 是 DJ_2 型光学经纬仪的外形，它的各部件名称

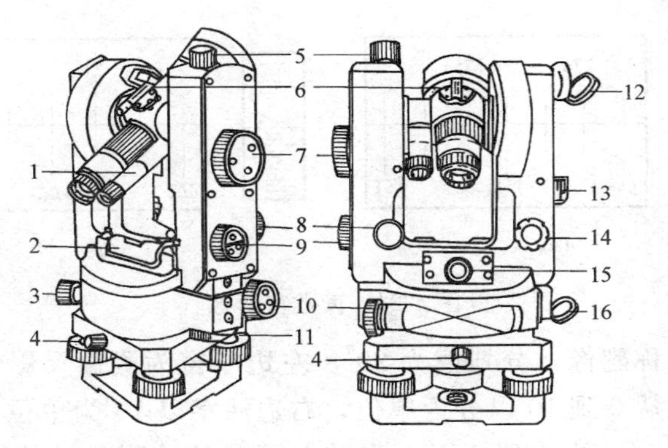

图 4-23　DJ_2 型经纬仪外形

1—读数显微镜；2—照准部水准管；3—照准部制动螺旋；4—座轴固定螺旋；5—望远镜制动螺旋；6—光学瞄准器；7—测微手轮；8—望远镜微动螺旋；9—换象手轮；10—照准部微动螺旋；11—水平度盘变换手轮；12—竖盘照明镜；13—竖盘指标水准管观察镜；14—竖盘指示水准管微动螺旋；15—光学对中器；16—水平度盘照明镜

均标注在图上。

J_2 型经纬仪与 J_6 型经纬仪比较，除 J_2 型经纬仪制作精密外，主要在于读数设备更加精确，是一种高级经纬仪，常用于高精度工程测量和控制测量中。其读数设备有以下特点：

1. J_2 型经纬仪是利用度盘 180°对径分划线的影像重合法来读取读数。相当于把度盘对径相差 180°的两个指标读数影像同时反映在同一个指标线上，取其平均值，以消除度盘偏心差的影响。

2. 读数显微镜中只能看到一个水平度盘或竖直度盘的影像，如果读另一个度盘影像，需转动变像手轮。

3. 读数精度高，在图 4-24 中大窗内被一横线隔开的两组数字是度盘对径相差 180°的两个分划线，正字像称主像，

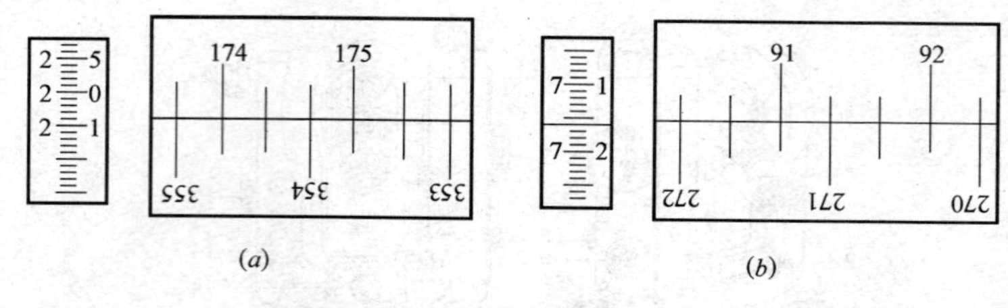

图 4-24 读数窗影像

倒字像称副像，分划值为 20″。左边小窗为测微尺影像，左边注字从 0 到 10 以分为单位，右边注字以 10″为单位，最小分划为 1″，估读到 0.1″。当转动测微轮，测微尺从 0′移到 10′时，度盘主、副像的分划线各移动半格（相当于 10′）。

读数时，先转动测微轮，使主、副像分划线精密重合，读数方法如下：

1. 主像注字为度盘读数，图 4-24（*a*）为 174°。

2. 主像注字与副像注字分划之间所夹的格数乘以分划值再除以 2，为 10′数，图 4-24（*a*）中，两注字分划间夹两格，读数为 2×20′÷2＝20′。

3. 不足 10′的分秒从左边小窗中读出，图 4-24（*a*）中为 2′00″.0。

全部读数为　174°＋20′＋2′00″.0＝174°22′00″.0。

图 4-24（*b*）是竖盘读数、全部读数为 91°17′16″.0。

J_2 型经纬仪还有多种读数形式，图 4-25 中，右下方的小窗为度盘对径分划的重合影像，没有注字，上面小窗为度盘读数和整 10′的注记（图中为 74°40′），左下方小窗为分和秒读数（图中为 7′16″.0），全部读数为 74°47′16″.0。

图 4-26 中，中间窗为度盘分划重合影像，全部读数为 25°36′15″.4。

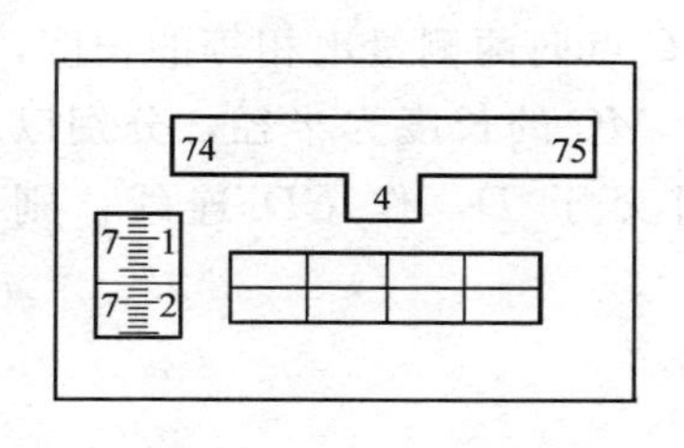

图 4-25 读数窗影像

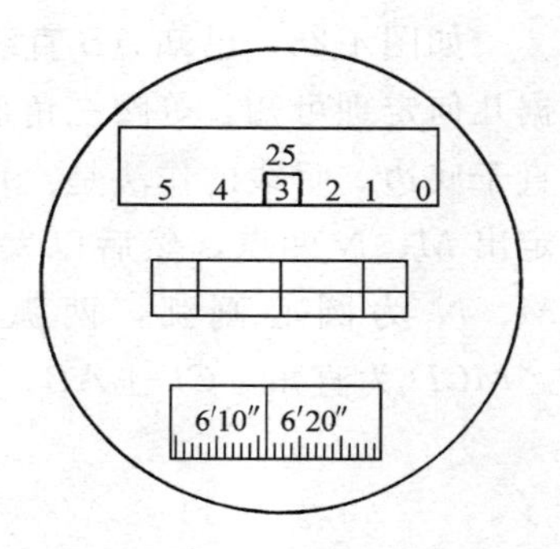

图 4-26 读数窗影像

4.6 简便测角法

4.6.1 过直线上的一点作垂线

1. 比例法（3∶4∶5）

如图 4-27，已知 AB 直线，过 A 点作直线的垂线。根据勾股弦定理可知，当三角形各边长度的比值为 3∶4∶5 时，其长边对应的角为直角。垂线的作法是：从 A 点起在直线上量取 3（单位长），定出 C 点。以 A 点为圆心，以 4（单位长）为半径画弧。再以 C 点为圆心，以 5（单位长）为半径画弧，两弧相交于 D，将 AD 连线，则$\angle DAC$ 即为直角，$AD \perp AB$。

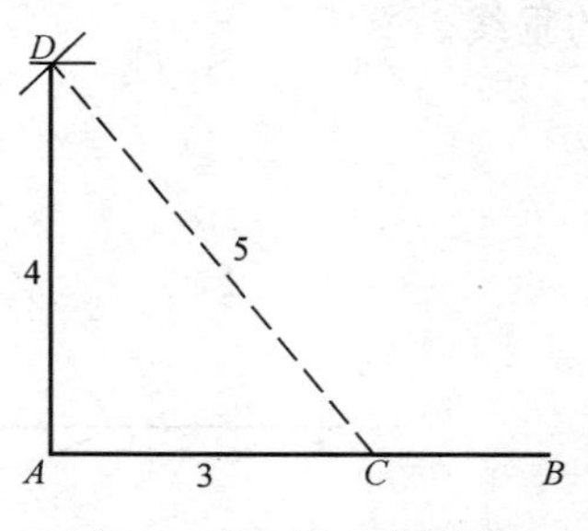

图 4-27 比例法作垂线

2. 等腰三角形法

如图 4-28，已知 AB 直线，过直线上一点 C 作垂线。根据几何定理可知，等腰三角形的顶点与底边中点的连线，垂直于底边。垂线的作法是：自 C 点向两侧量出相等的长度，定出 M、N 两点，然后以大于 MC 的长度为半径，分别以 M、N 为圆心画弧，两弧相交于 D，作 CD 连线，则 $\angle MCD$ 为直角，$CD \perp AB$。

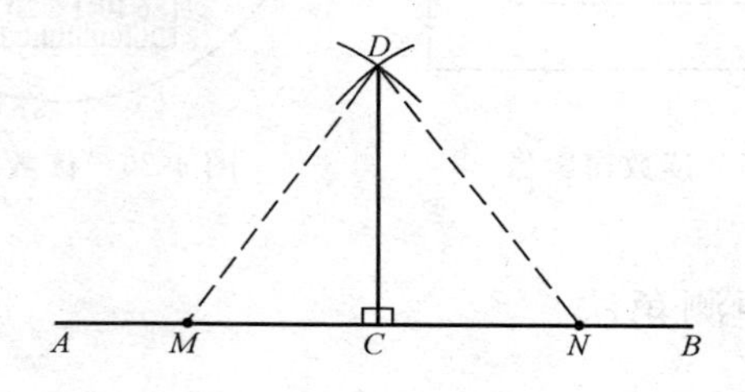

图 4-28　等腰三角形法作垂线

4.6.2　过直线外一点作垂线

如图 4-29，已知直线 AB 和线外一点 C，过 C 点作直线的垂线。

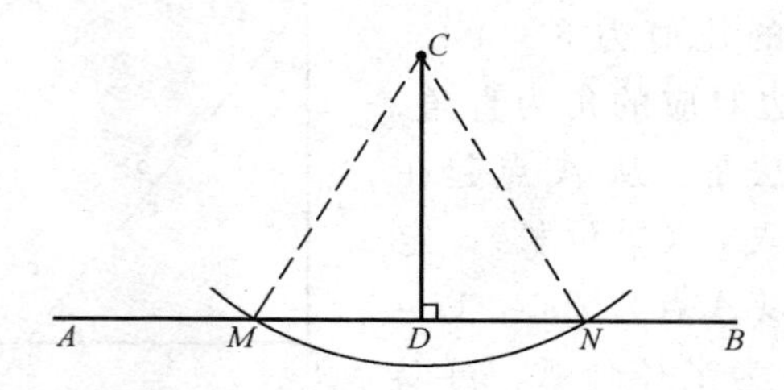

图 4-29　过直线外一点作垂线

垂线的作法是：以 C 点为圆心，过直线画弧，相交于 M、N 两点，量出 MN 的中点位置即定出 D 点，将 CD 连线，则 $\angle CDM$ 为直角，$CD \perp AB$。

4.7 施测中的操作要领

4.7.1 误差产生原因及注意事项

1. 采用正倒镜法，取其平均值，以消除或减小误差对测角的影响。

2. 对中要准确，偏差不要超过 2～3mm，后视边应选在长边，前视边越长对投点误差越大，而对测量角的数值精度越高。

3. 三角架头要支平，采用线坠对中时，架头每倾斜6mm，垂球线约偏离度盘中心 1mm。

4. 目标要照准。物镜、目镜要仔细对光，以消除视差。要用十字线交点照准目标。投点时铅笔要与竖丝平行，以十字线交点照准铅笔尖。测点立花杆时，要照准花杆底部。

5. 仪器要安稳，观测过程不能碰动三角架，强光下要撑伞，观测过程要随时检查水准管气泡是否居中。

6. 操作顺序要正确。使用有复测器的仪器，照准后视目标读取读数后，应先扳上复测器，后放松水平制动，避免度盘随照准部一起转动，造成错误。在瞄准前视目标过程中，复测器扳上再转动水平微动，测微轮式仪器要对齐指标线后再读数。

7. 仪器不平（横轴不水平），望远镜绕横轴旋转扫出的是一个斜面，竖角越大，误差越大。

8. 测量成果要经过复核，记录要规则，字迹要清楚。

4.7.2 指挥信号

水平角测量过程的指挥与水准测量过程的指挥方式基本

相同。略有不同的是：在测角、定线、投点过程中，如果目标（铅笔、花杆）需向左移动，观测员要向身侧伸出左手，以掌心朝外，做向左摆动之势；若目标需向右移动，观测员要向右伸手，做向右摆动之势。若视距很远要以旗势代替手势。

4.8 经纬仪的检验和校正

和水准仪相比，经纬仪是结构更复杂、制造更精密的仪器。要测出精确成果，各轴线关系必须正确，经纬仪各轴线间的几何关系如图 4-30 所示。即：

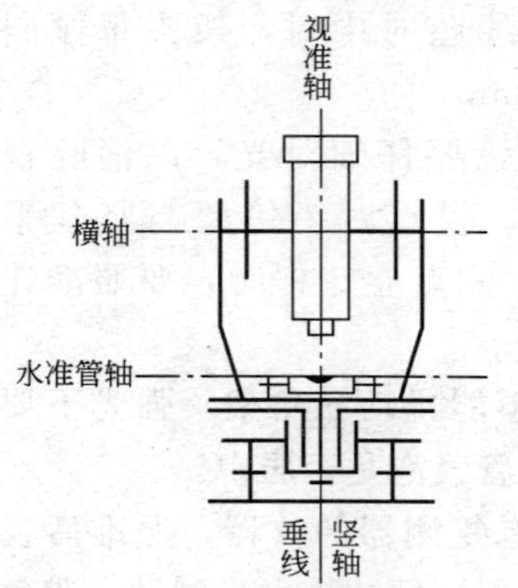

图 4-30 经纬仪各轴线示意

（1）水准管轴垂直于竖轴；

（2）视准轴垂直于横轴；

（3）横轴垂直于竖轴；

（4）十字线竖丝垂直于横轴；

（5）竖轴平行于垂线（仪器定平条件）。

4.8.1 水准管轴的检验和校正

水准管轴垂直于竖轴时，当水准管气泡居中，度盘处于水平位置，满足仪器置平条件。

1. 检验方法

（1）仪器支稳，让水准管平行于任意两个调平螺旋，旋转调平螺旋使气泡居中，如图 4-31（*a*），此时水准管轴水平。

（2）将水准管绕竖轴旋转 180°，此时水准管调头，若气泡仍居中，说明水准管轴垂直竖轴，满足要求。如果气泡偏离一侧，如图 4-31（*b*），说明水准管轴不垂直竖轴，需校正。气泡偏离中点的距离反映的是两轴不垂直之误差的 2 倍。

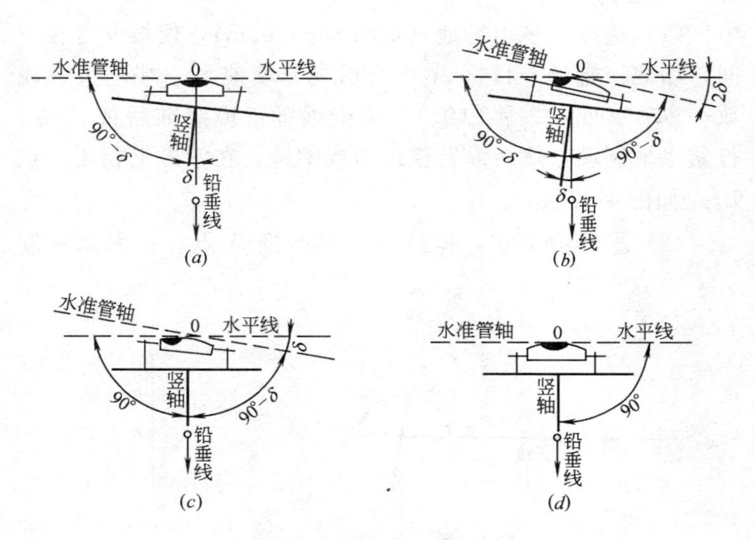

图 4-31　水准管轴校正方法

2. 校正方法

（1）转动调平螺旋，使气泡退回到偏离中点的一半，如图 4-31（*c*），此时竖轴处于垂线位置。

（2）拨动水准管校正螺丝，使水准管的一端抬高或降低，让气泡居中，如图 4-31（*d*），此时水准管轴垂直竖轴。

在外业无条件校正时，也可只经过第一步校正（图 4-31*c*）进行操作。因为此时竖轴已处于垂线位置，满足了调平仪器的目的。水准管虽有误差，但水准管转到任何位置气泡总是等距离地偏向一侧，这种方法称为等偏调平法。

4.8.2 视准轴的检验和校正

视准轴垂直于横轴，正镜转倒镜所观测的点在一条直线上。

1. 检验方法

（1）选择一平坦场地（长约80～100m），仪器安置在中间，场地一端设一目标 A 作为后视，场地另一端垂直视线放一木方（或贴一张白纸），用望远镜正镜照准后视 A 点，拧紧水平制动，然后纵转望远镜成倒镜，在木方上投测一点 B_1，如图 4-32（a）。

（2）平转镜 180°，保持倒镜再照准 A 点，拧紧水平制

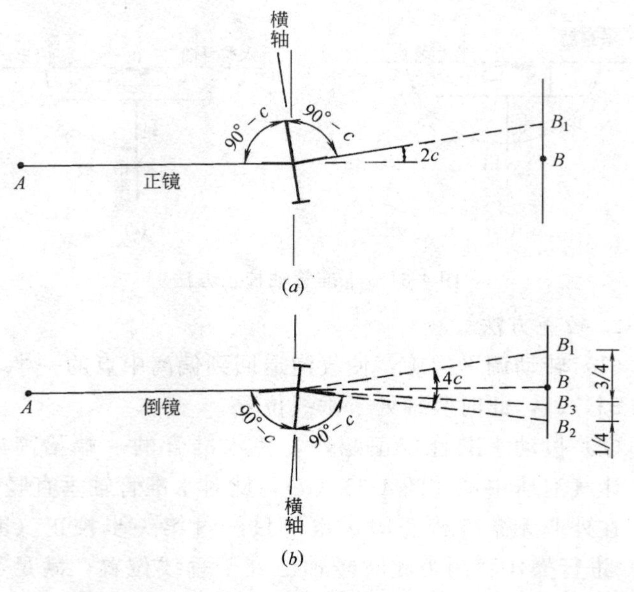

图 4-32　视准轴校正程序

动，然后纵转望远镜成正镜观测 B_1 点，若视线与 B_1 点重合，说明视准轴垂直横轴，满足条件。如果视线偏离 B_1 点，而得 B_2 点，如图 4-32 (b)，需校正。

2. 校正方法

(1) 从 B_2 点开始量取四分之一 B_1B_2 长，作 B_3 点（注意不要取 B_1B_2 的中点），如图 4-32 (b)。由于视准轴与横轴误差为一个 c 角，所以 B_3 点就是视准轴应照准的改正位置。

(2) 望远镜不动，将十字线环左右两个校正螺丝一松一紧，将十字线的交点对准 B_3 点，视准轴就垂直横轴了。校正过程中十字线环的位移很小，要小心仔细，拨动螺丝时要先松后紧，边松边紧。

4.8.3 横轴的检验和校正

横轴垂直于竖轴，那么任意竖角所观测的点都在一条垂线上。

1. 检验方法

(1) 在距墙面 15m 左右处安置仪器，视线垂直墙面，拧紧水平制动，将望远镜仰起 30°左右，用正镜照准高处一目标点 M，再将望远镜放平，在墙面投测一点 m_1，如图 4-33。

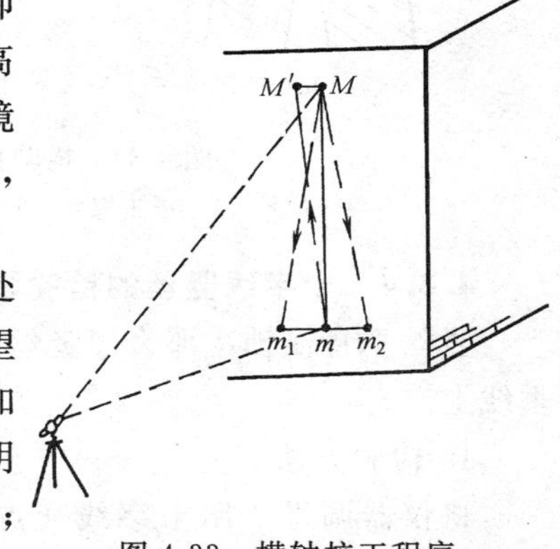

图 4-33　横轴校正程序

(2) 改用倒镜照准高处 M 点，拧紧水平制动，将望远镜放平，观看 m_1 点，如果视线与 m_1 点重合，说明横轴垂直竖轴，满足条件；若不重合则标出 m_2 点，说明需校正。

2. 校正方法

(1) 在 m_1m_2 两点间定出中点 m，仪器原位不动，利用水平微动平转视线照准 m 点，然后抬高望远镜看高处 M 点，这时视线偏向 M'。

(2) 用拨针拨动支架上横轴校正螺丝，调整支架高度，使十字线交点对准 M 点，这时 Mm 两点在一条垂线上，横轴垂直于竖轴。

图 4-34 是两种形式的横轴校正装置，图 4-34 (b) 是通过转动偏心轴承来校正横轴的。

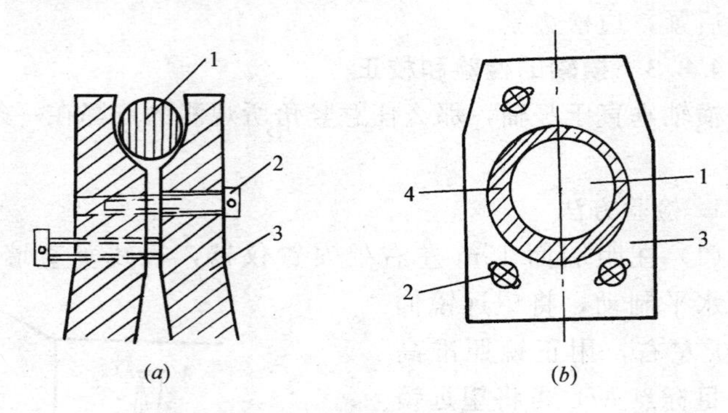

图 4-34 横轴校正装置

1—横轴；2—校正螺丝；3—支架；4—偏心轴承

4.8.4 十字线竖丝的检验和校正

竖丝垂直横轴，那么用竖丝任何位置观测的点都在一条垂线上。

1. 检验方法

将仪器调平，用十字线交点照准一目标，拧紧水平制动，纵转望远镜，若该点在竖丝上移动，如图 4-35 (a)，

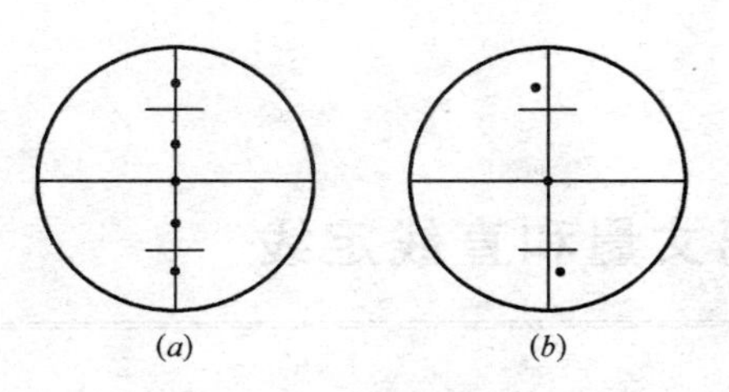

图 4-35　竖丝检验方法

说明竖丝垂直横轴；若偏离竖丝，如图 4-35（*b*），则需校正。

2. 校正方法

松开十字线环两相邻螺丝，转动十字线环，使之满足条件要求。此项误差一般不用校正，观测时可用十字线交点照准目标。

5　距离丈量和直线定线

5.1　距离丈量

地面上两点间的距离是指两点在水平面上投影后的直线距离，如图 5-1。

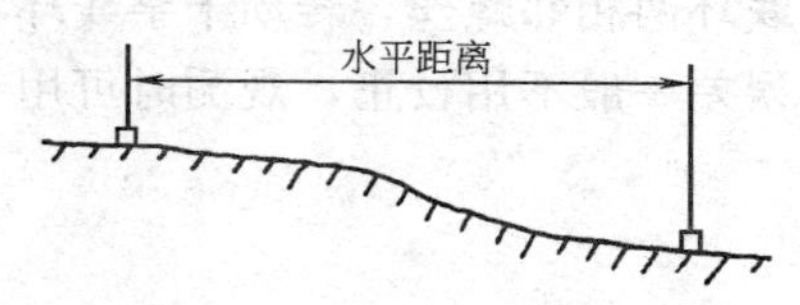

图 5-1　两点水平距离

丈量方法按使用工具的不同，分为尺丈量、视距测量、红外测量等。目前工程中普遍使用的是尺丈量。按精度要求可分为粗略丈量、普通丈量和精密丈量。粗略丈量适于精度要求较低的测距工作；普通丈量适于一般建筑工程；精密丈量要进行尺长、温差，高差改正，丈量方法更加严密，适于主要建筑工程。

量距有两种情况，一种是地面上两点已定，要求测出两点间的距离；另一种是距离已知，要求根据给定的起点量出另一点的位置。

丈量工具：

(1) 钢尺。一般长度为 30m、50m，刻划为 0.5cm 或 1cm，尺的零端 10cm 范围内刻划为 mm，适于普通丈量和精密丈量。

(2) 绳尺（又称丈绳、测绳）。长度为50m、100m，刻划为1m，适于精度要求较低的长距离测量。

(3) 花杆。长2m，木制，涂有红白相间颜色，用来标定直线或作为观测目标用。

图5-2 测钎

(4) 测钎。如图5-2所示，用金属制作，用来标记测点和计算丈量尺段数量。

(5) 垂球架。在地面起伏不平的情况下丈量水平距离时，作为投点和测角站标用。一般用三角架代替。

5.2 钢尺的检定和尺长改正

标准长度是钢尺在标准温度（20℃）标准拉力（100N）条件下用标准检验台衡量出来的长度。名义长度与标准长度之差叫尺的误差。由于制作和使用过程温差等外界条件的影响，钢尺一般都存在误差，钢尺上的刻划长度不等于标准长度。为保证丈量精度，使用前要进行检定，求出改正系数，在实际量距时对丈量结果进行改正。在精度要求较高和跨季节测量中更应做好这项工作。

5.2.1 钢尺的检定方法

1. 自检

以经过检定的钢尺作为标准尺，把被检尺与标准尺进行比较。方法是：选择平坦场地，两把尺的长度应相等（都是30m或50m），两尺平行摆放，先将两尺的0刻划线对齐，然后施以同样大小的拉力，则被检尺与标准尺整尺段的差值就是被检尺的误差。如图5-3中30m处的刻划差。这种检验方法要经过三次以上的重复比较，最后取平均差值作为检定成果。经检定过的钢尺要在尺架上编号，注明误差值，以备精密丈量使用。

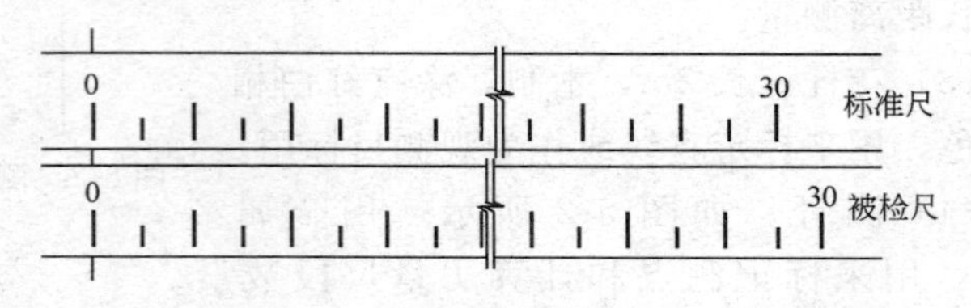

图 5-3　比较法检定钢尺

2. 送检

将尺送专业部门检定，由专业部门提供检验成果。

钢尺误差：

$$\Delta l' = l' - l_0 \tag{5-1}$$

式中　l'——尺名义长度（尺的注字刻划长度＋误差）；

l_0——标准长度；

$\Delta l'$——符号为“＋”表示被检尺大于标准尺，为“－”时表示被检尺小于标准尺。

尺的每米改正系数

$$\Delta d = \frac{l' - l_0}{l_0} \tag{5-2}$$

尺的改正数

$$\Delta l = \Delta d \cdot l \tag{5-3}$$

【例 1】　一把名义长度 30m 的钢尺，经检验实际长度是 30.006m，丈量 80m，计算尺的误差、改正系数、改正数是多少。

【解】　误差 $\Delta l' = 30.006 - 30.000 = 0.006\text{m} = 6\text{mm}$

改正系数

$$\Delta d=\frac{30.006-30.000}{30.000}=0.2\text{mm/m}$$

改正数

$$\Delta l=0.2\times 80=16\text{mm}$$

5.2.2 尺长改正

【例 2】 一把 30m 长的尺，名义长度比标准尺大 6mm，用这把尺量得 AB 两点间的距离为 30m（图 5-4），求 AB 的实际距离。

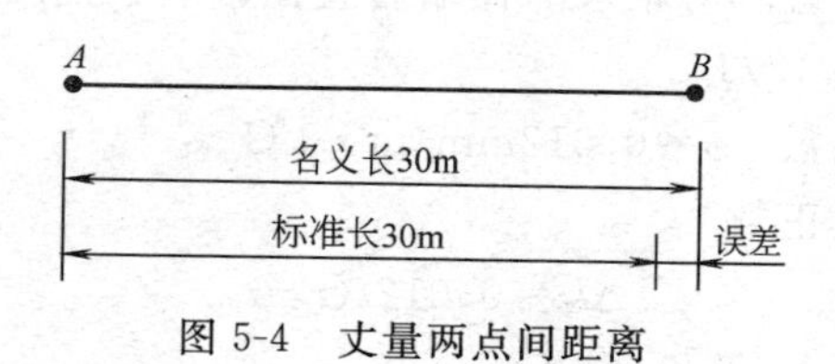

图 5-4 丈量两点间距离

从图中可以看出

$$\begin{aligned}\text{实际距离}&=\text{名义长度}+\text{误差}\\&=30.000+0.006=30.006\text{m}\end{aligned}$$

也就是说，由于名义长度大于标准长度，每量一整尺段就少量了 6mm，故在丈量两点间距离时，应在名义长度的基础上加上尺的误差。当用尺大于标准尺时加的是“+”值，用尺小于标准尺时加的是“−”值。

如还是用这把尺，欲测设一点 B，要求与 A 点的设计距离为 30m（图 5-5），计算丈量数值是多少。

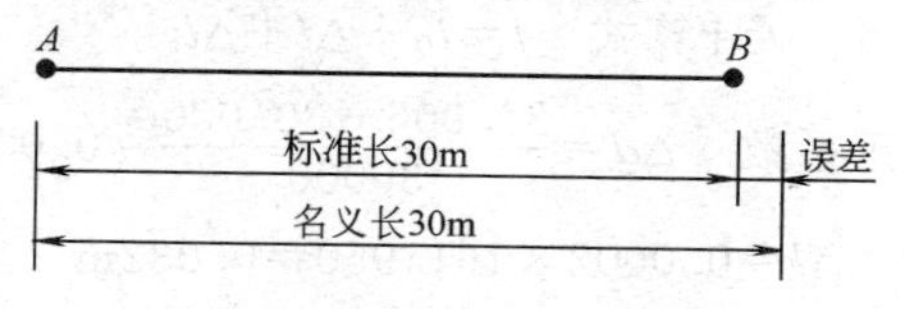

图 5-5 测设已知数值的点

从图中可看出

$$AB\text{点丈量数值}=\text{名义长度}-\text{误差}$$

$$=30.000-0.006=29.994\text{m}$$

也就是说，建立已知距离的点时，丈量数值应在名义长度的基础上减去尺的误差。当用尺大于标准尺时减的是“+”值，用尺小于标准尺时减的是“−”值。

5.2.3　温差改正

温度的升降对钢尺的伸缩有直接影响，钢尺的线膨胀系数为 0.000012/1℃

每米系数　$\alpha=0.012\text{mm/m}\cdot 1℃$

温差改正数

$$\Delta l_t=0.012l(t-t_0) \tag{5-4}$$

式中　l——丈量长度(m)；

t_0——检尺时温度(一般为 20℃)；

t——丈量过程平均温度。

改正符号与温差符号相同。改正数为当丈量两点间距离时相加，测设已知距离时相减。

【例 3】　某建筑物有两个控制桩，测设时的距离是 162.000m，因使用时间已久，现需检查桩位是否发生变化。使用 30m 钢尺，名义长度比标准尺大 6mm，丈量时平均温度 28℃，量得两点间距离为 161.950m，计算是否符合原测设距离。

【解】　　　计算式　$l=l_0+\Delta l+\Delta l_t$　　(5-5)

尺长改正系数　$\Delta d=\dfrac{30.006-30.000}{30000}=0.0002$

改正数　$\Delta l=0.0002\times161.950=0.032\text{m}$

温差改正　$\Delta l_t=0.012\times161.950(28-20)=0.016\text{m}$

实际距离　$L=161.950+0.032+0.016=161.998\text{m}$

与原测设距离基本相等，证明桩位没有变动。

【例 4】 欲测设一点，设计距离为 138m，使用 30m 钢尺，名义长度比标准尺大 6mm，丈量时平均温度 28℃，计算丈量数值是多少。

【解】 计算式　$L=l-\Delta l-\Delta l_{\mathrm{t}}$　(5-6)

尺长改正　$\Delta l=0.0002\times138.000=0.027\text{m}$

温差改正　$\Delta l_{\mathrm{t}}=0.012\times138.000(28-20)=0.013\text{m}$

丈量数值　$L=138.000-0.027-0.013=137.960\text{m}$

5.2.4　拉力及挠度改正

实际丈量时所用拉力应等于钢尺检定时的拉力，因而不需改正。规定钢尺检定时整尺段用弹簧秤给钢尺施加的拉力为：尺长 30m 拉力 98N，尺长 50m 拉力 147N。

为避免悬空丈量时尺身下垂挠度对量距的影响，应尽量沿地面量尺。若悬空长度超过 6m 时，中间应加设水平托桩，以保持尺身平直。

挠度对量距的影响见下式。

$$S\approx2\times\sqrt{\left(\frac{L}{2}\right)^2-h^2}=\sqrt{L^2-4h^2}$$

式中　L——尺长；

h——挠度；

S——长度。

5.3　直线定线

5.3.1　两点间定线

1. 经纬仪定线

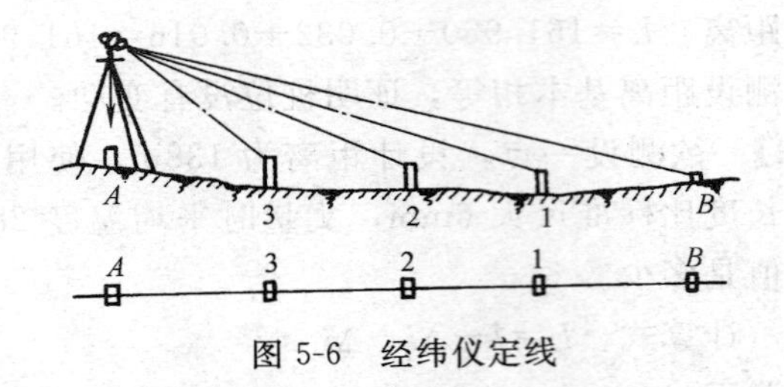

图 5-6　经纬仪定线

如图 5-6 所示，作法是：

(1) 将经纬仪安置在 A 点，在任意度盘位置照准 B 点。

(2) 低转望远镜，一人手持木桩，按观测员指挥，在视线方向上根据尺段所需距离定出 1 点，然后再低转望远镜依次定出 2 点。则 A、2、1、B 点在一条直线上。

2. 目测法定线

如图 5-7 所示，作法是：

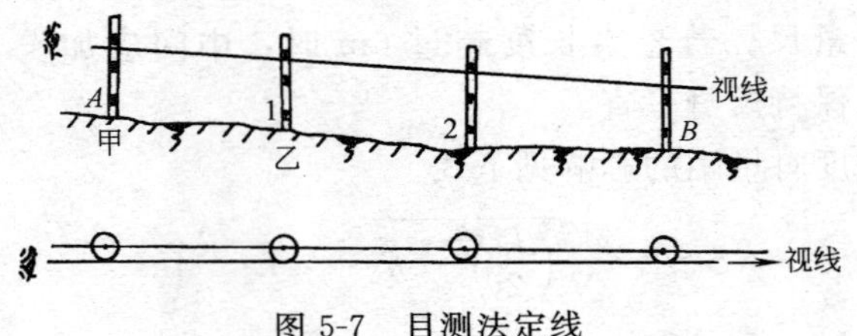

图 5-7　目测法定线

(1) 先在 AB 点各竖直立好花杆，观测员甲站在 A 点花杆后面，用单眼通过 A 点花杆一侧瞄准 B 点花杆同一侧，形成连线。

(2) 观测员乙拿一花杆在待定点 1 处，根据甲的指挥左、右移动花杆。当甲观测到三根花杆成一条直线时，喊“好”，乙即可在花杆处标出 1 点，A、1、B 在一条直线上。

(3) 同法可定出 2 点。

根据同样道理也可做直线延长线的定线工作。

5.3.2　过山头定线

若两点间有山头，不能直接通视，可采用趋近法定线。

1. 目测法

如图 5-8（*a*），作法是：

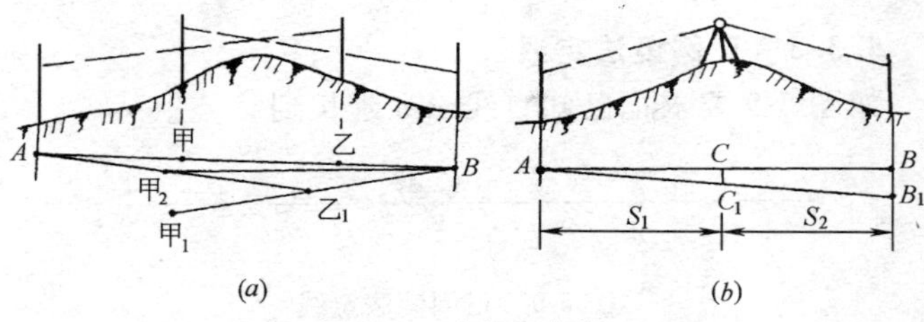

图 5-8　过山头定线

（1）甲选择既能看到 A 点又能看到 B 点靠近 AB 连线的一点甲$_1$ 立花杆，乙拿花杆根据甲的指挥，在甲$_1B$ 连线上定出乙$_1$ 点，乙$_1$ 点应靠近 B 点，但应看到 A 点。

（2）甲按乙的指挥，在乙$_1A$ 连线上定出甲$_2$ 点，甲$_2$ 应靠近 A 点，且能看到 B 点。

这样互相指挥，逐步向 AB 连线靠近，直到 A 甲乙在一条直线上，同时甲乙 B 也在一条直线上为止，这时 A 甲乙 B 四点便在一条直线上。

2. 经纬仪定线

如图 5-8（*b*）所示，作法是：

（1）将经纬仪安置在 C_1 点，任意度盘位置，正镜后视 A 点，然后转倒镜观看 B 点，由于 C_1 点不可能恰在 AB 连线上，因此，视线偏离到 B_1 点。量出 BB_1 距离，按相似三角形比例关系：

$$S_1 : CC_1 = (S_1 + S_2) : BB_1$$

$$CC_1 = \frac{S_1 \times BB_1}{(S_1 + S_2)}$$

S_1，S_2 的长度可以目测。

（2）将仪器向 AB 连线移动 CC_1 距离，再按上法进行观测，若视线仍偏离 B 点，再进行调整。直到 ACB 在一条直线上为止。

5.3.3 正倒镜法定线

如图 5-9 要求把已知直线 AB 延长到 C 点。

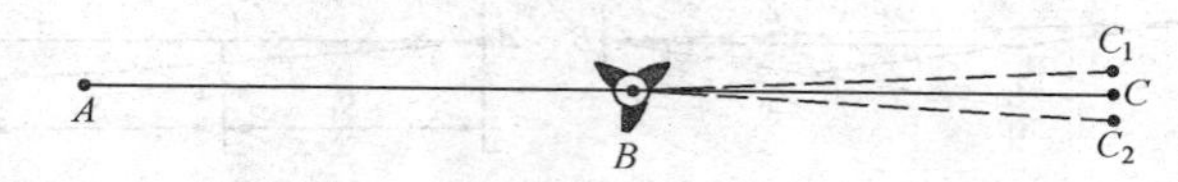

图 5-9 正倒镜法定线

具体作法是：

将仪器安于 B 点，对中调平后，先以正镜后视 A 点，拧紧水平制动，防止望远镜水平转动，然后纵转望远镜成倒镜，在视线方向线上定出 C_1 点。放松水平制动，再平转望远镜用倒镜后视 A 点，拧紧水平制动，又纵转镜成正镜，定出 C_2 点。若 C_1C_2 两点不重合，则取 C_1C_2 点的中间位置 C 作为已知直线 AB 的延长线。为了保证精度，规范规定直线延长的长度，一般不应大于后视边长，以减少对中和照准误差对长边的影响。

5.3.4 延伸法定线

如图 5-10，要求把已知直线 AB 延长到 C 点。

具体作法是：

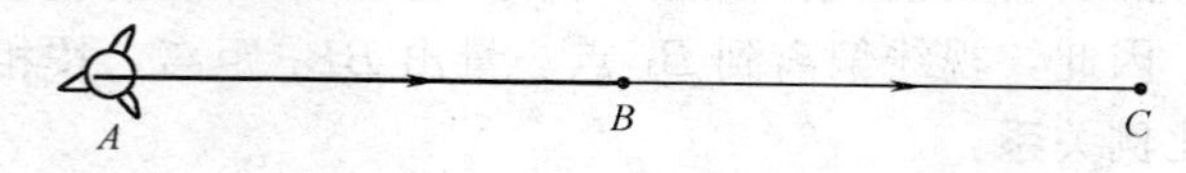

图 5-10 延伸法定线

将仪器安于 A 点，对中调平后，以正镜照准 B 点，拧紧水平制动，然后抬高望远镜，在前视方向线上定出 C 点，此 C 点就是 AB 直线的延长线。

上述两种方法相比较，延伸法有操作简便、对中误差对延长线的影响小等优点。从图 5-11 中可以看出，作同样的延长线，采用正倒镜法，仪器安置于 B 点，当对中偏差为 4mm，则 C_1 点偏离 AB 直线方向 8mm；而采用延伸法，仪器安置于 A 点，对中偏差也为 4mm，则 C_1 点偏离 AB 直线 4mm，其误差比正倒镜法减少了一半。故实际工作中一般多采用延伸法。为保证测量精度，仪器对中要准确（尤其是垂直视线的方向）。当观测角度较大时，仪器要仔细调平（尤其是在垂直视线的方向）。

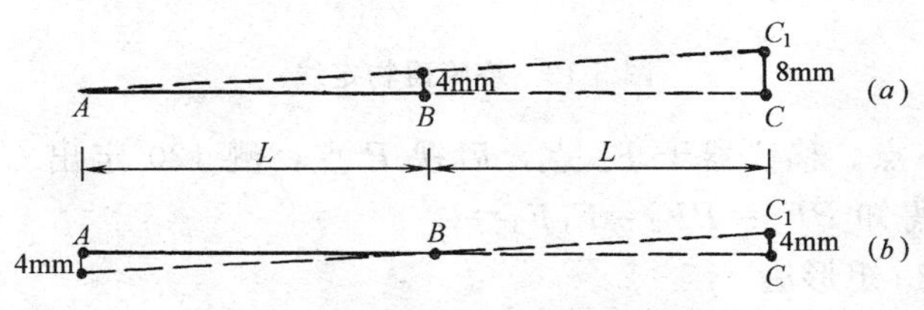

图 5-11 对中误差对延长线的影响

5.3.5 绕障碍物定线

图 5-12 中，欲将直线 AB 延长到 C 点，但有障碍物不能通视，可利用经纬仪和钢尺相配合，用测等边三角形或测矩形的方法，绕过障碍物，定出 C 点。

1. 等边三角形法

等边三角形的特点是三条边等长，三个内角都等于 60°。

在图 5-12（a）中先作直线 AB 的延长线，定出 F_1 点，移仪器于 F_1 点，后视 A 点，顺时针测 120°，定出 P 点。移仪器于 P 点，后视 F_1 点，顺时针测 300°，量 $PF_2=PF_1$ 定

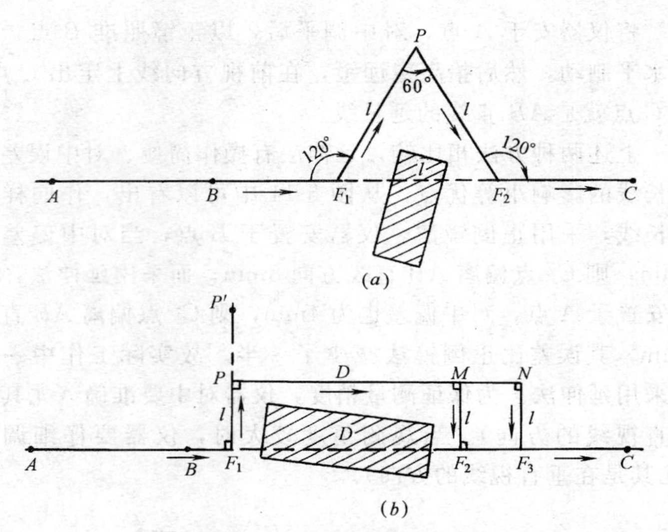

图 5-12　绕障碍物定线

出 F_2 点。移仪器于 F_2 点，后视 P 点，测 120°定出 C 点。并且得知 $PF_1=PF_2=F_1F_2=l$。

2. 矩形法

矩形的特点是对应边相等，内角都等于 90°。

在图 5-12（b）中先作直线 AB 的延长线，定出 F_1 点，然后用测直角的方法，按箭头指的顺序，依次定出 P、M、N、F_2、F_3，最后定出 C 点。为减少后视距离短对测角误差的影响，可将图中转点 P 的引测距离适当加长。

5.4　丈量方法

5.4.1　丈量的基本方法和精度要求

1. 往返丈量法

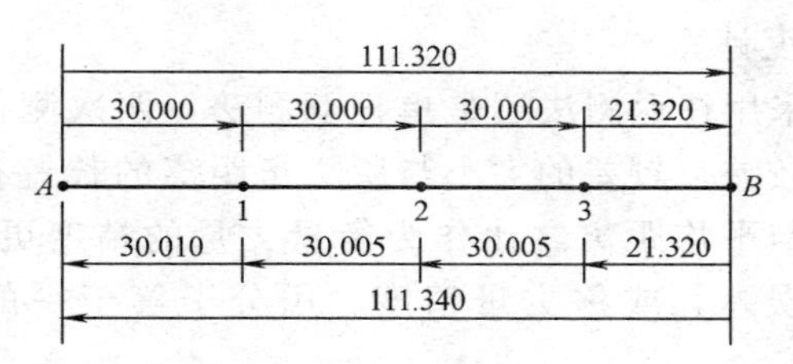

图 5-13　往返丈量示意

如图 5-13 所示，丈量步骤：

后尺手拿尺的 0 端，前尺手持尺的末端，沿 $A \rightarrow B$ 方向前进。后尺手把尺的 0 刻划线对齐 A 点标志，前尺对准传距桩 1，两人同时将尺拉直，并保持尺身水平。当尺拉稳后，前尺手在传距桩标志对应位置读出读数，这样就量完一尺段。然后前、后尺手抬尺前进，当后尺到达 1 桩后，再重复以上操作，丈量第二尺段，依次传递直到终点。

丈量过程中要随时画出丈量示意图，并及时做好记录。

为防止错误和提高丈量精度，还要按相反方向从 B 点起返量至 A 点，故称往返测法。往返各丈量一次，称为一测回。取平均值作为丈量结果。

2. 单程双测法

单程双测法就是按相同方向丈量两次。其操作程序与往返测法相同，也取两次丈量平均值作为丈量结果。

如果丈量尺段较多，采用传距桩丈量时，要将传距桩顺序编好号。采用测钎传距时，每尺段量完后，要由后尺手将测钎拔起，量至终点时清点测钎数量，以防漏掉丈量尺段。

3. 精度计算

不论采用往返测法还是单程双测法，两次测得的距离之差称为较差。较差的大小与所丈量距离的长短有关，因此用较差与平均距离之比作为衡量丈量的精度更为合理，称为相对误差，或称丈量精度。用分子等于一的分数来表示。

$$较差 \quad \Delta l = l_{往} - l_{返} \tag{5-7}$$

$$距离平均值 \quad L = \frac{l_{往} + l_{返}}{2} \tag{5-8}$$

$$丈量精度 \quad K = \frac{|\Delta l|}{L} \tag{5-9}$$

【例 5】 图 5-13 中已知往测 $l_{往} = 111.320\text{m}$，返测 $l_{返} = 111.340\text{m}$，计算其较差、平均距离和丈量精度。

【解】 较差 $\Delta l = 111.320 - 111.340 = 0.02\text{m}$

平均距离 $L = \frac{111.320 + 111.340}{2} = 111.330\text{m}$

丈量精度 $K = \frac{0.02}{111.330} = \frac{1}{5570}$

5.4.2 普通丈量

普通丈量对精度的要求，在平坦地面应达到 1/3000，起伏较小地面应达到 1/2000。

影响丈量精度的因素很多，主要有定线不直、尺的拉力不均、尺未拉直、尺两端高差、温度变化、钢尺未经检验和读数误差等。因此要求普通丈量应采用经纬仪定线或目测法定线，设传距桩，定线偏差每尺段不超过尺段长的 1/100。如果使用经过检定的钢尺，尺长误差小于尺长的 1/10000 时，可不考虑尺长改正。量距时的温度与钢尺检定时的温度相差不超过 8℃时，可不计算温差改正。丈量时每尺段两尺端之间高差与距离之比不大于 1/100 时，可不做高差改正。读数误差不大于 3mm，可不用弹簧秤。丈量不少于一测回。

5.4.3 精密丈量

精密丈量对精度的要求要达到 1/10000～1/50000，为此精密丈量要求如下。

（1）用经纬仪定线，清除路线上的障碍物，沿直线每尺段设传距桩，桩顶截成平面，桩顶标高尽量在同一水平高度。

（2）丈量时将弹簧秤挂在尺的零端，对钢尺施以检尺时的拉力，先将前尺某刻划对准点位，避免施加拉力时尺身串动，然后两端读数。

（3）每一尺段要丈量三次，读三组读数，估读到 0.5～1mm，三次测得的读数差不超过 2mm，最后取平均值。

（4）丈量过程中要随时测量温度，按每尺段丈量时的实际温度进行温差改正。

（5）进行尺长、高差改正。

（6）至少丈量一测回。

（7）按格式认真填写记录。

5.4.4 斜坡地段丈量

1. 平尺丈量法

在斜坡地段丈量时，可将尺的一端抬起，使尺身水平。若两尺端高差不大，可用线坠向地面投点，如图 5-14（*a*）。若地面高差较大，则可利用垂球架向地面投点，如图 5-14（*b*）。若量整尺段不便操作，可分零尺段丈量。一般说从上坡向下坡丈量比较方便，因为这时可将尺的 0 端固定在地面桩上，尺身不致串动。平尺丈量时应注意：（1）定线要直；

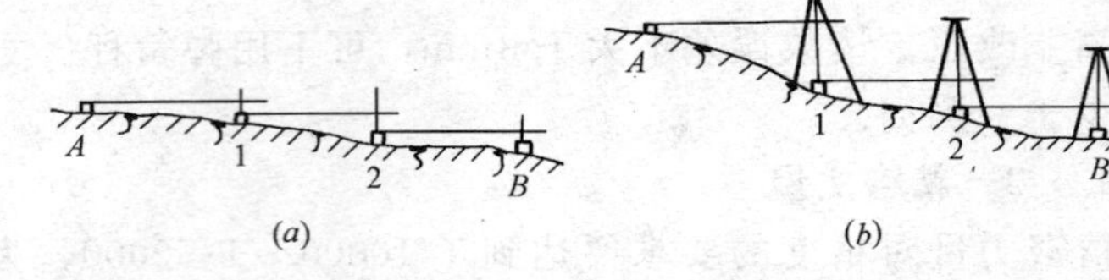

图 5-14 斜坡地段平尺丈量法

(2) 垂线要稳；(3) 尺身要平；(4) 读数要与垂线对齐；(5) 尺身悬空大于 6m 时要设水平托桩。

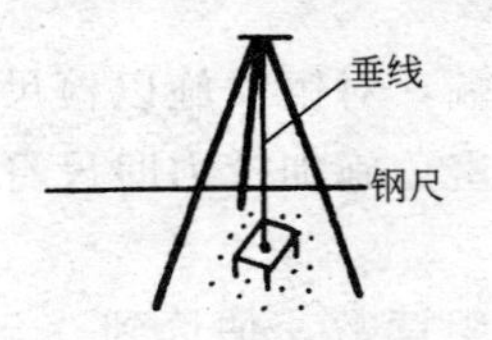

图 5-15 利用垂球架测距

图 5-15 是利用垂球架测距的方法。

2. 斜距丈量法

如图 5-16，先沿斜坡量尺，并测出尺端高差，然后计算水平距离。计算有两种方法。

(1) 三角形计算法：

在直角三角形中，按勾股弦定理

$$L=\sqrt{l^2-h^2} \tag{5-10}$$

水平丈量记录可参照表 5-1 填写。表中用的是一把 50m 钢尺，已知该尺名义长度比标准尺大 8mm，丈量温度为 25℃，测得 AB 两点间高差为 6.50m，BC 两点高差 1.60m，各项改正是按前式计算的。

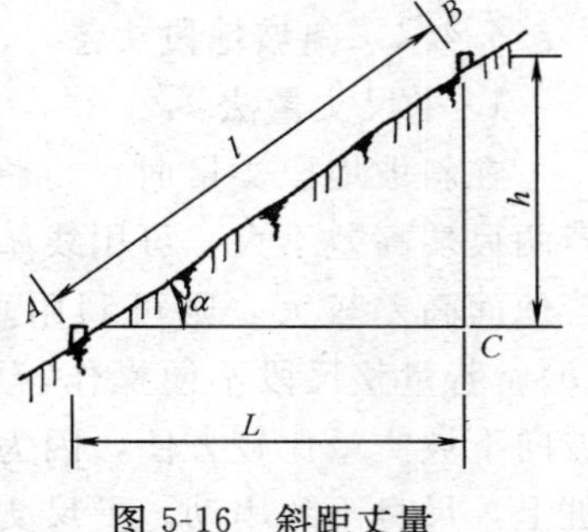

图 5-16 斜距丈量

水平丈量记录表 **表 5-1**

距 离 测 量 手 簿

工程名称　　　　　　　　　日期　　年　　月　　日　　　记录

钢尺号 3# (50m)　　　　　　　　　　　钢尺实长 50,008m

钢尺检定拉力 100N(10kg)　　　　　　　钢尺检定温度 20℃

尺段编号	实测次数	前尺读数(m)	后尺读数(m)	尺段长度(m)	丈量温度(℃)	高差(m)	温差改正(mm)	尺长改正(mm)	高差改正(mm)	实际距离(m)
A-B	1	45.400	0.029	45.371	25	6.500	+3	+7	-468	
	2	45.400	0.025	45.375						
	3	45.400	0.030	45.370						
	平均			45.372						44.914
B-C	1	48.000	0.043	47.957	25	1.600	+3	+8	-27	
	2	48.000	0.048	47.952						
	4	48.000	0.041	47.959						
	平均			47.956						47.940
…	…	…	…	…	…	…	…			
总和										92.854

(2) 三角函数法:

图 5-16 中若知道斜坡面与水平线之倾斜角，则可利用三角函数关系计算水平距离。

$$L=l\cdot\cos\alpha \tag{5-11}$$

5.5　点位桩的测设方法

测设点位桩是建筑物测量定位的基本工作。

5.5.1　桩位的确定

如图 5-17 所示，确定桩位的方法是:

(1) 经尺长、温差、高差改正后，计算出实际量距长度。

(2) 先用经纬仪定线。在视线方向和设计距离处，由量

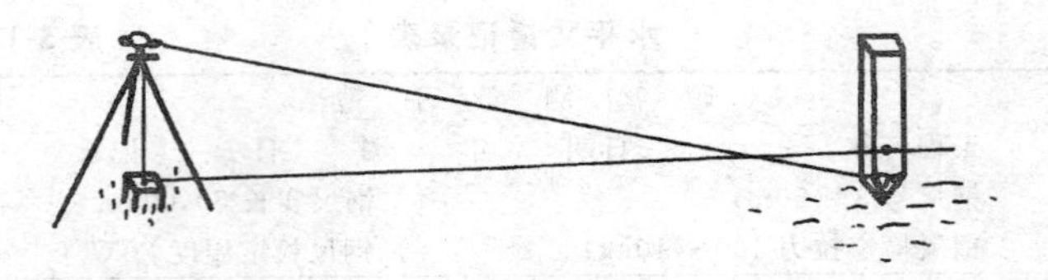

图 5-17　桩位确定程序

尺员同时拿木桩和钢尺，量取木桩侧面中线位置，使尺的读数符合设计距离。操作时要轻拿木桩，桩尖稍离地面，使桩身处于自由垂直状态，目估尺身水平，这样木桩打入土中后，点位不致落在桩外。

（3）视线照准木桩下部，当木桩同时满足定线和距离要求时，将木桩钉牢。桩身打入土中深度不应少于 20cm，外露高度要考虑量尺的方便和满足设计标高的需要。一般要用水准仪配合抄平，把各桩顶截成同一标高。对露出地面较高的桩，要培土加以保护。

5.5.2　点位的投测

见图 5-18，点位投测的方法是：

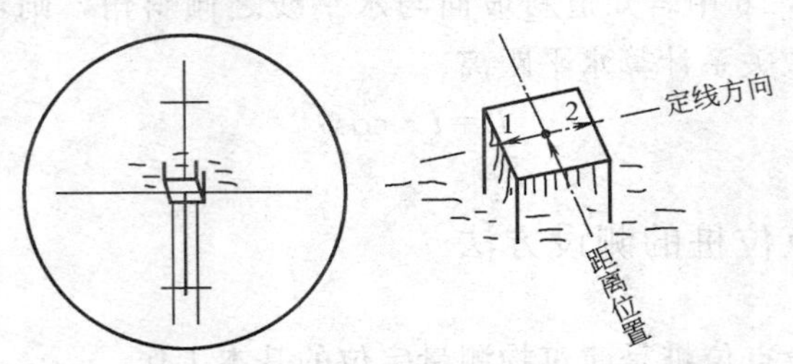

图 5-18　点位的测设方法

（1）用经纬仪按定线方向照准桩顶面，量尺员手持铅笔，按观测员指挥在桩顶投测出 1、2 两点，并将两点连成一条重合于视线的直线。

（2）精密丈量距离时，在桩顶画出垂直于视线的距离横线。在十字线交点处钉上小钉，表示点的位置。

5.6 丈量中的注意事项

（1）丈量时前、后尺手动作要协调，要待尺拉稳后再读数。做到定线直，尺拉紧，尺身平，拉力均，位对齐。

（2）读数要细心准确，不要只注意毫米、厘米，忽视分米和米而造成大错。

（3）注意各项改正数的加减关系，不要弄错。丈量前要明确丈量对象的精度要求。

5.7 视距测量

利用水准仪或经纬仪望远镜视距丝在水准尺上的读数来测量水平距离，称视距测量。因为它采用间接的方法测量距离，所以精度较低。

5.7.1 视线水平时的视距测量

1. 平距测量

视距测量的原理，就是根据仪器在制作时上丝和下丝在水准尺上的读数差与水准尺至仪器中心的距离成比例（确定为 1/100）来进行的。

在图 5-19 中

$$K=\frac{L}{l}=100$$

所以 $$L=K\cdot l=100l \tag{5-12}$$

式中 K——称视距常数。

【例 6】 如图 5-19 中，设下丝读数 $a=0.650\text{m}$，上丝读数 $b=1.450\text{m}$，求水准尺至仪器中心的水平距离 L。

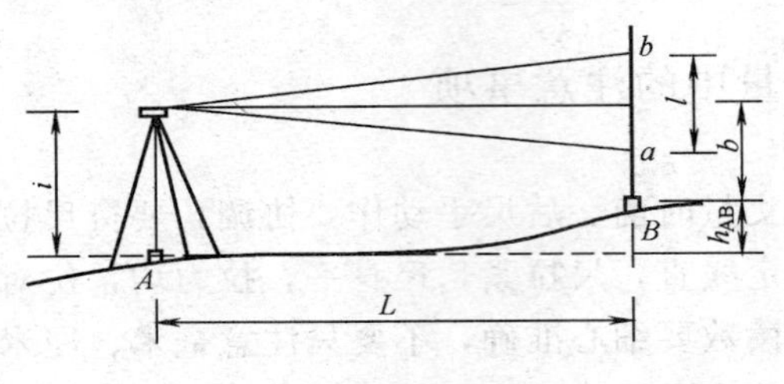

图 5-19 视距测量

【解】 读数差 $l=b-a=1.450-0.650=0.800\text{m}$

平距 $L=K\cdot l=100\times 0.800=80.000\text{m}$

由于仪器误差，也可能 $K\neq 100$，检查方法是在地面上量出一段距离，测出尺的上下丝读数差，用 $K=\dfrac{L}{l}$ 来计算出 K 的真常数值。

2. 高差测量

从图 5-19 中可看出，若量出仪器高（望远镜视准轴至地面的高度），那么，AB 两点间高差等于仪器高减去前视读数。即

$$h_{\mathrm{AB}}=i-b$$

按上述方法，就可以用中丝读数测高程，用视距丝读数测距离了。

5.7.2 视线倾斜时的视距测量

1. 平距测量

在图 5-20 中，由于视线不垂直于水准尺，造成上下丝读数差增大；又由于视线不水平，造成视距加长。因此，倾斜视线计算水平距离时，需进行两项改正。

（1）把水准尺读数差换成垂直于视线的读数差，即

$$l'=l\cdot\cos\alpha$$

斜距　　　　$L'=Kl'=K\cdot l\cdot\cos\alpha$

（2）把倾斜视距换成水平距离，即

$$L=L'\cdot\cos\alpha$$

把前式代入后式

$$L=L'\cdot\cos\alpha=K\cdot l\cos^2\alpha=100l\cdot\cos^2\alpha \quad (5\text{-}13)$$

2. 高差测量

从图 5-20 中可看出，测量视距时若将中丝读数等于仪器高，那么：$h'=L\cdot\mathrm{tg}\alpha$ 或 $h'=L'\cdot\sin\alpha$

因为　$L=100l\cdot\cos^2\alpha\cdot\mathrm{tg}\alpha=\dfrac{\sin\alpha}{\cos\alpha}$

所以　$h'=100l\cdot\cos^2\alpha\cdot\dfrac{\sin\alpha}{\cos\alpha}=100l\,\dfrac{1}{2}\cdot\sin2\alpha$　(5-14)

图 5-20 中，是按尺的读数等于仪器高（$b=i$）计算的，

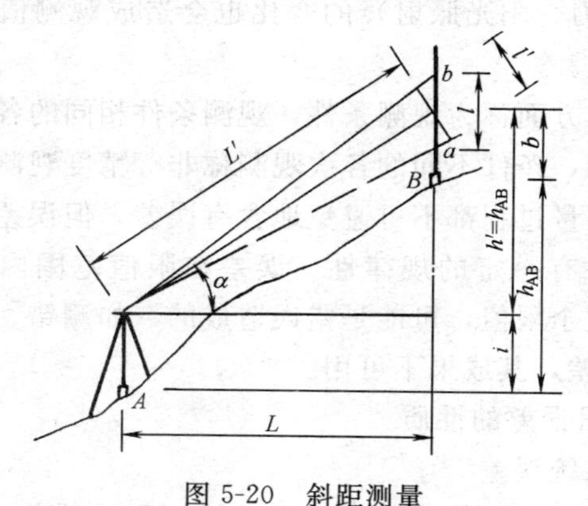

图 5-20　斜距测量

若 $b\neq i$，则两点高差为：

$$h_{AB}=h'+i-b$$

5.8 测量误差的基本知识

5.8.1 误差产生的原因及性质

1. 误差产生的原因

在测量工作中，当对某量进行多次观测时，不论使用的测量工具多么精密、观测者多么仔细，观测结果总是不一致，这种观测值与观测值之间，观测值与真值之间存在的差异，即是误差。其产生原因有以下几方面。

(1) 使用工具的影响。由于仪器制造和校正不可能十分完善，其残余误差导致测量成果含有误差。

(2) 人为的影响。由于观测者鉴别能力有限或操作不准确，致使在仪器安置、照准目标和读取读数方面存在误差。

(3) 外界条件的影响。在观测过程中，由于外界条件(温度、风力、阳光照射)的变化也会造成观测值变化，从而产生误差。

上述三方面称为观测条件，观测条件相同的各次观测称等精度观测，条件不同的各次观测称非等精度观测。

任何测量过程都不可避免地含有误差，但误差是有一定限值的，并有一定的规律性。误差在限值范围内，成果可用；超过这个限值，可能是错误造成的(如测错、读错、记错)，称粗差，其成果不可用。

2. 测量误差的性质

(1) 系统误差

在相同观测条件下，对某量进行一系列观测，若误差的符号相同、数值的大小保持一个常数、有一定的规律性，这种误差称系统误差，它主要是由于使用工具存在误差而产生的，如用名义长度30m，实际长度是30.006m的钢尺量距，每量一尺段就存在+0.006m的误差（就是每量30m就多量了0.006m）。量的尺段越多，误差值越大。再如用视准轴不平行水准管轴的水准仪进行测量，便会产生尺上读数误差。视距越长，误差值越大。

系统误差具有累计性和正比例特征，对测量成果影响较大。系统误差是可以通过计算改正和改变观测方法来加以消除或减弱的。如量距时，用检定过的钢尺求出尺的改正数，进行尺长改正来消除尺长误差的影响，在水准测量中，采用前后视距相等的方法来消除视准轴不平行水准管轴误差的影响。

（2）偶然误差

在相同观测条件下，对某量进行一系列观测，若误差数值的大小和符号都不一致，从表面看没有规律性，这种误差称偶然误差。如用钢尺量距时，估读小数时有时偏大，有时偏小；用经纬仪测角时对中偏差有大有小，照准目标有时偏左，有时偏右均属偶然误差。系统误差在一般情况下采取适当方法可以消除或减弱。偶然误差是多种因素造成的，从表面上看没有规律，但大量观测实践证明，若对某量进行多次观测，在只含偶然误差情况下，偶然误差却呈现出统计学上的规律性，观测次数越多，这种规律性越明显。

例如，对三角形的三个内角进行观测，因观测有误差，内角观测值之和 Z 不等于理论值180°，其差值 Δ 称为真误差，即：

$$\Delta = 180^\circ - Z$$

现观测96个三角形，将其真误差的大小按一定的区间统计，如表5-2。

误差统计表　　　　表 5-2

误差所在区间	正误差个数	负误差个数	总　数
0″.0～1″.0	19	20	39
1.0～2.0	13	12	25
2.0～3.0	8	9	17
3.0～4.0	5	4	9
4.0～5.0	2	2	4
5.0～6.0	1	1	2
6.0 以上	0	0	0
	48	48	96

由表 5-2 可以看出：(1) 小误差个数比大误差多；(2) 绝对值相等的正负误差的个数大致相等；(3) 最大误差不超过 6″.0。

通过反复实践和认识，总结出偶然误差具有如下特性：

1）在一定的观测条件下，偶然误差的绝对值不会超过一定的限度。

2）绝对值小的误差比绝对值大的误差出现的机会多；

3）绝对值相等的正误差与负误差出现的机会相同；

4）同一量的等精度观测，其偶然误差的算术平均值随着观测次数的无限增多而趋近于零，即：

$$\lim_{n\to\infty}\frac{[\Delta]}{n}=0$$

式中　n——观测次数；

$[\Delta]$——偶然误差的算术平均值。

$[\Delta]=\Delta_1+\Delta_2+\cdots+\Delta_n$。

第一个特性说明误差的范围；第二个特性说明误差值大小出现的规律；第三个特性说明误差符号出现的规律；第四

个特性说明偶然误差具有抵消性。

5.8.2 衡量精度的标准

1. 中误差

中误差是测量工作中衡量观测精度的一种标准。在误差运算过程中，为了避免正负误差互相抵消和明显反映观测值中较大误差的影响，采用以各真误差的平方的平均值，再开方作为中误差。它是衡量该组观测值精度的标准，也是确定允许误差的理论基础。如仪器等级规定，S_3 型水准仪每千米一测回高差中误差不大于±3mm，J_6 级经纬仪水平方向一测回方向中误差不大于±6″。

在相同条件下，对某未知量进行 n 次观测，每次观测值分别为 l_1、l_2……l_n，设未知量真值为 x，真误差 $\Delta=x-l$，相应每次观测值的真误差为 Δ_1，Δ_2……Δ_n，按中误差计算定义，

$$中误差 \quad m=\pm\sqrt{\frac{[\Delta\Delta]}{n}} \tag{5-15}$$

式中 $[\Delta\Delta]=\Delta_1^2+\Delta_2^2+\cdots\cdots+\Delta_n^2$

【例】 对某段距离在相同条件下丈量 6 次，其测量结果列于表 5-3，已知该距离真值为 50m，求观测值中误差。

距离测量结果 表 5-3

次号	观测值(m)	误差(m)	ΔΔ	计算式
1	50.005	+5	25	
2	50.003	+3	9	
3	49.993	−7	49	$m=\pm\sqrt{\frac{[\Delta\Delta]}{n}}$
4	50.002	+2	4	$=\pm\sqrt{\frac{119}{6}}$
5	49.996	−4	16	$=\pm4.5$mm
6	50.004	+4	16	
计			119	

从表 5-3 中得出，中误差 $m=\pm4.5$mm。中误差不同于真误差，它只表示每组观测值的精度。

【例】 用经纬仪对某站用全圆测回法观测 6 次，观测值列入表 5-4，求观测值的中误差。

观测值 **表 5-4**

次　号	观测值(°′″)	误差(″)	ΔΔ	计　算　式
1	360,00,07	+7	49	
2	360,00,05	+5	25	
3	359,59,54	−6	36	
4	359,59,55	−5	25	$m=\pm\sqrt{\frac{215}{6}}$
5	360,00,08	+8	64	$=\pm6''.0$
6	360,00,04	+4	16	
计			215	

2. 算术平均值及其中误差

（1）算术平均值：在相同条件下，对某量进行多次观测，然后取其平均值，这个值接近于真值，并认为是最可靠值。例如对某段距离进行 n 次丈量，每次观测值为 l_1，$l_2\cdots\cdots l_n$，则算术平均值为每次观测值相加的总和除以观测次数，即：

$$Z=\frac{l_1+l_2+\cdots\cdots l_n}{n}=\frac{[l]}{n} \tag{5-16}$$

（2）观测值的改正数及中误差

公式　$m=\pm\sqrt{\frac{[\Delta\Delta]}{n}}$是真误差为已知，真值为已知的条件下计算中误差的公式，在实际工作中未知量往往是不知道的，算术平均值虽接近于真值，但并不是真值，因此利用观测值的改正数计算中误差时，公式为：

$$m=\pm\sqrt{\frac{[vv]}{n-1}} \tag{5-17}$$

式中　$[vv]$ ——误差改正数的平方和。

改正数的代数和应等于零。

如用经纬仪对某角观测 6 次，数据列入表 5-5，求算术平均值、观测值中误差。

观测值　　　　表 5-5

次　号	观测值(°′″)	改正数(″)	vv	计　算　式
1	36,50,30	−4	16	
2	36,50,26	0	0	$m=\pm\sqrt{\frac{[vv]}{n-1}}$
3	36,50,28	−2	4	
4	36,50,24	+2	4	$=\pm\sqrt{\frac{34}{6-1}}$
5	36,50,25	+1	1	$=\pm2''.6$
6	36,50,23	+3	9	
平均	36,50,26	$\Sigma v=0$	34	

3. 相对误差

真误差、中误差都是绝对值，有时单纯用绝对值的大小还不能完全衡量出观测值的精度，还必须用相对误差来衡量测量精度。相对误差就是误差的绝对值与相应的观测值之比，它是一个无名数，通常以分子为 1 的分式来表示：

$$K=\frac{|m|}{L}=\frac{1}{\frac{L}{|m|}} \tag{5-18}$$

【例】 丈量两段距离，第一段长度 100m，误差为 2cm，第二段长度 200m，误差为 3cm。从误差绝对值来看 3cm 大于 2cm，后者误差大于前者误差，但用相对误差来比较：

第一段精度　　$K_1=\frac{0.02\text{m}}{100\text{m}}=\frac{1}{5000}$

第二段精度　　$K_2=\frac{0.03\text{m}}{200\text{m}}=\frac{1}{6660}$

显然，后者精度高于前者。

如对某段距离进行多次观测，得到一组误差值，计算相对误差时，应先计算出中误差，再代入分子式进行计算。

4. 允许误差（又称限差）

根据偶然误差第一特性知道，在一定的观测条件下偶然误差的绝对值不会超过一定限值。如果某一观测值的误差超过了这个限值，即认为这个观测值不符合要求，应舍去。根据误差理论和大量实践证明，在一系列等精度观测的误差中，大于1倍中误差的偶然误差，出现的次数为32%；大于2倍中误差的偶然误差，出现的次数为5%；大于3倍中误差的偶然误差，出现的次数仅为0.3%。因此，通常以三倍中误差作为偶然误差的限差，即：

$$\Delta_{限}=3m$$

在实际测量中，规范规定以2倍中误差作为偶然误差的限差，称为允许误差：

$$\Delta_{允}=2m$$

5. 测量误差的应用

（1）水准测量的误差分析

以四等水准测量为例，水准仪的等级为 S_3，放大倍数 $V\geqslant40$ 倍，水准管分划值 $i=20''/2\text{mm}$。前后视距100m，计算一个测站的中误差。

望远镜读数误差　$m_{\text{v}}=\pm\frac{60}{2\times30}\times\frac{100\times10^3}{206265}=\pm0.5\text{mm}$

水准管居中误差　$m_i=\pm\frac{0.15\times20}{206265}\times100\times10^3$

$$=\pm1.5\text{mm}$$

其他仪器误差 m_1、外界条件误差 m_2 与前两项误差基本相同，所以，一测站高差中数的中误差：

$$m_{中}^2 = m_v^2 + m_i^2 + m_1^2 + m_2^2$$

$$m_{中} = \pm\sqrt{2m_v^2 + 2m_i^2} = \pm\sqrt{2\times0.5^2 + 2\times1.5^2}$$
$$= \pm2.4\text{mm}$$

在山区进行水准测量时，通常以测站数来考虑误差限值，乘以$\sqrt{n}$，取 2 倍中误差为允许误差，则线路闭合差的限差为

$$f_h = 2m_{中}\sqrt{n} = \pm4.8\sqrt{n}$$

再考虑其他因素，一般规定允许误差为

$$f_h \leqslant 6\sqrt{n} \quad \text{mm}$$

在平坦地区进行水准测量，是以水准路线总长度来考虑闭合差的限差的。

水准路线往返测高差之差称为闭合差，即

$$W = [h]_{往} - [h]_{返}$$

$$m_W = \pm\sqrt{m_{往}^2 - m_{返}^2} = \pm\sqrt{2}m_h$$

若取 2 倍中误差为允许闭合差，则：

$$f_h = 2m_w = \pm2\sqrt{2}m_h$$

设一个单程测了 n 站，则高差总和的中误差为

$$m_h = m_{中}\sqrt{n}$$

若水准路线总长为 Zkm，前后视距为 $D=100$m，则

$$Z = 2D\cdot n$$

$$n = \frac{Z}{2D}$$

$$M_h = m_{中}\sqrt{\frac{L}{2D}} = 2.4\sqrt{\frac{L}{0.2}}$$

$$=\pm 5.3\sqrt{L}\quad \text{mm}$$

允许闭合差 $f_h = 2\sqrt{2}\times 5.3\sqrt{L} = \pm 15.0\sqrt{Z}\quad \text{mm}$

再考虑其他因素的影响，所以规范规定四等水准测量往返测较差，附合或环线闭合差的允许闭合差：

$$f_h \leqslant \pm 20\sqrt{Z}\quad \text{mm}$$

（2）水平角测角精度

以 J_6 级经纬仪为例，该仪器一测回方向中误差为 $\pm 6''$，故一测回测角中误差为 $\pm\sqrt{2}\times 6'' = 8''.4$，测回之间的较差的中误差应乘以 $\sqrt{2}$，即为 $\pm 12''$。若取两中误差为测回之间的限差则：

$$f_\beta = 2\times 12'' = \pm 24''$$

所以规范规定，测回间最大互差不应超过 $\pm 24''$。

6 总平面图的应用

6.1 总平面图的基本知识

6.1.1 总平面图

地面上有明显轮廓的自然物体和人工建造的物体（如房屋、道路、河流等）称地物。自然地面的起伏状态（如山地、丘陵、峡谷等）称地貌。把地面上的地物垂直投影到水平面上，然后按一定的比例相似地缩小在图纸上的图，称平面图。把地貌垂直投影到水平面上的图，称地貌图。既表示出地物的平面位置又用特定符号把地貌也表示出来的图，称地形图。表明新建筑物所在位置的平面情况布置的图，称建筑总平面图。图 6-1 是某硫酸厂建筑总平面图。

建筑总平面图，也叫设计总平面图。它既有原自然地形又有新建工程的整体布局，可以系统地反映出建筑工程的全貌。总平面图上标有各建筑物、构筑物的平面坐标和设计高程，以及各建筑物之间的相互关系。水、暖、电、卫等专业很多，不可能在一张图上都表示出来，因此总图又可分为各专业的总平面图。全面熟悉总平面图的布置情况，便于合理地布设测量网点，进行细部测量。

施工总平面图，是按施工组织设计的总体规划，由施工单位在建筑总平面图的基础上把施工过程需用的临时生产、生活、水、电、道路等设施规划在一起的总平面图。是临建

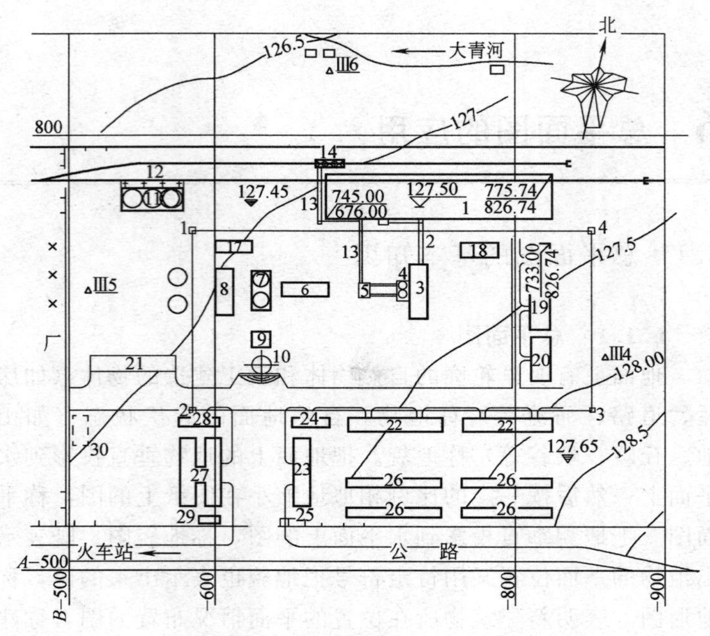

图 6-1 建筑总平面图

工程施工测量的依据。

6.1.2 比例尺

平面图上单位直线长度与它所代表的地面上实际水平距离之比，称平面图的比例尺。如图上 1cm 长代表地面上 10m 距离，该图的比例尺便是 $\frac{0.01}{10}=\frac{1}{1000}$，也可写成 1∶1000。在 1∶2000 图上，1cm 代表 20m。总平面图常用的比例尺有 1∶5000，1∶2000，1∶1000，1∶500，1∶200。比例尺越大，图上表示得越详细；比例尺越小，图上表示得越简略。

6.1.3 图例符号

在地形图上地物地貌是以规定的地形图图例符号表示的，在建筑总平面图上地物是以建筑制图图例表示的。建筑总平面图图例见表6-1，管线与绿化图例见表6-2，地形图图例见表6-3。

建筑总平面图图例　　表6-1

序号	名称	图　　例	备　　注
1	新建建筑物	8 ▲	1. 需要时，可用▲表示出入口，可在图形内右上角用点数或数字表示层数 2. 建筑物外形（一般以±0.00高度处的外墙定位轴线或外墙面线为准）用粗实线表示。需要时，地面以上建筑用中粗实线表示，地面以下建筑用细虚线表示
2	原有建筑物		用细实线表示
3	计划扩建的预留地或建筑物		用中粗虚线表示
4	拆除的建筑物		用细实线表示
5	建筑物下面的通道		
6	散状材料露天堆场		需要时可注明材料名称
7	其他材料露天堆场或露天作业场		

续表

序号	名称	图　例	备　注
8	铺砌场地	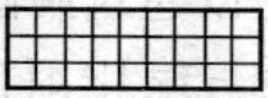	
9	敞棚或敞廊	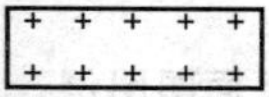	
10	高架式料仓	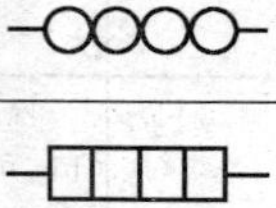	
11	漏斗式贮仓		左、右图为底卸式 中图为侧卸式
12	冷却塔(池)	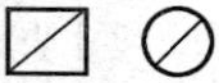	应注明冷却塔或冷却池
13	水塔、贮罐		左图为水塔或立式贮罐 右图为卧式贮罐
14	水池、坑槽		也可以不涂黑
15	明溜矿槽(井)		
16	斜井或平洞	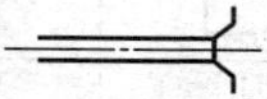	
17	烟囱		实线为烟囱下部直径，虚线为基础，必要时可注写烟囱高度和上、下口直径
18	围墙及大门	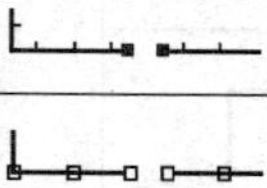	上图为实体性质的围墙，下图为通透性质的围墙，若仅表示围墙时不画大门

续表

序号	名称	图　　例	备　　注
19	挡土墙		被挡土在“突出”的一侧
20	挡土墙上设围墙		
21	台阶	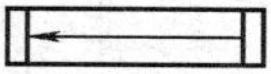	箭头指向表示向下
22	露天桥式起重机	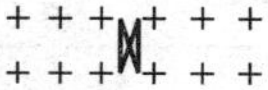	“+”为柱子位置
23	露天电动葫芦	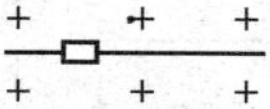 	“+”为支架位置
24	门式起重机	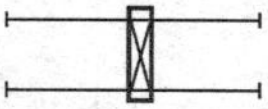 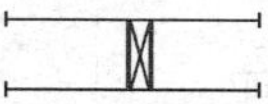	上图表示有外伸臂 下图表示无外伸臂
25	架空索道		“I”为支架位置
26	斜坡卷扬机道		
27	斜坡栈桥（皮带廊等）	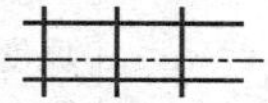	细实线表示支架中心线位置
28	坐标	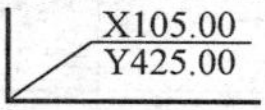 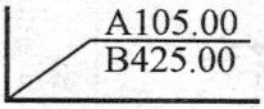 X105.00 Y425.00 A105.00 B425.00	上图表示测量坐标 下图表示建筑坐标
29	方格网交叉点标高	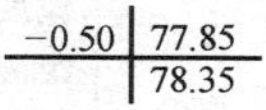 −0.50 77.85 78.35	“78.35”为原地面标高 “77.85”为设计标高 “−0.50”为施工高度 “−”表示挖方（“+”表示填方）

续表

序号	名称	图例	备注
30	填方区、挖方区、未整平区及零点线	 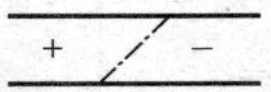 + / / − + / −	“＋”表示填方区 “－”表示挖方区 中间为未整平区 点划线为零点线
31	填挖边坡	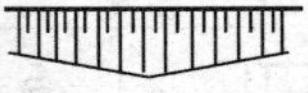	1. 边坡较长时，可在一端或两端局部表示 2. 下边线为虚线时表示填方
32	护坡		
33	分水脊线与谷线	 	上图表示脊线 下图表示谷线
34	洪水淹没线		阴影部分表示淹没区（可在底图背面涂红）
35	地表排水方向		
36	截水沟或排水沟	 1 40.00	“1”表示1%的沟底纵向坡度，“40.00”表示变坡点间距离，箭头表示水流方向
37	排水明沟	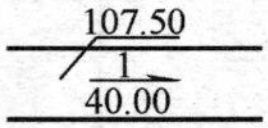 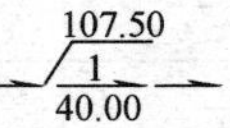 107.50 1 40.00 107.50 1 40.00	1. 上图用于比例较大的图面，下图用于比例较小的图面 2. “1”表示1%的沟底纵向坡度，“40.00”表示变坡点间距离，箭头表示水流方向 3. “107.50”表示沟底标高
38	铺砌的排水明沟	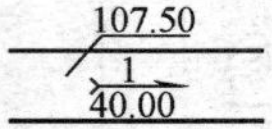 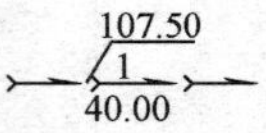 107.50 1 40.00 107.50 1 40.00	1. 上图用于比例较大的图面，下图用于比例较小的图面 2. “1”表示1%的沟底纵向坡度，“40.00”表示变坡点间距离，箭头表示水流方向 3. “107.50”表示沟底标高

续表

序号	名称	图　　例	备　　注
39	有盖的排水沟	1 / 40.00（上图） 1 / 40.00（下图）	1. 上图用于比例较大的图面，下图用于比例较小的图面 2.“1”表示 1% 的沟底纵向坡度，“40.00”表示变坡点间距离，箭头表示水流方向
40	雨水口		
41	消火栓井		
42	急流槽		箭头表示水流方向
43	跌水		
44	拦水(闸)坝		
45	透水路堤		边坡较长时，可在一端或两端局部表示
46	过水路面		
47	室内标高	151.00(±0.00)	
48	室外标高	●143.00 ▼143.00	室外标高也可采用等高线表示

管线与绿化图例　　表 6-2

序号	名称	图　　例	备　　注
1	管线	——代号——	管线代号按国家现行有关标准的规定标注

续表

序号	名称	图例	备注
2	地沟管线	 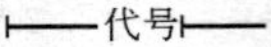 ——代号—— ├——代号├——	1. 上图用于比例较大的图面,下图用于比例较小的图面 2. 管线代号按国家现行有关标准的规定标注
3	管桥管线	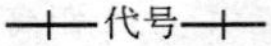 —+—代号—+—	管线代号按国家现行有关标准的规定标注
4	架空电力、电讯线	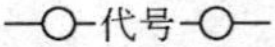 —○—代号—○—	1. "○"表示电杆 2. 管线代号按国家现行有关标准的规定标注
5	常绿针叶树		
6	落叶针叶树		
7	常绿阔叶乔木		
8	落叶阔叶乔木		
9	常绿阔叶灌木		
10	落叶阔叶灌木		
11	竹类	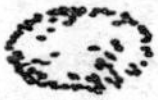	
12	花卉		
13	草坪	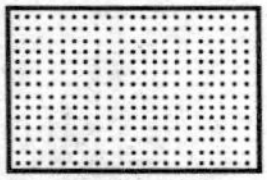	

续表

序号	名称	图例	备注
14	花坛	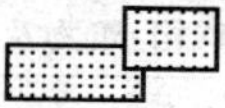	
15	绿篱		
16	植草砖铺地	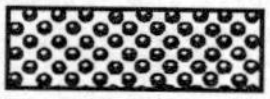	

地形图图例 **表 6-3**

编号	符号名称	1∶500 1∶1000 1∶2000
	3 测量控制点	
3.1	平面控制点	
3.11	三角点 凤凰——点名 394.468——高程	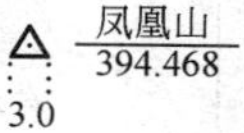 凤凰山 / 394.468 3.0
3.1.5	导线点 116——等级、点号 84.46——高程	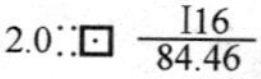 2.0 I16 / 84.46
3.2 3.2.1 3.1.4	高程控制点 水准点 Ⅱ京石5——等级、点名、点号 32.804——高程 土堆上的小三角	2.0 ⊗ Ⅱ京石5 / 32.804
	4 居民地和垣栅	
4.1 4.1.1 4.1.2 4.1.3	普通房屋 一般房屋 混——房屋结构 3——房屋层数 简单房屋 建筑中的房屋	混 3 1.6 建

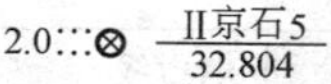

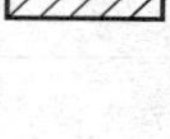

续表

编号	符号名称	1∶500 1∶1000 1∶2000
	5 工矿建(构)筑物及其他设施	
5.1	矿山开采、地质勘探设施	
5.1.1	钻孔	3.0 ⊙ 1.0
5.1.2	探井	3.0 2.0
	6 交通及附属设施	
6.1	铁路和其他轨道	
6.1.1	一般铁路	10.0 0.2 0.2 0.6 0.4
6.1.2	电气化铁路	8.0 0.2 0.2 1.0 10.0 0.8 1.0 0.8 10.0
	7 管线及附属设施	
7.1	电力线	
7.1.1	输电线 a. 地面上的 b. 地面下的 c. 电缆标	a 4.0 b 1.0 2.0 8.0 4.0 c 1.0
7.2	通信线 a. 地面上的	a 4.0

续表

编号	符号名称	1：500　1：1000　1：2000
	8　水系及附属设施	
8.1 8.1.1	河流、溪流 常年河 a. 水涯互 b. 高水界 c. 流向 d. 潮流向 ←涨潮 →落潮	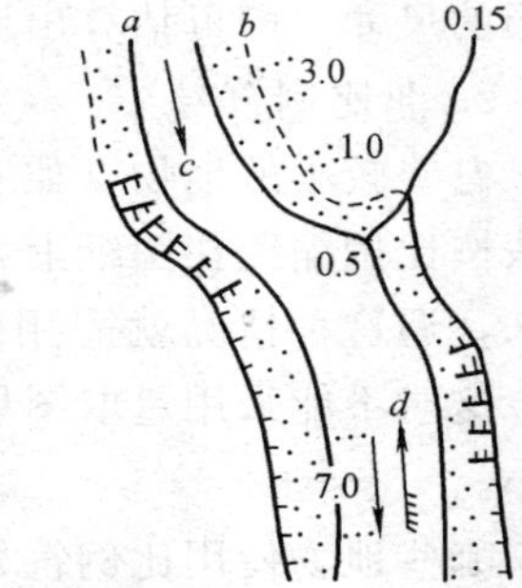 a b 0.15 3.0 1.0 c 0.5 d 7.0
	9　境界(略)	
	10　地貌和土质	
10.1 10.1.1 10.1.2	等高线及注记、示坡线 等高线 a. 首曲线 b. 计曲线 c. 间曲线 等高线注记	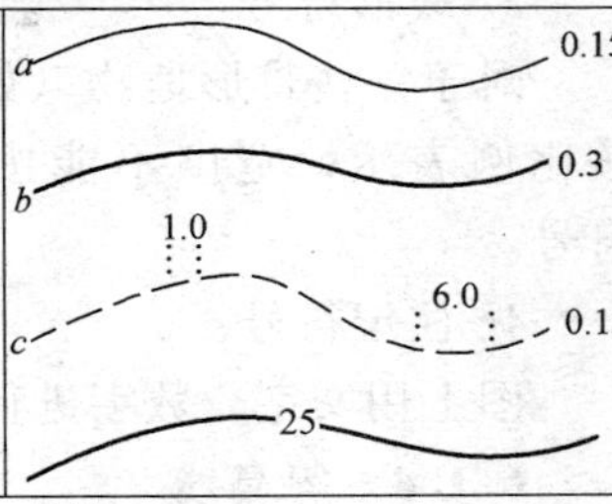 a 0.15 b 0.3 1.0 6.0 c 0.15 25
	11　植被	
11.1 11.1.1 11.1.2	耕地 稻田 旱地	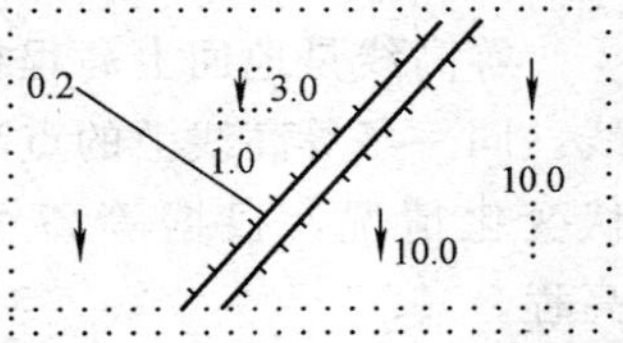 0.2 3.0 1.0 10.0 10.0
	12　注记(略)	

注：表中图例摘自《1：500、1：100、1：2000 地形图图式》（GB/T 7929—1995）。

1. 比例符号

把物体（如房屋、道路等）的形状及大小按比例缩绘在图纸上，称为比例符号。用比例标记的符号，在图纸上量出图形的尺寸，即可估算出地面上实物的大小。

2. 非比例符号

有些较小的地物（如三角点，电线杆等）其形状及大小无法按比例缩绘在图纸上，但根据需要又必须在图纸上表示出来，遇这种情况就需用规定的符号来表示，称非比例符号。这时不能采用量取图形尺寸的方法来衡量地面上实物的大小。

哪些地物使用比例符号或非比例符号不是固定的，它是根据图纸比例尺的大小而确定的。

3. 线形符号

对于一些带形地物（如铁路、通讯线路等），其长度可按比例表示，宽度不能按比例表示的标记方法，称线形符号。

4. 注记符号

图上用文字、数字进行标记的，称注记符号。

6.1.4 等高线

1. 等高线

等高线是地面上高程相同的点所连接而成的平滑闭合曲线。同一条等高线上的点高程相等。它表示的是地面高低起伏变化情况，根据等高线的高程数字，可判断出地面的高程。

2. 等高距

两条相邻等高线的高差，称等高距。施工用图等高距有0.5m、1m、2m几种。

3. 等高线平距

相邻两条等高线的水平距离，称等高线平距。在一张图上等高距是相同的，因此等高线平距越小，表示地面坡度越陡；平距越大，地面坡度越小。

有些特殊地貌（如悬岩峭壁），不便用等高线表示，就用特定符号表示。

6.1.5 总平面图的坐标系统

在各种工程测量中，为了规划、设计和施工的需要，一般都建立统一的平面直角坐标系统，把建筑物的平面位置按统一的坐标标定出来。施工中的坐标系有两种，一是测量坐标，二是建筑坐标。

1. 测量坐标

测量坐标是建筑区勘测设计时建立的平面直角坐标系。它一般与国家大地测量坐标（或城镇坐标）相一致，即坐标纵轴为南北方向，用 x 表示；横轴为东西方向，用 y 表示。

2. 建筑坐标（也叫施工坐标）

建筑物的方向是由设计部门根据建筑区的地形条件和建筑物本身构造上的要求而布置的。其轴线方向往往与测量坐标轴不平行。为设计和施工的方便，在建筑区建立独立的建筑坐标系。建筑坐标的主要特点是坐标轴与主要建筑物的轴线方向相平行。坐标原点虚设在总平面图的西南角，而使所有建筑物的坐标皆为正值。建筑坐标纵轴用 A 表法，横轴用 B 表示。

建筑坐标与测量坐标之间有一个旋转角度，其坐标换算数据由设计部门提供。在有些建筑区，由于各建筑群体轴线方向不同，因而有不同方向的建筑坐标系统，如图 6-2 所示。

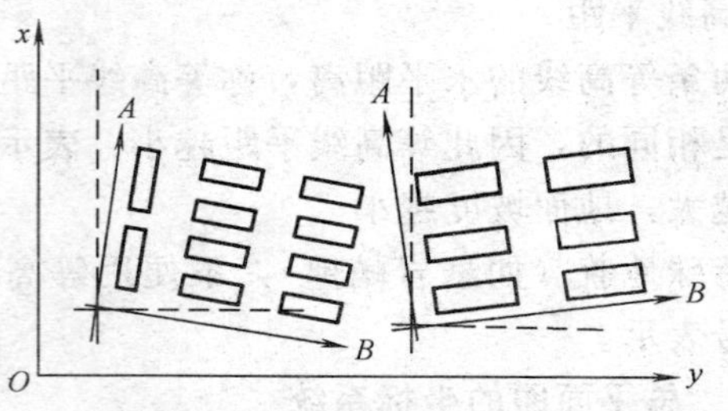

图 6-2　建筑坐标与测量坐标

6.1.6　总图的方向

建筑坐标系还不能表示建筑物的方位，需用符号标明。在总图上表示方位的符号有两种，即指北针和风向频率玫瑰图。指北针见图 6-3（*a*），风玫瑰图见图 6-3（*b*）。

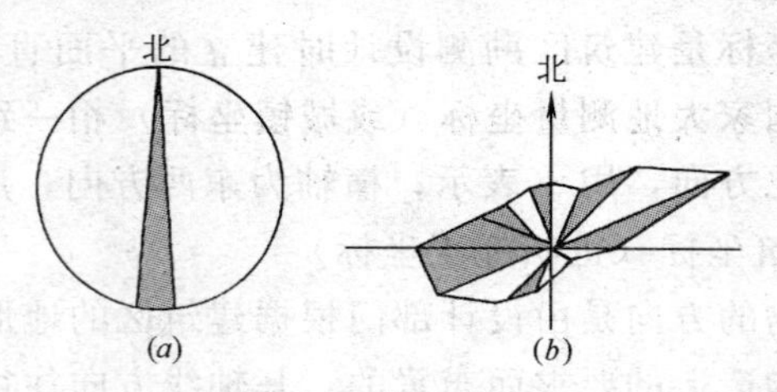

图 6-3　指北符号

若总平面图的设计采用的是大地测量坐标，则大地测量坐标即为建筑坐标。若建筑坐标与大地坐标没有联系，称独立坐标。

6.1.7　总平面图的阅读

阅图时要了解以下内容：

（1）建筑物及交通干线的布局情况，以及工程全貌；

（2）图例及说明；

（3）地形情况；

（4）图比例尺；

（5）各单位工程的平面坐标及地形环境；

（6）采用坐标系、控制网点种类、所在位置及数据、坐标方位及其他有关数据；

（7）场区内地上、地下、明的、暗的、新建、原有建筑物或构筑物的位置和走向；

（8）厂区周围环境对建筑区的影响。

6.2 总平面图的应用

6.2.1 求图上某一点的坐标

图 6-4，p 点是坐标网中的一点，欲求 p 点的坐标。设图纸比例尺为 1∶1000，每格边长 100m。求 p 点坐标的方法是：

（1）用丁字尺对齐图框两边坐标线，分别画出 A—600 和 B—700 纵横坐标线。

（2）用比例尺或格尺，先量出 p 点至 A—600 轴的距离，再量出 p 点至 B—700 轴的距离。如 $a=67.5$mm，$b=23.5$mm。

（3）坐标计算。p 点坐标为：

$$A_p=600+67.5=667.5\text{m}$$

$$B_p=700+23.5=723.5\text{m}$$

为提高量点精度，丁字尺要与图框上坐标线对齐，铅笔要细，线条要直，量距要准。

6.2.2 求图上两点间的距离

见图 6-4，求 pe 两点的距离。方法是：用比例尺或格尺，在图上直接量取 pe 两点距离，然后按图比例尺换算出

线段代表的实际距离。已知比例尺为 1∶1000，若量得两点距离 d=52mm，那么实际距离

$$L=dM=52\times1000=52\text{m}$$

式中 M——比例尺分母。

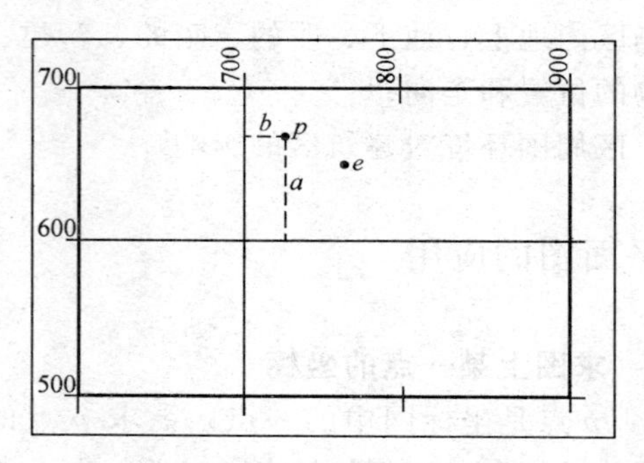

图 6-4 图解法求点的坐标

6.2.3 求图上某点的高程

见图 6-5（a），如果所求点恰在等高线上，它的高程与它所在等高线的高程相同，图中 p 点为 34m。如果所求点不在等高线上，如图中 K 点，可用目估法计算。K 点在两条等高线平距的 3/4 处，K 点高程可估作 35.5m。

由于绘图过程中等高线是用目估法描绘的，等高线允许误差为；地面坡度为 0°～6°时，不大于 1/3 等高距，地面坡度为 6°～15°时，不大于 1/2 等高距，地面坡度大于 15°时，不超过 1 倍等高距。因此，利用地形图求得的点高程，在施工中仅供参考，如需真实地形，应进行实地测量。

6.2.4 求地面坡度

地面坡度是直线两端的高差与水平距离之比。用 i 表示

$$i=\frac{h}{dM}$$

式中　h——直线两端高差；

d——图上量得的直线长度；

M——比例尺分母。

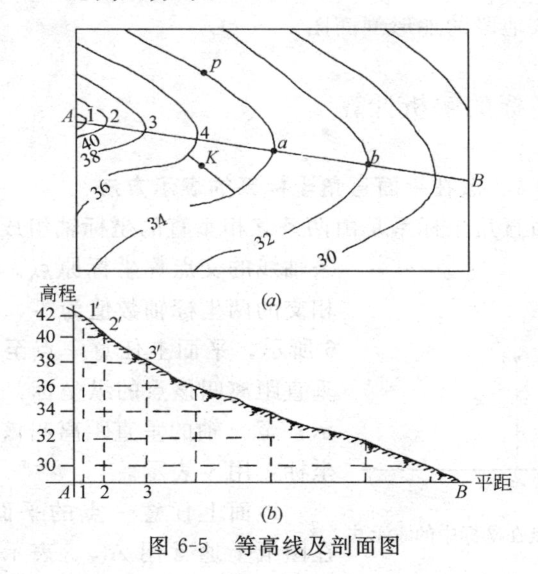

图 6-5　等高线及剖面图

如图 6-5（a）中，a、b 两点高差为 2m，图上量得 ab 线段长 2cm，设图比例尺为 1∶2000，那么 ab 段地面坡度

$$i=\frac{h}{dM}=\frac{2}{0.02\times2000}=0.05=5\%$$

6.2.5　画地形剖面图

图 6-5（a）中，要求沿 AB 直线画出该地段剖面图。绘制的方法是：画一坐标系统，横轴表示平距，纵轴表示高程。为明显地表示地形变化情况，一般纵轴比横轴比例尺大 5～10 倍，如图 6-5（b）。在横轴上标出 1 点作为起点，过 1 点作横轴垂线，在纵轴高程对应位置标出 $1'$点。然后在平

面图上量取1、2点长度，按一定比例从1点起在横轴上标出2点，过2点作横轴的垂线，在纵轴高程对应位置标出2′点。依此类推逐点标下去，最后将各高程点描成平滑曲线，即得出该地段的地形剖面图。

6.3 坐标的解析计算

6.3.1 点在平面直角坐标系的表示方法

平面直角坐标系是由两条互相垂直的坐标轴组成的。两条轴线的交点称坐标原点。与原点相交的两坐标轴数值为零，如图6-6所示。平面上任意一点至y轴的垂直距离叫该点的纵坐标，用x表示；至x轴的垂直距离叫该点的横坐标，用y表示。

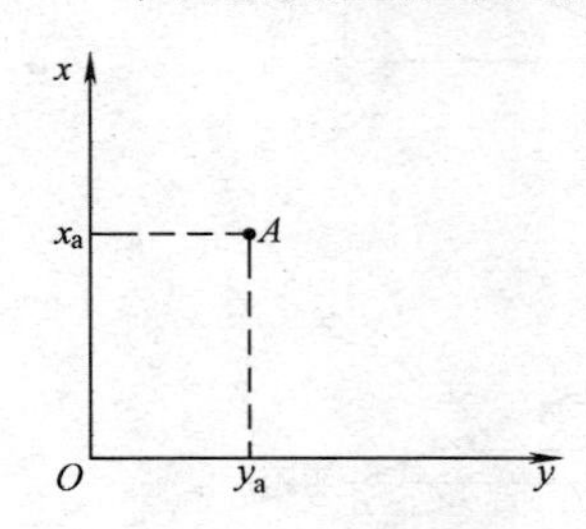

图6-6　点在坐标中的表示法

地面上任意一点的平面位置，在图纸上通常用$A_{(x、y)}$表示。如图6-6中A点坐标$x=150$m，$y=170$m，可写成$A_{(150、170)}$。

6.3.2 坐标增量

两个点的坐标之差叫坐标增量。纵坐标差叫纵坐标增量，用Δx表示；横坐标差叫横坐标增量，用Δy表示。在图6-7中，若A点坐标为$A(x_a、y_a)$，B点坐标为$B(x_b、y_b)$、则A点对B点的增量

$$\Delta x = x_a - x_b$$

$$\Delta y = y_a - y_b$$

由于本书前面未涉及到方位角等概念，所以在计算坐标增量时，遇有小数减大数，可用绝对值作下一步计算。

6.3.3 计算两点间的距离

从图 6-7 中可看出，因为 Δx 与 Δy 互相垂直，就组成了以 Δx 和 Δy 为直角边的直角三角形，AB 距离 L 是三角形的斜边，所以 AB 两点距离

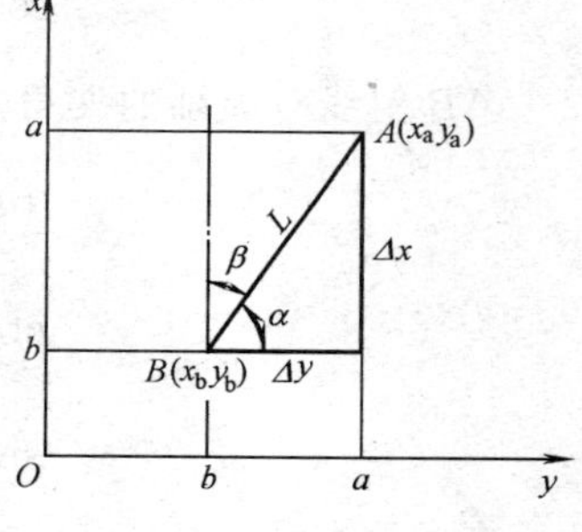

图 6-7 坐标增量

$$L=\sqrt{\Delta x^2+\Delta y^2}$$

【例 1】 设 A（$x_a=567.600$，$y_a=763.450$），B（$x_b=483.260$，$y_b=712.710$），求增量 Δx、Δy 两点距离 L。

【解】 纵坐标增量 $\Delta x=x_a-x_b=567.600-483.260$

$=84.340\text{m}$

横坐标增量 $\Delta y=y_a-y_b=763.450-712.710$

$=50.740\text{m}$

两点距离 $L=\sqrt{\Delta x^2+\Delta y^2}=\sqrt{84.340^2+50.740^2}$

$=98.427\text{m}$

6.3.4 直线与坐标轴的夹角

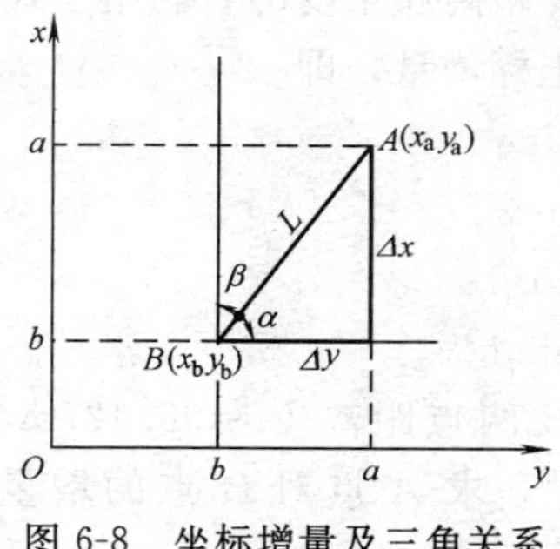

图 6-8 坐标增量及三角关系

在图 6-8 中，如果过 B 点作两条坐标轴补线，从图形中可以得出这样的三角关系

AB 两点斜线对横轴的夹角 α

$$\text{tg}\alpha=\frac{\Delta x}{\Delta y}$$

$$\text{ctg}\alpha=\frac{\Delta y}{\Delta x}$$

$$\sin\alpha=\frac{\Delta x}{L}$$

$$\cos\alpha=\frac{\Delta y}{L}$$

AB 斜线对纵轴的夹角 β

$$\mathrm{tg}\beta=\frac{\Delta y}{\Delta x}$$

$$\mathrm{ctg}\beta=\frac{\Delta x}{\Delta y}$$

$$\sin\beta=\frac{\Delta y}{L}$$

$$\cos\beta=\frac{\Delta x}{L}$$

利用［例 1］数据代入公式。得

$$\mathrm{tg}\alpha=\frac{\Delta x}{\Delta y}=\frac{84.340}{50.740}=1.66220$$

$$\alpha=58°58'6''$$

$$\sin\beta=\frac{\Delta y}{L}=\frac{50.740}{98.427}=0.51551$$

$$\beta=31°1'54''$$

以上是由已知两点坐标来计算距离和角度的，利用公式也可以用已知距离和角度来计算坐标增量，即

$$\Delta x=L\cdot\sin\alpha$$

$$\Delta y=L\cdot\cos\alpha$$

或

$$\Delta x=L\cdot\cos\beta$$

$$\Delta y=L\cdot\sin\beta$$

【例 2】 见图 6-8，已知 AB 两点距离 $L=98.427\text{m}$，AB 直线与横轴夹角 $\alpha=58°58'6''$，求 A 点对 B 点的增量 Δx、Δy。

【解】 $\sin\alpha = \sin 58°58'6'' = 0.85688$

$\cos\alpha = \cos 58°58'6'' = 0.51551$

$\Delta x = L \cdot \sin\alpha = 98.427 \times 0.85688 = 84.340\text{m}$

$\Delta y = L \cdot \cos\alpha = 98.427 \times 0.51551 = 50.740\text{m}$

6.3.5 求两条直线的夹角

【例 3】 已知 ABC 三点，求以 C 点为极角的 α、线段 AC、BC

三点坐标分别为：$x_a = 337.200$ $y_a = 312.100$

$x_b = 310.700$ $y_b = 325.400$

$x_c = 272.300$ $y_c = 157.300$

【解】 1. 画图

（1）根据已知点的坐标，把点位大致标在坐标平面上（点位的上下左右关系是纵轴大者在上，横轴大者在右），见图 6-9。

（2）过 C 点（极角）作纵横坐标轴补线，这样两条直线间的角度关系就明朗化了。

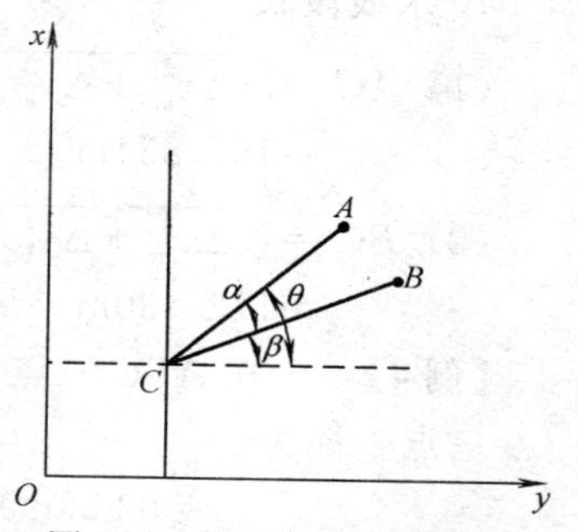

图 6-9 求两条直线的夹角

2. 计算坐标增量

（1）A 点对 C 点的增量

$\Delta x_{ac} = x_a - x_c = 337.200 - 272.300 = 64.900\text{m}$

$\Delta y_{ac} = y_a - y_c = 312.100 - 157.300 = 154.800\text{m}$

（2）B 点对 C 点的增量

$\Delta x_{bc} = x_b - x_c = 310.700 - 272.300 = 38.400\text{m}$

$\Delta y_{bc} = y_b - y_c = 325.400 - 157.300 = 168.100\text{m}$

3. 计算对坐标轴（横轴）的夹角

（1）AC 直线对横轴的夹角 θ

$$\mathrm{tg}\theta=\frac{\Delta x_{ac}}{\Delta y_{ac}}=\frac{64.900}{154.800}=0.41925$$

$$\theta=22°44'45''$$

（2）BC 直线对横轴的夹角 β

$$\mathrm{tg}\beta=\frac{\Delta x_{bc}}{\Delta y_{bc}}=\frac{38.400}{168.100}=0.22844$$

$$\beta=12°52'3''$$

（3）两直线夹角

$$\alpha=\theta-\beta=22°44'45''-12°52'3''=9°52'42''$$

4. 求线段长

（1）$AC=\sqrt{\Delta x_{ac}^2+\Delta y_{ac}^2}=\sqrt{64.900^2+154.800^2}$
$=167.854\text{m}$

（2）$BC=\sqrt{\Delta x_{bc}^2+\Delta y_{bc}^2}=\sqrt{38.400^2+168.100^2}$
$=172.430\text{m}$

【例 4】 已知 ABC 三点，求以 C 点为极角的 θ。

三点坐标为：

$$x_a=633.000 \quad y_a=774.700$$
$$x_b=626.000 \quad y_b=657.680$$
$$x_c=578.000 \quad y_c=734.000$$

【解】 1. 画图

根据三点坐标，把点标在坐标平面上。过极角作坐标轴补线，如图 6-10。

2. 计算坐标增量

（1）A 点对 C 点的增量

$$\Delta x_{ac}=x_a-x_c=633.000-578.000=55.000\text{m}$$

$$\Delta y_{ac}=y_a-y_c=774.700-734.000=40.700\text{m}$$

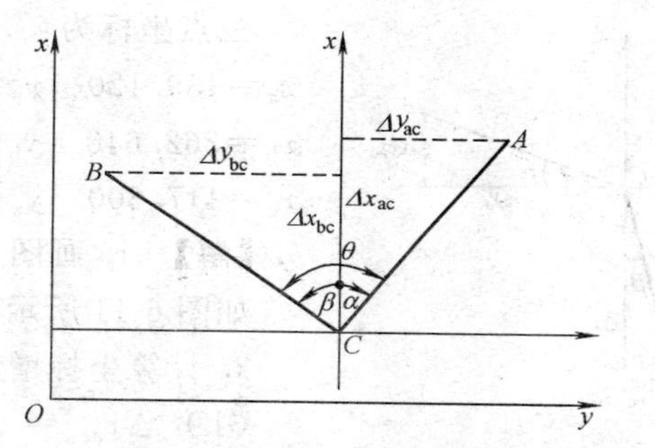

图 6-10　求两直线的夹角

（2）B 点对 C 点的增量

$$\Delta x_{bc}=x_b-x_c=626.000-578.000=48.000\text{m}$$

$$\Delta y_{bc}=y_b-y_c=657.680-734.000=-76.320\text{m}$$

3. 计算两直线对坐标轴的夹角 θ

从图中看到，两直线在纵轴两侧，因此计算对纵轴的夹角比较方便。

（1）AC 直线对纵轴的夹角 α

$$\text{tg}\alpha=\frac{\Delta y_{ac}}{\Delta x_{ac}}=\frac{40.700}{55.000}=0.74000$$

$$\alpha=36°30'5''$$

（2）BC 直线对纵轴的夹角 β

$$\text{tg}\beta=\frac{\Delta y_{bc}}{\Delta x_{bc}}=\frac{76.320}{48.000}=1.59000$$

$$\beta=57°49'58''$$

（3）两直线夹角

$$\theta=\alpha+\beta=36°30'5''+57°49'58''$$
$$=94°20'3''$$

【例 5】 已知 ABC 三点，求以 C 点为极角的 θ、AC、BC

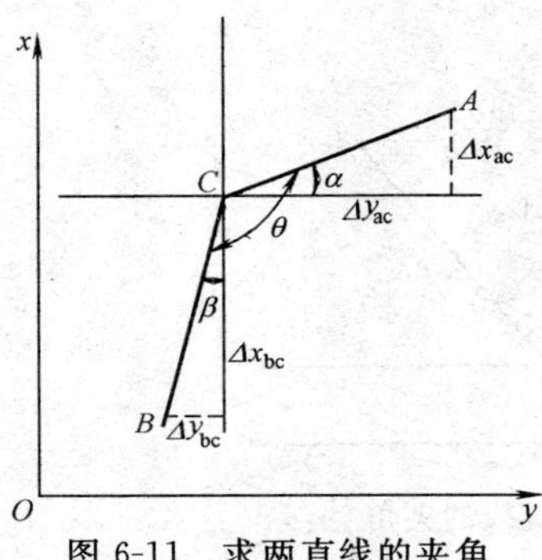

图 6-11　求两直线的夹角

三点坐标为：

$x_a=439.120 \quad y_a=932.450$

$x_b=362.640 \quad y_b=854.300$

$x_c=417.300 \quad y_c=877.200$

【解】 1. 画图

如图 6-11 所示。

2. 计算坐标增量

（1） $\Delta x_{ac}=x_a-x_c=439.120-417.300=21.820\text{m}$

$\Delta y_{ac}=y_a-y_c=932.450-877.200=55.250\text{m}$

（2） $\Delta x_{bc}=x_b-x_c=362.640-417.300=-54.660\text{m}$

$\Delta y_{bc}=y_b-y_c=854.300-877.200=-22.900\text{m}$

3. 计算两直线对坐标轴的夹角

（1） AC 直线对横轴的夹角 α

$$\text{tg}\alpha=\frac{\Delta x_{ac}}{\Delta y_{ac}}=\frac{21.820}{55.250}=0.39493$$

$$\alpha=21°33'2''$$

（2） BC 直线对纵轴的夹角 β

$$\text{tg}\beta=\frac{\Delta y_{bc}}{\Delta x_{bc}}=\frac{22.900}{54.660}=0.41895$$

$$\beta=22°43'52''$$

（3） 两直线夹角

$$\theta=\alpha+\beta+90°=21°33'2''+22°43'52''+90°$$
$$=134°16'54''$$

4. 求线段长

$$\sin\alpha=\sin21°33'2''=0.36732$$

$$\sin\beta = \sin 22°43'52'' = 0.38641$$

（1） $AC = \dfrac{\Delta x_{ac}}{\sin\alpha} = \dfrac{21.820}{0.36732} = 59.403$

（2） $BC = \dfrac{\Delta y_{bc}}{\sin\beta} = \dfrac{22.900}{0.38641} = 59.263$

【例 6】 图 6-12 中，已知 AB 两点坐标，测得$\angle ABC=193°$，$BC=120\text{m}$，求 C 点坐标 x_C、y_C。

【解】 欲求 C 点坐标需先求 BC 直线对纵轴夹角和 AB 直线对横轴的夹角。

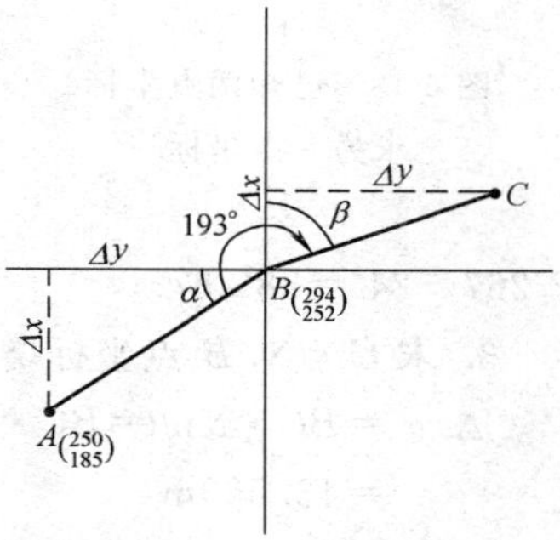

1. 求 α 角

$$\text{tg}\ \alpha = \frac{\Delta x_{AB}}{\Delta g_{AB}} = \frac{250-294}{185-252}$$

$$=0.656716$$

$$\alpha = 33°.294$$

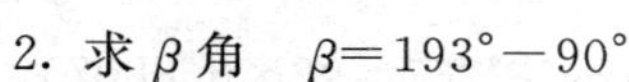

2. 求 β 角　$\beta = 193° - 90° - 33.294 = 69°706$

图 6-12　已知两点坐标求另一点坐标

3. C 点对 B 点的坐标增量

$$\Delta x_C = BC \cdot \cos\beta = BC \cdot \cos 69°706 = 120 \times 0.346837 = 41.620\text{m}$$

$$\Delta y_C = BC \cdot \sin\beta = BC \cdot \sin 69°706 = 120 \times 0.937925 = 112.551\text{m}$$

4. C 点坐标

$$x_C = x_B + \Delta x_C = 294 + 41.620 = 335.620\text{m}$$

$$y_C = y_B + \Delta y_C = 252 + 112.551 = 364.551\text{m}$$

5. 验算　$BC = \sqrt{\Delta x_C^2 + \Delta y_C^2} = \sqrt{41.620^2 + 112.551^2} = 120.000\text{m}$（相符）

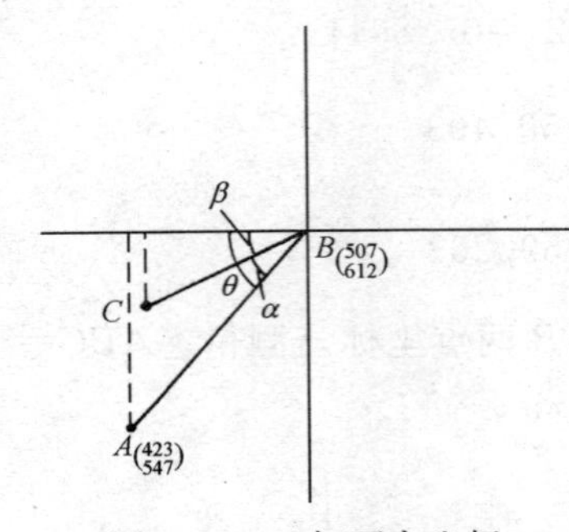

图 6-13　已知两点坐标求另一点坐标

【例 7】　图 6-13 中，已知 AB 点坐标，两直线间夹角 $\alpha=24°$，$BC=92\text{m}$，求 C 点坐标 x_C、y_C。

【解】　1. 求直线 AB 对横轴的夹角 θ

$$\text{tg}\,\theta=\frac{\Delta x_{AB}}{\Delta y_{AB}}=\frac{423-507}{547-612}$$

$$=1.292308$$

$$\theta=52°267$$

2. 求 β 角　$\beta=\theta-\alpha=52°267-24°=28°287$

3. 求 C 点对 B 点坐标增量

$$\Delta x_C=BC\cdot\sin\beta=BC\cdot\sin28°267=92\times0.473581$$
$$=43.569\text{m}$$

$$\Delta y_C=BC\cdot\cos\beta=BC\cdot\cos28°267=92\times0.88075$$
$$=81.029\text{m}$$

4. C 点坐标（C 点在横轴下，纵轴左）

$$x_C=x_B+\Delta x_C=507-43.569=463.431\text{m}$$

$$y_C=y_B+\Delta y_C=612-81.029=530.971\text{m}$$

5. 验算　$BC=\sqrt{\Delta x_C^2+\Delta y_C^2}=\sqrt{43.569^2+81.029^2}$
$$=92.000\text{m}$$

6.3.6　象限角

前面介绍的计算坐标增量、两直线间夹角以及两点距离，都是以极角方法运算的。计算角度时是按直线对任意轴的夹角相加或相减，算出角度的和或差；计算坐标增量时是以绝对值代入式中，再按点与极角的相对关系来确定相加或相减。象限角是按角值所在的象限进行计算的。

从图 6-14 中可看出象限角有以下特点：

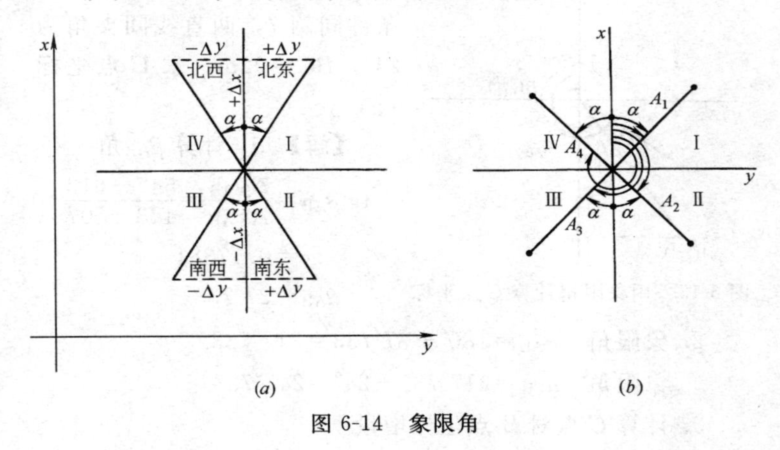

图 6-14 象限角

1. 坐标系从 0°～360°，分 4 个象限，每象限 90°，见图 6-14（*a*）。

2. 象限角的角值是直线以纵轴北端为始边，按顺时针方向所旋转的角度。因坐标系分象限，称象限角，见图 6-14（*b*）。

3. 坐标增量是以直线与纵轴的夹角 α 来计算的。

4. 正负符号是以计算角所对应的轴段来确定的，见表 6-4。

象限角的符号 **表 6-4**

函数 \ 象限	Ⅰ	Ⅱ	Ⅲ	Ⅳ
sinα	+	+	−	−
cosα	+	−	−	+
tgα	+	−	+	−

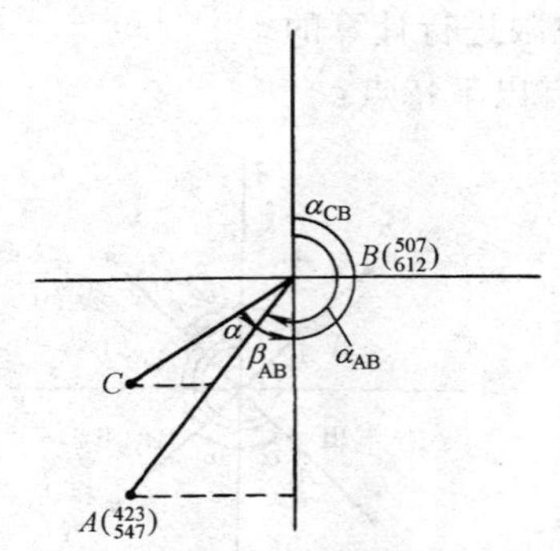

图 6-15　用象限角计算 C 点坐标

用象限角计算坐标：

【例 8】 如图 6-15，已知条件同例 7，两直线间夹角为 24°，$BC=92$m，求 C 点坐标 x_C，y_C。

【解】 1. 计算 β_{AB} 角

$$\mathrm{tg}\,\beta_{AB}=\frac{\Delta y_{AB}}{\Delta x_{AB}}=\frac{547-612}{423-507}$$

$$=0.77381$$

$$\beta_{AB}=37°733$$

2. 象限角　$\alpha_{AB}=180°+37°733=217°733$

象限角　$\alpha_{CB}=217°733+24°=241°733$

3. 计算 C 点对 B 点坐标增量

$$\Delta x_C=BC\cdot\cos\alpha_{CB}=BC\cdot\cos241°733$$

$$=92\times(-0.473581)=-43.569\mathrm{m}$$

$$\Delta y_C=BC\cdot\sin\alpha_{CB}=BC\cdot\sin241°733$$

$$=92\times(-0.88075)=-81.029\mathrm{m}$$

4. 计算 C 点坐标

$$x_C=x_B+\Delta x_C=507+(-43.569)=463.431\mathrm{m}$$

$$y_C=y_B+\Delta y_C=612+(-81.029)=530.971\mathrm{m}$$

【例 9】 如图 6-16，已知条件同例 6，$\angle ABC=193°$ $BC=120$m，求 C 点坐标。

【解】 1. 计算 α_{AB}

$$\mathrm{tg}\alpha_{AB}=\frac{\Delta y_C}{\Delta x_C}=\frac{185-252}{250-294}=1.52273$$

$$\alpha_{AB}=56°706$$

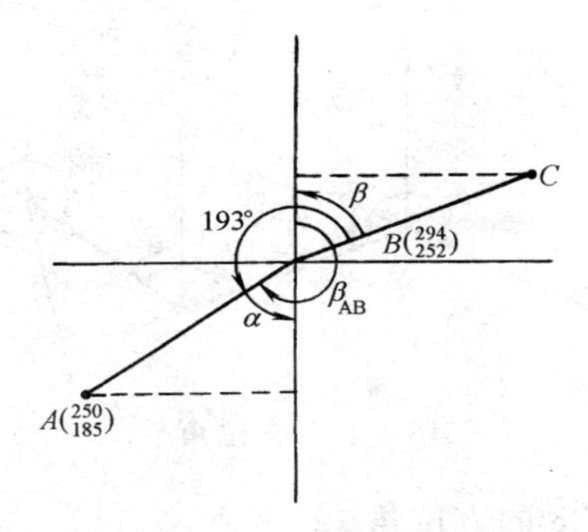

图 6-16　用象限角计算坐标

2. 象限角　$\beta_{AB}=\alpha_{AB}+180°=56°706+180°$

$=236°706$

象限角　$\beta_{CB}=236°706+193°=429°706$

因 $\beta_{CB}>360°$应减 360°

$\beta=429°706-360°=69°706$

3. 计算 C 点对 B 点坐标增量

$\Delta x_C=BC\cdot\cos\beta=120\times\cos69°706=120\times0.346837$

$=41.620\text{m}$

$\Delta y_C=BC\cdot\sin\beta=BC\cdot\sin69°706=120\times0.937925$

$=112.551\text{m}$

4. 计算 C 点坐标

$x_C=x_B+\Delta x_C=294+41.620=335.620\text{m}$

$y_C=y_B+\Delta y_C=252+112.551=364.551\text{m}$

6.3.7　方位角

方位角是表示直线在坐标系中方向的。直线的前进方向与坐标纵轴北端方向为始边的左夹角，称直线的方位角。角值从 0°～360°，在图 6-17 中，α_{12}是直线 12 的方位角。

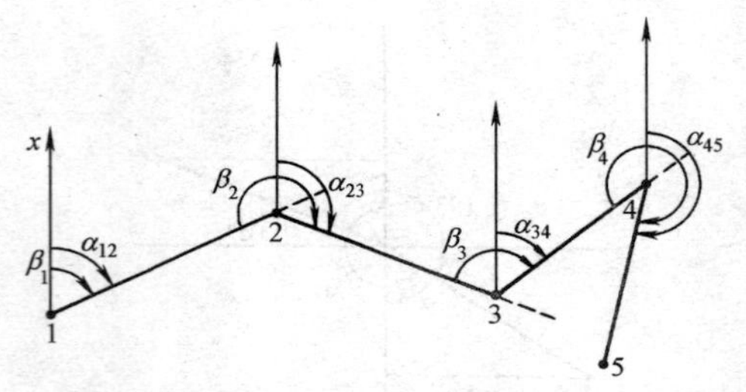

图 6-17　方位角

α_{23}是直线 23 的方位角。

方位角的推算公式为：

$$\alpha_{前}=\alpha_{后}+\beta_{左}-180°$$

如图 6-17 中，$\beta_1=63°$，$\beta_2=225°$，$\beta_3=123°$，$\beta_4=335°$，试推算各直线的方位角。

$$\alpha_{23}=\alpha_{12}+\beta_2-180°=63°+225°-180°=108°$$

$$\alpha_{34}=\alpha_{23}+\beta_3-180°=108°+123°-180°=51°$$

$$\alpha_{45}=\alpha_{34}+\beta_4-180°=51°+335°-180°=206°$$

须说明的是，在方位角推算过程中，如果算出的 $\alpha_{前}$ 得负数（即 $\alpha_{后}+\beta_{左}<180°$）时，应先加 360°，再求方位角。如果出现 $270°<\beta_{左}<90°$的情况，则意为直线在该点反折。

如果观测的是右角（测角在前进方向右侧），如图 6-18，则方位角推算公式为：

$$\alpha_{前}=\alpha_{后}+180°-\beta_{右}$$

式中当 $\alpha_{前}$ 大于 360°时，应先减 360°再往下算，当（$\alpha_{后}+180°$）$<\beta_{右}$ 时应先加 360°再减 $\beta_{右}$。

多边形内角之和应等于：

$\sum\beta_{内}=180°(n-2)$，n 为内角个数。

坐标解析计算时应注意如下问题。

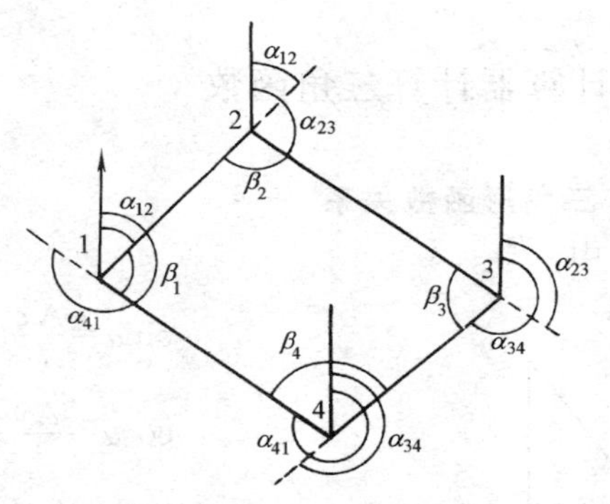

图 6-18　多边形方位角

(1) 首先要建立以纵、横坐标增量为直角边而组成直角三角形的概念，否则其他计算将无从着手。

(2) 计算直线与坐标轴的夹角都是锐角。计算三角函数时，直线与 y 轴夹角对应边为 Δx。直线与 x 轴夹角对应边为 Δy。换算过程中应注意不要弄错。

(3) 计算两条直线夹角（称极角）时，要先分别算出两个锐角，然后再相加（如例 4）或相减（如例 3）算出夹角。

(4) 在坐标平面上标点（画图）时，要注意点位的上下左右关系，以免标错相对位置，误将两角应相加变成相减（或相减变相加），造成错误。

(5) 控制点中任意一点都可作为极角（测站点），其计算结果是一样的。但认定一点后，现场施测时必须用这一点作测站，否则因极点不同，原计算数据不能使用。

(6) 必须使用一种坐标值（建筑坐标或测量坐标），不能混用。

(7) 使用函数表计算时，应采用五位以上的函数表。若精度要求不高，也可用四位函数表。

6.4 利用计算器计算三角函数

6.4.1 三角形函数关系

图 6-19 中

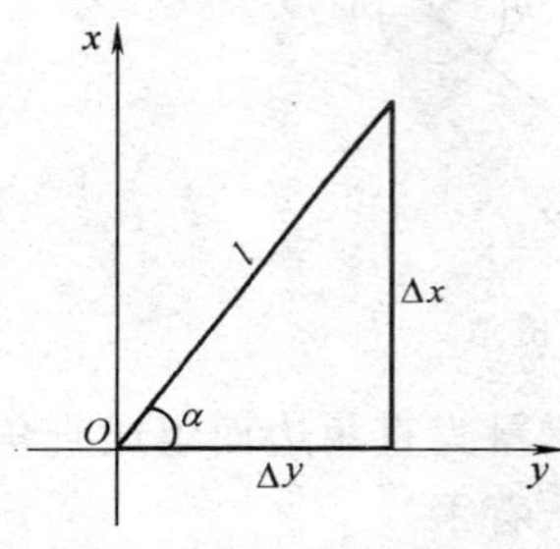

图 6-19 三角形函数关系

$$\sin\alpha=\frac{\Delta x}{l}$$

$$\cos\alpha=\frac{\Delta y}{l}$$

$$\mathrm{tg}\alpha=\frac{\Delta x}{\Delta y}$$

$$\mathrm{ctg}\alpha=\frac{\Delta y}{\Delta x}$$

$$\sec\alpha=\frac{l}{\Delta y}=\frac{1}{\cos\alpha}$$

$$\csc\alpha=\frac{l}{\Delta x}=\frac{1}{\sin\alpha}$$

6.4.2 度分秒换算

计算三角函数时，首先将显示屏调置在 DEG 状态

键 [°′″] 是度分秒键；

键 [INV] 是转换键；

键 [1/x] 是倒数键。

已知度分秒，换成度单位，如 31°16′47″换成度，输入顺序是按键 31 ⟶ [°′″] ⟶ 16 ⟶ [°′″] ⟶ 47 ⟶ [°′″] = 31°279722

已知度单位换成度分秒，顺序是：输入 31.279722 ⟶ [INV] ⟶ [°′″] =31°16′47″

若显示屏显示度分秒，换成度单位，顺序是 31°16′47″ ⟶ [°′″] =31°279722

在计算函数时，利用度单位或度分秒均可。

6.4.3 函数计算

已知 α=31°16′47″，求 sinα=？顺序是输入 31 ⟶ [°′″] ⟶ 16 ⟶ [°′″] ⟶ 47 ⟶ [°′″] = 31.279722 ⟶ [$\sin^{-1}$] =0.519217

求 cosα=？　　输入 31.279722 ⟶ [$\cos^{-1}$] =0.854643

求 tgα=？　　输入 31.279722 ⟶ [tg^{-1}] =0.607525

已知角度求函数称正函数。

已知函数求角度称反函数。

如已知 sinα=0.519217 求 α=？顺序是输入 0.519217 ⟶ [INV] ⟶ [$\sin^{-1}$] =31.279744 ⟶ [INV] ⟶ [°′″] =31°16′47″

已知 cosα=0.854643 求 α=？输入 0.854643 ⟶ [INV] ⟶ [$\cos^{-1}$] =31.279683 ⟶ [INV] ⟶ [°′″] =31°16′46″

已知 tgα=0.607525 求 α=？输入 0.607525 ⟶ [INV] ⟶ [tg^{-1}] =31.279727= [INV] ⟶ [°′″] =31°16′47″

求 ctgα=？输入 31.279727 ⟶ [tg^{-1}] =0.607525 ⟶ [$1/x$] =1.646023

α=？输入 1.646023 ⟶ [INV] ⟶ [tg^{-1}] =58.720276

α=90°−58.720276=31.279724 ⟶ [INV] ⟶ [°′″] =31°

16′47″

secα＝？ 输入 31.279722 ⟶ [cos⁻¹] ＝0.854643 ⟶ [1/x] ＝1.170080

cscα＝？ 输入 31.279722 ⟶ [sm⁻¹] ＝0.519217 ⟶ [1/x] ＝1.925978

6.4.4 函数的“＋”“－”值

坐标象限与数学三角函数不同，它是以直线与坐标纵轴之间的夹角为计算角，数值有“＋”“－”之分，这一点在计算坐标增量和方位角时极为重要，象限角正负值参见表6-4。

如 sin70°＝0.939693 在Ⅰ象限为“＋”值；
sin120°＝0.866025 在Ⅱ象限为“＋”值；
sin220°＝－0.642788 在Ⅲ象限为“－”值；
sin290°＝－0.939693 在Ⅳ象限为“－”值。

7 小地区控制测量

7.1 小区控制网

7.1.1 控制网的形式

在测区场地内由建立的若干个控制点而构成的几何图形，称为场地控制网。控制网分平面控制网和高程控制网两种。测定控制点平面位置的工作，称平面控制测量；测定控制点高程的工作，称高程控制测量。在全国范围内建立的控制网，称国家控制网；在城市范围内建立的控制网，称城镇控制网；在建设区域内建立的独立控制网，称施工控制网。采用若干三角形互相连接（用三角测量方法）构成的控制网，称三角网，位于三角形顶点的点称三角点。由多边形或折线形组成的控制网，称导线网。导线转点称导线点。

国家三角控制网和高程控制网均分一、二、三、四等四个等级。一等精度最高，它的低等级受高等级控制，是高级的加密，如图 7-1 所示。

城镇三角网主要技术要求见表 7-1。

高程控制网的主要技术要求见表 7-2。

建设场区控制网多采用小三角网或导线网。小三角网的布设形式如图 7-2。三、四等水准观测的技术要求见表 7-3，多用于较大新建筑区或大型工程。

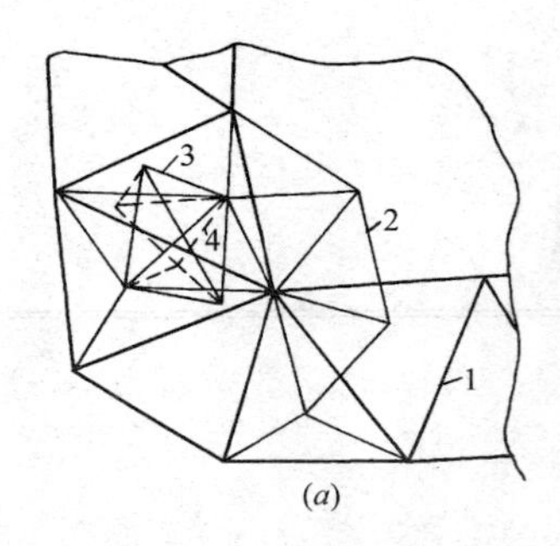

(a)

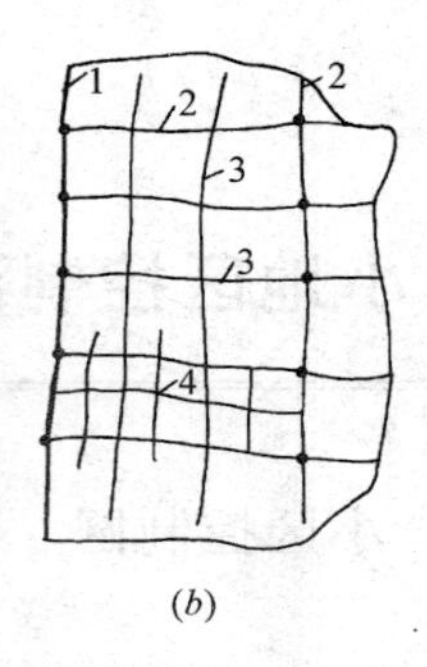

(b)

图 7-1 国家控制网

(a) 三角控制网；(b) 高程控制网

1—一等三角网；2—二等三角网；3—三等三角网；4—四等三角网

1—一等水准路线；2—二等水准路线；3—三等水准路线；4—四等水准路线

城镇三角网的主要技术要求 表 7-1

等级	平均边长(km)	测角中误差(″)	起始边边长相对中误差	最弱边边长相对中误差	测回数			三角形最大闭合差(″)
					J_6	J_2	J_1	
二等	9	±1	1∶250000	1∶120000			12	±3.5
三等	4.5	±1.8	1∶150000(首级) 1∶120000(加密)	1∶70000		9	6	±7
四等	2	±2.5	1∶100000(首级) 1∶70000(加密)	1∶40000		6	4	±9
一级小三角	1	±5	1∶40000	1∶20000	6	2		±15
二级小三角	0.6	±10	1∶20000	1∶10000	2	1		±30

高程控制网的主要技术要求 表 7-2

等级	每公里高差中误差(mm)	附合路线长度(km)	水准仪型号	水准尺	观测次数		往返较差、附合或环线闭合差(mm)	
					与已知点联测	附合或环线	平地	山地
二	±2		S_1	因瓦	往返各一次	往返各一次	$\pm4\sqrt{L}$①	

续表

等级	每公里高差中误差（mm）	附合路线长度（km）	水准仪型号	水准尺	观测次数		往返较差、附合或环线闭合差(mm)	
					与已知点联测	附合或环线	平地	山地
三	±6	50	S_3 S_1	双面 因瓦	往返各一次	往返各一次 往一次	$\pm 12\sqrt{L}$	$\pm 4\sqrt{n}$②
四	±10	16	S_3	双面	往返各一次	往一次	$\pm 20\sqrt{L}$	$\pm 6\sqrt{n}$
图根	±20	5	S_{10}		往返各一次	往一次	$\pm 40\sqrt{L}$	$\pm 12\sqrt{n}$

注：① L 为水准路线总长度（km）；
② n 为测站数。

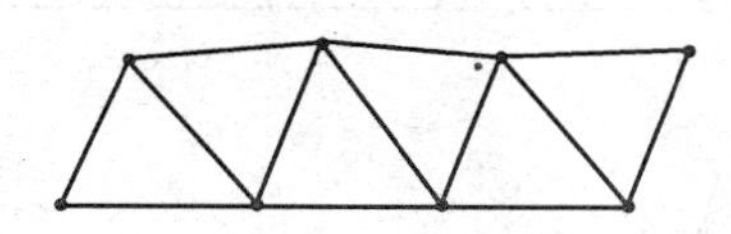
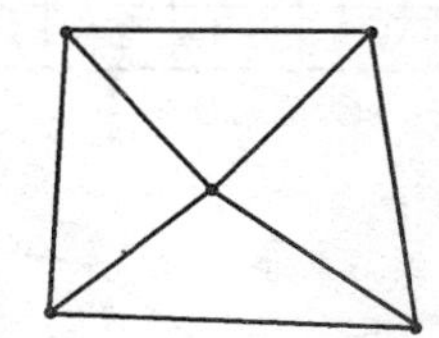

图 7-2　小三角网布设形式

三、四等水准观测的技术要求　　　　表 7-3

等级	视线长度（m）	视线高度（m）	前后视距差（m）	前后视距累积差(m)	红黑面读数差(mm)	红黑面高差之差(mm)
三等	≤65	≥0.3	≤3	≤6	≤2	≤3
四等	≤80	≥0.2	≤5	≤10	≤3	≤5

导线网布设形式如图 7-3，导线测量的主要技术要求见表 7-4。图 7-3（*a*）称闭合导线。它从一已知点起，最后又回到该已知点。多用于城市街区建筑物密集区域。图 7-3（*b*）称附合导线，导线从已知点起闭合于另一已知点，多用于铁路、管道工程等狭长地带。图 7-3（*a*）中 *ab* 两点称支导线，从已知点出发，测若干点后终止，不与另一点相连，多用于三角网或导线网的加密测量。小区内建立控制网后，有时还不能满足大比例尺测图的需要，可用增设图根点的方

法对控制网进行加密，以便安置仪器进行碎部测量，这种方法在建筑物密集区域或视线条件差地区较为适用。

导线测量的主要技术要求　　表 7-4

等级	导线长度(km)	平均边长(km)	测角中误差(″)	测距中误差(mm)	测距相对中误差	测回数			方位角闭合差(″)	相对闭合差
						DJ_1	DJ_2	DJ_6		
三等	14	3	1.8	20	≤1/150000	6	10		$3.6\sqrt{n}$	≤1/55000
四等	9	1.5	2.5	18	≤1/80000	4	6		$5\sqrt{n}$	≤1/35000
一级	4	0.5	5	15	≤1/30000		2	4	$10\sqrt{n}$	≤1/15000
二级	2.4	0.25	8	15	≤1/14000		1	3	$16\sqrt{n}$	≤1/10000
三级	1.2	0.1	12	15	≤1/7000		1	2	$24\sqrt{n}$	≤1/5000

注：n 为测站数。

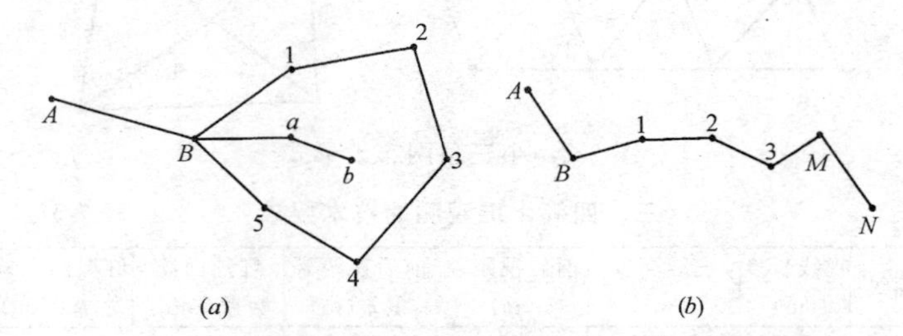

图 7-3　导线网布设形式

面积在 15km² 范围内建立的场区控制网，称小区控制网。小区控制网应尽量与国家或城镇控制网连测，以便建立统一的坐标和高程，如果测区附近没有高级控制网，也可建立独立控制网，采用施工坐标和相对高程。

7.1.2　坐标系的标准方向

1. 真子午线方向

地面上某一点指向地球北极的方向线，就是该点的真子午线方向。真子午线方向是用天文测量方法确定的。坐标纵轴与真子午线方向相平行，称真子午线坐标系。

2. 磁子午线方向

磁针在地球磁场的作用下，自由静止时所指的方向（磁南北极方向）就是该点的磁子午线方向。由于地球的两磁极与地球的南北极不重合（磁北极约在北纬 74°、西经 110°附近，磁南极约在南纬 69°、东经 144°附近），因此，地面上任一点的真子午线方向与磁子午线的方向是不一致的，如图 7-4。磁子午线与真子午线有一个夹角，称磁偏角。

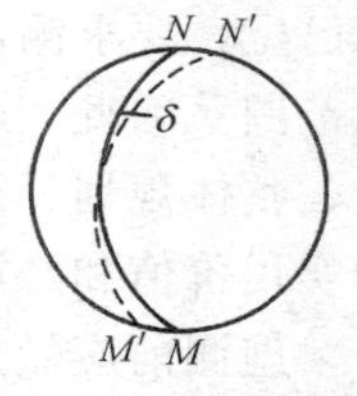

图 7-4 真子午线与磁子午线

坐标纵轴与磁子午线相平行，称磁子午线坐标系。图 7-4 中 NM 为真子午线，$N'M'$ 为磁子午线。

3. 坐标纵轴方向

独立坐标系中以测区坐标原点的坐标纵轴为准，过某一点与坐标纵轴相平行的方向线称该点的坐标纵轴方向。

4. 方位角

确定地面上点的位置，仅知两点之间的水平距离是不够的，还需要知道两点间连线与坐标方向的夹角，才能确定它们的平面位置。

由标准方向的北端起，顺时针量得某直线（前进方向）与北端方向的夹角，称该直线的方位角。角值从 0°～360°。

以真子午线为始边量得的夹角，称真方位角。

以磁子午线为始边量得的夹角，称磁方位角。

以坐标纵轴为始边量得的夹角，称坐标方位角。

7.1.3 测区范围的确定

小区控制测量有两项基本功能，一是工程设计前期的勘察测量，为工程设计提供地形资料；二是建立控制网，为施工测量提供依据。

小区建设从建设性质方面可分为新建开发区、旧城区改造、矿区建设等几大类。小区测量有两种情况，一是占地范围已定，要求测出地形图；二是按使用规模、要求来确定占地范围。因此，小区测量对准确地确定占地面积、土地划拨、整体规划、合理使用土地、充分利用土地资源都有较强的实用价值和经济价值。

施测前应做如下工作：

（1）收集原有地形图和与之相关的地形资料；

（2）从规划主管部门索取航测图；

（3）明确地界权属关系；

（4）测区建设性质、功能、与外部的联接；

（5）附近平面和高程控制点及各项数据；

（6）与设计单位密切配合；

（7）现场勘察。

7.1.4 布设控制点

现场实际勘察时，应根据地形条件和建（构）筑物布置情况，确定选点方案，并在实地确定点位。确定点位的原则如下。

（1）相邻两点间应互相通视，周围视野开阔，以便测角和丈量。

（2）确定控制网的测量方法（是导线网，还是三角网）。

（3）便于平面控制和高程控制结合使用。

（4）尽量顺着道路、主要边界线、河流等布点，以便于测量和长期保存点位。

（5）在建筑区内应沿道路中心布置，尽可能选在道路交叉中心或主要建筑物附近。

（6）控制网能控制整个测区，满足建筑物、构筑物及各项工程的定位需要。

（7）便于和附近高级控制点联测。

（8）选用半永久性或永久性点位。进行编号、绘制平面简图，并标注点位附近地物特征点和相对关系，以便查找点位。尤其是在山区等野外测量时，这一点特别必要。点位被毁、被移动或错用点位数据都会给测量成果带来不良后果。

图 7-5 是某选矿系统工程控制网布置图。

7.1.5 控制网的精度要求

点位越密，精度越高，测量的工作量越大，施测工期就越长。但如果点位过少或精度偏低，又不能满足测量定位的需要。因此，点位的多少、布局是否合理，应以满足使用需要为准则，其精度应高于建筑物所需的定位精度，对测区能起到控制作用。

在图 7-5 中，选矿车间是建筑区的核心工程，精度应较

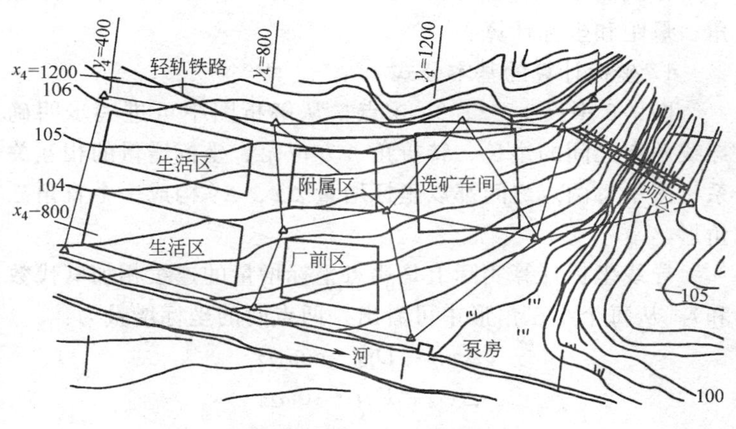

图 7-5　控制网布置图

高，附属区和生活区的精度相对可偏低些。尾矿由选矿车间靠溜槽自由流入尾矿坝内。尾矿虽属配套工程，但尾矿系统对高程的要求却很重要。水泵房靠压力从水源向选矿车间供水，与尾矿溜槽相比，其管线坡度可适当灵活些。

在小区控制测量中，由于观测过程的误差、可能出现整个测区与原坐标系产生偏转或位移。这时如果测区内建立的各点之间数据是正确的，保证测区的完整性，与外部衔接可以吻合，满足施工控制的需要，可不必返工重测。

图根导线边长丈量中，当坡度小于2%，温度不超过钢尺检定温度的±10℃，尺长改正不大于1/10000时，可不进行改正。

7.2 导线测量

7.2.1 导线测量的基本方法

导线测量工作的基本要素有四项，即测角、确定方位角、量距和坐标计算。

1. 坐标计算的基本公式

图7-6中设1、2、3、4点，从解析图中可进一步明确导线两点之间的边长、转折角、方位角、坐标增量的相互关系。图中每两点之间都以坐标增量Δx、Δy构成一个直角三角形。

导线坐标计算实际上是逐点坐标增量的连续相加（代数和）。从每个小三角形中可看出，两点间的坐标增量为：

$$\Delta x_{12}=D_{12}\cdot\cos\alpha_{12}$$

$$\Delta y_{12}=D_{12}\cdot\sin\alpha_{12}$$

$$\Delta x_{23}=D_{23}\cdot\cos\alpha_{23}$$

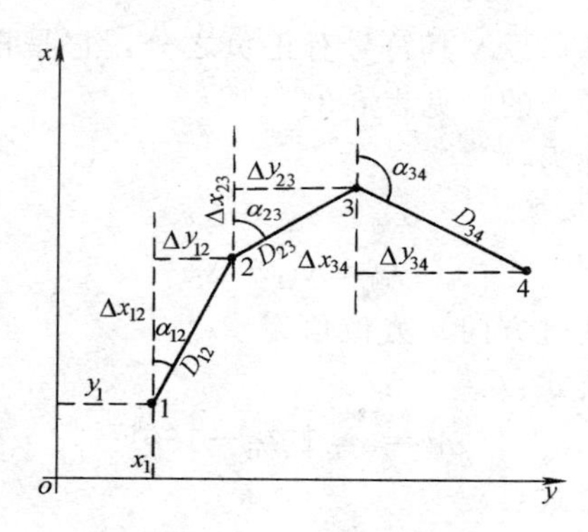

图 7-6 导线图形

$$\Delta y_{23}=D_{23}\cdot\sin\alpha_{23}$$

$$\Delta x_{34}=D_{34}\cdot\cos\alpha_{34}$$

$$\Delta y_{34}=D_{34}\cdot\sin\alpha_{34}$$

式中 α——斜边方位角；

D——斜边（两点实量距离）。

从图中显然可见：

$$x_2=x_1+\Delta x_{12}$$

$$y_2=y_1+\Delta y_{12}$$

$$x_3=x_2+\Delta x_{23}$$

$$y_3=y_2+\Delta y_{23}$$

$$x_4=x_3+\Delta x_{34}$$

$$y_4=y_3+\Delta y_{34}$$

式中 Δx、Δy 为两点间的坐标增量。

综上所述，可得出以下规律：

纵轴坐标增量为 $\Delta x=D\cdot\cos\alpha$

横轴坐标增量为 $\Delta y=D\cdot\sin\alpha$

式中 D 是实量距离，永为正值。利用方位角计算出来

的坐标增量 Δx、Δy 其符号有正负之分，它是根据方位角 α 所在象限来确定的，见表 6-3。

点的坐标为：

$$x_{前}=x_{后}+\Delta x$$
$$y_{前}=y_{后}+\Delta y$$

直线（前进方向）方位角为

测左角公式：

$$\alpha_{前}=\alpha_{后}+\beta_{左}-180^{\circ}$$

测右角公式：

$$\alpha_{前}=\alpha_{后}+180^{\circ}-\beta_{右}$$

2. 确定方位角

（1）坐标方位角

导线与已知控制网联测时，可根据已知点坐标来计算导线起始边的方位角。在图 7-7 中 AB 为已知点，坐标分别为 x_A、y_A、x_B、y_B，则 AB 直线的方位角：

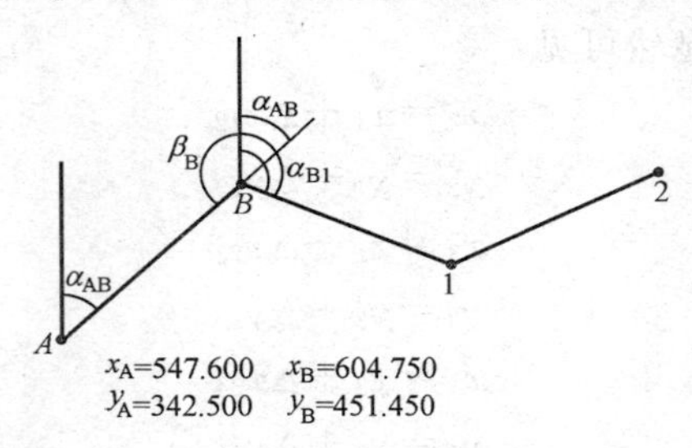

图 7-7 方位角计算

$$\alpha_{AB}=\operatorname{arctg}\frac{\Delta y}{\Delta x}$$

将图中数据代入式中：

$$\alpha_{AB}=\operatorname{arctg}\frac{\Delta y_B-\Delta y_A}{\Delta x_B-\Delta x_A}=\operatorname{arctg}\frac{451.450-342.500}{604.750-547.600}$$

$=\text{arctg}1.906387=62°19'14''$

利用此方位角便可往下推算：

$$\alpha_{B1}=\alpha_{AB}+\beta_{B}-180°$$

（2）磁方位角

所测导线不便与外部坐标系连接时，可用指北针来确定磁方位角，图 7-8 中要建立 1、2、3、4 点的导线，方法如下：

过 1 点朝北方向拉一直线，在直线下面放置罗盘仪或指北针，然后左右摆动直线和罗盘仪，当磁针自由静止时，直线恰于指北针轴线相重合（有的经纬仪照准部带有罗盘），该直线即为磁北方向线，然后测得 12 直线与磁北方向线的夹角，该角即为 12 直线的磁方位角。

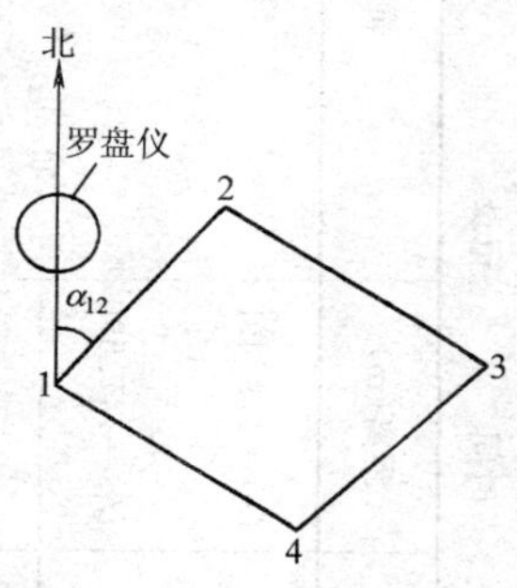

图 7-8　用罗盘仪定方位角

（3）假定方位角

如果测区控制网对坐标方向没有严格要求，可随地形条件，采用独立坐标系。为坐标计算的方便，设假定方位角。假定方位角（坐标纵轴）的建立，应尽量考虑建筑物施工测量方便。

3. 量距

小区控制测量一般均应采用尺丈量方法量距，丈量次数不少于一测回（往返测各一次或往测两次），取其平均值。丈量精度应符合导线测量的技术要求，见表 7-4。丈量方法见第 5 章。

4. 测角

一般测附合导线采用侧左角（测角在导线前进方向的左

表 7-5

导线测量观测记录

工程名称　　　　起止范围控 1～4　　　　时间　　　　记录

测站	盘位	目标	度盘读数 (°′″)	观测角值 (°′″)	平均角值 (°′″)	方位角 (°′″)	距离(m)	简　图
1	左	2	00 07 20	85 47 42	85 47 40	38 27 42	$D_{14}=179.405$	
		4	85 55 02					
	右	2	180 10 10	85 47 38			$D_{12}=147.590$	
		4	265 57 48					
2	左	3	15 21 10	86 35 36	86 35 37		$D_{21}=147.592$	
		1	101 56 46					
	右	3	180 30 10	86 35 38			$D_{23}=193.648$	
		1	267 05 48					
3	左	4	15 17 10	86 30 52	86 30 54		$D_{32}=193.646$	
		2	101 48 02					
	右	4	204 12 20	86 30 56			$D_{34}=119.738$	
		2	290 43 16					
4	左	1	12 10 20	101 06 30	101 06 29		$D_{43}=119.738$	
		3	113 16 50					
	右	1	184 07 10	101 06 28			$D_{41}=179.409$	
		3	285 13 38					

侧)，测闭合导线采用测右角（测角在导线前进方向的右测)。闭合导线一般按顺时针方向编号，测右角就是测闭合多边形的内角。在一组导线中，若观测左角一律观测左角，若观测右角则一律观测右角，两者不能混用。使用的仪器、测回数和闭合差参见表 7-4。

表 7-5 是导线测量的外业记录表，导线形式见表中附图，测右角一测回。

5. 小数位的取舍要求

内业计算中对小数位的取舍应符合表 7-6 的要求。

导线测量计算小数位要求　　　　表 7-6

等级	方向观测值(″)	各项改正数(″)	函数	边长及坐标(m)	方位角(″)
一、二级小三角 一、二级导线	1	1	7 或 6 位	0.001	1
图根	6 或 10	6 或 10	5 位	0.01	6 或 10

7.2.2　闭合导线的坐标计算

1. 资料整理

将外业测量的各项数据整理齐全，按顺序填写在《闭合导线计算表》中并经校核，对模糊不清的数字，要查找原始记录，不要主观臆断，以保证数据的可靠性。要防止因错用数据造成计算的测量成果超限，甚至造成返工。

现以表 7-5 中的实测数据为例，介绍闭合导线坐标计算的方法和步骤。

已知数据填写在表 7-7 的 2、6 栏内，为分析计算的方便，将各项数据标注在图 7-9 中。

2. 测角闭合差的计算与改正

闭合导线观测的是内角，根据几何学原理，多边形内角

之和的理论值

$$\sum\beta_{理}=(n-2)\cdot 180°$$

由于观测角不可避免地存在误差，致使观测角之和$\sum\beta_{测}$不等于理论值，而含有误差 f_β，f_β 的数值按下式计算：

$$f_\beta=\sum\beta_{测}-\sum\beta_{理}$$

闭合差数值的大小，反映的是测角精度，不同等级的导线对测角精度有不同的技术要求，见表 7-4。其最大限值称允许闭合差 $f_{\beta允}$。如果 $f_\beta>f_{\beta允}$，则说明所测角值不合要求，应重新核对观测角值和计算过程。若 $f_\beta\leqslant f_{\beta允}$ 则说明测角误差在允许范围内，测量数据可用。

本例内角之和理论值

$$\sum\beta_{理}=(n-2)\cdot 180°=(4-2)\cdot 180°=360°$$

观测角值之和

$$\sum\beta_{测}=360°00'40''$$见表 7-7 第 2 栏。

闭合差 $f_\beta=\sum\beta_{测}-\sum\beta_{理}=+40''$见表 7-7。

现按二级导线的技术要求计算其闭合差是否符合要求。

允许闭合差　$f_{\beta允}=\pm 24\sqrt{4}=\pm 48''$

$f_\beta<f_{\beta允}$（精度合格）

测角闭合差小于允许闭合差，说明精度合格，可将闭合差按反符号平均分配到各观测角中，得到改正角，改正角之和应等于理论值。见表 7-7 第 3、4 栏。

角度改正值 $\beta=\frac{f_\beta}{n}$，当 f_β 不能被平分时，可将多余的整秒数适当分加在由短边构成的转角上。

3. 计算各边方位角

用改正后内角（即导线右角），根据起始边的方位角推算其他各边的方位角，参见图 7-9 中所注数据。

闭合导线计算表 **表 7-7**

工程名称　　　　起止点 1～4　　　　计算　　　　时间

点号	观测角（右）(°′″)	改正数	改正角 (°′″)	方位角 (α) (°′″)	距离 (D) (m)	cogα / sinα	坐标增量 Δx / Δy	改正数	改正后增量 Δx (m)	改正后增量 Δy (m)	坐标值 x (m)	坐标值 y (m)	点号
1	2	3	4	5	6	7	8	9	10	11	12	3	14
1					D_{12}	+0.783025	+112.420	+5			300.000	300.000	1
				38 27 42	143.571	+0.621990	+89.300	−8	+112425	+89.292			
2	85 47 40	−10	85 47 30		D_{23}	−0.667452	+129.250	+6			412.425	389.292	2
				131 52 15	193.647	+0.744653	+144.200	−8	−129244	+144.192			
3	86 35 37	−10	86 35 27		D_{34}	−0.702667	−84.150	+5			283.181	533.484	3
				225 21 31	119.758	−0.711519	−85.210	−7	−84.145	−85.217			
4	86 30 54	−10	86 30 44		D_{41}	+0.562855	+100959	+5			199036	448.267	4
				304 15 12	179.370	−0.826556	−148.259	−8	+100.964	−148.267			
1	101 06 29	−10	101 06 19								300.000	300.000	
				38 27 42									
Σ	360 00 40	−40	360 00 00		636.346		Σx=−0.021 Σy=+0.031	+21 −31	0	0			

续表

<table>
<tr><th rowspan="2">点号</th><th rowspan="2">观测角（右）（°′″）</th><th rowspan="2">改正数</th><th rowspan="2">改正角（°′″）</th><th rowspan="2">方位角（α）（°′″）</th><th rowspan="2">距离（D）（m）</th><th rowspan="2">cogα
sinα</th><th colspan="2">坐标增量</th><th colspan="2">改正后增量</th><th colspan="2">坐标值</th><th rowspan="2">点号</th></tr>
<tr><th>Δx
Δy</th><th>改正数</th><th>Δx（m）</th><th>Δy（m）</th><th>x（m）</th><th>y（m）</th></tr>
<tr><td>1</td><td>2</td><td>3</td><td>4</td><td>5</td><td>6</td><td>7</td><td>8</td><td>9</td><td>10</td><td>11</td><td>12</td><td>3</td><td>14</td></tr>
<tr><td>闭合差和精度</td><td colspan="5">$\sum\beta_{测}=360\ 00\ 40$
$-\sum\beta_{理}=360\ 00\ 00$
$f\beta=\quad +40$
$f_{\beta允}=\pm24\sqrt{4}=\pm48''$
$f_{\beta}<f_{\beta允}$（合格）</td><td colspan="5">导线闭合差 $f_{o}=\sqrt{f_{x}^{2}+f_{y}^{2}}=\pm37\text{mm}$
相对闭合差 $K=\frac{37}{636386}=\frac{1}{17000}$
允许闭合差 $K_{允}=\frac{1}{5000}$
$K<K_{允}$（合格）</td><td colspan="3">2
1 3
4</td></tr>
</table>

$$
\begin{array}{lrrrr}
\alpha_{12} & = & 38^{\circ} & 27' & 42'' \\
 & + & 180^{\circ} & & \\
\hline
 & & 218 & 27 & 42 \\
 & - & 86 & 35 & 27 \\
\hline
\alpha_{23} & = & 131 & 52 & 15 \\
 & + & 180 & & \\
\hline
 & & 311 & 52 & 15 \\
 & - & 86 & 30 & 44 \\
\hline
\alpha_{34} & = & 225 & 21 & 31 \\
 & + & 180 & & \\
\hline
 & & 405 & 21 & 31 \\
 & - & 101 & 06 & 19 \\
\hline
\alpha_{41} & = & 304 & 15 & 12 \\
 & + & 180 & & \\
\hline
 & & 484 & 15 & 12 \\
 & - & 85 & 47 & 30 \\
\hline
\alpha_{12} & = & 398 & 27 & 42 \\
 & - & 360 & & \\
\hline
 & & 38 & 27 & 42
\end{array}
$$

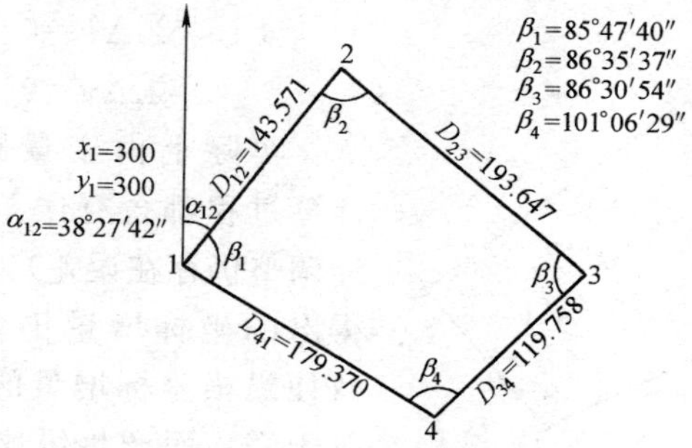

图 7-9　观测数据标记图

对闭合导线方位角推算一周，最后得出的起始边方位角与原角值相等，说明角值和计算均无误，列入表 7-7 第 5 栏。

4. 坐标增量的计算与改正

(1) 坐标增量计算

根据导线边对应的方位角，先求出三角函数，再按边长计算出坐标增量。计算工具利用小型电子计算器最为方便，函数可取至 6 到 7 位，正负符号按计算器所示，或按方位角所在象限来确定，长度取位到 mm。

例如导线边 1、2 的坐标增量

$$\Delta x_{12}=D_{12}\cdot\cos\alpha_{12}=D_{12}\cdot\cos 38°27'42''$$
$$=143.571\times(+0.783025)=+112.420\text{m}$$
$$\Delta y_{12}=D_{12}\cdot\sin\alpha_{12}=D_{12}\cdot\sin 38°27'42''$$
$$=143.571\times(+0.621990)=+89.300\text{m}$$

将函数和坐标增量分别填记在表 7-7 第 7、8 栏内。

(2) 闭合差改正

闭合导线是由导线边组成的闭合多边形，从理论上讲，导线各边的纵、横坐标增量的代数和都应等于零，即

$$\sum\Delta x=0$$
$$\sum\Delta y=0$$

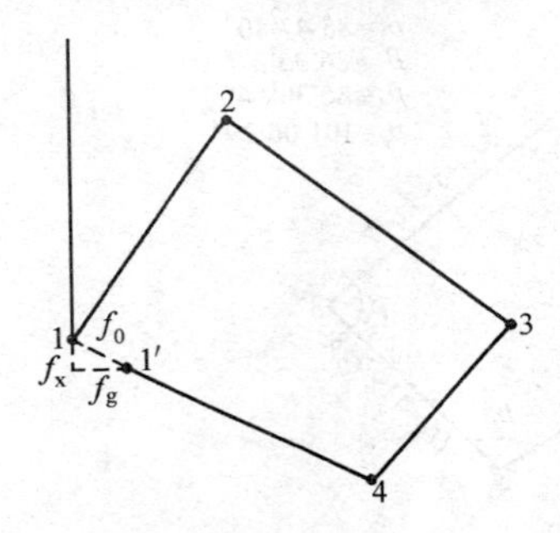

图 7-10　测量闭合差

实际上由于量距、测角，计算过程都含有误差（角度虽经调整仍存在误差），因此计算得出的坐标增量仍含有误差，致使纵横坐标增量的代数和不等于零，而产生纵坐标增量闭合差 f_x、横坐标增量闭合差

f_y，见图 7-10。

$$f_x = \sum \Delta x_{测}$$

$$f_y = \sum \Delta y_{测}$$

表中第 8 栏　　$\sum \Delta x_{测} = -0.021\text{m}$

$$\sum \Delta y_{测} = +0.031\text{m}$$

从图 7-10 中可以看出，由于纵横坐标增量存在误差，使导线不闭合，f_D 的长度称导线长度闭合差

$$f_D = \sqrt{f_x^2 + f_y^2}$$

仅从 f_D 值的大小还不能判断出导线的测量精度，应当将 f_D 与导线全长 $\sum D$ 相比，求出导线相对闭合差，以分子为 1 的形式表示

$$K = \frac{f_D}{\sum D} = \frac{1}{\dfrac{\sum D}{f_D}}$$

例中　　$f_D = \sqrt{21^2 + 31^2} = \pm 37\text{mm}$

$$K = \frac{37}{636387} = \frac{1}{17200}$$

$K < K_{允} = \dfrac{1}{5000}$，符合要求。

分母越大，精度越高，导线的允许相对闭合差 $K_{允}$ 见表 7-7。如果 $K > K_{允}$ 说明闭合差超限，应对外业记录和内业计算进行校核，找出错误所在进行改正。若 $K \leqslant K_{允}$ 说明符合精度要求，将闭合差 f_x、f_y 以相反符号，分别按导线边长成正比例地分配到纵横坐标增量中去，得到坐标改正值。坐标改正值见表 7-7 第 9 栏，改正后增量见第 10、11 栏，注意在计算过程中“+”、“−”符号不要用错。

5. 坐标计算

以起始点坐标为基数，依次按导线边调整后的坐标增量逐点相加，算出各点坐标。填入表 7-7 第 12、13 栏。最后还应归回于起点坐标，其值应与原有坐标值相等，以资校核。

最后，将各项数据均展绘在图 7-11 中，使之一目了然，便于核查。

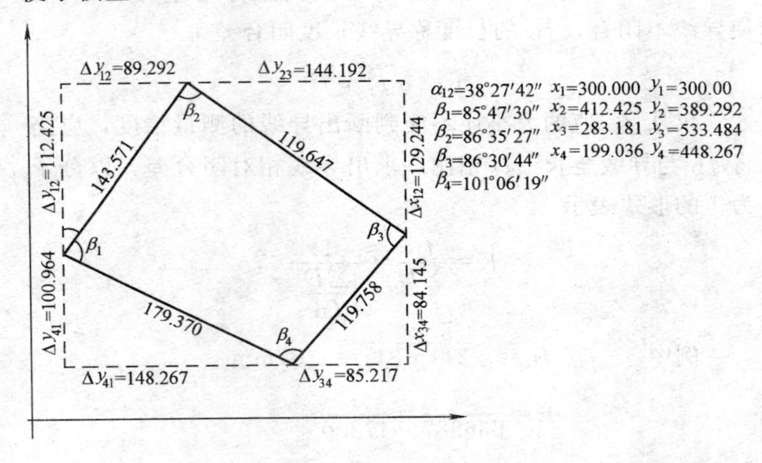

图 7-11　计算成果标记图

7.2.3　附合导线的坐标计算

附合导线的坐标计算方法与闭合导线基本相同，但由于导线布置形式不同，因而在角度闭合差和坐标增量闭合差的计算方法上略有不同。附合导线角度闭合差是以测得的终边方位角与已知的终边方位角相比较，坐标增量闭合差是以测得的终点坐标与连接点坐标相比较，现以图 7-12 所示的附合导线简图为例，介绍附合导线的坐标计算方法和步骤。

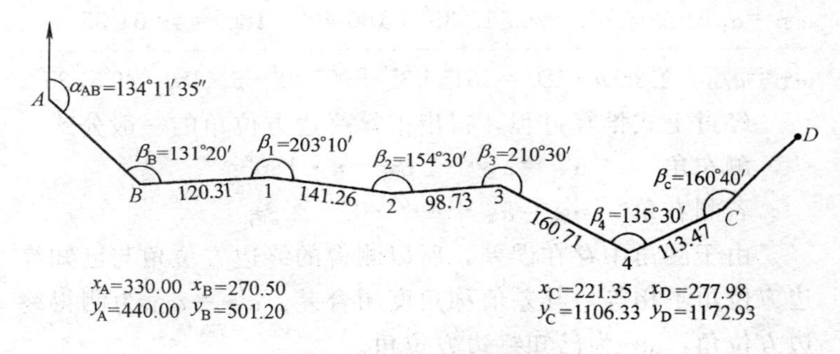

图 7-12 附合导线简图

1. 计算连接点直线方位角

图中 AB 直线为导线的始边，两点坐标为已知。先求出 AB 直线方位角，再以此角为基础，推算各边方位角。

$$\alpha_{AB}=\operatorname{arctg}\frac{\Delta y_{AB}}{\Delta x_{AB}}=\operatorname{arctg}\frac{y_B-y_A}{x_B-x_A}=\operatorname{arctg}\frac{501.20-440.00}{270.50-330.00}$$

$$=\operatorname{arctg}-1.028571=-45°48'25''=134°11'35''$$

CD 直线为导线终边，两点坐标已知，求其坐标方位角 $\alpha_{终}$，再将测得的终边方位角 $\alpha'_{终}$ 与之相比较，计算测角闭合差的大小。

$$\alpha_{CD}=\operatorname{arctg}\frac{\Delta y_{CD}}{\Delta x_{CD}}=\operatorname{arctg}\frac{1172.93-1106.33}{277.98-221.85}$$

$$=\operatorname{arctg}1.18654=49°52'35''$$

2. 计算各边测量方位角及闭合差改正（测左角）

$\alpha_{B1}=\alpha_{AB}+\beta_B-180°=134°11'35''+131°20'-180°=85°31'35''$

$\alpha_{12}=\alpha_{B1}+\beta_1-180°=85°31'35''+203°10'-180°=108°41'35''$

$\alpha_{23}=\alpha_{12}+\beta_2-180°=108°41'35''+154°30'-180°=83°11'35''$

$\alpha_{34}=\alpha_{23}+\beta_3-180°=83°11'35''+210°30'-180°=113°41'35''$

$\alpha_{4C}=\alpha_{34}+\beta_4-180°=113°41'35''+135°30'-180°=69°11'35''$

$$\alpha'_{CD}=\alpha_{4C}+\beta_C-180°=69°11'35''+160°40'-180°=49°51'35''$$

$$\alpha'_{CD}=\alpha_{AB}+\sum\beta-n\cdot180°=134°11'35''+995°40'-6\times180=49°51'35''$$

经过上式推算过程，得出推算终边方位角的一般公式：

测左角 $\alpha'_{终}=\alpha_{始}+\sum\beta_{测}-n\cdot180°$

若测右角 $\alpha'_{终}=\alpha_{始}+n\cdot180°-\sum\beta_{测}$

由于测角中存在误差，所以测得的终边方位角与已知终边方位角不相等，其差值称角度闭合差。$\alpha'_{终}=\alpha_{CD}$为测得终边方位角，$\alpha_{终}$ 为已知终边方位角。

则角度闭合差 $f_{\beta}=\alpha'_{终}-\alpha_{终}$

或写成 $f_{\beta}=\alpha_{始}+\sum\beta_{测}-n\cdot180°-\alpha_{终}$

本导线

$$f_{\beta}=\alpha'_{终}-\alpha_{终}=49°51'35''-49°52'35''=-60''$$

按图根导线技术要求计算：

允许闭合差 $f_{\beta允}=\pm40\sqrt{6}=\pm98''$

$f_{\beta}<f_{\beta允}$，符合要求。

将闭合差按反符号均分在各观测角中，得出改正角，见表 7-8 中 2、3、4 栏。若测右角时，按与 f_{β} 相同符号改正。用改正后的观测角再依次推算各边方位角，用以计算坐标增量。

3. 坐标增量闭合差的计算

按附合导线的要求，由测量的边长和坐标方位角计算出的终点纵横坐标值应与终点已知坐标值相一致，也就是计算出的坐标增量应等于终点与起点的坐标差，

即

$$\sum\Delta x_{测}=x_{终}-x_{起}$$

$$\sum\Delta y_{测}=y_{终}-y_{起}$$

由于量距和测角均含有误差，因此由各边长和方位角计

附合导线坐标计算表

表 7-8

工程名称　　　　起止：$B\sim C$　　　　计算　　　　时间

点号	观测角（左）(°′″)	改正数 (″)	改正角 (°′″)	方位角 (α) (°′″)	距离 (D) (m)	cosα sinα	计算增量 Δx Δy	计算增量 改正数	改正后增量 Δx (m)	改正后增量 Δy (m)	坐标值 x (m)	坐标值 y (m)	点号
1	2	3	4	5	6	7	8	9	10	11	12	13	14
A													A
				134 11 35									
B	131 20 00	+10	131 20 10								270.50	501.20	B
1	203 10 00	+10	230 10 10	85 31 45	120.31	+0.07795 +0.99696	+9.38 +119.94	−2 +3	+9.36	+119.97	279.86	621.17	1
2	154 30 00	+10	154 30 10	108 41 35	141.26	−0.32060 +0.94722	−45.29 +133.80	−2 +3	−45.31	+133.83	234.55	75500	2
3	210 30 00	+10	210 30 10	83 12 05	98.73	+0.11839 +0.99296	+11.69 +98.03	−2 +2	+11.67	+98.05	246.22	853.05	3
4	135 30 00	+10	135 30 10	113 42 15	160.71	−0.40201 +0.91563	−64.61 +147.15	−2 +3	−64.63	+147.18	181.59	1000.23	4
C	160 40 00	+10	160 40 10	69 12 25	113.47	+0.35499 +0.93487	+40.28 +106.08	−2 +2	+40.26	+106.10	221.85	1106.33	C
D				49 52 35									D
Σ	995 40 00	+60	995 41 00		634.48		−48.55 +605.00	−10 +13	−48.65	+605.13			

续表

点号	观测角（左）(°′″)	改正数(″)	改正角(°′″)	方位角(α)(°′″)	距离(D)(m)	cosα / sinα	计算增量 Δx / Δy	改正数	改正后增量 Δx (m)	改正后增量 Δy (m)	坐标值 x (m)	坐标值 y (m)	点号
1	2	3	4	5	6	7	8	9	10	11	12	13	14
闭合差及精度	$f_\beta=\alpha_{始}+\sum\beta-n\cdot180-\alpha_{终}$ $=134°11'35''+995°40'-6\times180°-49°52'35''$ $=49°51'35''-49°52'35''=-60''$ $f_{\beta允}=\pm40\sqrt{6}=\pm98''$ $f_\beta<f_{\beta允}$					$\sum\Delta x=-48.55$ $\sum\Delta y=+605.00$ $x_C-x_B=-48.65$ $y_C-y_B=+605.13$ $f_x=+0.10$ $f_y=-0.13$ 导线闭合差 $f_D=\sqrt{f_x^2+f_y^2}=\pm0.16$ 相对闭合差 $K=\frac{0.16}{634.48}=\frac{1}{3900}$ 允许闭合差 $K_{允}=\frac{1}{2000}$ $K<K_{允}$							

算出的坐标增量不等于终点与起点坐标差，其差值称坐标增量闭合差

$$f_{\mathrm{x}}=\sum\Delta x_{测}-(x_{终}-x_{起})$$

$$f_{\mathrm{y}}=\sum\Delta y_{测}-(y_{终}-y_{起})$$

导线长度闭合差

本例为：

$$f_{\mathrm{D}}=\sqrt{f_{\mathrm{x}}^2+f_{\mathrm{y}}^2}=\sqrt{0.1^2+0.13^2}=\pm0.16\mathrm{m}$$

全长相对闭合差

$$K=\frac{0.16}{634.48}=\frac{1}{3900}$$

允许闭合差 $K_{允}=\dfrac{1}{2000}$

$$K<K_{允}\quad 符合要求$$

本例中闭合差及坐标计算列入表 7-8 中，不再叙述。

7.2.4 查找导线测量错误的方法

在导线计算过程中，如果发现角度闭合差或导线坐标闭合差大大超过允许值，说明测量外业或内业计算有错误。首先应检查内业计算过程，若无错误，则说明测得的角度或边长有错误。查找方法如下。

1. 查找测角错误的方法

如图 7-13 中，设闭合导线 1 2 3 4 5 多边形的∠4 测错，其错误值为 δ，其他各边、角均未发生错误，则 4 5、5 1 两导线边均绕 4 点旋转一个 δ 角，造成 5、1 点移到 5′、1′位置，

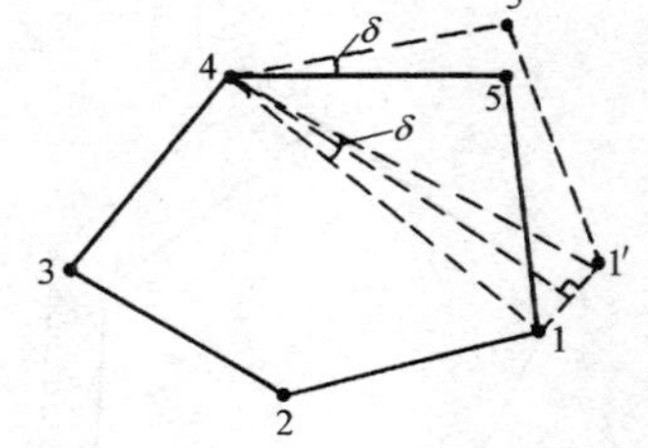

图 7-13 查找闭合导线测角错误

1 1′即为由于 4 点角测错而产生的闭合差。因为 1 4＝1′4，

故△141′为等腰三角形，所以过 1 1′的中点作垂线将通过 4 点。由此可见，闭合导线可按边长和角度，按一定比例尺作图，并在闭合差连线的中点作垂线，如果垂线通过或接近通过某点（如 4 点），则该点角度测错的可能性最大。

图 7-14 为附合导线，先将两个端点按比例和坐标值展在图上，再分别从两端 B 和 C 点开始，按边长和角度绘出两条导线图，分别为 B、1、2…C' 和 C、4……B'，两条导线的交点 3，其角度测错的可能性最大。

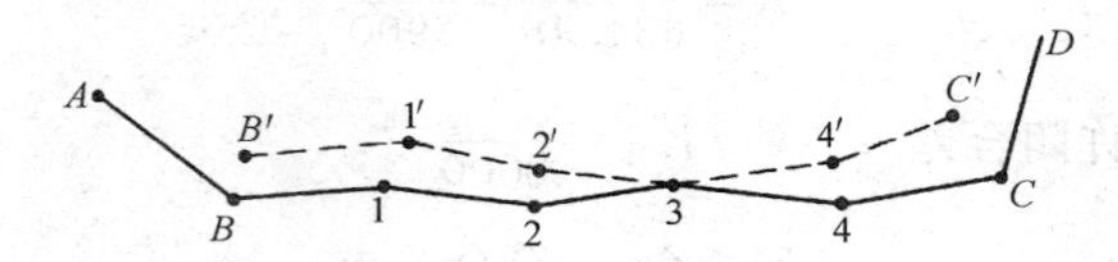

图 7-14 查找附合导线测角错误

如果错误较小，用图解法难以显示角度测错的点时，可从导线两端点开始，分别计算各点坐标；若某点两个坐标值接近，则该点角度测错的可能性最大。

2. 查找量边错误的方法

当角度闭合差在允许范围内，而坐标增量闭合差却大大超限时，说明边长丈量有错误。在图 7-15 中，设闭合导线的 2 3 边量错了，其错误大小为 3 3′。由图中可以看出，闭合差 1 1′的方向与量错的边 2 3 的方向相平行。因此，可用下式计算闭合差 1 1′的坐标方位角：

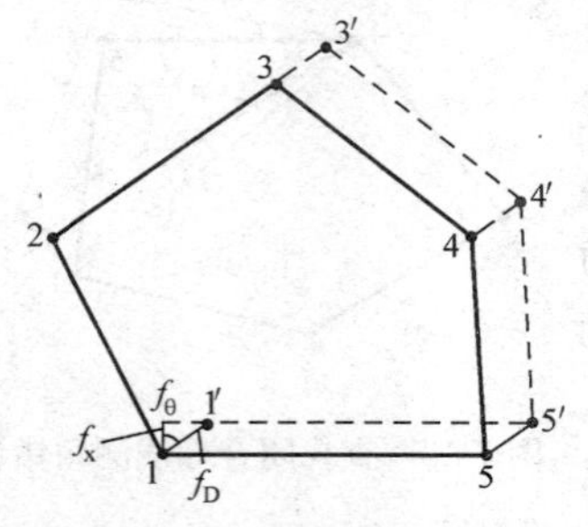

图 7-15 查找闭合导线边长错误

$$\alpha = \text{arctg}\,\frac{f_y}{f_x}$$

如果 α 与某边的坐标方位角很接近，则该边量错的可能性最大。

查找附合导线边长错误的方法和闭合导线的方法基本相同，如图 7-16 所示。

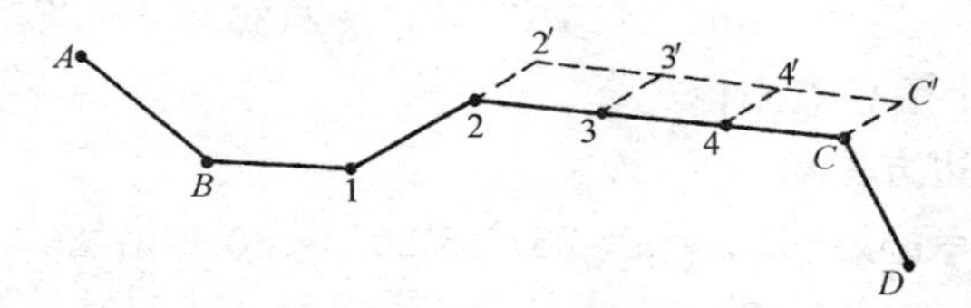

图 7-16　查找附合导线边长错误

7.3　小三角测量的基本知识

7.3.1　交会法测边长和坐标

图 7-17 中，AB 两点为已知，C 点为待测点，测量数据如下，求 AC、CB 边长和 C 点坐标。

$x_A = 270.000$　$\alpha = 57°20'18''$

$y_A = 190.000$　$\beta = 67°07'36''$

$D_{AB} = 106.550$　$\gamma = 55°32'06''$

$\qquad\qquad\qquad\quad 180\ 00\ 00$

$\alpha_{BA} = 287°15'20''$

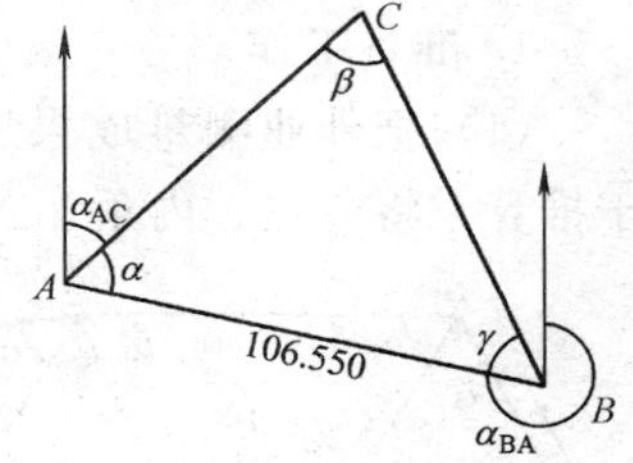

图 7-17　交会法测点

1. 计算边长

正弦定律公式：

$$\text{欲求边长} = \text{已知边长} \cdot \frac{\text{欲求边对应角正弦}}{\text{已知边对应角正弦}}$$

$$\sin\alpha = \sin 57°20'18'' = 0.841869$$

$$\sin\beta = \sin 67°07'36'' = 0.921369$$

$$\sin\gamma = \sin 55°32'06'' = 0.824472$$

$$D_{AC} = D_{AB} \cdot \frac{\sin\gamma}{\sin\beta} = 106.550 \times \frac{0.824472}{0.921369} = 95.344\text{m}$$

$$D_{CB} = D_{AB} \cdot \frac{\sin\alpha}{\sin\beta} = 106.550 \times \frac{0.841869}{0.921369} = 97.356\text{m}$$

2. 计算 C 点坐标

AC 边方位角

$$\alpha_{AC} = \alpha_{BA} + 180° - \alpha = 287°15'20'' + 180° - 57°20'18''$$
$$= 49°55'02''$$

C 点坐标

$$x_C = x_A + D_{AC} \cdot \cos\alpha_{AC} = 270.000 + 95.344 \times 0.643894$$
$$= 331.391\text{m}$$

$$y_C = y_A + D_{AC} \cdot \sin\alpha_{AC} = 190.000 + 95.344 \times 0.765115$$
$$= 262.949\text{m}$$

7.3.2 小三角测量的内业计算

1. 准备工作

(1) 把外业测量成果绘成简图，如图 7-18 所示。为便于推算，将各点、内角、三角形均编号注明。ⅠⅡ……Ⅴ为

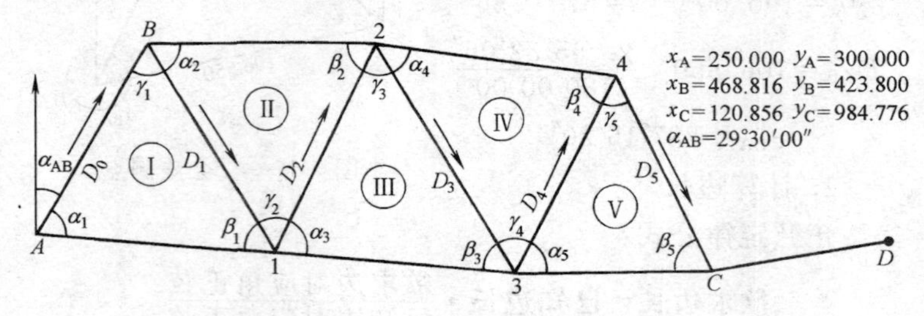

图 7-18 小三角计算简图

三角形编号，一般从左至右排列；D_1、D_2……D_5 称传距边，箭头所指为计算边长和坐标时导线的前进方向；α、β、γ 为三角形内角，已知边对应的角编号为 β，传距边对应的角编号为 α，称传距角，第三角编号为 γ。

（2）三角形测角闭合差调整。每个三角形内角之和应等于 180°，其闭合差

$$f_\beta=(\alpha+\beta+\gamma)-180^\circ$$

每角改正数为：

$$\delta=\frac{f_\beta}{3}$$

经过调整，使每个小三角形内角之和均等于 180°，见表 7-9 中 2、3、4 栏。

小三角测角闭合差调整及边长计算　　　表 7-9

三角形编号	内角观测值 (°′″)		改正数 (″)	改正角 (°′″)	正弦函数	初算边长 (m)	备注
1		2	3	4	5	6	7
Ⅰ	α_1	65 40 09	+7	65 40 16	0.911196	$D_0=251.410$	
	β_1	70 10 05	+7	65 40 12	0.867505		
	γ_1	54 09 25	+7	54 09 32	0.810644	$D_{A1}=223.666$	
	Σ	179 59 39	+21	180 00 00		$D_1=264.072$	
Ⅱ	α_2	63 10 13	−5	63 10 08	0.892341		
	β_2	58 40 19	−5	58 40 14	0.854191		
	γ_2	58 09 43	−5	58 09 38	0.849530	$D_{B2}=251.403$	
	Σ	180 00 15	−15	180 00 00		$D_2=275.866$	
Ⅲ	α_3	70 15 28	−8	70 15 20	0.941209		
	β_3	61 10 24	−8	61 10 16	0.876064		
	γ_3	48 34 32	−8	48 34 24	0.749803	$D_{13}=219.761$	
	Σ	180 00 24	−24	180 00 00		$D_3=296.380$	

续表

三角形编号	内角观测值 (°′″)		改正数 (″)	改正角 (°′″)	正弦函数	初算边长 (m)	备注
1		2	3	4	5	6	7
Ⅳ	α_4	52 17 13	+6	57 17 19	0.791102		
	β_4	71 10 10	+6	71 10 16	0.946487		
	γ_4	56 32 19	+6	56 32 25	0.834274	$D_{24}=312.554$	
	$\sum$	179 59 42	+24	180 00 00		$D_4=247.723$	
Ⅴ	α_5	61 40 12	−7	61 40 05	0.880123	$D_5=244.158$	
	β_5	63 15 47	−7	63 15 40	0.893066		
	γ_5	55 04 22	−7	55 04 15	0.819861	$D_{3C}=230.761$	
	$\sum$	180 00 21	−21	180 00 00		$\sum D=1328.199$	
附记							

2. 边长计算

计算边长的基本公式，即：

$$D_{前}=D_{后}\cdot\frac{\sin\alpha}{\sin\beta}$$

计算顺序是：在①三角形中，D_0 称起始边，经精密丈量长度为已知，D_1 为欲求边长

$$D_1=D_0\cdot\frac{\sin\alpha_1}{\sin\beta_1}$$

在Ⅱ三角形中，D_1 为已知，D_2 为欲求边

$$D_2=D_1\cdot\frac{\sin\alpha_2}{\sin\beta_2}$$

小三角点坐标简便计算 **表 7-10**

点号	传距边长/(m)	方位角(α)(°′″)	cosα / sinα	增量Δx / 增量Δy	初算坐标 x'	初算坐标 y'	改正后坐标 x	改正后坐标 y	点号
1	2	3	4	5	6	7	8	9	10
B	D_0=251.410	$\alpha_{AB}=29°30'00''$			468.816	423.800	468.816	423.800	B
1	D_1=264.072	α_{B1}=155 20 28	−0.908808	−239.989	−10	+20			
			+0.417215	+110.175	228.827	533.975	228.817	533.995	1
2	D_2=275.866	α_{12}=33 30 06	+0.833870	+230.036	−20	+40			
			+0.551961	+152.267	458.863	686.242	458.843	686.282	2
3	D_3=296.380	α_{23}=164 55 42	−0.965677	−286.207	−30	+60			
			+0.259746	+76.984	172.656	763.226	172626	763.286	3
4	D_4=247.723	α_{34}=41 28 07	+0.749126	+185.576	−40	+80			
			+0.662427	+164.098	358.232	927.324	358.192	927.404	4
C	D_5=244.158	α_{4C}=166 23 52	−0.972020	−237.326	−50	+100			
			+0.234897	+57.352	120.906	984.676	120.856	984.776	C
Σ	D=1328.199			−347.910 +560.876	120.856	984.776			

$x_A=250.000$　$x_B=468.816$　$x_C=120.856$　$x'_C=120.906$　$y'_C=984.676$

$y_A=300.000$　$y_B=423.800$　$y_C=984.776$　$\frac{-x_C=120\ 856}{\Sigma=+0.050}$　$\frac{-y_C=984\ 776}{\Sigma=-0.100}$

$\alpha_{AB}=29°30'00''$　最弱边相对误差 $K<\frac{1}{10000}$

以此类推，在ⓝ三角形中

$$D_n = D_{n-1} \cdot \frac{\sin\alpha_n}{\sin\beta_n}$$

计算的边长列于表 7-9 第 5、6 栏。

3. 三角点坐标计算（简便算法）

按图 7-18 所示，可以认为是以 B 点为起点，以 C 点为终点，以传距边为导线的附合导线。因此，可根据传距边和它所对应的方位角，计算出各点坐标增量，见表 7-10。在计算方位角时，$\gamma_1\gamma_3\gamma_5$ 是观测的右角，用右角公式计算；$\gamma_2\gamma_4$ 是观测的左角，应用左角公式计算。若用右角公式则观测角为（$180°-\gamma$）。

$$\alpha_{B1} = 29°30' + 180° - 54°09'32'' = 155°20'28''$$

$$\alpha_{12} = 155°20'28'' + 58°09'38'' - 180° = 33°30'06''$$

$$\alpha_{23} = 33°30'06'' + 180° - 48°34'24'' = 164°55'42''$$

$$\alpha_{34} = 164°55'42'' + 56°32'25'' - 180° = 41°28'07''$$

$$\alpha_{4C} = 41°28'07'' + 180° - 55°04'15'' = 166°23'52''$$

4. 坐标闭合差改正

因观测角虽经改正仍存在误差，所以利用传距边和方位角推算出的终点坐标 x'_C、y'_C与连接点 C 的已知坐标 x_C、y_C 间，仍存在坐标闭合差。闭合差改正数可按相反符号在初算坐标的基础上，用迭加的方法计算，得出改正后的坐标。见表 7-10 中 6、7、8、9 栏。

7.4 高程控制测量

测区高程控制网可用四等水准测量方法一次布置。水准网的绝对高程应从附近高级水准点引测。若采用相对高程应采用闭合路线，以便校核。水准点间的间距不宜大于1km，一个测区至少设 3 个水准点，点位应选在能长期保存的地方。水准测量的技术要求见表 7-2，水准观测技术要求见表 7-11。

表 7-11

等级	水准仪型号	视线长度不大于(m)	前后视距差不大于(m)	前后视距累计差不大于(m)	视线离地面最低高度(m)	基本分划、辅助分划(黑红面)读数差(mm)	基本分划、辅助分划(黑红面)所测高差之差(mm)
三	S_1	65	3	6	0.3	1.0	1.5
	S_3					2.0	3.0
四	S_3	80	5	10	0.2	3.0	5.0
图根	S_3	100					

注：1. 当成像清晰、稳定时，视线长度可按表中规定放长 20%；
2. 当进行三、四等水准测量，采用单面标尺变动仪器高度时，所测两高差之差，应与黑红面所测高差之差的要求相同。

三、四等水准测量可采用双面尺法或变仪高法施测。

7.4.1 双面尺法

双面尺法即是用板尺的黑面和红面观测两次，读取两组读数，取平均值作为两点高差。观测中应注意以下几点。

（1）操作中应遵守表 7-3 和表 7-11 及其注解中的有关规定。

（2）第一次观测应用黑尺面，第二次用红尺面。其顺序可用后→前，前→后或后→后，前→前的方法。

（3）使用尺常数不等的双面尺时，宜将 $K_1=4.787$ 的尺用于后视，$K_2=4.687$ 的尺用于前视。每测站均如此。

（4）尺常数 $K_1-K_2=0.100$m 有个常数差，计算平均高差时，应在红尺面所得高差中减去尺常数差 0.100m，作为红尺面所测高差。或者以黑尺面所测高差为基本高差，以防尺常数差在计算中用错。

（5）观测多采用读上、中、下丝的三丝读法，中丝测高差，上下丝测视距。

四等水准测量观测记录和计算程序见表 7-12。

表中计算程序是（每一测站）：

（1）第一次用黑尺面观测得一组读数，得一组高差。

（2）第二次用红尺面观测得另一组读数，得一组高差。

（3）将同一点两尺面的读数相比较（即：$d=K+$黑一红），检验两次读数差是否超限（规范规定为 3mm）。

（4）将两次所测高差相比较，检验一测站所测高差之差是否超限（规范规定为 5mm）。

（5）如果上两项均不超限，取两组高差的平均值作为测量成果。

（6）检验视距差，规范规定每测站前后视距差不大于 5m，累计前后视距差不大于 10m。

7.4.2 变仪高法

四等水准测量中，可使用单面水准尺，用变动仪器高的方法测两组读数，得两组高差作为校核。取平均值作为测量成果。每一测站仪器变动高度应大于 0.10m，两次测得的高差之差不超过 5mm。

变仪高法观测记录见表 7-13。计算程序与双面尺法基本相同。

7.4.3 三角高程测量

1. 已知两点间距离测高程

四等水准观测记录（双面尺法）

表 7-12

工程名称

测站号	点位	后视 一次 / 二次 / K_1+黑−红	前视 一次 / 二次 / K_2+黑−红	高差 / 高差 / 高差之差	平均高差 +	平均高差 −	高程（m）	后视距（m） / 视距差 d	前视距（m） / Σd	备注
1	BM～1	1.345	0.893	+0.452	0.453		78.436 / 78.889	57.2	56.4	尺常数
		6.133	5.579	+0.554						K_1=4.787 用于后视
		−1	+1	−2				+0.8	+0.8	K_2=4.687 用于前视
2	1～2	1.021	1.784	−0.763		0.763	78.126	61.1	63.2	
		5.809	6.472	−0.663						
		−1	−1	0				−2.1	−1.3	
3	2～3	1.254	0.774	+0.480	0.480		78.606	47.3	46.9	
		6.042	5.462	+0.580						
		−1	−1	0				+0.4	−0.9	
4	3～4	2.121	1.452	+0.669	0.688		79.274	52.2	51.7	
		6.907	6.140	+0.767						
		+1	−1	+2				+0.5	−0.4	
…	…	…	…	…	…		…	…	…	
		…	…	…						
		…	…	…				…	…	

表 7-13

四等水准测量观测记录（变仪高法）

工程名称

测站号	点位	后视读数 一次/二次	前视读数 一次/二次	高差	一测站高差之差	平均高差 +	平均高差 −	高程 (m)	后视距/视距差 d	前视距/$\sum d$	备注
1	BM～1	1.264	1.917	−0.653	2		0.654	52.171	39.2	38.1	
		1.392	2.047	−0.655				51.517	+1.1	+1.1	
2	1～2	1.125	0.784	+0.341	2	0.340			45.6	46.2	
		1.304	0.965	+0.339				51.857	−0.6	+0.5	
3	2～3	1.221	1.107	+0.114	0	0.114			52.4	51.7	
		1.405	1.291	+0.114				51.971	+0.7	+1.2	
4	3～4	1.533	0.488	+1.065	2	1.064			40.7	41.7	
		1.701	0.638	+1.063				53.035	−1.0	+0.2	
5	4～5	1.125	1.724	−0.559	2		0.558		49.7	48.0	
		1.257	1.814	−0.557				52.477	+1.7	+1.9	

图 7-19 欲测 AB 两点间高差，在 A 点安置经纬仪，在 B 点立标杆。量仪高（望远镜旋转中心至 A 点地面高）为 i，标杆高度为 h_1；用望远镜照准标杆顶部，测得倾斜视线 l 与水平线的夹角 α。若 AB 两点间的水平距离为已知则：

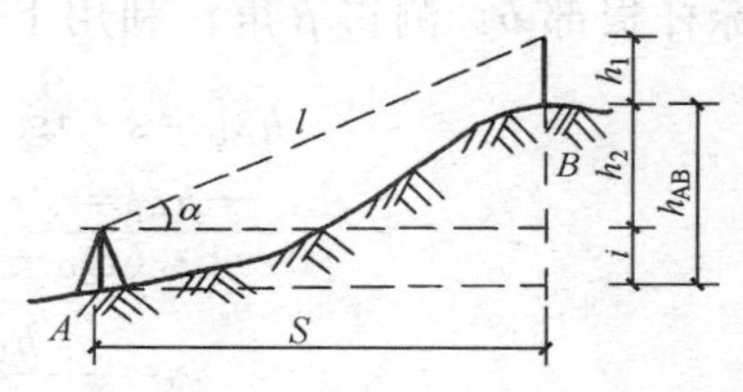

图 7-19　三角高程测量

$$h_{AB}=s \cdot \mathrm{tg}\alpha-h_1+i$$

B 点的高程

$$H_B=H_A+h_{AB}=H_A+s \cdot \mathrm{tg}\alpha-h_1+i$$

测量时将望远镜中丝读数相当于仪器高，即

$$h_1=i$$

则计算式为　$H_B=H_A+h_{AB}=H_A+s \cdot \mathrm{tg}\alpha$

当 α 为仰角取正值，相应的 $s \cdot \mathrm{tg}\alpha$ 为正。若 α 为俯角，相应的 $s \cdot \mathrm{tg}\alpha$ 为负值。

2. 双角测高程

图 7-20 若 AB 两点间水平距离为未知（无法量距）可利用下面方法求得 AB 两点间的高差和距离。

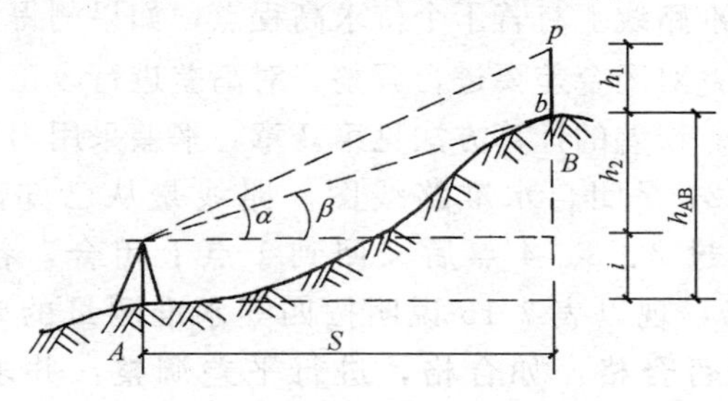

图 7-20　双角法测高程

仪器安置 A 点，先照准标杆顶 p，测得 α 角，再照准标杆根部 b，测得 β 角，利用下式计算：

$$h_{AB}=s\cdot tg\alpha+i-h_1$$

$$-h_{AB}=s\cdot tg\beta+i$$

$$0=s\cdot(tg\alpha-tg\beta)-h_1$$

$$s=\frac{h_1}{tg\alpha-tg\beta}$$

式中 h_1 和 i 为已知，$tg\alpha$ 和 $tg\beta$ 两函数也为已知，代入上式便可计算出水平距离和高差 h_{AB}。

三角高程测量一般为单向观测，视线较长时要考虑大地曲率和大气折光对高差的影响，通常按公式 $f=0.43\times s^2/6371$，换算成球气两差修正数，改正数 f 见表 7-14。

球气两差改正数　　表 7-14

s(m)	100	200	300	400	500	600	700	800	900	1000
f(cm)	0.1	0.3	0.6	1.1	1.7	2.5	3.3	4.4	5.5	6.8

7.4.4　高差平差计算

在水准路线上有若干个待求高程点，如果测得误差在允许范围内，对闭合差要进行调整，对高差进行改正，使闭合差等于零。误差的计算方法见第 3 章，平差采用内分配法。

图 7-21 是闭合水准路线图。路线是从已知高程点 1 出发，经过 2、3、4 点后又回到 1 点上闭合，各点高差见表 7-15，现以表 7-15 说明按四等水准测量的要求，计算精度是否合格。如合格，进行平差调整，并求出各点高程。

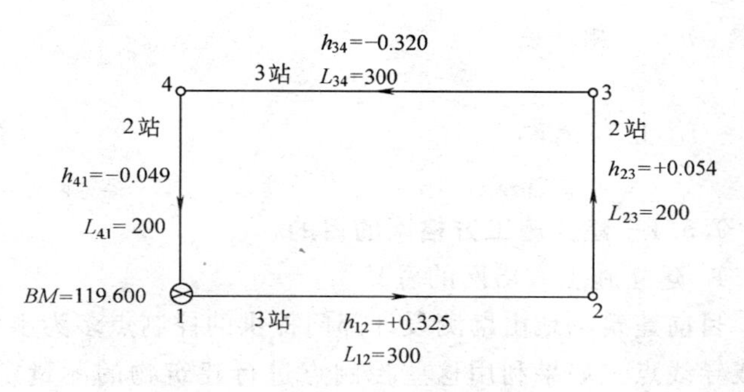

图 7-21　水准测量示意图

水准测量平差计算　　　　表 7-15

编号	点名	距离(km)	测站数	实测高差(m)	改正数(m)	改正后高差(m)	高程(m)	备注
	1						119.600	
1	2	0.3	3	+0.325	−0.003	+0.322	119.922	
2	3	0.2	2	+0.054	−0.002	+0.052	119.974	
3	4	0.3	3	−0.320	−0.003	−0.323	119.651	
4	1	0.2	2	−0.049	−0.002	−0.051	119.600	
5								
Σ		1.0	10	+0.010	−0.010	0.000		

允许误差　$f_{h允}=\pm 20\sqrt{L}=\pm 20\sqrt{1}=\pm 20\text{mm}$

闭合差　$f_{n测}=10\text{mm}<20\text{mm}$ 精度合格。

闭合差平差调整计算，在观测路线上，假定观测条件是相同的，也就是认为各测站产生的误差是相等的，故对闭合差按测站数成正比例反符号分配。

$$每站改正数=\frac{f_{h允}}{\sum_n}=\frac{10}{10}=1\text{mm/站}$$

式中　n——测站数。

7.5　施工方格网

7.5.1　建立施工方格网的目的

1. 建立施工方格网的意义

目前建筑场地由勘测设计部门提供的控制点多为小三角点或导线点，如果利用这些控制点进行建筑物的测量定位，需进行大量的计算工作，且点位往往较少，不仅工作不便，也不易保证建筑物的定位精度。为便于施工测量，一般都在原有控制点的基础上，另建立施工方格网，让格网各点间的连线与建筑物的轴线相平行。这样即可采用直角坐标法进行定位测量，既方便又容易保证定位精度。这种作法称先整体布网、后局部测量，可减少测量过程的累计误差。由于施工方格网是按建筑物轴线方向互相垂直布置的，所以呈方形或矩形网状，故称方格网，也叫建筑方格网。

2. 布网形式及技术指标

布网形式如图 7-22。如果场地范围较小，或是狭长地带，或建筑物平面布置较简单，不强调都布成格网形式，可

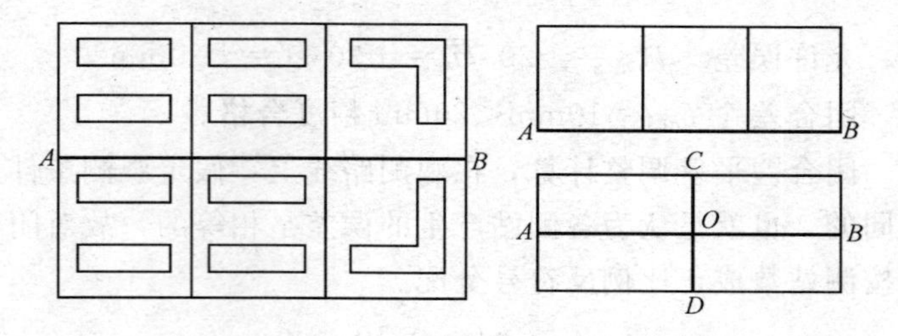

图 7-22　方格网布网形式

布成如图 7-23 的形状，这种不闭合的控制网称轴线网。方格网的精度要求见表 7-16。

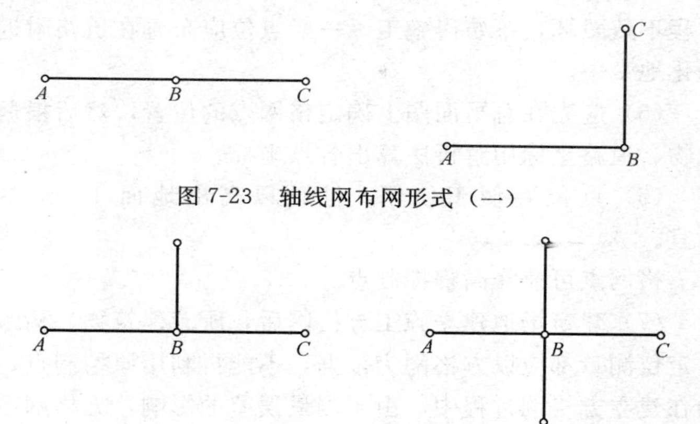

图 7-23　轴线网布网形式（一）

图 7-23　轴线网布网形式（二）

方格网的精度要求　　**表 7-16**

企业类别	边长精度	直角误差
大型企业	1∶50000	5″
中型企业	1∶25000	10″
小型企业	1∶10000	15″

表中大致规定了直角误差的要求，但该项误差应与边长精度相适应，因而要根据方格网的边长灵活掌握。

3. 施工方格网的布网原则

（1）方格网的布设形式应根据建筑总平面图各建筑物、构筑物及各种管线的布置情况参照施工总平面图来确定。方格网或轴线网要能控制整个建筑区。

（2）施工方格网的轴线应与主要建筑物的轴线相平行。并使格网点接近测设对象，以便利用格网点直接施测。

（3）方格网的边长（相邻点的距离）一般为 100～

200m，且为10m或1m的整数倍。

(4) 网点之间应保持通视良好，桩位能长期保存，施工过程不致毁坏，不妨碍施工。一般点位应布置在道路附近或绿化地带中。

(5) 应先在总平面图上确定格网点的位置，然后根据建筑物、道路坐标用解析法算出各点坐标。

(6) 点位要便于使用，桩顶以高出地面10cm左右为宜。

格网点可兼作高程控制点。

(7) 建筑场地建立施工方格网后，所有建筑物、构筑物的定位测量都应以方格网为依据，不能再利用原控制点，因为在建立方格网过程中，由于测量误差的影响，方格网系统与原控制网系统可能产生平面位移或旋转，如果再利用原控制点进行施工放线，会给建筑物尺寸间造成矛盾。

4. 方格网的测设程序及要求

(1) 对现场进行实地考察，编制施测方案。

(2) 使用的经纬仪不低于J_6级，角度测量采用正倒镜测回法，边长采用精密方法丈量。

(3) 方格网的基线（即主轴线）应选在场区中部或建筑物定位要求精度较高的地方，并且应是矩形网的长轴。建网过程中应先测设出方格网的基线，经方向、长度改正后，再以基线为基础来扩大方格网。

(4) 方格网的精度应符合表7-16的要求，且不低于建筑物定位的精度要求。有的厂房面积较大，结构复杂，或自动化连续生产，因而对施工放线的精度要求较高，厂房矩形控制网的边长精度要求达到1∶25000～1∶50000，而厂房控制网又是根据施工方格网来测设的，因此方格网的精度不应低于厂房控制网的精度，否则难以起到控制作用。

7.5.2 方格网的测设方法

1. 主轴线交点法

如图 7-24MN 为场地两控制点，欲建立以 AB、CD 为主轴线的施工方格网。测设步骤如下：

(1) 在施工总平面图上布设方格网，计算出各点坐标(应注意控制点坐标与方格网的坐标必须是同一坐标系——建筑坐标，这里暂用 x、y 表示)。如图 7-24 中设：

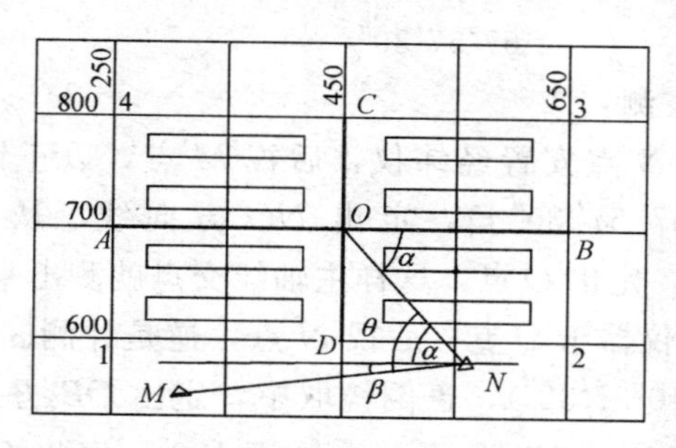

图 7-24 主轴线交点法测方格网

$x_M=533.200$ $y_M=275.420$

$x_N=574.830$ $y_N=556.750$

$x_0=700.000$ $y_0=450.000$

$x_a=700.000$ $y_a=250.000$

$x_b=700.000$ $y_b=650.000$

$x_c=800.000$ $y_c=450.000$

$x_d=600.000$ $y_d=450.000$

(2) 数据计算：确定以 N 点为极角

$$\alpha=\text{arctg}\,\frac{\Delta x_{NO}}{\Delta y_{NO}}=\text{arctg}\,\frac{700.00-574.830}{450.000-556.750}$$

$$=\mathrm{arctg}1.172553=49°32'28''$$

$$s_{NO}=\sqrt{\Delta x_{NO}^2+\Delta y_{NO}^2}$$

$$=\sqrt{(700.000-574.830)^2+(450.000-556.750)^2}$$

$$=164.509\mathrm{m}$$

$$\beta=\mathrm{arctg}\frac{\Delta x_{NM}}{\Delta y_{NM}}=\mathrm{arctg}\frac{533.200-574.830}{275420-556.750}$$

$$=\mathrm{arctg}0.147976=8°25'2''$$

$$\theta=\alpha+\beta=49°32'28''+8°25'2''$$

$$=57°57'30''$$

（3）实测：

1）在 N 点安置经纬仪，后视 M 点，以正镜倒镜顺时针测 $\theta=57°57'30''$ 角，定出 NO 方向线，从 N 点起量 164.509m，定出 O 点，这样主轴线交点就测出来了。

2）移仪器于 O 点，后视 N 点，逆是针测 $\alpha=49°32'28''$（顺时针 310°27′32″），正倒镜取中，定出 OB 方向线，从 O 点起量 200m，定出 B 点，正倒镜 180°，定出 OA 方向线，从 O 点起量 200m 定出 A 点，这样方格网的基线即测完。

3）仪器于 O 点不动，转 90°，定出 OC 方向，从 O 点量 100m，定出 C 点。再倒镜 180°，定出 OD 方向，从 O 点量 100m，定出 D 点。纵横两条主轴线测设完毕，纵横轴线直角误差不应超过 5″。

4）分别将仪器置于 A、B、C、D 各点，用测直角的方法定出 1、2、3、4 各角点，并进行归化调整，各边长和直角误差应符合表 7-16 规定。

这种测设方法的关键环节，一是 O 点要准，二是 α 角要准。因为这两项的误差直接影响全方格网的平面位置和方向。方格网与原坐标系之间出现误差是允许的（不能是错误），但不要超限。下一步建筑物的定位测量是以方格网为基础，方格网与原坐标系的位移属于整体位移，对建筑物间的相对关系没有影响。

方格网上的格网线交点是建筑物定位测量的控制点，桩位要设置牢固，并编上号，把测量成果数据写成表格，以备下一步使用。

2. 轴线法

如图 7-25，MN 是场地两控制点，欲建立以 AB 轴为基线的施工方格网，测设步骤如下。

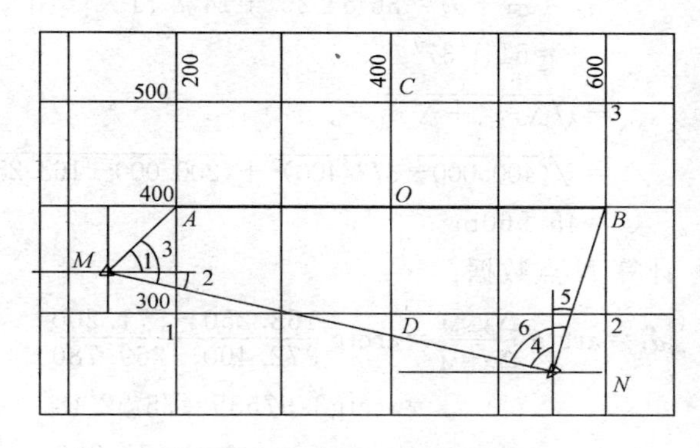

图 7-25　轴线法测方格网

（1）布设方格网，计算各点坐标。设：

$x_M = 372.400$　　$y_M = 163.250$

$x_N = 269.780$　　$y_N = 571.200$

$x_a = 400.000$　　$y_a = 200.000$

$x_b = 400.000$　　$y_b = 600.000$

$x_O = 400.000$　　$y_O = 400.000$

$x_c = 500.000$　　$y_c = 400.000$

$x_d = 300.000$　　$y_d = 400.000$

(2) 数据计算：确定以 MN 为极角，分别测设 AB 两点。

1）计算 M 点数据：

$$\alpha_1 = \text{arctg}\frac{\Delta x_{\text{Ma}}}{\Delta y_{\text{Ma}}} = \text{arctg}\frac{400.000-372.400}{200.000-163.250}$$

$$= \text{arctg}0.75102 = 36°54'26''$$

$$\alpha_2 = \text{arctg}\frac{\Delta x_{\text{MN}}}{\Delta y_{\text{MN}}} = \text{arctg}\frac{269.780-372.400}{571.200-163.250}$$

$$= \text{arctg}0.25155 = 14°7'11''$$

$$\alpha_3 = \alpha_1 + \alpha_2 = 36°54'26'' + 14°7'11''$$

$$= 51°1'37''$$

$$s_{\text{Ma}} = \sqrt{\Delta x_{\text{Ma}}^2 + \Delta y_{\text{Ma}}^2}$$

$$= \sqrt{(400.000-372.400)^2 + (200.000-163.250)^2}$$

$$= 45.960\text{m}$$

2）计算 N 点数据：

$$\alpha_4 = \text{arctg}\frac{\Delta y_{\text{NM}}}{\Delta x_{\text{NM}}} = \text{arctg}\frac{163.250-571.200}{372.400-269.780}$$

$$= \text{arctg}3.97535 = 75°52'48''$$

$$\alpha_5 = \text{arctg}\frac{\Delta y_{\text{Nb}}}{\Delta x_{\text{Nb}}} = \text{arctg}\frac{600.000-571.200}{400.000-269.780}$$

$$= \text{arctg}0.22116 = 12°28'15''$$

$$\alpha_6 = \alpha_4 + \alpha_5 = 75°52'48'' + 12°28'15''$$

$$= 88°21'3''$$

$$s_{\text{Nb}} = \sqrt{\Delta x_{\text{Nb}}^2 + \Delta y_{\text{Nb}}^2}$$

$$= \sqrt{(400.000-269.780)^2 + (600.000-571.200)^2}$$

$$= 133.367\text{m}$$

(3) 施测：

1）将仪器置于 M 点，后视 N 点，逆时针测 $51°1'37''$，定出 MA 方向，从 M 点量 45.960m，定出 A 点。

2）将仪器置于 N 点，后视 M 点，顺时针测 $88°21'3''$，定出 NB 方向，从 N 点量 133.367m，定出 B 点，这样一条横轴基线就测出来了。

3）由于控制点的误差和测设过程的误差 AB 线段不一定正是要求的设计长度，需进行长度改正。改正的方法是：认定 A 或 B 其中一点是正确的，从这一点开始丈量出设计长度，修正另一点的位置。改后位置设计坐标值不变。

4）从 A 点或 B 点量 200m，定出主轴线交点 O 的位置。将仪器置于 O 点，以 AB 轴为基线，用测 90°角的方法定出 CD 点，方法同前。

3. 控制点标桩的设置

（1）标桩形式：控制点一般应采用永久性标桩。标桩形式如图 7-26 所示。图 7-26（a）为三角点或导线点的标桩形

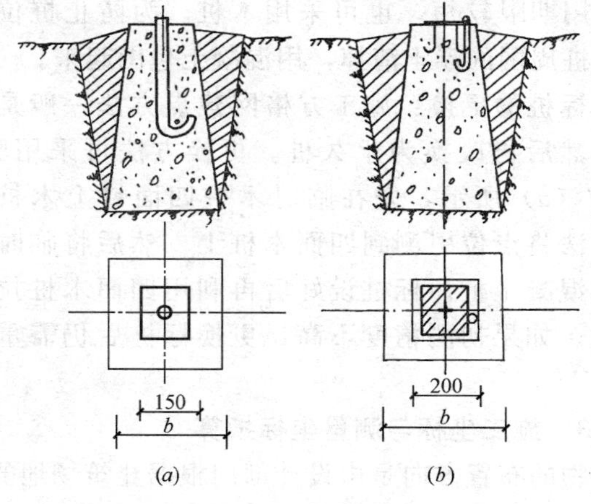

图 7-26　控制桩形式

式。这种点的建点过程是先建点，后测量点的坐标数值，所以埋1根直径30mm的钢筋就行了。钢筋上端磨平后刻画十字线作为点的标志。钢筋顶面兼做高程点。

图7-26（*b*）是施工方格网、轴线网、厂房矩形控制网控制点的标桩形式。由于这些点建点过程中必须进行点位的归化和调整，因此在桩顶面安放一块10cm×10cm的钢板，作为调整余地。钢板下面焊有锚固筋，埋放在混凝土中。待测设好点位后，在标板上刻画十字线，该十字线的交点是点的精确位置。在标板旁边预埋一钢筋，将其顶端磨平，作为高程控制点。

设置永久性标桩应考虑在施工过程中能长期保存，不致发生下沉、冻胀和位移。埋置深度不应小于0.5m，冻土地区埋深不得浅于冻土线以下0.5m，并且要将桩周围的原土挖掉，填以松散材料，以防冻切力将标桩抬高，桩顶以高于地面10cm左右为宜。桩的四周钉木桩拉铁丝加以保护。如果标桩使用期限较短，也可采用木桩。为防止桩位发生变动，可将桩周围的浮土清掉，用混凝土包围起来。

（2）标桩的更换：施工方格网建点方法一般是先钉临时木桩，然后再改换为永久桩。更换方法可采用骑马桩。如图7-27（*a*）所示，先在临时木桩四面钉上木桩，用拉小线的方法将点位引测到四面木桩上。然后将临时木桩挖掉，换成混凝土桩。标桩设好后再利用四面木桩拉小线来恢复点位。如果初测精度不高，更换标桩后仍需重新精测点位。

7.5.3 施工坐标与测量坐标换算

建筑物的布置方向是由设计部门根据建筑场地的地形条件和建筑物本身的构造要求而确定的。因此，建筑物的轴线

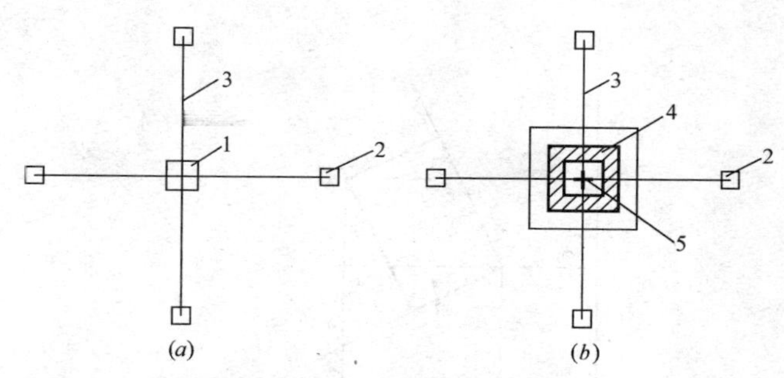

图 7-27　控制桩的更换方法

1—临时木桩；2—引桩；3—小线；
4—更换后的混凝土桩；5—恢复后的点位

方向与测量坐标轴的方向往往并不平行。为了设计和施工测量方便，设计者按主要建筑物的轴线方向另建立一个独立坐标系，使坐标轴与建筑物轴线相平行，称施工坐标系（也叫建筑坐标），其纵轴用 A 表示，横轴用 B 表示。

施工坐标系与测量坐标系之间存在一个旋转角（有的还平移），为便于施工测量，要把测量坐标换算成施工坐标，统一以施工坐标的形式进行计算。

1. 坐标换算公式

(1) 施工坐标系相对于测量坐标系顺时针旋转，并产生平移时（见图 7-28），坐标换算公式为：

$$A=(x-x_0)\cdot\cos\alpha+(y-y_0)\cdot\sin\alpha$$

$$B=-(x-x_0)\cdot\sin\alpha+(y-y_0)\cdot\cos\alpha$$

式中　A、B——施工坐标；

x、y——测量坐标；

x_0、y_0——施工坐标系的原点在测量坐标系中的坐标，计算式为：$x_0=x-A\cdot\cos\alpha+B\cdot\sin\alpha$

$$y_0=y-A\cdot\sin\alpha-B\cos\alpha$$

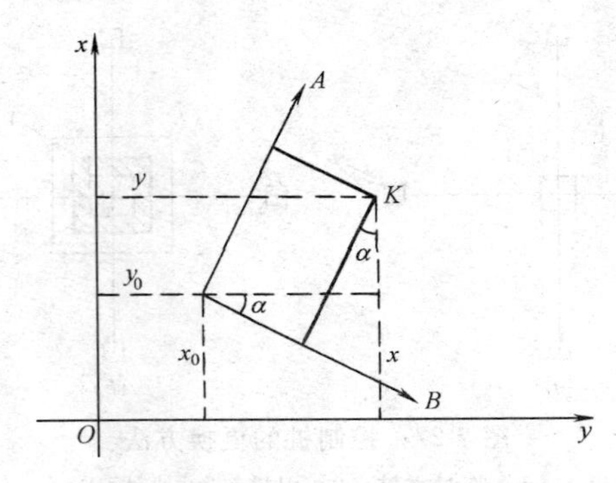

图 7-28 施工坐标顺时针旋转

其中 A、B、x、y 为同一点的施工坐标和测量坐标。

如果两坐标系采用同一原点

则：

$$x_0 = A_0 = 0$$

$$y_0 = B_0 = 0$$

α——施工坐标轴相对于测量坐标轴产生的旋转角，计算式为：

$$\sin\alpha = \frac{\Delta x}{\sqrt{\Delta x^2 + \Delta y^2}}$$

$$\cos\alpha = \frac{\Delta y}{\sqrt{\Delta x^2 + \Delta y^2}}$$

Δx、Δy——与施工坐标横轴平行的建筑物两端点的测量坐标差。

(2) 施工坐标系相对于测量坐标系逆时针旋转，并产生平移时（见图 7-29)，坐标换算公式为：

$$A = (x - x_0) \cdot \cos\alpha - (y - y_0) \cdot \sin\alpha$$

$$B = (x - x_0) \cdot \sin\alpha + (y - y_0) \cdot \cos\alpha$$

式中各符号的意义同前，此时 x_0、y_0 的计算式为：

$x_0 = x - A \cdot \cos\alpha - B \cdot \sin\alpha$

$y_0 = y + A \cdot \sin\alpha - B \cdot \cos\alpha$

2. 方格网测设实例

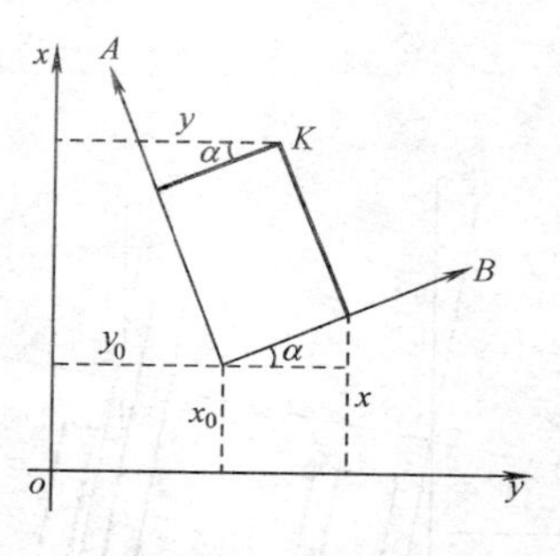

图 7-29 施工坐标逆时针旋转

图 7-30 是某场区总平面图，从图中可看出建筑物的轴线与测量坐标轴不平行。为便于建筑物的定位测量，拟建立与建筑物轴线相平行的方格网，作为施工控制网。图中有 3 个测量坐标控制点，其中 K_7、K_8 给出了坐标值，建筑物①号楼的 M、N 两个特征点既给出了测量坐标又给出了施工坐标，这是设计部门给出的坐标换算的必要数据（如果设计部门未给出施工坐标，施工单位可自行确定，只要 M、N 两点的施工纵坐标定为相等即满足条件，M 点的横坐标在图上估量即可）。

测设步骤如下：

（1）数据计算

数据整理，已知数据见表 7-17。

测设数据表　　　　表 7-17

点　名	测量坐标		施工坐标	
	x	y	A	B
K_7	770	530	(352.637)	(178.717)
K_8	625	830	(141.610)	(436.577)
M	660	640	220	260
N	679.843	722.651	220	345

注：括弧内数字是换算后填入的。单位：m。

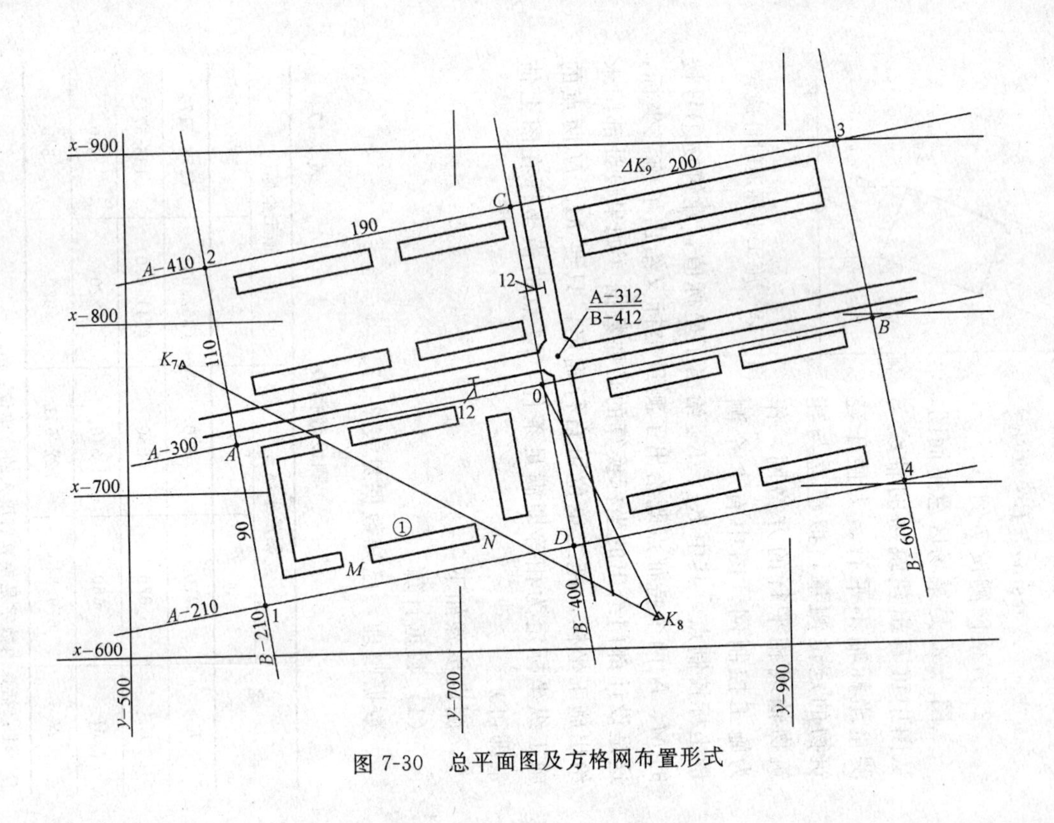

图 7-30　总平面图及方格网布置形式

计算旋转角，根据 M、N 点间的测量坐标差，计算施工坐标横轴与测量坐标横轴的夹角。

$$\sin\alpha=\frac{\Delta x}{\sqrt{\Delta x^2+\Delta y^2}}=\frac{679.843-660}{\sqrt{(679.843-660)^2+(722.651-640)^2}}$$
$$=0.233447$$

$$\cos\alpha=\frac{\Delta y}{\sqrt{\Delta x^2+\Delta y^2}}=\frac{722.651-640}{\sqrt{(679.843-660)^2+(722.651-640)^2}}$$
$$=0.972365$$

坐标换算过程只用 $\sin\alpha$ 和 $\cos\alpha$，可不计算 α 角值。

计算施工坐标原点的测量坐标，因为施工坐标相对于测量坐标为逆转，所以计算公式为：

$$x_0=x-A\cdot\cos\alpha-B\cdot\sin\alpha$$
$$y_0=y+A\cdot\sin\alpha-B\cdot\cos\alpha$$

将 M 点的已知 x、y、A、B 代入式中：

$$x_0=660-220\times0.972365-260\times0.233447=385.384\text{m}$$
$$y_0=640+220\times0.233447-260\times0.972365=438.543\text{m}$$

控制点测量坐标换算成施工坐标，图中是逆转公式为：

$$A=(x-x_0)\cdot\cos\alpha-(y-y_0)\cdot\sin\alpha$$
$$B=(x-x_0)\cdot\sin\alpha+(y-y_0)\cdot\cos\alpha$$

K_7 点施工坐标

$$A_7=(770-385.384)\times0.972365-(530-438.543)\times0.233447$$
$$=352.637\text{m}$$

$$B_7=(770-385.384)\times0.233447+(530-438.543)\times0.972365$$
$$=178.717\text{m}$$

K_8 点施工坐标

$$A_8 = (625-385.384)\times 0.972365-(830-438.543)\times 0.233447 = 141.610\text{m}$$

$$B_8 = (625-385.384)\times 0.233447+(830-438.543)\times 0.972365 = 436.577\text{m}$$

校核换算成果，验算 K_7、K_8 两点换算成施工坐标后距离是否与原距离相等。

测量坐标

$$D=\sqrt{\Delta x^2+\Delta y^2}=\sqrt{(770-625)^2+(830-530)^2} = 333.204\text{m}$$

施工坐标

$$D'=\sqrt{\Delta A^2+\Delta B^2} = \sqrt{(352.637-141.610)^2+(178.717-436.577)^2} = 333.203\text{m}$$

两点间的距离换算前和换算后相等，说明换算无误，将换算成果填入表 7-17 中。

将控制点换算成施工坐标后，在以后的各项计算中统一采用施工坐标，施工测量中不再使用测量坐标。

（2）布设方格网

根据场区建筑物、道路布置的实际情况，拟定布设矩形网，主轴线选在距道路中心 12m 的绿化带（见图 7-30），主轴线的交点坐标为：$A=300$m，$B=400$m，格网点之间距离为 10m 的整数倍。

按拟定格网形式绘成简图，并确定各点间距离。

（3）确定施测方案

采用主轴线交点法测设 0 点，确定以 K_8 点为极角，计算观测角及距离，见图 7-31。

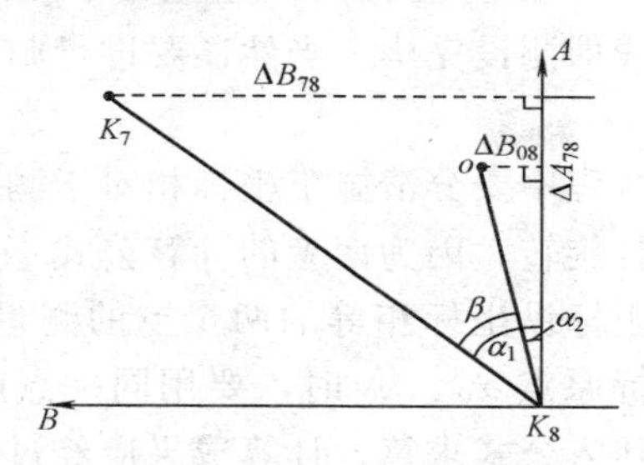

图 7-31　求观测角及距离

$$\alpha_1 = \text{arctg}\frac{\Delta B_{78}}{\Delta A_{78}} = \text{arctg}\frac{178.717-436.577}{352.637-141.610}$$

$$= \text{arctg}1.221929$$

$$= 50°42'14''$$

$$\alpha_2 = \text{arctg}\frac{\Delta B_{08}}{\Delta A_{08}} = \text{arctg}\frac{400-436.577}{300-141.610} = \text{arctg}0.230930$$

$$= 13°00'12''$$

$$\beta = \alpha_1 - \alpha_2 = 50°42'14'' - 13°0'12'' = 37°42'02''$$

计算 0 点至 K_8 点的距离

$$D_{08} = \sqrt{\Delta A^2 + \Delta B^2} = \sqrt{(300-141.610)^2 + (400-436.577)^2}$$

$$= 162.558\text{m}$$

（4）施测

置仪器于 K_8 后，后视 K_7 点，顺时针测 37°42′02″，在前视方向线上，自 K_8 量取 162.558m，定出 0 点。移仪器于 0 点，后视 K_8 点，逆时针测 76°59′48″（$90-\alpha_2$）或顺时针测 283°0′12″，在前视方向线上量取 200m，定出 B 点。仪器不动，倒镜 180°，在前视方向线上量取 190m，定出 A

点。再顺时针测 90°，在前视方向线上量取 110m，定出 C 点。再倒镜 180°，在前视方向线上量取 90m，定出 D 点。方格网的主轴线即测设完毕。当然还要进行归化改正，以满足精度要求。

坐标换算过程中要分清施工坐标相对于测量坐标是顺针旋转，还是逆针旋转，因为两者的计算公式不同。计算旋转角时要用施工坐标纵坐标相等的两个点的测量坐标差求算。在计算施工坐标原点 x_0、y_0 时，要用同一点的施工坐标和测量坐标一并代入公式求算。计算成果应经过校核。

8 建筑物的定位测量

8.1 施测前的准备工作

8.1.1 认真熟悉图纸

（1）施测前应熟悉首层建筑平面图、基础平面图、有关大样图、总平面图及与定位测量有关的技术资料。了解建筑物的平面布置情况，如有几道轴线，建筑物长、宽，结构特点；核对各部位尺寸；了解建筑物的建筑坐标、设计高程、在总平面图上的位置和建筑物周围环境。

（2）确定定位轴线。平面图有三种尺寸线，即外轮廓

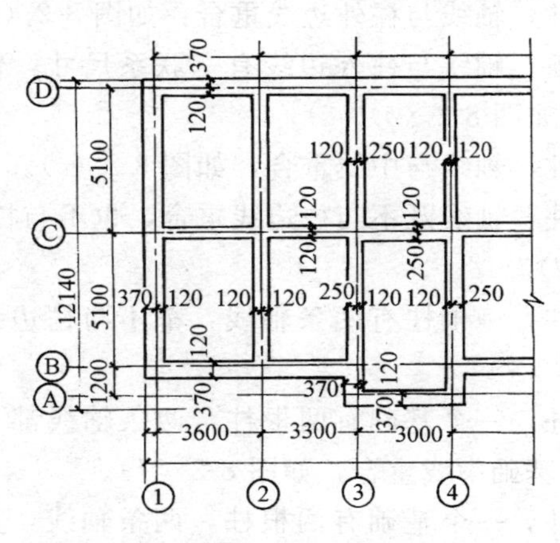

图 8-1 轴线与墙体关系（单位 mm）

线、轴线、墙中心线。总平面图上给定建筑物所在平面位置用坐标表示时，给出的坐标都是外墙角坐标值（构筑物有的给出轴线交点坐标）。用距离表示时，所标距离都是外墙边线至某边界的距离。

为便于施工放线，民用建筑和工业厂房均以轴线作为定位轴线，并以外墙轴线作为主轴线。民用建筑中轴线与墙体的关系如图 8-1 所示。

工业厂房的轴线与柱子之间的关系有以下几种。如图 8-2 中，*A* 为插入距。当厂房纵向跨间采用双柱处理或在纵横跨相接处，根据构造的要求，两轴线间有个距离，叫插入距。*B* 为墙厚，*C* 为伸缩缝宽度，*D* 为联系尺寸。当吊车吨位大于 30t 时，由于结构构造的要求，轴线到柱子边线要增设联系尺寸。根据吊车吨位和柱距的不同，可采用 150mm，250mm，500mm 几种联系尺寸。

纵向轴线与柱子的关系见图 8-2（*a*）～（*h*）。

1）边柱，轴线与柱外边线重合，如图 8-2（*a*）。

2）边柱，轴线与柱外边线有一联系尺寸，但又不与柱中线重合，如图 8-2（*b*）。

3）中柱，轴线与中线重合，如图 8-2（*c*）。

4）中柱，轴线既不与柱边线重合，也不与柱中线重合，如图 8-2（*d*）。

5）中柱，一根柱有两条轴线，都不与柱边线重合，如图 8-2（*e*）。

6）双柱，一个基础有两根柱，两条轴线都与柱边线重合，但不与基础中线重合，如图 8-2（*f*）。

7）双柱，一个基础有两根柱，两条轴线，其中一条与柱边线重合，另一条轴线既不与柱边线重合也不与柱中线重

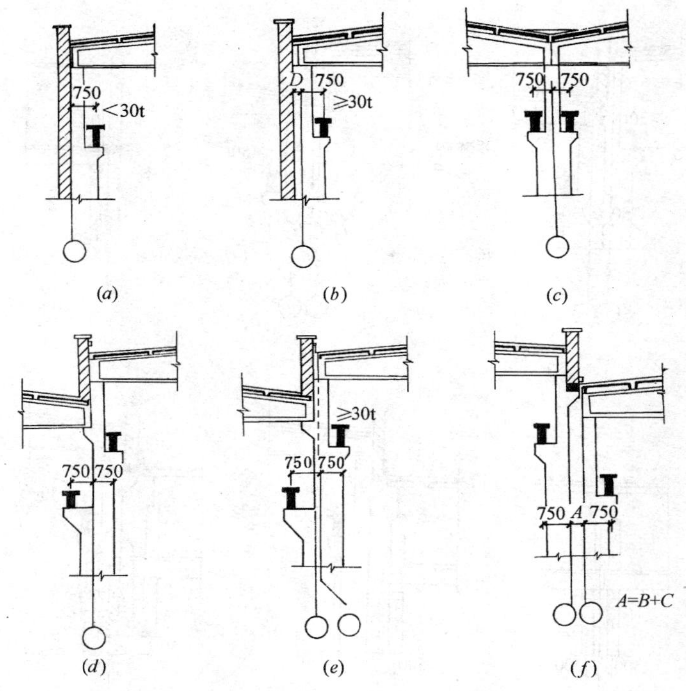

图 8-2 轴线与柱子的关系（一）（单位 mm）

合，又不与基础中线重合，如图 8-2（*g*）。

8）双柱，一个基础两根柱，两条轴线，轴线与柱中线，边线、基础中线都不重合，如图 8-2（*h*）。

横向轴线与柱子的关系见图 8-2（*i*）～（*l*）。

1）端柱，柱中线距轴线 500mm，如图 8-2（*i*）。

2）伸缩缝处柱，两柱中线距轴线均 500mm，如图 8-2（*j*）。

3）纵横跨相接处柱，纵跨端柱中线距轴线 500mm，横

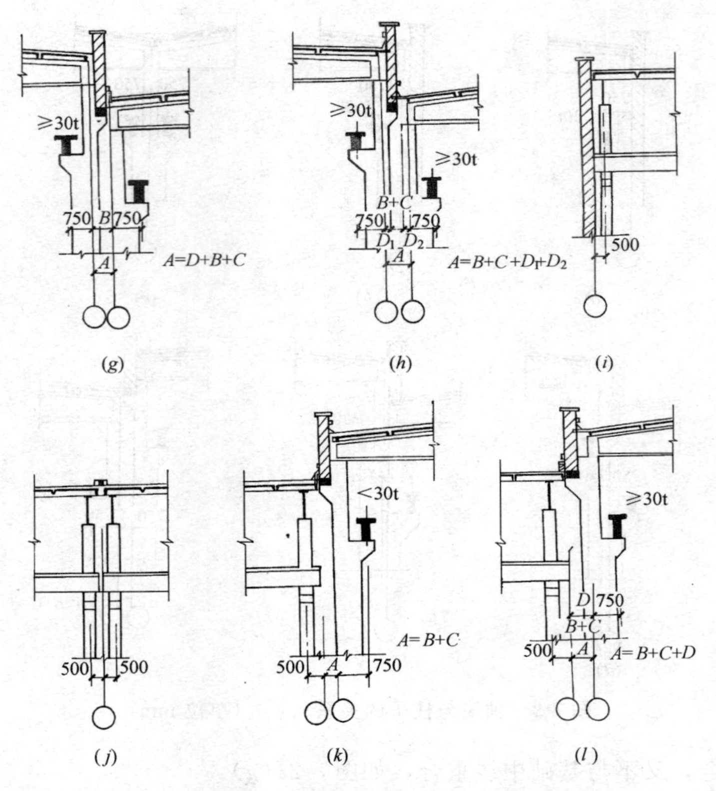

图 8-2　轴线与柱子的关系（二）（单位 mm）

跨柱轴线与柱边线重合，距纵跨轴线有一个插入距，如图 8-2（*k*）。

4）纵横跨相接处柱，纵跨端柱中线距轴线 500mm。横跨柱轴线与柱中线、边线都不重合，距纵跨轴线有一插入距，如图 8-2（*l*）。

在布设矩形控制网和测设轴线控制桩时，要注意这些特殊关系，以免出现错误。

8.1.2 设计矩形控制网

1. 确定矩形网的形式

如果各轴线桩都钉在轴线交点上，挖槽时会被挖掉，所以要把轴线桩引测到基槽开挖边线以外，这个引桩称为轴线控制桩，也叫保险桩。把各轴线控制桩连接起来，称为矩形控制网。控制网的形式要根据建筑物的规模而定，一般工程设矩形控制网即可满足要求，较复杂工程应设田字形控制网。控制桩应设在距基槽开挖边线以外 1～1.5m 的地方，至轴线交点的距离应为 1m 的倍数。若采用机械挖方或爆破施工，距离要适当加大。桩位要选在易于保存，不影响施工，避开地下、地上管道、道路，便于丈量，便于观测的地方。矩形网的一般形式如图 8-3 所示。

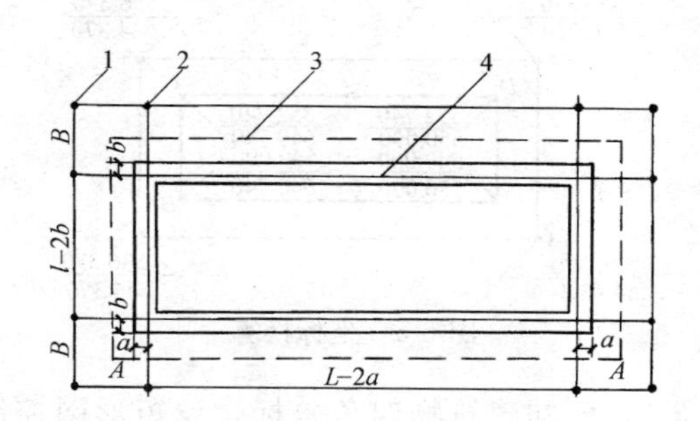

图 8-3 矩形控制网形式

L—建筑物长度；l—建筑物宽度；a、b—外边线至轴线的距离；

A、B—控制桩至外墙轴线的距离

1—矩形网控制桩；2—轴线控制桩；3—挖槽边线；4—外墙轴线

2. 控制桩坐标计算

图 8-4（a）中画有斜线的为原有建筑，新建工程和原

有建筑在一条直线上，距离为 D。新建工程布矩形控制网后，与原有建筑的距离关系如图 8-4（b）所示。

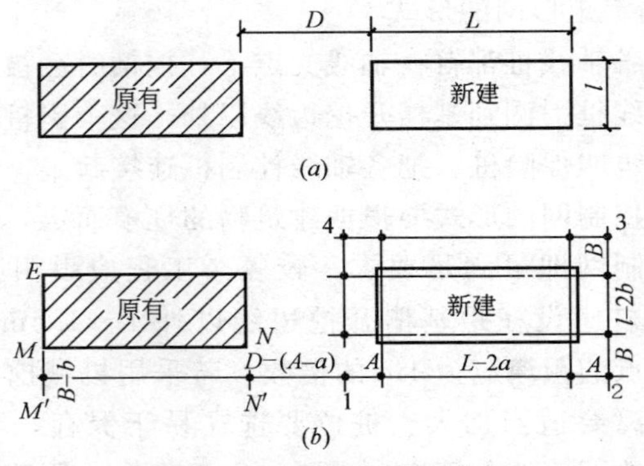

图 8-4　布网前后相对关系

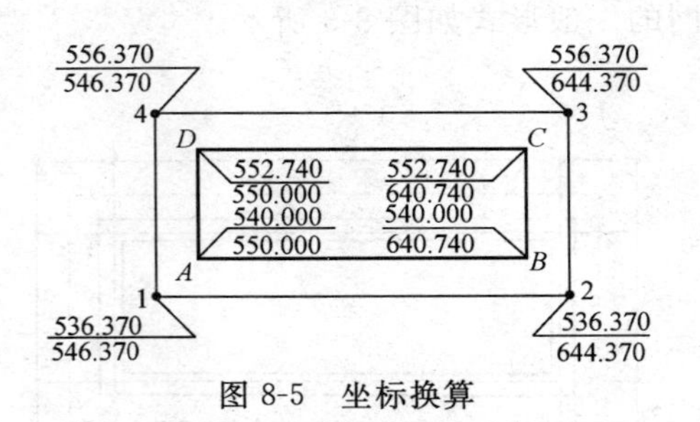

图 8-5　坐标换算

如图 8-5，已知建筑物四角坐标，设矩形网控制桩距轴线交点 4m，轴线外墙厚 370mm，试计算各桩坐标值。见表 8-1、表 8-2。

如果控制网边长超过一整尺段，中间应加设传距桩，传距桩应设在某一轴线位置，兼作轴线控制桩。控制网必须是闭合图形。

3. 精度要求（表 8-3）

建筑物角点坐标（m）　　表 8-1

角　标	x	y
A	540.000	550.000
B	540.000	640.740
C	552.740	640.740
D	552.740	550.000

控 制 桩 坐 标（m）　　表 8-2

控制桩	x	y
1	540.000＋0.370－4.000＝536.370	550.000＋0.370－4.000＝546.370
2	540.000＋0.370－4.000＝536.370	640.740－0.370＋4.000＝644.370
3	552.740－0.370＋4.000＝556.370	640.740－0.370＋4.000＝644.370
4	552.740－0.370＋4.000＝556.370	550.000＋0.370－4.000＝546.370

矩形控制网技术要求　　表 8-3

矩形网类别	厂房类别	主轴线、矩形边长精度	矩形角允许误差	角度闭合差(″)
单一矩形网	中、小型厂房或系统工程	1∶10000～1∶25000	15′	60″
田字形网	大型厂房或系统工程	1∶30000	7″	28″

建筑物建立控制网后，细部放线均以控制网为依据，不得再利用场区控制点。

4. 编制施测方案

深入现场了解场区控制点布置情况，根据场地条件，确定施测方法，绘制观测示意图。确定矩形控制网基线边（主轴线），选定测站点，按观测示意图进行内业计算，各项数据核对无误后，进行实地测量。

8.2 根据原有地物定位测量

8.2.1 根据原有建筑物定位

（1）新建工程与原有建筑在一条平行线上。以图 8-4 为例，介绍矩形控制网的测设方法：

先作 MN 的平行线 $M'N'$，可用顺小线法，沿 EM 墙面拉小线，使 EMM' 在一条直线上，量取 $B-b$，定出 M' 点。同法定出 N' 点。则 $M'N'$ 与 MN 平行。将仪器置于 M' 作 $M'N'$ 延长线，自 N' 点量 $D-(A-a)$ 定出 1 点。再量 $L-2a+2A$ 定出 2 点。将仪器移于 1 点，后视 M' 测直角，自 1 点量 $l-2b+2B$ 定出 4 点。再将仪器移于 2 点，后视 M' 点测直角定出 3 点。然后将仪器移于 3 点后视 2 点测直角与 4 点闭合，并实量 3、4 点距离作核校，误差在允许范围内，经过调整，控制网即测设完毕。

（2）新建工程与原有建筑互相垂直。如图 8-6（a），新建工程与原建筑横向距离为 y，纵向距离为 x。测设方法：

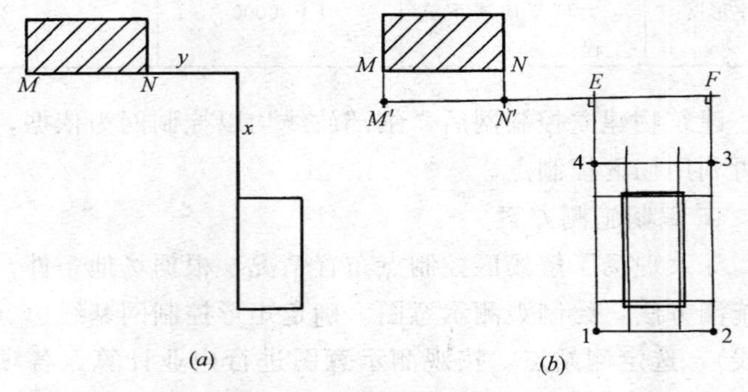

图 8-6　根据原建筑物定位

作 MN 平行线 $M'N'$，将仪器置于 M' 作 $M'N'$ 延长线定出 E、F 点，将仪器移于 E 点测直角，定出 4、1 点。将仪器置于 F 点测直角定出 3、2 点，见图 8-6（b），最后仍需将仪器置于 1 点测直角与 2 点闭合，并量距以资校核。

【例 1】 如图 8-7，已知新建工程与原 1 号楼在一条直线上，与 2 号楼相距 14m。新建工程长 84.740m，宽 12.740m，轴线外墙厚 370mm，控制桩距轴线交点 6m，测设控制网。步骤如下：

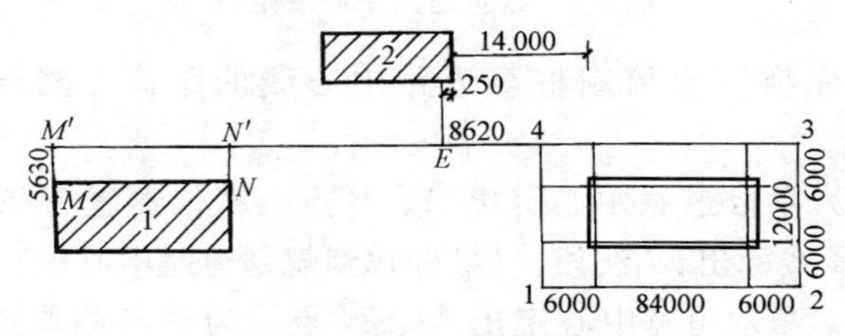

图 8-7 根据原建筑定位

（1）作 MN 的平行线定 $M'N'$ 点，作 $M'N'$ 延长线定出 E 点。

（2）将仪器移于 E 点后视 M' 测直角，观看 2 号楼，量视线至墙角距离，为 250mm。再顺针测直角，自 E 点量 $14000-(6000-370)+250=8620$mm，定出 4 点，接着量 96000mm 定出 3 点。

（3）将仪器置于 4 点测直角，量 24000mm 定出 1 点。

（4）将仪器置于 3 点测直角，量 24000mm 定出 2 点。

（5）将仪器移于 1 点后视 4 点测直角与 2 点闭合，并丈量 1、2 两点距离进行校核。

8.2.2 根据道路中心线定位

如图 8-8，新建工程与道路中心线相平行，纵横距离均

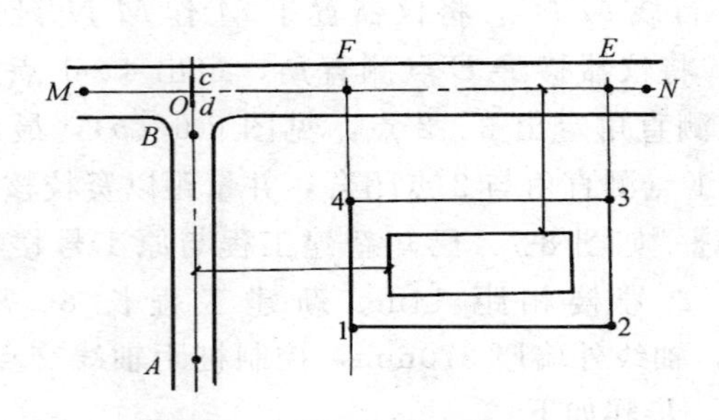

图 8-8　根据道路中心线定位

已知，先换算出控制桩至道路中心线的距离。测设步骤如下：

(1) 量取道宽中心定出 A、B 点，将仪器置于 A 点作 AB 延长线标出 cd 线段。(最好找到规划道路中心桩)。

(2) 量取道宽中心定出 M、N 点，为精确测取道路中心，MN 的距离要适当加长。将仪器置于 M 点，前视 N 点，低转望远镜照准 cd 线段，标出两线交点 O。抬高望远镜，自 O 点量距，在视线方向定出 F 点，再抬高望远镜，从 F 点量距定出 E 点。

(3) 将仪器置于 F 点，后视 N 点测直角，定出 4、1 点。

(4) 将仪器置于 E 点，后视 M 点测直角，定出 3、2 点。

(5) 将仪器置于 1 点，后视 F 点测直角与 2 点闭合，并丈量 1、2 点距离进行校核。

8.2.3　根据建筑红线定位

城镇建设要按统一规划施工。建筑用地的边界应经设计部门和规划部门商定，并由规划部门拨地单位在现场直接测设。如图 8-9 中 Ⅰ、Ⅱ、Ⅲ点是拨地单位测设的边界点，其各点连线称“建筑红线”。总图上所给建筑物至建筑红线的距离，是指建筑物外边线至红线的距离。若建筑物有突出部分（如附墙柱、外廊、楼梯间），以突出部分外边线计算至红线的距离。

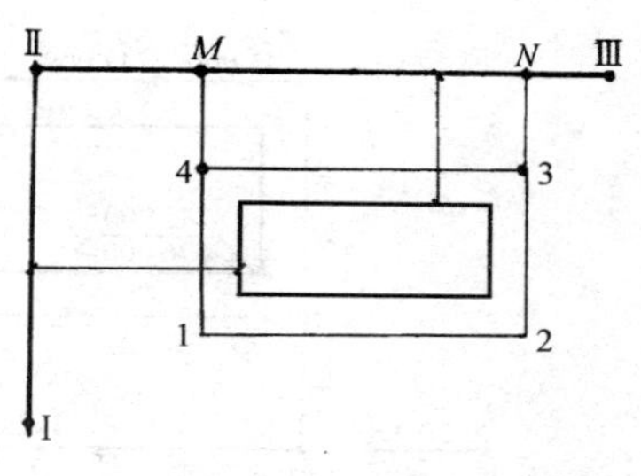

图 8-9　根据红线定位

根据建筑红线定位的测设步骤是：按照给定的数据，先在红线上定出 MN 点，然后将仪器置于 M、N 点，分别测直角定出 1、2、3、4 点。最后同样需进行闭合调整。

8.3　根据控制点定位测量

8.3.1　直角坐标法定位

当建筑区建有施工方格网或轴线网时，采用直角坐标法定位最为方便。

在图 8-10 中，K_1K_2 是场区施工方格网的两个控制点，要求根据厂房角点坐标，在地面上测设出厂房的具体位置。厂房柱距 6m，轴线外墙厚 370mm。因为场区建立了施工方格网，所以厂房坐标均以建筑坐标表示（建筑物在总平面图上至少要给出 2 个角点坐标，才能确定它在总图上的平面位置）。

测设方法如下：

（1）确定矩形控制网和计算各控制桩坐标，设控制桩至厂房轴线距离均为 6m，换算后的各控制桩坐标如表 8-4。

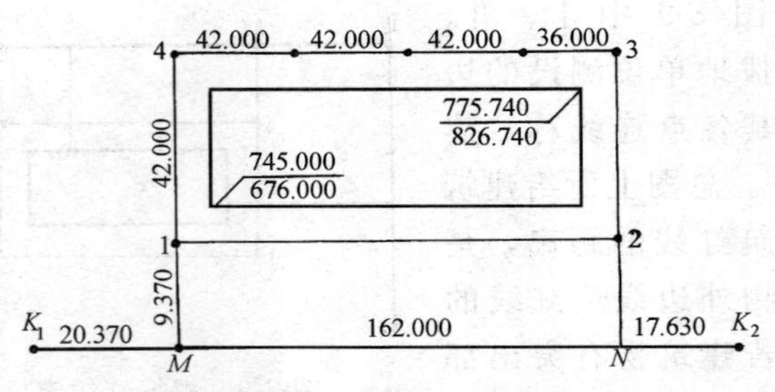

图 8-10　直角坐标法定位

控制桩坐标（m）　　表 8-4

点位	A	B
K_1	730.000	650.000
K_2	730.00	850.000
1	745.000－(6.000－0.370)＝739.370	676.000－(6.000－0.370)＝670.370
2	745.000－(6.000－0.370)＝739.370	826.740＋(6.000－0.370)＝832.370
3	775.740＋(6.000－0.370)＝781.370	826.740＋(6.000－0.370)＝832.370
4	775.740＋(6.000－0.370)＝781.370	676.000－(6.000－0.370)＝670.370

各点丈量距离：

厂房长度轴线距离　826.740－676.000－2×0.370
＝150.000m

厂房宽度轴线距离　775.740－745.000－2×0.370
＝30.000m

控制网长　832.370－670.370＝162.000m

控制网宽　781.370－739.370＝42.000m

1 点至 K_1 点纵坐标差　739.370－730.000＝9.370m

1 点至 K_1 点横坐标差　670.370－650.000＝20.370m

2 点至 K_2 点纵坐标差　739.370－730.000＝9.370m

2点至K_2点横坐标差　850.000－832.370＝17.630m

控制网长度超过整尺段时设丈量传距桩作为量距的转点。传距桩设在柱轴线上，如图8-10所示。

（2）测设步骤：

1）置仪器于K_1点，精确对中，前视K_2点，沿视线方向从K_1量取1点与K_1横坐标差20.370，定出M点。从K_2量取2点与K_2横坐标差17.630，定出N点。

2）将仪器置于M点，后视K_2测直角，从M点量取1点与K_1点纵坐标差9.370m，定出1点。接着量42.000m，定出4点。

3）将仪器置于N点，后视M点测直角，从N点量2点与K_2纵坐标差9.370m，定出2点。接着量42.000m，定出3点。

4）将仪器置于3点，后视N点测直角与4点闭合，并丈量3、4点距离（同时测出传距桩），该距离应等于设计边长162.000m。

8.3.2　极坐标法定位

场区没有施工方格网时，可以根据场区的导线点或三角点来测量定位。如果建筑物轴线与坐标轴相平行，可直接测设建筑物控制网；如建筑物轴线不与坐标轴平行，应根据建筑物坐标先测出建筑物的一条边作为基线，然后再根据这条边来扩展控制网。极坐标法定位应先测设控制网的长边，这条边与视线的夹角不宜小于30°。

如图8-11，已知建筑物轴线与施工坐标轴平行，各点坐标已知，用极坐标点测控制网步骤如下：

（1）根据建筑物各点坐标计算出控制网各点坐标及边长。

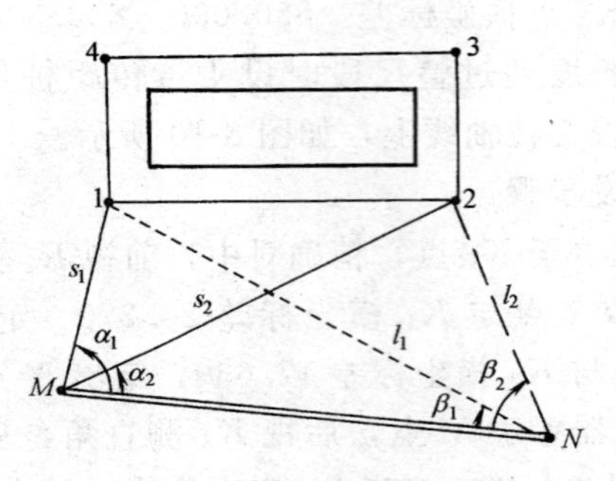

图 8-11　极坐标法定位

（2）根据 1、M、N 三点坐标计算出角 α_1 和 1M 两点距离 s_1。根据 2、M、N 三点坐标计算出角 α_2 和 2M 两点距离 s_2（计算方法见第 7 章）。

（3）将仪器置于 M 点，后视 N 点，测角 α_2，在视线方向自 M 点量 s_2，定出 2 点。再测 α_1 角，在视线方向自 M 点量 s_1，定出 1 点。这时矩形网的一条边就测出来了。

（4）校核方法：直接丈量 1、2 点距离，若符合设计边长，误差在允许范围内，可以 1 点为依据改正 2 点位置。因为 $\alpha_1 > \alpha_2$，$s_1 < s_2$，所以 1 点的相对精度较高。

还可采用测角的方法进行校核。根据 M、N、1 三点坐标，计算出 β_1 角和 1N 两点距离 l_1。根据 M、N、2 三点坐标，计算出 β_2 角和 2N 两点距离 l_2。将仪器置于 N 点，后视 M 点，测 β_1，量 l_1 定出 1 点；测 β_2 角，量 l_2 定出 2 点。两次测得的 1、2 两点如果不重合，再实际丈量，以改正两点距离。

（5）以改正后的 1、2 两点为基线，用测直角的方法建立建筑物控制网。

8.3.3　极坐标定线法定位

如图 8-12，各点坐标如表 8-5，M 点与 1、2 点不通视。矩形网边长 162.740m，边宽 42.740m，用极坐标法定位。测站选在 N 点。测设步骤如下：

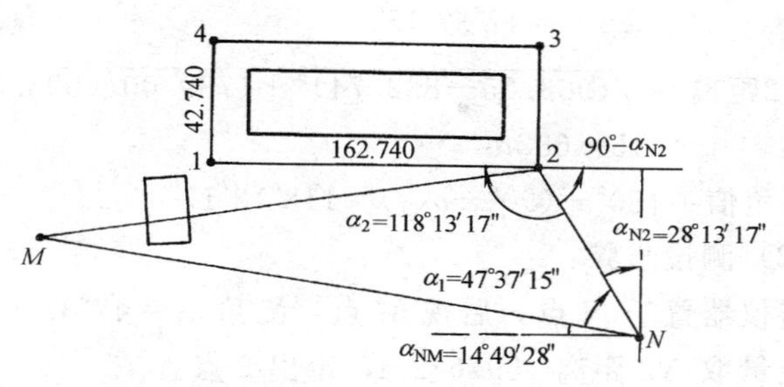

图 8-12　极坐标法定位

点位坐标　　**表 8-5**

点　位	A	B
M	698.230	512.100
N	598.300	908.250
1	739.000	670.000
2	739.000	832.740

（1）计算观测角和丈量距离（用计算器和三角函数表配合计算）。各项计算顺序按观测顺序进行。

$N2$ 坐标角　$\mathrm{tg}\alpha_{N2}=\dfrac{908.250-832.740}{739.000-598.300}$

$=0.536674$

查表得　$\alpha_{N2}=28°13'17''$

MN 坐标角　$\mathrm{tg}\alpha_{NM}=\dfrac{698.230-598.300}{908.250-512.100}$

$$=0.25225$$

查表得 $\alpha_{NM}=14°09'28''$

$MN2$ 夹角 $\alpha_1=90°-\alpha_{N2}-\alpha_{NM}$

$$=90°-28°13'17''-14°09'28''$$

$$=47°37'15''$$

$$N2距离=\sqrt{(908.25-832.74)^2+(739.00-598.30)^2}$$

$$=159.682m$$

α_2角值$=180°-(90°-\alpha_{N2})=118°13'17''$

（2）测设步骤：

将仪器置于 N 点，后视 M 点，测角 $\alpha_1=47°37'15''$，在视线上量取 $N2$ 距离 159.682m，定出 2 点。

将仪器移于 2 点，后视 N 点测角 $\alpha_2=118°13'17''$，在视线上量取矩形网边长 162.740m，定出 1 点。为提高测量精度，每角应多测几个测回，取平均值。然后以这条边为基线再推测出其他三条边。

8.3.4 角度交会法定位

角度交会法适于控制点距离较远或在场区有障碍物、丈量有困难时的定位测量。

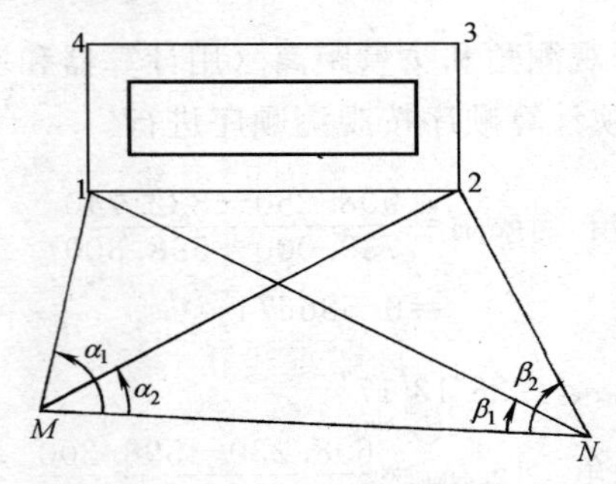

图 8-13 角度交会法定位

如图 8-13，测设方法如下：

先计算出厂房矩形网控制桩坐标和观测角 α_1、α_2、β_1、β_2 的数值。

用两架经纬仪分别置于 M、N 点。

先分别测设 α_1 和 β_1 角，在两架经纬仪视线的交点处，定出 1 点。再分别测设 α_2 和 β_2 角，在两架经纬仪视线交点处定出 2 点。然后实量 1、2 两点的距离，误差在允许范围内，从两端改正。改正后的 1、2 点就是控制网的基线边。再以这条边推测其他三条边。角度交会法的优点在于不用量距。

8.4 特殊平面建筑的定位测量

8.4.1 弧形建筑的定位

1. 拉线法画弧

建筑物为弧形平面时，若给出半径长，可先找出圆心，然后用半径划弧的方法定位。

如图 8-14，先在地面上定出弧弦的端点 A、B，然后分别以 A、B 点为圆心，用给定的半径 R 划弧，两弧相交于 O 点，此点即为弧形的圆心。再以 O 点为圆心，用给定的半径 R 在 A、B 两点间划弧形，即测出所要求的弧形。

若只给出弦长与矢高，可用作垂线的方法定位。如图 8-15 所示，先在地面上定出弧弦的两端点 A、B，过 AB 直线的中点作垂线，在垂线上量取矢高 h，定出 C 点。再过 AC 连线的中点作垂线，两条垂线相交于 O 点，O 点即为弧形的圆心。最后以 O 点为圆心，以 AO 为半径在 A、B 点间划弧，即测出所要求的弧形。

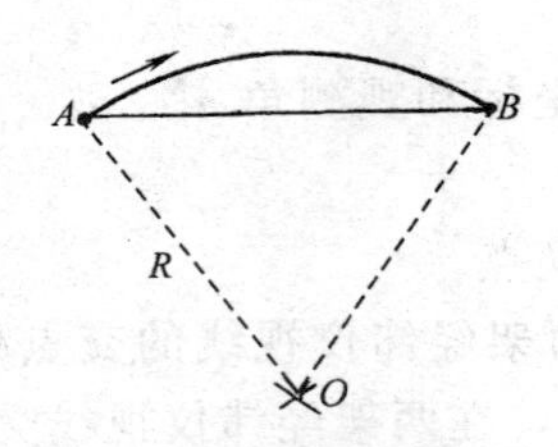

图 8-14 已知半径画弧

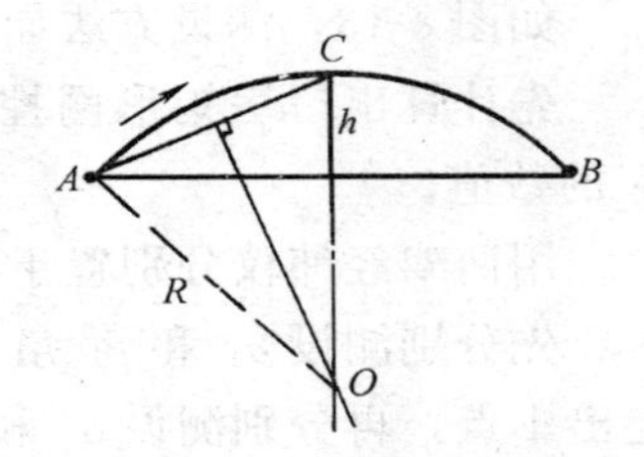

图 8-15 已知矢高画弧

用拉线法划弧，圆心点要定设牢固，所用拉绳（或尺）伸缩性要小，用力不能时紧时松，要保持曲线圆滑。

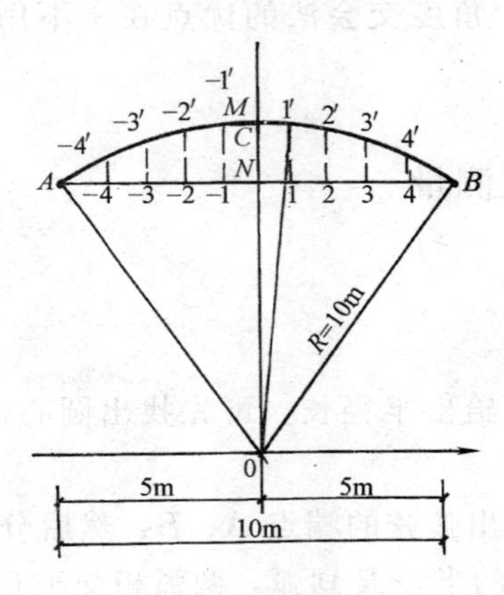

图 8-16 坐标法画弧

2. 坐标法画弧

在图 8-16 中，已知圆弧半径为 10m，弦长 AB 为 10m，求弦上各点矢高值，然后将各点连线进行画弧。

画弧步骤如下：

（1）在地面上定出弦的两端点 A、B。将弦均分 10 等分，其等分点分别为 1、2、3、4、B 和 －1、－2、－3、－4、A。为便于解析计算，过各等分点作弦的垂线，与圆弧相交。

（2）计算弦上各点的矢高值。在直角三角形 ONB 中，根据勾股弦定理

$$ON=\sqrt{(OB)^2-(NB)^2}=\sqrt{10^2-5^2}=8.660\text{m}$$

$$MN=MO-NO=10-8.660=1.340\text{m}$$

在直角三角形 $OC1'$中，根据勾股定理

$$OC=\sqrt{(O1')^2-(C1')^2}=\sqrt{10^2-1^2}=9.950\text{m}$$

因为 $11'=NC=OC-ON$

所以 $11'=9.950-8.660=1.290\text{m}$

同样方法可求得：

$$22'=1.138\text{m}$$

$$33'=0.879\text{m}$$

$$44'=0.505\text{m}$$

由于以 NM 为中心两边对称，所以左侧各点与右侧各对应点矢高相等。将上述各数列表如下（表 8-6）：

等分点的矢高 **表 8-6**

等分点	A	-4	-3	-2	-1	0	1	2	3	4	B
矢高（m）	0	0.505	0.879	1.138	1.290	1.340	1.290	1.138	0.879	0.505	0

（3）在各等分点垂线上截取矢高，分别得 $1'$、$2'$、$3'$、$4'$、M、$-1'-2'$、$-3'$、$-4'$。将各点连成圆滑曲线，即为所要测设的弧形。

3. 矢高法画弧

矢高法作图顺序，就是根据弦的矢高逐渐加密弧上各点，然后画出弧形。

如图 8-17 中，半径为 R，矢高 $h_1=R-\sqrt{R^2-L_1^2}$

弦长 $2L_2=\sqrt{L_1^2+h_1^2}$

矢高 $h_2=R-\sqrt{R^2-L_2^2}$

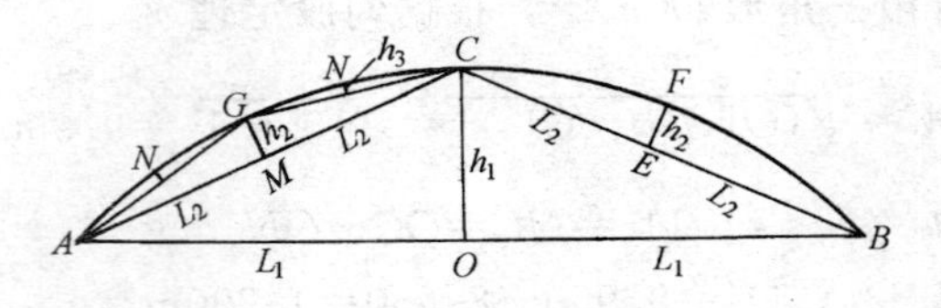

图 8-17　矢高法画弧

（1）在地面上定出弦的两端点 A、B，量取中点 O，作弦的垂线，量取矢高 h_1 定出 C 点。

（2）作 AC 连线，取中点 M，作 AC 的垂线，量取矢高 h_2 定出 G 点。同法定出 E、F 点。

（3）作 AG 连线，取中点，过中点再作 AG 的垂线，量取矢高 h_3，定出点 N。

重复上面各步骤，可得出弧形上的八分之一点，十六分之一点，三十二分之一点……，一般重复 3～4 次，即可满足圆弧曲线的精度要求。

（4）将各分点连成平滑曲线，即得所要求作的圆弧曲线。

4. 扇形建筑的定位

图 8-18 为某剧场的演出大厅，设控制桩距轴线的交点为 6m，测设步骤如下：

（1）根据平面图给出的有关数据，先测设出建筑物的中心轴线 MN。

$$FE=\sqrt{36^2-6^2}=35.496\text{m}$$

在中心轴线上定出 F、E 点。

（2）将仪器置于 F 点，后视 E 点，顺时针测直角，自 F 点量 9m 定 6 点，再量 6m 定 A 点，再量 6m 定 5 点。转

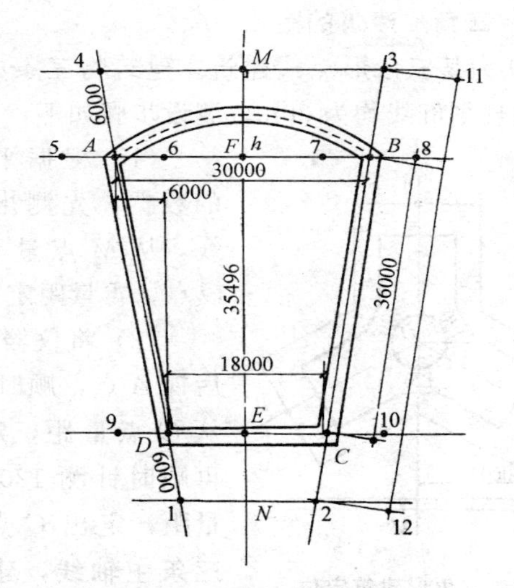

图 8-18 扇形建筑定位

倒镜，自 F 点量 9m 定 7 点，再量 6m 定 B 点，再量 6m 定 8 点。

(3) 将仪器移于 E 点，后视 F 点，顺时针测直角，自 E 点量 9m 定 C 点，再量 6m 定 10 点。转倒镜，自 E 点量 9m 定 D 点，再量 6m 定 9 点。

(4) 将仪器移于 A 点，前视 D 点，在视线上自 D 点量 6m 定 1 点。转倒镜，自 A 点量 6m 定 4 点。

(5) 将仪器移于 B 点、前视 C 点，在视线上自 C 点量 6m 定 2 点。转倒镜，自 B 点量 6m 定 3 点。

实量 A、B、C、D 各点间的距离是否符合设计长度，以资校核。

若大厅旁侧有附属建筑，可依侧墙控制桩为基线边，测设附属建筑的矩形网，供附属房放线。

8.4.2 三角形建筑的定位

图 8-19 为某三角形点式建筑。建筑物三条中心轴线的交点距两边规划红线均为 30m，测设步骤如下：

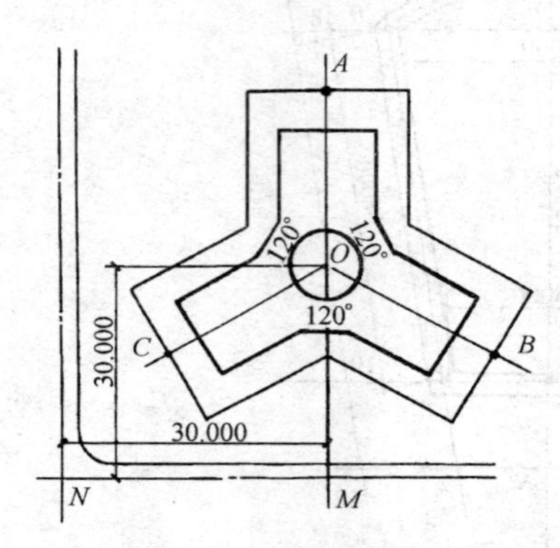

图 8-19 三角形建筑定位

(1) 根据平面图给定的数据，先测出 MA 方向线，从 M 点量 30m，定出 O 点，再量距定出 A 点。

(2) 将仪器置于 O 点，后视 A 点，顺时针测 120°，从 O 点量距，定出 B 点。再顺时针测 120°，从 O 点量距，定出 C 点。有了这三条主轴线，建筑物的平面位置就可定出来了。由于房屋的其他尺寸都是直线关系，所以依据这三条基线就可以测设出整幢楼房的全部轴线桩。

8.4.3 齿形建筑的定位

图 8-20 为某宿舍楼，其平面布置呈齿形。按城市规划要求，建筑物边线（临街外墙角连线）平行于道路中线。建筑边线距道路中心线 20m，与原有建筑相距 20m，外墙轴线距边线 370mm。

1. 确定轴线控制桩至道路中线的距离

建筑物平面位置在总平面图上的限定条件是建筑物外墙角至道路中心线的距离，定位测量需要的是轴线控制桩，而建筑物轴线与道路中线又不平行，因此控制桩至道路中线的距离需进行换算。

根据建筑物平面特点，控制网布成齿形，其中一条边为斜边，轴线控制桩设在距轴线交点 5.100m 处，这样可同时兼作纵横两轴的控制桩。换算方法：按相似三角形和勾股定理计算，如图 8-20 中平距 16.800m 换算得斜距 17.557m 等，各项数据见图 8-20 标注。

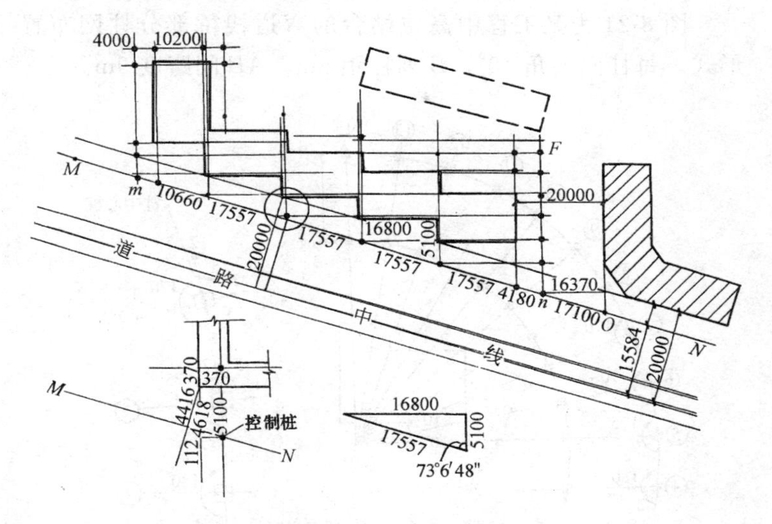

图 8-20 齿形建筑定位测量（单位 mm）

2. 测设步骤

（1）找出道路中心线。按控制桩至道路中心的距离(15.584m)，作道路中线的平行线，定出 M、N 点，M、N 的连线即是控制桩的连线，亦为控制网的斜边。

用顺线法作原楼的平行线与 MN 直线相交于 O 点。

（2）将仪器置于 N 点，前视 M 点，在视线方向从 O 点开始依次丈量，定出 n～m 各点。

（3）将仪器置于 n 点，后视 M 点，顺时针测 73°6′48″，在视线方向依次丈量，定出 n～F 各点。

（4）当 MN、nF 直线上的桩位定出来后，就可根据建筑物各轴线相对应的控制桩，用测直角的方法，测设出其他轴线控制桩，定出平面控制网。

8.4.4 弧形柱列的定位

图 8-21 为某工程中高位站台的弯道栈桥部分柱网布置形式。每柱间转角 10°，B 列柱距 6m，AB 间跨度 9m。

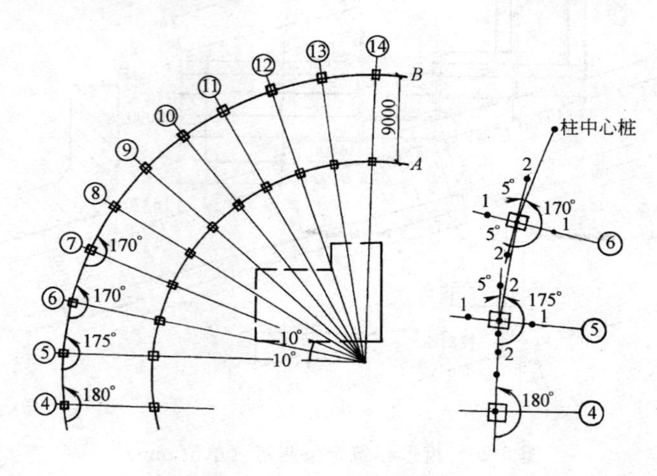

图 8-21 弧形柱列定位

测设步骤如下：

（1）首先测出柱网的直线部分，并定出 B 列柱直线末端⑤轴柱中线交点桩。

（2）将仪器置于 B 列⑤轴柱中线交点上，后视直线另一端中线桩 K，逆时针转角 175°，在视线方向自⑤轴柱中线交点量取 6m，定出⑥轴柱中线交点桩。

（3）将仪器置于⑥轴柱中心桩上，后视⑤轴柱中心桩，逆时针测 170°，自⑥轴柱中心交点量 6m，在视线上定出⑦

轴柱中心桩。

在照准⑦轴柱中心桩的基础上，顺时针转角 85°，自 *B* 列⑥轴柱中心量 9m，在视线上定出⑥轴 *A* 列柱中心桩，并根据控制桩至基坑开挖边线的距离，在视线上同时定出⑥轴基础控制桩 1。

在照准控制桩 1 的基础上，左、右转 90°，在视线上定出纵轴方向控制桩 2，这一测站即告结束。

（4）将仪器置于⑦轴柱中心桩上，后视⑥轴柱中心桩，逆时针转角 170°，自⑦轴柱中心量 6m，定出⑧轴柱中心桩。重复前面的操作程序，依此类推定出⑨轴、⑩轴……各柱中心桩。

（5）在上述测设过程中，*A* 列柱只定出了柱中心桩和横轴方向控制桩，纵轴方向控制桩还没有测出来。可将仪器置于柱中心桩上，后视控制桩 1，用测直角的方法，定出 *A* 列纵轴方向控制桩。也可采用简便作垂线的方法定出纵向控制桩。

测设过程是从一端开始推测的，其中转角次数和量尺次数较多。为减少累计误差，测设过程中要认真校核。控制桩要加强保护，基坑挖土、支模、基础弹线过程中还要使用这些控制桩。因为每个基础都是单个定位，没有建立控制网，一旦桩位被破坏，检查恢复工作比较麻烦，因此要特别注意控制桩的保护。

8.4.5　系统工程的定位

图 8-22 是某矿石加工系统的联动生产线示意图。其工艺流程是：矿石由采矿场用窄轨铁路运输，卸入储料斗，经一次破碎，通过 1 号皮带廊送到二次破碎间。经二次破碎，通过 2 号皮带廊送到转运站，再通过 3 号皮带廊送至储仓，

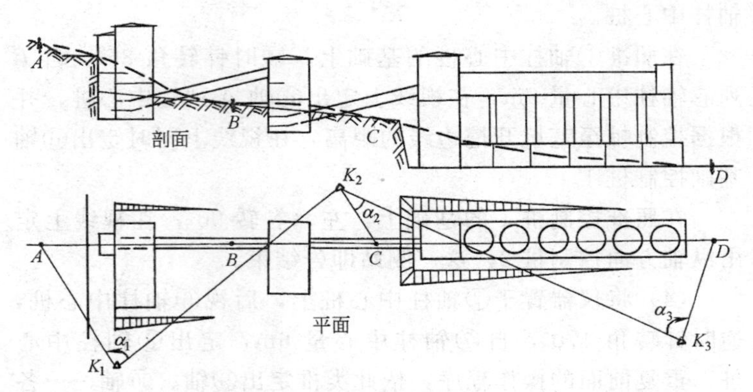

图 8-22　系统工程定位方法

最后装火车运出。

该工程的特点是场地高差较大，建筑物随地形呈阶梯形布置，且多为预制装配式结构。基础施工时要进行大量石方爆破，最深挖 15m。场区给定的是小三角控制点。鉴于各单位工程间衔接密切，标高尺寸多，丈量困难等因素，采用基线法定位。这条基线选在联动设备的主轴线上，并作为各单位工程的定位依据。

测设步骤如下：

(1) 根据有关平面图确定基线上 A、B、C、D 各点的位置。计算出各点坐标和点与点之间的距离，计算出各项测量数据。

(2) 采用极坐标法：仪器置 K_1 点后视 K_2，测角 α_1，量距定出 A 点。将仪器移于 K_2 点后视 K_3，测角 α_2，量距定出 C 点。将仪器移于 K_3 后视 K_2，测角 α_3，量距定出 D 点。

(3) 由于控制点误差和观测误差的影响，A、C、D 三点不一定恰在一条直线上，要进行归化调整。如图 8-23 中，A'、C'、D'三点是利用控制点测出的点。改正方法：将仪器置于A'前视D'，再低转镜观看C'，C'偏离$A'D'$直线为a。将A'向C'移$\frac{1}{2}a$，得A。将D'向C'移$\frac{1}{2}a$，得D。C'向$A'D'$移$\frac{1}{2}a$，得C。则A、C、D三点在一条直线上。

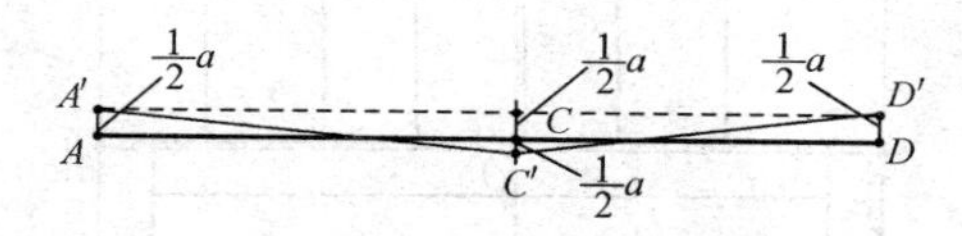

图 8-23 测点直线改正

（4）加密B点。实量点与点间距离，假定某一点（如C点）是正确的，则以这点为基础改正其他点，使各点间符合设计距离。按地形特点B、D两点将是各单位工程定位的主要依据。

（5）挖方较深的单位工程要采用二次定位。第一次先测出挖方（也叫场地平整）控制桩，以便掌握挖方尺寸。待场地平整完成后，再依据基线控制桩进行基础定位。若平整后的场地操作面狭小，基础控制桩可投测在岩石上或采用埋桩方法定位。

（6）控制桩要加强保护，或另做引桩以备校核。高程控制点要引测到建筑物附近，以保证各单位工程标高一致，满足预制构件安装的精度要求。

8.4.6 大型厂房的定位

大型厂房或系统工程一般系自动化连续生产，结构复杂，因而对施工放线的精度要求较高，采用简单的矩形控制网不易保证施工的要求。由于田字形控制网是先测设其中的十字轴线，然后再以十字轴线为基础扩建控制网，故其误差分配均匀，各部分的精度一致，所以大型厂房多采用田字形控制网。

图 8-24 是某火力发电厂 3 台 20 万 kW 机组主厂房的定位布网情况。田字形控制网的测设顺序是：

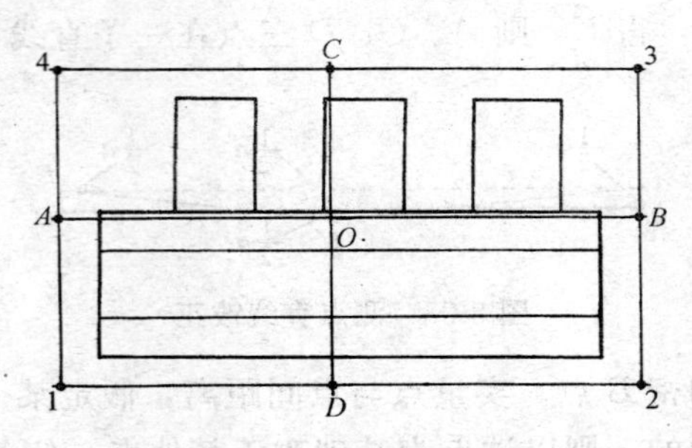

图 8-24 田字形控制网

(1) 根据厂区控制点，先测设出长轴 AB，经过精密丈量，归化改正，使之符合设计长度，并确定长、短轴交点。

(2) 以长轴为基线，用测直角的方法测出短轴 CD，并进行丈量，归化改正。

(3) 分别将仪器置于 A、B、C、D 各点，用测直角的方法，测出 1、2、3、4 各点，使控制网形成闭合图形。各边及角度应符合第 7 章控制网的精度要求。

(4) 控制网中间点在施工过程中将被挖掉，且厂房施工期较长，所以各主要控制点要做成永久性标桩，认真加以保护。

8.4.7 厂房扩建的定位

厂房有吊车时，应以原有厂房吊车轨道中心线为依据。

厂房无吊车时，应以原厂房柱中心线为依据。

1. 厂房纵向扩建的定位测量

图 8-25 为以原厂房吊车轨道中心线为依据引测扩建部分的形式，测设顺序是：

（1）将木尺横置在轨道上用借线的方法将轨道中心线引垂在地面上，建立轨道的平行线 MN。l 为 M、N 点至轨道中心的水平距离，a 为轨道中线至柱中线的距离，MN 线至柱中线的水平距离 $h=l+a$。

（2）将仪器置于 M 点，前视 N 点作 MN 的延长线，MNH 直线即是扩建厂房的定位基线。

（3）在延长线上定出 1、2、3、4 各点，利用 MH 直线分别定出柱子纵、横轴线控制桩。

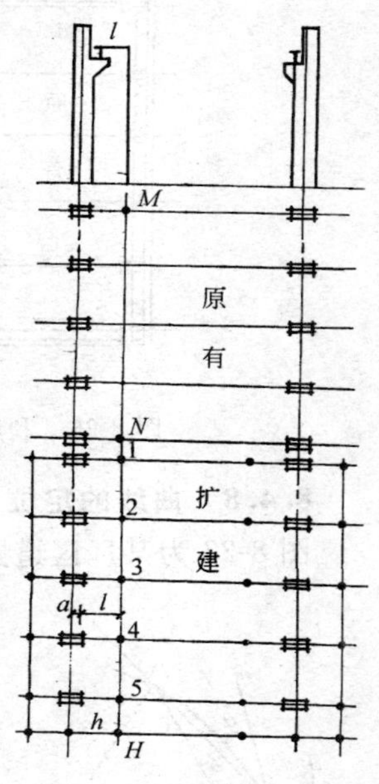

图 8-25　利用轨道中线做扩建厂房定位

2. 厂房横向扩建的定位测量

图 8-26 为以原厂房柱中线为依据引测扩建部分的形式。方法如下。

（1）先作原厂房柱中线的平行线 MN，由于柱子吊装时中线存在误差，所以要多量几点，然后取平均值作为建立平行线的依据。

（2）将仪器置于 M 点及 N 点，分别测直角作 MN 的垂线，定出 Mp、Nm 两条直线，然后以 Mp、Nm 为基线，扩展厂房控制网。

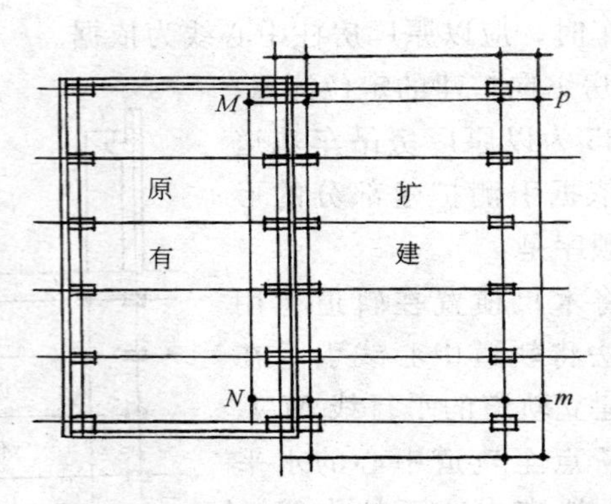

图 8-26　利用柱中线做扩建厂房定位

8.4.8　曲线的定位

图 8-27 为某厂区道路弯道示意图，弯道圆弧半径 60m，

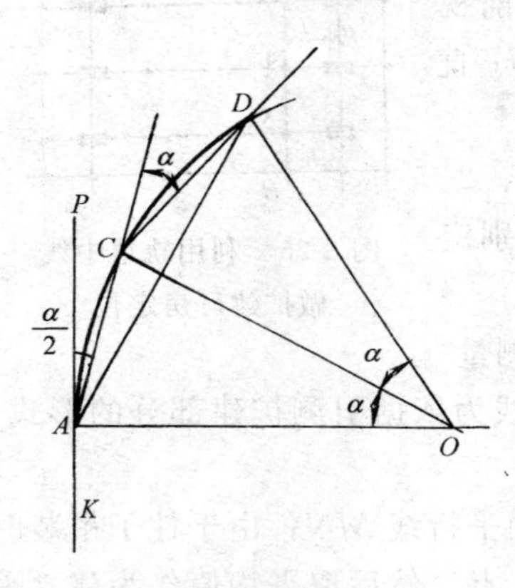

图 8-27　测角法测曲线

弯道部分的圆心角为 80°，试用测角法进行圆弧弯道的定位测量。

采用经纬仪测角法主要是应用一条几何定理，即弦切角等于该弦所对之圆心角的一半，图 8-27 中弦切角 $\angle PAC=\frac{1}{2}\angle AOC$，$\angle PAD=\frac{1}{2}AOD$。

测设步骤如下。

(1) 计算测量数据。将圆弧分为 10 等分（等分点越多，所测曲线精度越高，但移动仪器次数也越多），计算出每一等分点间所对应的圆心角及弦长。

每段圆弧所对的圆心角为

$$\alpha=\frac{80^{\circ}}{10}=8^{\circ}$$

每段圆弧的弦长

$$AC=2\cdot R\cdot\sin\frac{\alpha}{2}=2\times60\times0.06976=8.371\text{m}$$

（2）测设方法：

1）将仪器置于 A 点，后视直线部分 K 点，顺时针转动一个角度，即直线加弦切角 $180^{\circ}+4^{\circ}=184^{\circ}$，在视线方向量取弦长 8.371m，定出 C 点。

2）将仪器移于 C 点，后视 A 点，顺时针转动一个角度，使其等于直线加二倍弦切角（这次后视的不是直线部分，而是弧弦方向），$180^{\circ}+8^{\circ}=188^{\circ}$，在视线方向量取 8.371m，定出 D 点。

其余各点依此类推，直至 10 个等分点全部测出为止。

每测一点移动一次仪器比较麻烦，且易产生累计误差，可采用安置一次仪器多测几点的方法，以减少仪器移动次数。

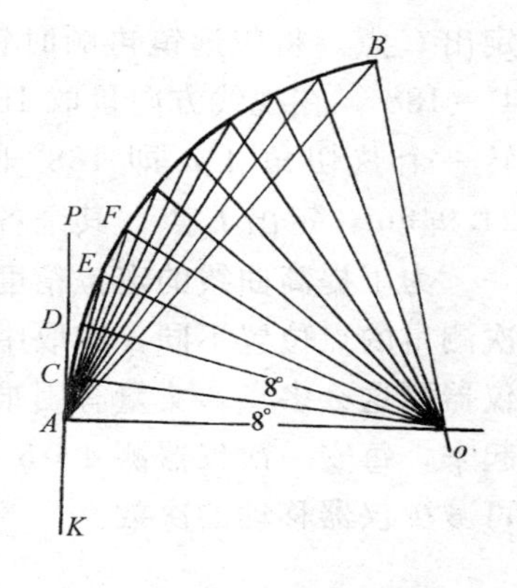

图 8-28　测角法测曲线

如图 8-28，弦长 $AD=2\cdot R\cdot\sin\alpha=2\times60\times0.13917$

$$=16.701\text{m}$$

$$AE=2\cdot R\cdot\sin\frac{3\alpha}{2}=2\times60\times0.20791$$

$$=24.949\text{m}$$

各点弦长及弦切角如表 8-7。

测点的弦长及弦切角 **表 8-7**

圆心角(°)	8	16	24	32	40
弦切角(°)	4	8	12	16	20
弦长(m)	8.371	16.701	24.949	33.076	41.042
圆心角(°)	48	56	64	72	80
弦切角(°)	24	28	32	36	40
弦长(m)	48.808	56.336	63.590	70.534	77.134

将仪器置于 A 点，后视直线部分 K 点，顺时针转 184° 定出 C 点。将望远镜再顺时针转一个弦切角 4°，即 184°＋4°＝188°，在视线方向量取 16.701m，定出 D 点。再顺时针转一个弦切角 4°，即 188°＋4°＝192°，在视线方向量取 24.949m，定出 E 点。其余各点依次类推。

为了提高曲线的定位精度，测角时应采用正倒镜，若两次测得的点位置不同，应取中点作为测量成果。若安置一次仪器测这么多点，丈量有困难，可把以上两种测设方法结合起来，每安一次仪器测 4～5 个等分点，这样既便于丈量又可减少仪器移动的次数。

8.5 定位测量记录

不论新建、扩建或管道工程都应及时做好定位测量记录，按规定的格式如实地记录清楚测设方法和测设顺序，文字说明要简明扼要，各项数据应标注清楚，使有关人员能看明白各点的测设过程，以便审核复查。

控制网测完后，要经有关人员（建设单位、设计单位、城市规划部门）现场复查验收。定位记录要有技术负责人、建设单位代表审核签字，作为施工技术档案归档保管，以备复查和作为交工资料。

若几个单位工程同时定位，其定位记录可写在一起，填一份定位记录。

定位记录的主要内容包括：

（1）建设单位名称，工程编号，单位工程名称，地址，测设日期，观测人员姓名；

（2）施测依据，有关的平面图及技术资料各项数据；

（3）观测示意图，标明轴线编号、控制点编号，各点坐标或相对距离；

（4）施测方法和步骤，观测角度，丈量距离，高程引测读数；

（5）文字说明；

（6）标明建筑物的朝向或相对标志；

（7）有关人员检查会签。

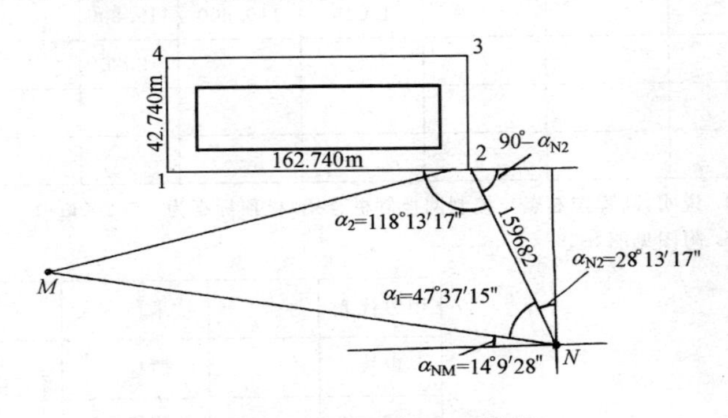

图 8-29　观测示意图（附图）

定位测量记录格式见表8-8 表8-9及图8-29。以图8-12为例。

定位测量记录表 **表8-8**

定位测量记录

建设单位： 工程名称： 地址：

施工单位： 工程编号： 日期： 年 月 日

1. 施测依据：一层及基础平面图，总平面图坐标，*M*、*N*两控制点

2. 施测方法和步骤

测站	后视点	转角	前视点	量距定点	说明
N	*M*	47°37′15″	2	159.682 2	
2	*N*	118°13′17″	1	162.740 1	
2	1	90°	3	42.740 3	
1	2	90°	4	42.740 4	
3	2	90°	4	闭合差角+10″、长+12mm	调整闭合

3. 高程引测记录

测点	后视读数	视线高	前视读数	高程	设计高	说明
N	1.320	120.645		119.325		
2			1.045	119.600	119.800	
					−0.200	

4. 说明：高程控制点与控制网控制桩合用，桩顶标高为−0.200m

5. 附图见图8-29

甲方代表		技术负责人	
审核		质检员	
		测量员	

各 点 坐 标（m） 表8-9

点位	M	N	1	2	3	4
A	688.230	598.300	739.000	739000	781.740	781.740
B	512.100	908.250	670.000	832740	832.740	670.000

定位测量中的注意事项：

（1）应认真熟悉图纸及有关技术资料，审核各项尺寸，发现图纸有不符的地方应要求技术部门改正。施测前要绘制观测示意图，把各测量数据标在示意图上。

（2）施测过程的每个环节都应精心操作，对中、丈量要准确，测角应采用复测法，后视应选在长边，引测过程的测量精度应不低于控制网精度。

（3）基础施工中最容易发生问题的地方是错位，其主要原因是把中线、轴线、边线搞混用错。因此凡轴线与中线不重合或同一点附近有几个控制桩时，应在控制桩上标明轴线编号，分清是轴线还是中线，以免用错。

（4）控制网测完后，要经有关人员检查验收。

（5）控制桩要做出明显标记，以便引起人们注意，桩的四周要钉木桩拉铁丝加以保护，防止碰撞破坏。如发现桩位有变化，要经复查后再使用。

（6）设在冻胀性土质中的桩要采取防冻措施。

9 建筑物的抄平放线

9.1 房屋基础的抄平放线

9.1.1 测设轴线控制桩

建筑物定位测量时，只是根据建筑物的外轮廓尺寸以控制网的形式把建筑物测设在地面上，很多轴线控制桩还没有测出来。为满足基础施工的需要，还要测设出各轴线的控制桩和龙门板，如图 9-1 所示。

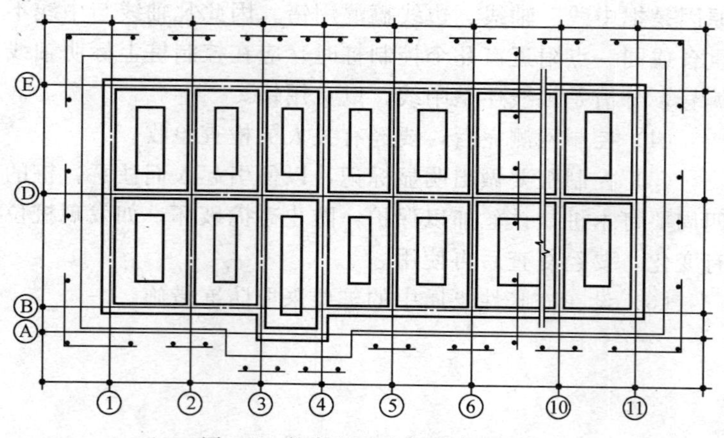

图 9-1 控制桩和龙门板布置图

各轴线控制桩，应根据控制网的控制桩采用直线定线的方法测设，让控制网边上的控制桩在一条直线上，以便检查和丈量。控制桩的顶标高尽量在同一水平线上。

丈量轴线控制桩时，由于各种误差的影响，量到终点时可能出现桩距误差，要采用内分配的办法来调整轴线控制桩位置，不能改动控制网桩位。因为测设控制网时是经过精密测量的，改变控制网桩位等于改动了建筑物的位置。各轴线间的距离误差不得超过其距离的 1/2000。

9.1.2 确定基础开挖宽度

基础放坡宽度与挖方深度和土质有关。如施工组织设计对挖方边线有明确规定，放线时按规定施工。如果只给定了放坡比例，可参照图 9-2 计算放坡宽度。

$$放坡宽度 \quad b_3 = K \cdot H$$

$$挖方宽度 \quad b = b_1 + 2(b_2 + b_3)$$

式中 H——挖方深度；

K——放坡系数；

b_1——基础底宽；

b_2——施工工作面，施工组织设计有规定时按规定计算；如无规定，可参照下列规定计算：

(1) 毛石基础或砖基础每边增加工作面 15cm；

(2) 混凝土基础或垫层需支模的，每边增加工作面 30cm；

(3) 使用卷材或防水砂浆做垂直防潮层时，增加工作面 80cm。

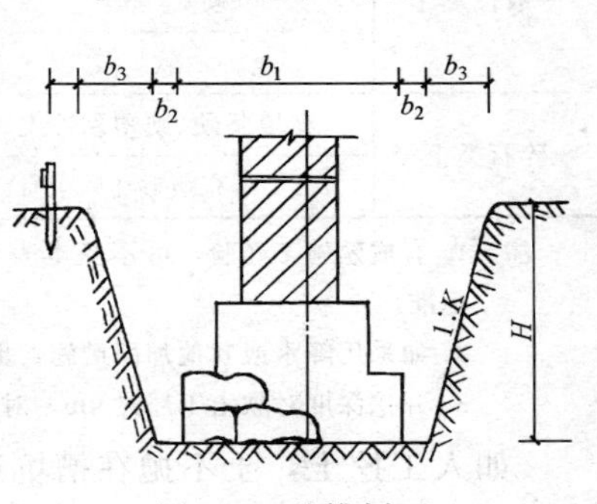

图 9-2 基槽剖面

放坡系数如施工组织设计无明确规定，可按下列规定计算：

在地质条件良好，土质均匀且地下水位低于基坑（槽）或管沟底面标高，挖方深度不超过下列数值时，可直立开挖不放坡：

密实、中密的砂土和碎石类土（充填物为砂土）≤1.0m；

硬塑、可塑的粉土及粉质黏土≤1.25m；

硬塑、可塑的黏土和碎石类土（充填物为黏性土）≤1.5m；

坚硬的黏土≤2m。

若超过以上规定深度，挖方时必须进行放坡或做成直立壁加支撑。

临时性挖方的边坡值应符合表 9-1 的规定。

临时性挖方边坡值 **表 9-1**

土的类别		边坡值(高：宽)
砂土(不包括细砂、粉砂)		1：1.25～1：1.50
一般性黏土	硬	1：0.75～1：1.00
	硬塑	1：1～1：1.25
	软	1：1.5 或更缓
碎石类土	充填坚硬、硬塑黏性土	1：0.5～1：1.0
	充填砂土	1：1～1：1.5

注：1. 有成熟施工经验，可不受本表限制。设计有要求时，应符合设计标准。

2. 如采用降水或其他加固措施，也不受本表限制。

3. 开挖深度对软土不超过 4m，对硬土不超过 8m。

如人工挖土，土不抛在槽坑边上而是随时运走，可适当减小放坡。如有足够资料和施工经验，或采用斗式挖土机时，均可不受表 9-1 的限制。一些施工单位为减少挖方量，把减小放坡作为一项技术措施。放线人员要慎重选择放坡比例，做到既能确保施工安全又可少挖方。深度超过 2.5m 或底宽小于深度的槽（坑）挖方，应坚持按施工组织设计施工，防止塌方造成安全事故。

同样的土质，在春季、秋季、雨季、旱季等不同季节，土的活动情况有很大区别，在基槽（坑）挖方过程中，要对土质变化和边坡情况随时进行检查，发现有塌方危险应及时处理。

若建筑场地自然地面高差较大，有的基槽虽然基础宽度相同，但挖方深度不同。在基槽放线时，可根据不同的挖方深度，随自然地面高差变化，改变基槽开口宽度。

【例 1】 如图 9-2 中，设砖基础底宽 1.00mm，挖方深度 2.00m，土质为粉质粘土，试按一般规定的放坡要求计算基槽开口宽度。

【解】 基础宽　$b_1=1.00\text{m}$

工作面　$2b_2=2\times0.15=0.30\text{m}$

放坡宽度　$2b_3=2\times0.5\times2.00=2.00\text{m}$

开口宽度　$b=b_1+2(b_2+b_3)$

$=1.00+0.30+2.00=3.30\text{m}$

9.1.3 龙门板的设置

1. 钉龙门桩

为便于基础施工，一般都在轴线两端设置龙门板（俗称线板），把轴线和基础边线投测到龙门板上。龙门板距基槽开挖边线的距离为 0.5～1m（视现场环境而定）。支撑龙门板的木桩称龙门桩。一般用 5cm×5cm～5cm×7cm 木方，木桩的侧面要与轴线相平行。龙门板的形式如图 9-3 所示。建筑物同一侧的龙门板应在一条直线上，这样，既便于丈量又显得现场规则整齐。

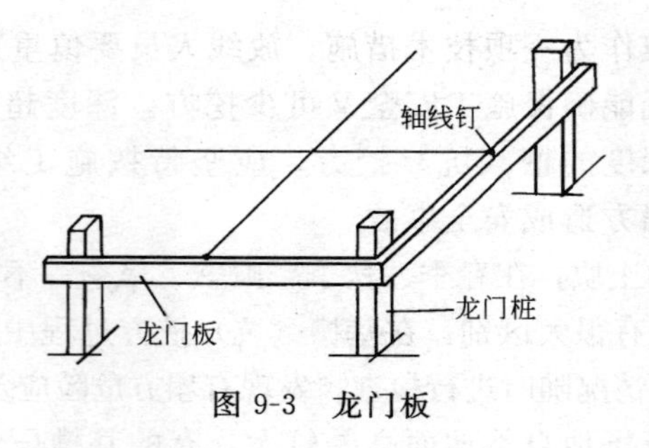

图 9-3　龙门板

2. 钉龙门板

根据附近高程点先用水准仪用抄平的测量方法，把±0.000标高线抄测在龙门桩的外侧，画一横线标记，然后将龙门板的顶面与龙门桩上的标高线对齐、钉牢。龙门板的顶面应为直边，以保持顶面水平。龙门板钉好后还要用水准仪进行复查，误差不超过±5mm。

若施工场地条件不适合测设±0.000 标高线，也可将龙门板标高设置为高于或低于±0.000 的一个数值，但必须是分米的倍数。同一幢建筑物尽量使龙门板设置在同一标高上。若场地高差较大，必须选用不同标高时，一定要在龙门板上标注清楚龙门板顶面的标高值，以免在使用过程中发生误解。若轴线长度超过 20m，中间应加设跨槽龙门板。如果轴线两端龙门板标高不同，中间龙门板宜测设两个标高，如图 9-4。

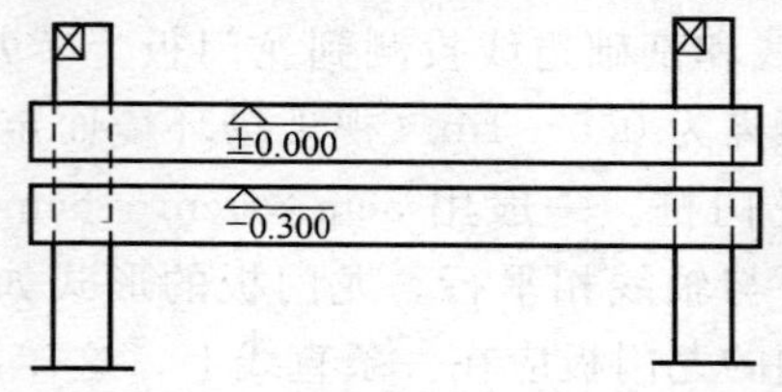

图 9-4　同时设两个标高的龙门板

龙门桩的顶面应截成 Y 型，如图 9-5。

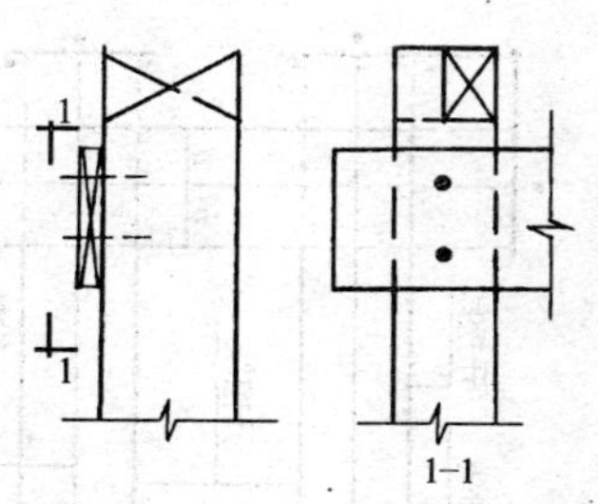

图 9-5　龙门桩截面形状

设置龙门板的优点是便于基础施工，但需用木材较多，工作量大，占用场地，且易被破坏。在一般工程中，有的少设或不设龙门板，有的则只设龙门板不设或少设控制桩，以减少放线工作量，节省材料。有的还可将轴线投测在固定物体（如墙、马路边石）上，但不能投测在易被移动的物体上。

3. 龙门板投线

根据轴线两端的控制桩用经纬仪把轴线投测在龙门板顶面上，钉上小钉，叫轴线钉，投点位移误差不应超过±5mm。然后，沿龙门板检查各轴线间的距离，经检查无误，以轴线钉为依据，在龙门板里侧标出墙宽或基础宽边线，如图 9-6 所示。

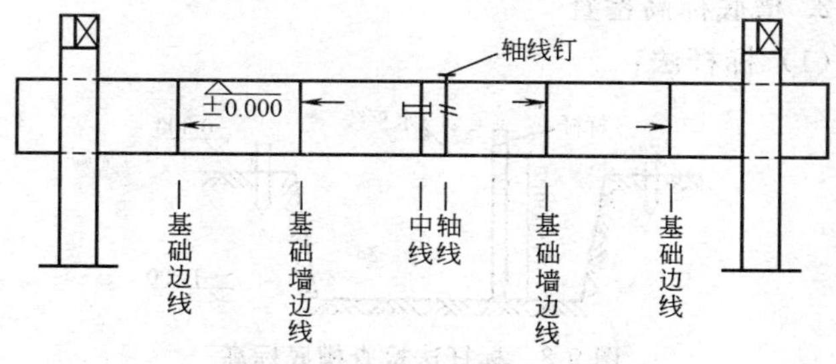

图 9-6　龙门板标线形式

9.1.4　基槽放线及挖方检查

1. 基槽放线

如图 9-7 所示，利用龙门板上轴线钉在各轴线上拉小

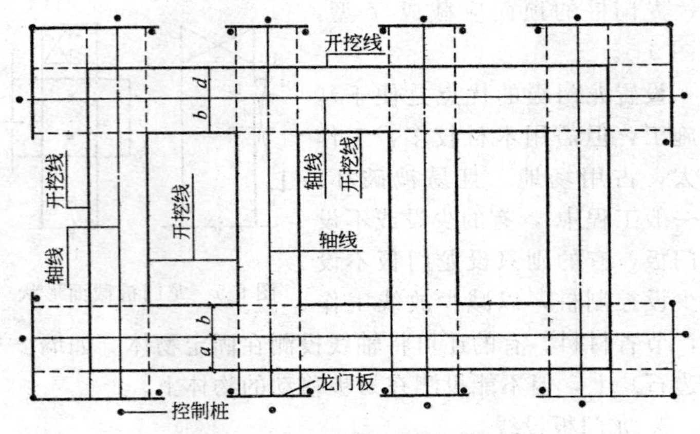

图 9-7　利用龙门板放线

线，按基槽开挖边线至轴线的宽度，沿开挖边线拉上小线，再沿小线撒白灰或拉草绳，以便挖方。

有的基础为偏中，两侧开挖边线至轴线的宽度不相等，所以要认真熟悉图纸，注意偏中的方向。

2. 槽底标高检查

(1) 标杆法：

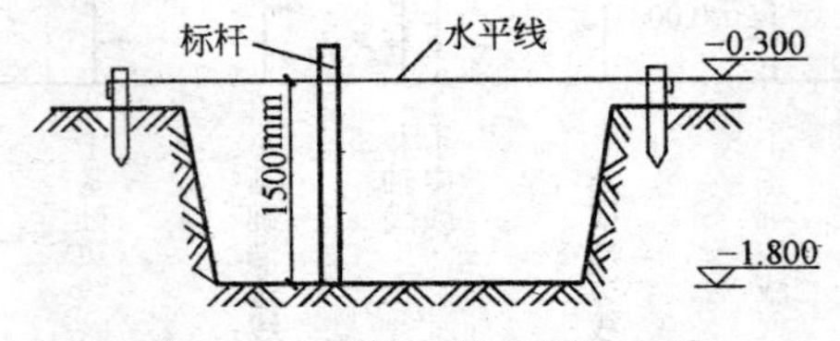

图 9-8　标杆法检查槽底标高

如图 9-8，利用两端龙门板拉小线。按龙门板顶面与槽底设计标高差，在小木杆上画一横线标记。检查时将木杆上的横线与小线相比较，横线与小线对齐时恰为要求的挖方深度。如图 9-8 所示，槽深设计标高－1.800m，龙门板顶面标高－0.300m，高差 1.500m，在小木杆 1.500m 处画横线，就可将小木杆立于槽底逐点进行检查。

（2）抄平法：

如图 9-9，当基槽将要挖到设计标高时用水准仪在槽壁每隔 3～4m 测设一水平桩，水平桩的上皮至槽底设计标高应为一个整数值。必要时还可沿水平桩上皮拉小线，作为挖槽及打垫层时控制标高的依据。

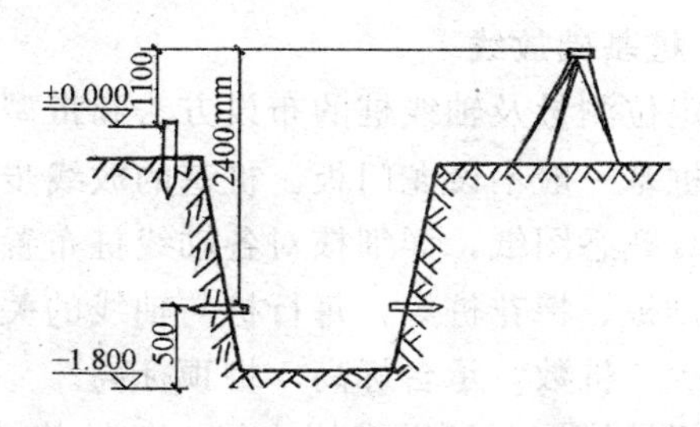

图 9-9 测水平桩检查槽底标高

槽底对设计标高的允许误差为＋0，－50mm。

【例 2】 如图 9-9 中槽底设计标高为－1.800m，龙门板标高±0.000，欲测比槽底高 0.500m 水平桩，步骤如下：

【解】（1）水平桩与龙门板高差 1.800－0.500＝1.300m。

（2）立尺于龙门板上，测得后视读数为 1.100m。

（3）前视应读读数1.300＋1.100＝2.400m。

（4）立尺于槽壁，上下移动尺身，当视线正照准 2400m

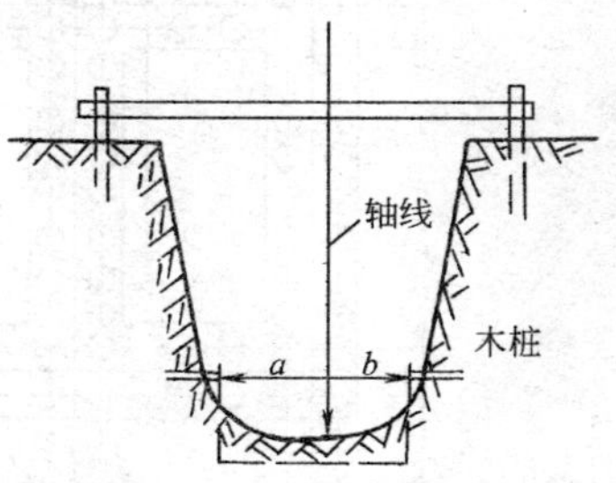

图 9-10 利用轴线检查槽底宽

时停住，沿尺底钉木桩。

3. 槽底宽度检查

如图 9-10，先利用轴线钉拉小线，然后用线坠将轴线引测到槽底，根据轴线检查两侧挖方宽度是否符合槽底宽度。

如果因挖方尺寸小于应挖宽度而需要修整，可在槽壁上钉木桩，让木桩顶端对齐槽底应挖边线，然后再按木桩进行修边清底。

9.1.5 桩基础放线

桩基的定位测量及轴线桩的布设方法和带型基础的定位方法相同，桩基一般不设龙门板。桩基的放线步骤如下：

（1）认真熟悉图纸，详细核对各轴线桩布置情况，是单排桩还是双排桩、梅花桩等，每行桩与轴线的关系，是否偏中，桩距多少，桩数，承台标高，桩顶标高。

（2）根据轴线控制桩纵横拉小线，把轴线放到地面上。如图 9-11，从纵横轴线交点起，按桩位布置图，逐轴线逐个桩量尺定位，在桩中心钉上木桩。

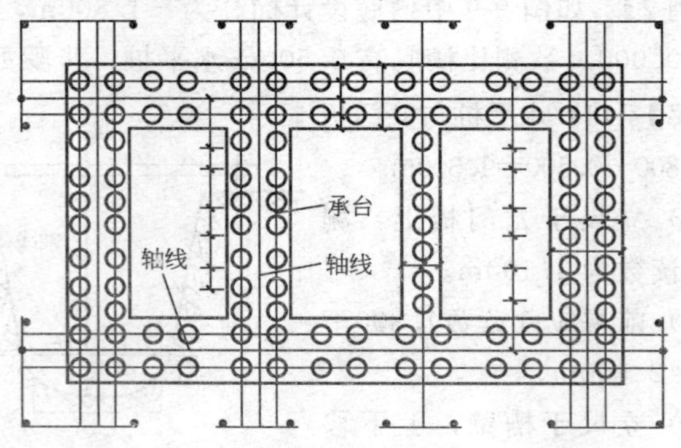

图 9-11　桩平面布置图

（3）每个桩中心都钉固定标志，一般用4cm×4cm木方钉牢，或用浅颜色标志，以便钻机在成孔过程中及时准确地找准桩位。

（4）桩基成孔后，浇筑混凝土前在每个桩附近重新抄测标高桩，以便正确掌握桩顶标高和钢筋外露长度。

桩顶混凝土标高误差应在承台梁保护层厚度或承台梁垫层厚度范围内。桩距误差不大于桩径的四分之一。

桩基与带型基槽相比有以下特点：

（1）带型基础比较规则，出现错误易于发现也易于改正；桩基均位于地下，出现问题不易发现也不易改正。

（2）桩基是单个成孔施工，钻机在场内移动，工作面较乱，且又需逐个控制标高，因此易出现误差偏大、超过允许误差等问题，甚至造成废桩。

（3）各轴线桩位布置情况可能各有不同，所以桩基施工是一项细致工作，放线工要跟班作业，随时核对检查。

9.2 砌筑过程中的抄平放线

9.2.1 基础垫层上的投线

根据龙门板或轴线控制桩上的轴线钉，用经纬仪将基础轴线投测在垫层上（也可在对应的龙门板间拉小线，然后用线坠将轴线投测在垫层上）。再根据轴线按基础底宽，用墨线标出基础边线，作为砌筑基础的依据。如果未设垫层可在槽底钉木桩，把轴线及基础边线都投测在木桩上，如图9-12所示。

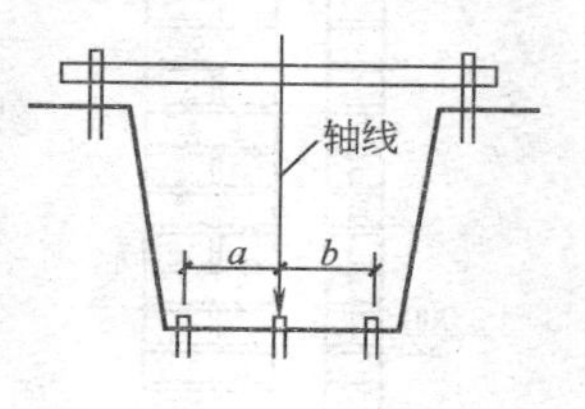

图9-12 基础放线

基础放线是保证墙体平面位置的关键工序，是体现定位测量精度的主要环节。稍有疏忽就会造成错位。放线过程中要注意以下环节：

（1）龙门板在挖槽过程中易被碰动。因此，在投线前要对控制桩、龙门板进行复查，发现问题及时纠正。

（2）对于偏中基础，要注意偏中的方向。

（3）附墙垛、烟囱、温度缝、洞口等特殊部位要标清楚，防止遗忘。

（4）基础砌体宽度不准出现负值。

9.2.2 怎样画皮数杆

皮数杆（也叫线杆）是控制砌体标高的重要依据。画皮数杆要按建筑剖面图和有关大样图的标高尺寸进行。在皮数杆上应标明砖层、门窗洞口、过梁、楼层板、预留孔等的标高位置。如图 9-13，皮数杆的前几层砖要标明砖层顺序号，要按建筑标高画砖层。有的洞口或楼层尺寸不恰好是砖层的整数倍，红砖厚度也有差别，这时对砖层厚度允许做适当调整。画皮数杆时一般先画出一根标准杆，经检查无误后，将待画的皮数杆与标准杆并列放在一起，然后用方尺同时画出各杆尺寸线，这样既快又能减少差错。

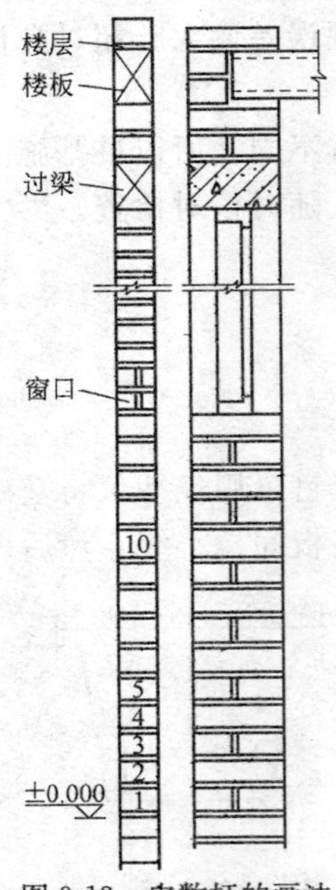

图 9-13 皮数杆的画法

9.2.3 立皮数杆

1. 立基础皮数杆

立皮数杆的基准点是±0.000。

画基础线杆的依据是基础剖面

图，不同剖面的基础要分别画线杆。

如图 9-14，立杆方法一般是先在立杆处钉一木桩，用水准仪在木桩侧面测设高于基础底面某一数值（如 10cm）的标高线，在皮数杆上也从±0.000 下返出同一标高线，立杆时将两条标高线对齐，用钉钉牢。由于槽底或垫层表面标高误差较大，皮数杆上要从下往上标出砖的层数序号。防止出现偏行（层）。

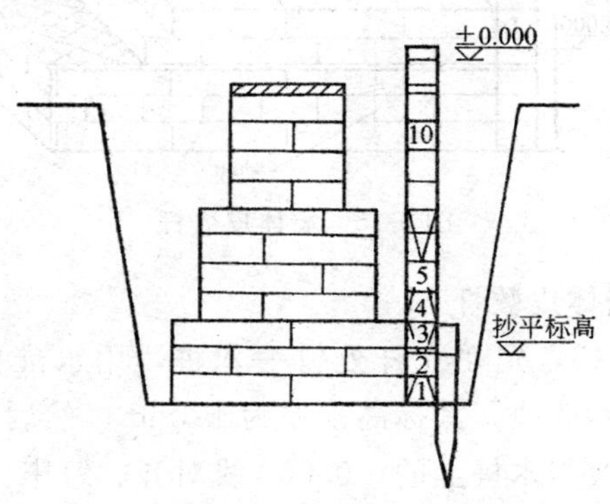

图 9-14 基础皮数杆

2. 防潮层抄平及投线

抹防潮层前，要用水准仪抄测出防潮层表面的设计标高，沿基础每隔 3～4m 做一点标记，以便抹防潮层找平，防潮层的标高误差为±5mm。

防潮层抹完后，根据龙门板或控制桩把墙体轴线投测在防潮层上，轴线投点误差为±5mm。把轴线延长，标记在基础墙立面上，见图 9-15。

需要注意的是，施工验收规范中的各项允许误差，不是放线的允许误差，只有放线误差小于砌体的允许误差，才能满足砌体的误差要求。

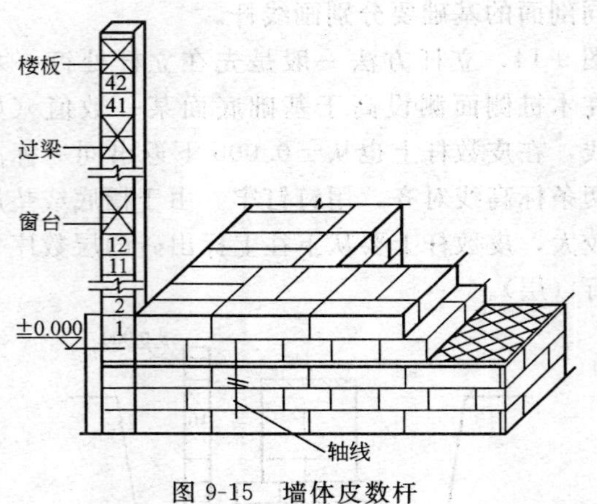

图 9-15　墙体皮数杆

3. 立墙体皮数杆

如图 9-15，先在立杆处钉一木桩，用水准仪在木桩上测设出±0.000 线，其标高误差为±3mm。然后将皮数杆上的±0.000 线与木桩上的±0.000 线对齐、钉牢。

皮数杆应立在墙的转角和端头处，若墙长超过 20m，中间应加设皮数杆。一般采用里架子时皮数杆立在外侧，采用外架子时皮数杆立在里侧。皮数杆要用斜拉支撑钉牢，以防倾倒或上下移动。

4. 多层建筑立皮数杆

两层以上建筑立上一层皮数杆时，要从下层皮数杆往上接。如果已砌墙顶面标高存在高差，应在砌上层墙体时纠正过来。

如果下层皮数杆被破坏，要对楼层重新抄平，以设计标高为依据立皮数杆。若砖层存在误差，应使砖层服从皮数杆，不能让皮数杆随砖层走。如图 9-16。

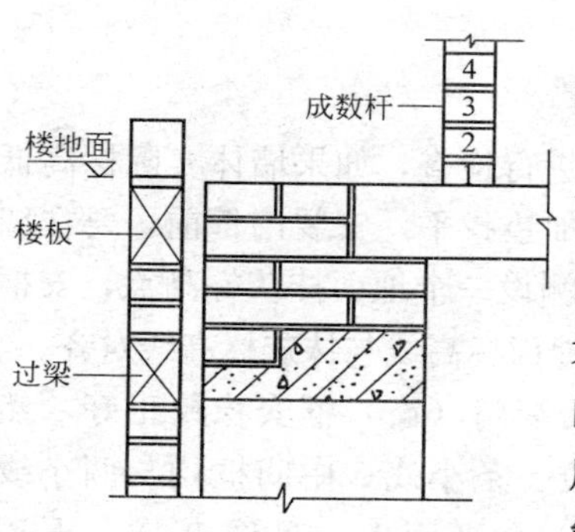

图 9-16　上下层皮数杆衔接方法

9.2.4　门窗洞口和预留孔洞的划分

1. 门窗洞口的划分

墙体砌筑前应先划分出门窗洞口的平面位置（同时划分出暖气窝位置），瓦工按门窗洞口进行摆活（俗称撂底）。尤其是清水墙砌筑中不能随意游丁走缝，只有摆好底，才能做到窗台以上墙垛宽度符合砖的模数。当墙砌到窗台处还要进行一次洞口划分。如图 9-17。箭头表示洞口边线。防潮层下是摆底时所做标记，上部是墙砌至窗台时所做标记。

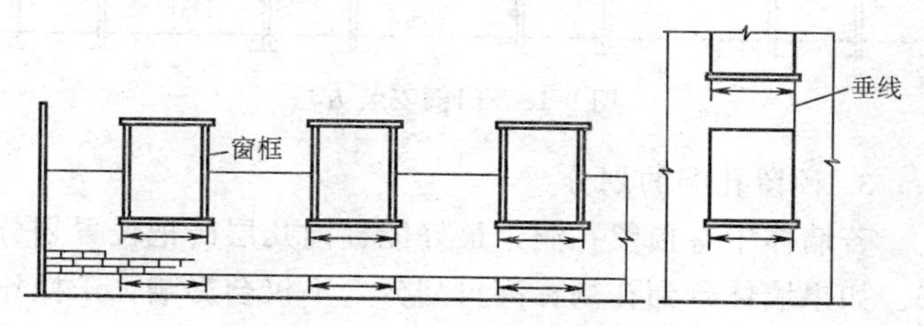

图 9-17　门窗洞口划分

划分洞口量尺寸应以轴线为依据。如果建筑物是二层以上的楼房，其上层窗口的位置应以下层窗口为主，以该层楼轴线进行校核，以便使上下层洞口上下垂直。用线坠吊直时垂线要延伸到下层窗口墙角的底部。如果建筑物层数较多，还需用经纬仪进行检查。

向里开启的双层窗（双层框），墙垛里皮尺寸并不等于平面图上的标注尺寸，若采用后塞口留洞时要按实际情况划分。

2. 门窗框安装

窗框安装前要对墙体标高进行检查，如果墙体实际标高低于设计标高，安框时应在框下加垫找平。安装门框前，要在墙顶面或楼板面上每隔 10m 左右测设一个地面抹灰标高点，安框时，要将门框制作时立边上的地面标高线与抹灰标高线对齐。

门窗框安装方法：先将两端门（窗）框安稳校正好，然后再在安好的两框间上下各拉一条小线，中间框均与两小线对齐，即可做到所有框都在一个平面上，见图 9-18。再逐个检查每个框侧面的垂直度，最后用斜撑将框拉稳定牢。

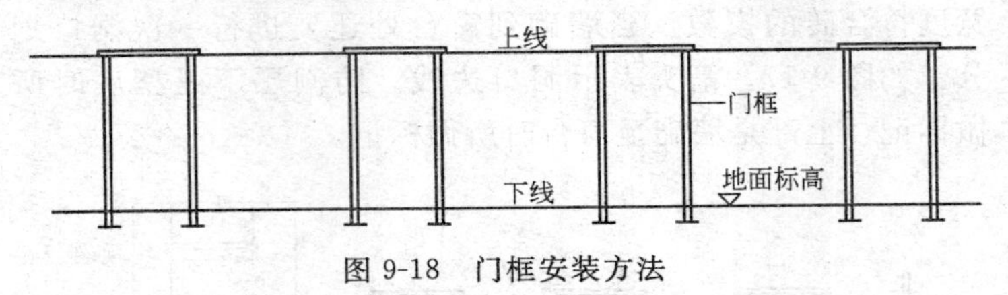

图 9-18 门框安装方法

3. 预留孔洞的划分

若墙体中有预留孔洞，最好能提前几层砖把位置划分出来。如果墙体砌到孔洞标高再划分，不仅会影响瓦工操作且容易忙中出错或遗漏。常用的标记方法如图 9-19 所示。图中箭头所指为孔洞边线，▽200 表示再砌 200mm 高开始留洞，洞高 500mm。

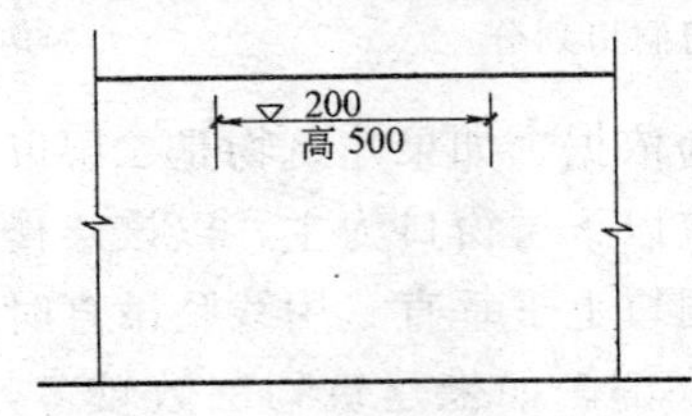

图 9-19 预留孔洞标记方法

9.2.5 建立水平线

（1）墙体砌完后都要用水准仪在室内墙上测设一条比地面高 500mm 的水平线，弹上墨线，作为室内其他工程施工及地面抹灰时掌握标高的依据。地面抹灰及楼板抄平测量误差为5mm，水磨石等中级以上地面抄平误差为3mm。500mm高的水平线位置应正确，以免因误差大，而造成地面抹灰困难。

（2）在建筑物附近建立一固定水准点，以便观测建筑物沉降并供其附属工程进行高程测量。水准点可设在旧建筑物等不发生升降变化的固定物体上，不能设在树木、电杆、临建工程等有升降变化的物体上。

9.2.6 多层建筑的抄平放线

多层建筑每层砌筑前都应抄平放线，以便对下层进行检验和纠正，并应做好记录。墙体每层垂直允许偏差为5mm，全高≤10m时允许偏差10mm；全高＞10m时允许偏差20mm，每层墙体顶标高允许偏差为±15mm。

1. 高程传递

（1）利用皮数杆传递标高。当一层楼砌完后，在一层楼皮数杆的基础上，一层一层向上接皮数杆，就可以把标高传递到各楼层。在向上接杆时要检查下层杆是否发生变动。

（2）用钢尺丈量时，一般把±0.000点设在外墙角或楼梯间，用钢尺自±0.000起向上直接丈量，把标高传递上去，然后根据从下面传上来的标高，作为该楼层抄平的依据。

2. 轴线传递

纵、横方向各确定以外墙轴线作为控制轴线，从底层直到顶层，作为各层平面丈量尺寸的依据。如果不设控制轴线，而以下层任一墙体为依据，容易造成轴线偏移。

从底层向上传递轴线有两种方法：

（1）依靠下层墙体传递，即认真检查下层墙身的垂直度后，在上层楼层上画出该墙轴线的正确位置，用吊线坠的方法检查墙身垂直。

（2）用经纬仪投测，如图 9-20 所示。观测前先用正倒镜法检查经纬仪是否存在误差。经纬仪距建筑物的水平距离要大于投点高度，视线与投点面的水平投影应尽量垂直。投点要采用正倒镜法，然后取中，投点误差为±5mm。

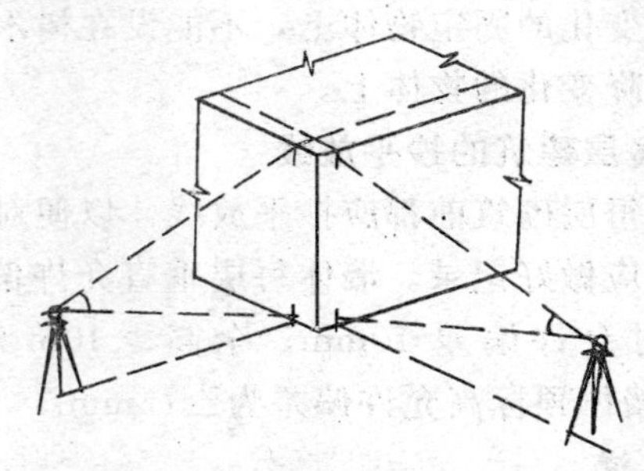

图 9-20　由底层向上传递轴线

3. 楼梯放样

不论是钢梯还是现浇整体楼梯，都应先按图放出样板，然后施工。楼梯踏步不准出现半步台阶，相邻两踏步高度差不超过 10mm。

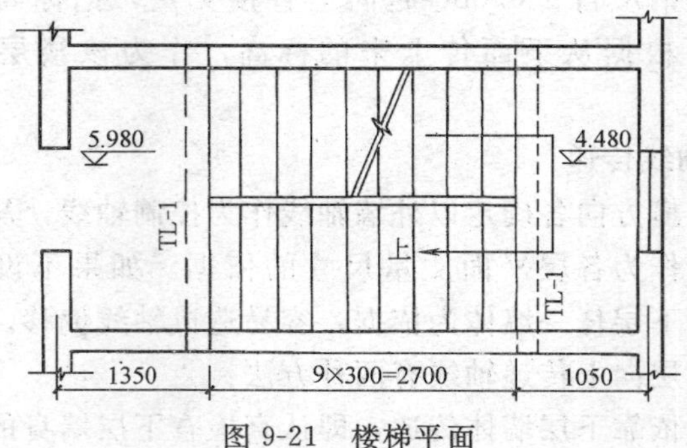

图 9-21　楼梯平面

图 9-21 是现浇楼梯平面图，试画出剖面样板，作图步骤如下：

（1）选一平整平台（水泥地面或钢平台），先作 AO、BO 两相交垂直直线，垂直方向量 9×150＝1350mm，水平方向量 9×300＝2700mm，作 AB 斜线，见图 9-22。

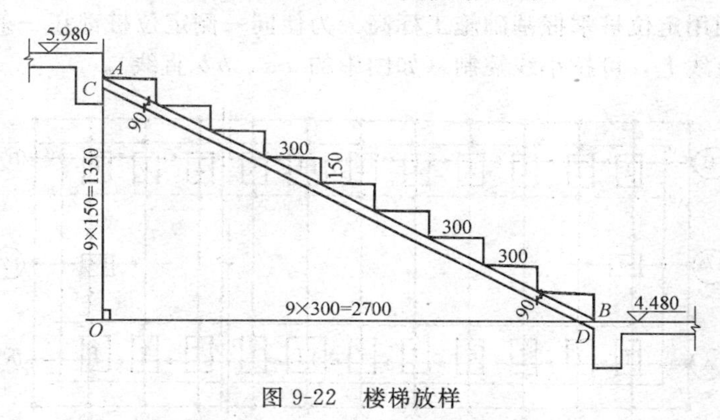

图 9-22 楼梯放样

（2）沿斜线每隔 300mm 水平距离作垂线，在垂线上截 150mm 高，并与前一垂线相连，楼梯踏步就画出来了。

（3）在 AB 斜线两端，垂直斜线量 90mm（斜板厚）作 AB 的平行线 CD，楼梯斜跑大样放样就完成了。

（4）按图纸再放出 TL-1 及平台位置。

楼梯栏杆的放样方法与楼梯踏步的放样方法道理相同。

9.3 厂房的抄平放线

9.3.1 测设基础定位桩

（1）认真核对图纸各项平面尺寸，根据厂房控制网用直线定位法，加密控制网边上各轴线控制桩。

（2）每个独立基础四面都应设置基础定位桩，或者设置龙门板（如图 9-23 中设置的是定位桩）。测定位桩时要置仪器于轴线一端照准同轴线另一端用直线法定位，如图 9-23 中置仪器于 B 点照准 B' 来定 B 轴各点，不宜采用测直角的方法定位。定位桩（或龙门板）顶面应采用同一标高，以便利用定位桩掌握基础施工标高。为使同一侧定位桩都在一条直线上，可拉小线控制（如图中的 a-a、b-b 直线）。

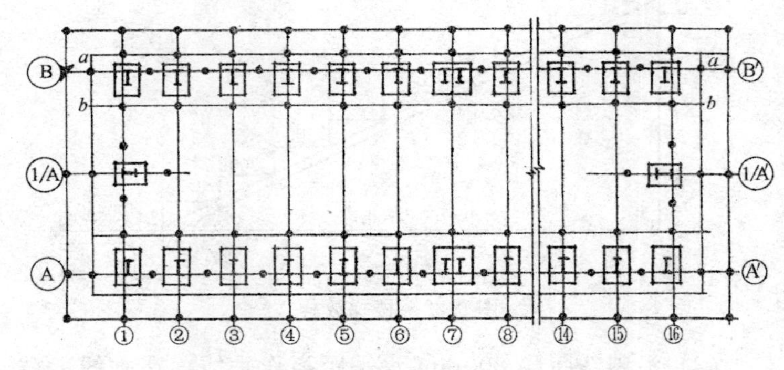

图 9-23　定位桩设置平面

实际操作中，有的放线工采用轴线定位，而有的则采用中线定位，这在基础施工过程中极易混淆，容易造成基础错位。因此，需强调统一以轴线定位，避免基础施工过程中发生误解。

9.3.2　基础抄平放线

1. 认真熟悉图纸

工业厂房柱基础中线与轴线的关系比较复杂，如第 8 章图 8-2 所示，有的偏中，有的是双柱，有的有插入距等。因此，放线时必须详细核对各项尺寸，要按基础编号辨明偏中方向，千万不要弄错。

2. 放基坑开挖边线

见图 9-24，利用基础定位桩（或龙门板）拉十字形小线，按施工组织设计要求的放坡宽度，从小线向两侧分出基坑开挖边线，然后沿开挖线撒白灰，或在四角钉小桩拉草绳，标出挖方范围，即可挖方。挖方深度允许误差为＋0，－50mm。

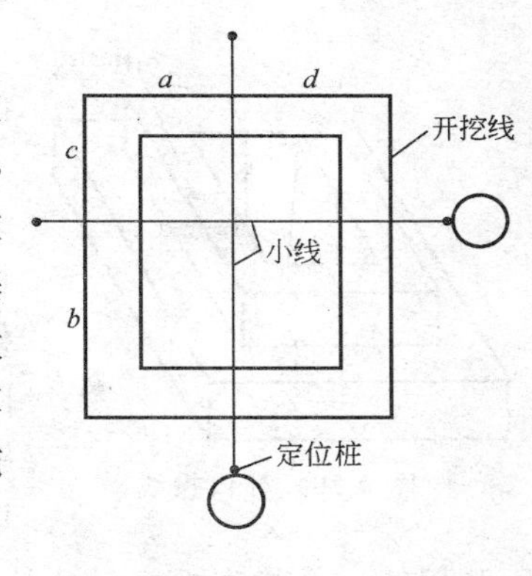

图 9-24　柱基础放线

3. 杯型基础支模放线

（1）垫层浇完后，根据定位桩把基础轴线投测在垫层上，作为支模的依据。

（2）把线坠挂在定位桩拉的小线上，将模板及杯芯上的轴线与垂线对齐（如图 9-25 所示），即可定出基础及杯口的正确位置。如为大型或重要基础，应用经纬仪投线。

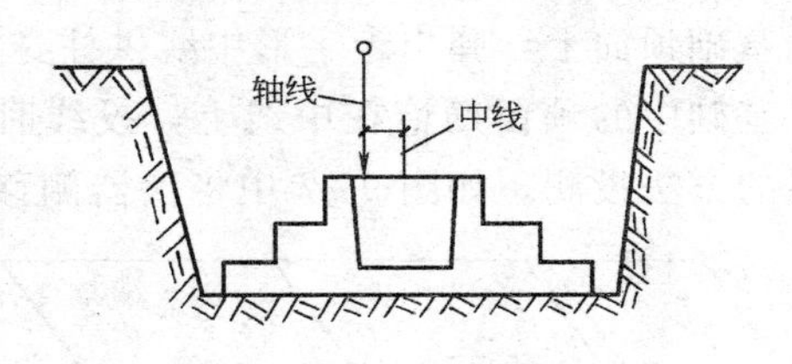

图 9-25　基础支模投线

（3）用水准仪，或借助定位桩拉小线，用标杆法在模板里侧抄出基础顶面设计标高，并钉上小钉，供浇混凝土时掌握标高用。还应检查杯芯底标高是否符合要求。

4. 杯口投线及抄平

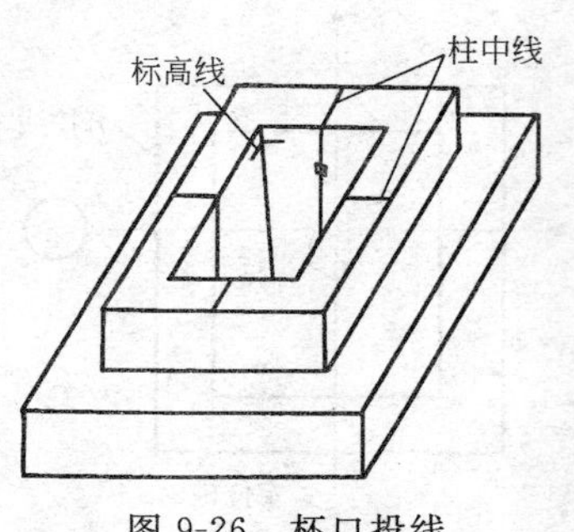

图 9-26　杯口投线

（1）校核轴线控制桩、定位桩、高程点是否发生变动。

（2）根据轴线控制桩（或经检查的定位桩），用经纬仪把中线投测在基础顶面上，并作标记，供吊装柱子使用（如图 9-26）。基础中线对定位轴线的允许误差为±5mm。把杯口中线引测到杯底，在杯口立面弹墨线，并检查杯底尺寸是否符合要求。

（3）为给杯底找平提供依据，在杯口内壁四角测设一条标高线。该标高线一般取比杯口顶面设计标高低 10cm，以便根据标高线修整杯底。

5. 捣制柱基础的抄平放线

捣制柱基础底部的定位、支模放线与杯型基础相同。

当基础混凝土凝固后，即根据轴线控制桩或定位桩，将中线投测到基础顶面上，弹出十字形中线供柱身支模及校正之用。有时基础中的预留筋恰在中线上，投线时不能通视，可采用借线的方法投测。如图 9-27 中将仪器侧移置在 a 点，

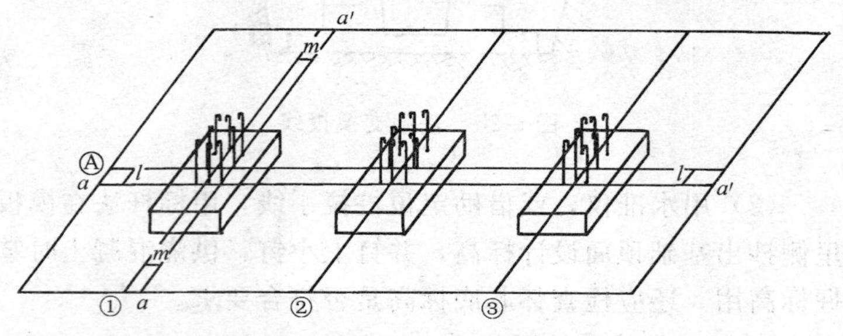

图 9-27　现浇柱基础投线

先测出与柱中线相平行的 aa' 直线，然后再根据 aa' 直线恢复柱中线位置。

在基础预留钢筋上用水准仪测设出某一标高线，作为柱身控制标高的依据。

每根柱除给出中线外，为便于支模，还应弹出柱的断面边线。

9.3.3 柱身支模垂直度校正

1. 吊线法校正

制作模板时，在四面模板外侧的下端和上端都标出中线。安装过程中先将模板下端的四条中线分别与基础顶面的四条中线对齐。模板立稳后，一人在模板上端对齐中线用线坠向下作垂线。如果垂线与下端中线重合，表示模板在这个方向垂直（如图 9-28）。用同法再校正另一个方向，当纵、横两个方向同时垂直，柱截面为矩形（两对角线长度相等）时，模板就校正好了。

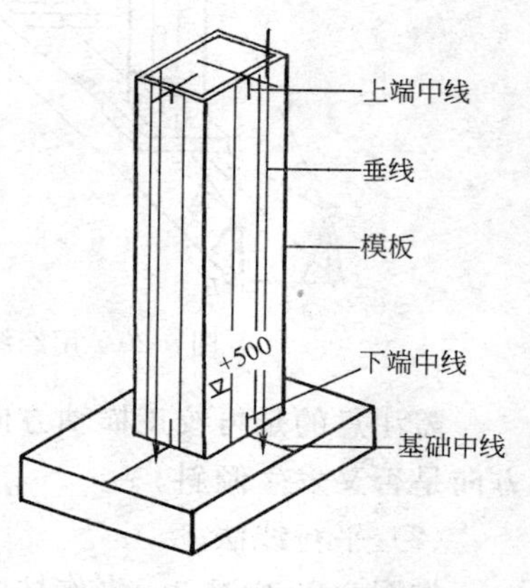

图 9-28 吊线法校正模板

2. 经纬仪校正

（1）投线法

如图 9-29，仪器至柱子的距离应大于投点高度。先用经纬仪照准模板下端中线，然后仰起望远镜观察模板上端中线。如果中线偏离视线，要校正上端模板，使中线与视线重合。

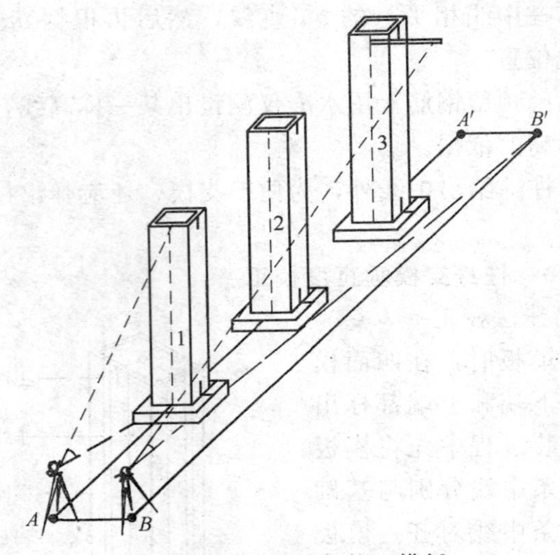

图 9-29　用经纬仪校正模板

需注意的是再校正横轴方向时，要检查已校正好的纵轴方向是否又发生倾斜。

（2）平行线法

如图 9-29 中柱 3，先作柱中线的平行线，平行线至中线的距离一般可取 1m。做一木尺，在尺上用墨线标出 1m 标志，由一人在模板上端持木尺，把尺的零端对齐中线，水平地伸向观测方向。仪器置于 B 点，照准 B' 点。然后抬高望远镜观看木尺，若视线正照准尺上 1m 标志，表示模板在这个方向垂直；如果尺上 1m 标志偏离视线，要校正上端模板，使尺上标志与视线重合。

3. 模板标高抄测

柱身模板垂直度校正好后，在模板外侧测设一标高线，作为量测柱顶标高、安装铁件、牛腿支模等各种标高的依据。标高线一般比地面高 0.5m，每根柱不少于两点，点位要选择在便于量尺、不易移动、标记明显的位置上，并注明标高数值。

4. 柱拆模后的抄平放线

柱拆模后要把中线和标高线抄测在柱表面上，供下一步砌筑、装修使用。

（1）投测中线：根据基础表面的柱中线，在下端立面上标出中线位置，然后用吊线法或经纬仪投点法，把中线投测到柱上端的立面上。

（2）测设水平线：在每根柱立面上抄测高 0.50m 的标高线。

9.3.4 钢柱基础的抄平放线

钢柱基础垫层以下的定位放线方法与杯型基础相同。钢柱基础的特点是基础较深，而且基础中埋有地脚螺栓，其平面位置和标高精度要求高，一旦螺栓位置偏差超限，会给钢柱安装造成困难。

1. 垫层中线投线

垫层混凝土凝固后，应根据控制桩用经纬仪把柱中线投测在垫层上，同时根据中线弹出螺栓及螺栓固定架位置，如图 9-30。

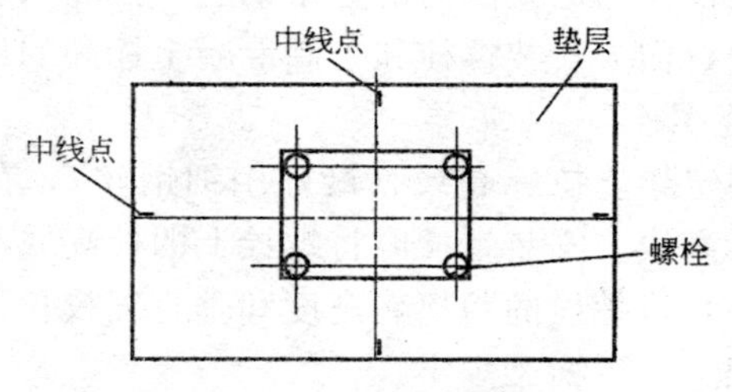

图 9-30 钢柱基础垫层放线

2. 安置螺栓固定架

为保证地脚螺栓的正确位置，工程中常用型钢制成固定架用来固定螺栓，如图 9-31 所示。固定架要有足够的刚度，防止在浇筑混凝土过程中发生变形。固定架的内口尺寸应是螺栓的外边线，以便焊接螺栓。安置固定架时，把固定架上的中线用吊垂线的方法与垫层上的中线对齐，将固定架四角用钢板垫稳垫平，然后再把垫板、固定架、斜支撑与垫层中的预埋件焊牢。

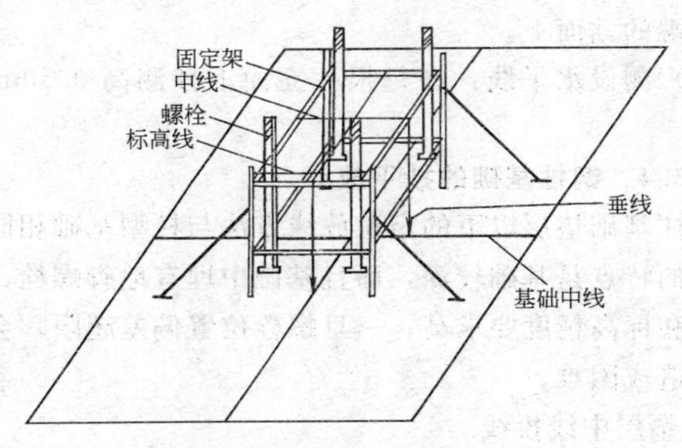

图 9-31　地脚螺栓固定方式

3. 固定架标高抄测

用水准仪在固定架四角的立角钢上，抄测出基础顶面的设计标高线，作为安装螺栓和控制混凝土标高的依据。

4. 安装螺栓

先在固定架上拉标高线（最好用细钢丝），在螺栓上也划出同一标高线，安装螺栓时将螺栓上的标高线与固定架上标高线对齐，待螺栓的距离、高度和垂直度校正好后，将螺栓与固定架上、下横梁焊牢。

5. 检查校正

用经纬仪检查固定架中线，其投点误差（相对于控制桩）不应大于±2mm。用水准仪检查基础顶面标高线允许偏差为－5mm，施工时混凝土顶面可稍低于设计标高。地脚螺栓不宜低于设计标高，允许偏差为＋20、－0，中心线位移为5mm。

基础混凝土浇筑后，应立即对螺栓位置进行检查，发现问题及时处理。

为节省钢材，有的基础采用木固定架，木架要和模板联结在一起，并且要有足够的刚度，以保证螺栓的竖向稳定。因木固定架稳定性较差，浇筑混凝土过程中要加强观测。

9.4 设备基础的定位放线

9.4.1 设备基础的定位程序

设备基础施工程序有两种情况。一种是设备基础和柱基础同时施工，采用这种施工方案多数为大型设备基础，这时可根据厂房柱轴线控制桩定位；另一种是厂房围护墙体已完成后才施工设备基础，这时要采用厂房内控系统定位放线。

设备基础有独立基础和联动生产线两种，联动生产线的定位，不仅要按厂房轴线定位，同时必须建立统一的主轴线或控制网，以保证设备安装时能吻合衔接。

有的设备有很多条螺栓组轴线，但决定设备基础在厂房中平面位置的只有纵、横各一条主轴线，它是定位的依据，其他轴线只能根据设备主轴线来测设，不能脱离设备主轴线而按厂房中的其他轴线定位。

在扩建厂房中，若扩建部分的设备和原厂房设备有联动关系，定位时应尽量找出原有设备轴线，作为扩建部分设备定位的依据，以保证新旧设备安装时能吻合衔接。

9.4.2 厂房内控系统的设置

1. 以柱身轴线为内控系统

对于一般中小型设备，可根据柱身轴线（中线）来测设设备基础的平面位置。预制柱吊装时都存在位移偏差，对于平面位置精度要求较高的设备基础，要把杯型基础顶面的中线引测到柱立面上，作为设备基础定位的依据。图 9-32 中左图是设备基础平面图，右图是定位平面图，定位步骤如下。

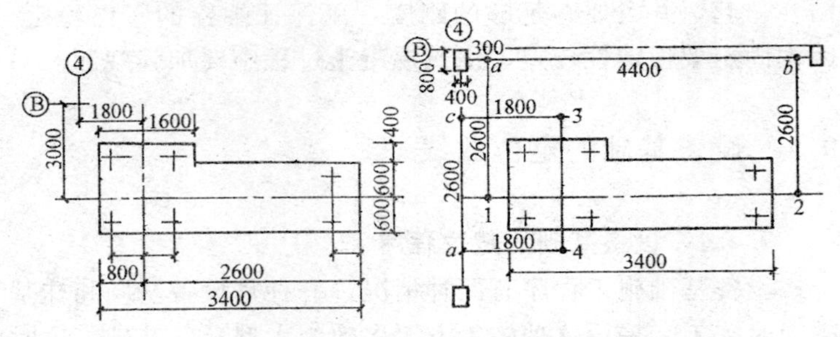

图 9-32 设备基础定位（mm）

（1）先找出柱子轴线（中线），设定位桩距基础边线为 50cm。

（2）在④轴及Ⓑ轴柱间拉小线。在Ⓑ轴沿小线从④轴柱外皮量 300（轴线 500）钉木桩 a，标出十字线。再继续量 4400 钉木桩 b，标出十字线。在④从Ⓑ轴柱外皮量 700（轴线 1500）钉木桩 c，标出十字线。继续量 2600，钉木桩 d，标出十字线。

（3）从 a 点起用作Ⓑ轴垂线的方法量 2600（轴线 3000）定 1 点，从 b 点量 2600 定 2 点，从 c 点起用作④轴垂线的方法量 1800 定出 3 点，从 d 点量 1800 定出 4 点。

（4）检查 1 点距④轴距离应为 500，1、2 点间距离应为

4400，3、4 点间距离应为 2600，3 点距Ⓑ轴距离应为 1100。

2. 建立内部控制网

大型设备基础如电站汽轮机基础、选矿车间生产流水线等不仅占地面积大，且结构复杂，为满足施工的需要，设备基础的定位要像建筑物那样，测设出控制网并建立高程控制点。控制桩要选在土质坚实、不妨碍施工、易于保护的地方，并加以保护。

3. 建立基础轴线点

在厂房施工过程中，内部地形环境往往不适合建立控制网，可将设备基础的主轴线引测到柱间设置的横梁上，如图 9-33。方法是在两柱间水平焊一角（槽）钢，厂房砌筑前将设备基础主要轴线投测在角钢的横梁上。如果是混凝土柱，要在设置横梁处预先埋设铁件，横梁高度要适宜，中间产生挠度处可加设支撑。

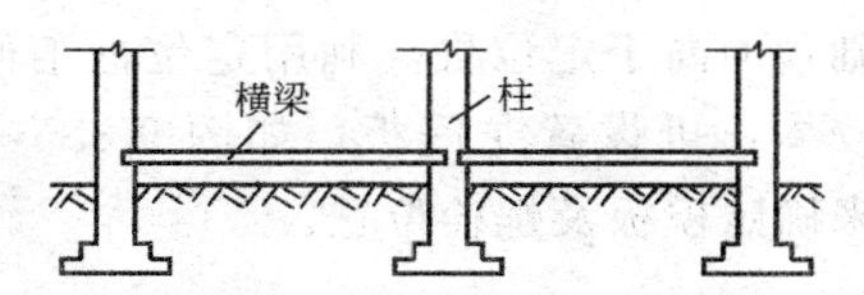

图 9-33 设横梁引测基础轴线

9.4.3 设备基础的抄平放线

1. 基础放线

设备基础的放线与柱基础的放线方法基本相同。小的设备基础相当于独立柱基础，大的设备基础相当一栋建筑物，要测设出各轴线控制桩，有的还要设置龙门板，螺栓组较多的要设螺栓中线桩，以满足支模、安装螺栓、安放铁件的需要。

2. 基础上层放线

设备基础上层放线指的是支模过程中利用各轴线桩来确

定基础顶面螺栓、孔洞、隔墙、沟道的位置。基础主轴线确定以后，其他各中线都应以主要轴线为依据来划分细部尺寸。如图 9-34 中，定位时先测出 *a-a*、*b-b* 轴线，其他中线都依据 *a-a*、*b-b* 轴线量距得出。

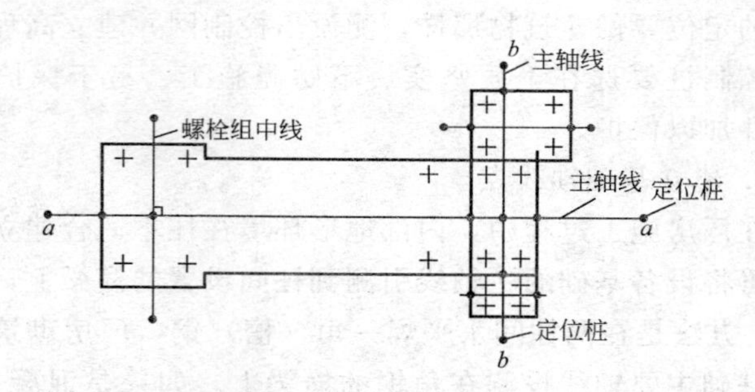

图 9-34　设备基础放线

3. 龙门板的设置

如果基础顶面高于定位桩，利用定位桩不便支模投线；或螺栓中线较多，可设置龙门板，如图 9-35。然后利用龙门板拉通线来确定模板及螺栓位置。

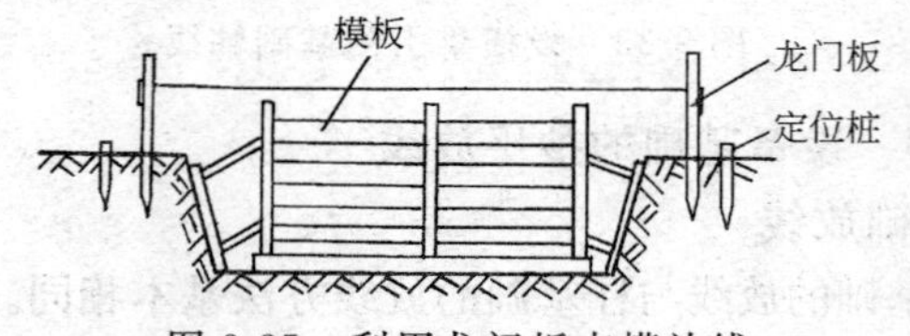

图 9-35　利用龙门板支模放线

4. 模板及螺栓抄平

混凝土设备基础拆模后的允许偏差坐标位移（纵横轴线）±20mm；平面标高＋0，－20mm；预埋地脚螺栓标高＋20mm，－0；中心距±2mm；预埋地脚螺栓孔中心线位置偏移±10mm；深度尺寸+20mm，−0；孔铅直度10mm。螺栓平面位置的布置及标高测量是一项细致的工作，因螺栓错位造成设备无法安装的事不乏其例。所以在支模后浇筑混凝土前对基础平面尺寸及标高进行检查是一道很必要的工序。

5. 基础拆模后的抄平放线

基础拆模后要及时投线抄平。根据轴线控制桩用经纬仪或拉线的方法把各轴线、中线都测设在基础顶面上，并检查各螺栓位置是否正确，发现超过允许偏差而影响设备安装者要及时处理。

对框架式或平台式设备基础，要将轴线投测到平台上，为设备安装提供依据。

在基础四角立面上测设一条标高线，该标高线宜比基础顶面设计标高低5cm或10cm，并标注标高数值。

对于重要的设备基础，为了在施工过程中能保存好中线标志，应在中线位置埋设标板，然后投线。如联动生产线的基础轴线，重要设备的纵横轴线，结构复杂的工业炉基础，环形设备基础的中心点等轴线位置都应埋设钢质标板。标板形式可参考图9-36，投线后在标板上用钢冲凿出明显标记。

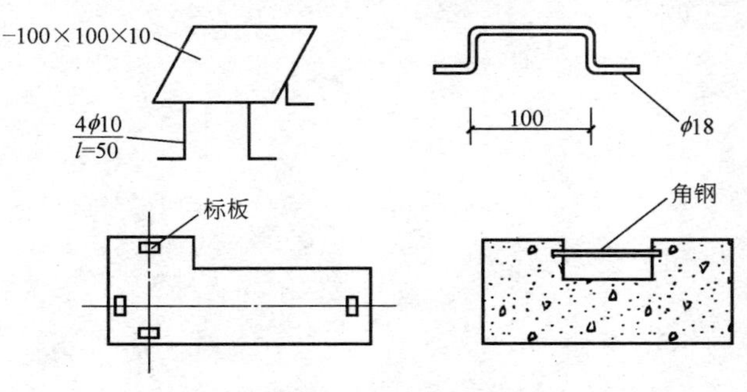

图9-36 预埋标板形式（单位mm）

9.5 抄平放线工作中的注意事项

(1) 认真熟悉图纸，坚持按图施工。如已完成的工序出现偏差，仍以图示尺寸进行放线。设计若有变更要及时标记在相应的图纸上，防止因遗忘而造成错误。

(2) 定位过程出现的废桩、无用的标线要毁掉，防止施工过程中用错。

(3) 每次抄平放线后都应进行复查，防止出现错误，各项数据应坚持笔算，避免心算。

(4) 各种标桩、标点要加以保护，使用前要检查点位有无变化。

10 厂房结构安装放线及校正测量

10.1 放线前的准备工作

10.1.1 认真熟悉图纸

工业厂房多采用装配式结构，一个单位工程中预制构件的规格、型号很多，结构形式比较复杂。放线前要按结构平面布置图把各种型号构件的数量、规格、断面尺寸、各部位标高、预埋件位置等有关数据分别核对清楚，然后按模板图进行放线。结构安装中的放线主要是在预制构件上弹出各种标志线，为安装过程的对位、校正提供依据。

10.1.2 构件的检查与清理

将构件混凝土表面清扫干净，妨碍安装的地方要凿掉，预埋件要凿露出来，影响量尺、弹线的障碍物要清理干净，对外观有缺陷、损伤、变形、裂缝、超过允许偏差的构件要提供给有关部门研究处理。由于制作误差，构件尺寸并不那么标准，在量尺和弹线过程中要结合构件的实际尺寸，酌情找出比较合理的标线位置，以保证结构安装的精度。装配式结构中柱子安装是关键部位，柱子平面位置正确，柱身垂直，牛腿标高符合设计要求，其他构件安装才能有可靠的基础。

10.2 柱子的弹线及安装校正

钢筋混凝土预制柱安装前要做好如下标志：

（1）中线（三个侧面）；

（2）安装校正线（亦称准线）；

（3）牛腿面吊车梁安装线；

（4）屋架安装线；

（5）标高线；

（6）其他铁件、牛腿安装线；

（7）轴线编号；

（8）安装就位方向。

10.2.1 柱子的弹线方法

1. 中线的弹法

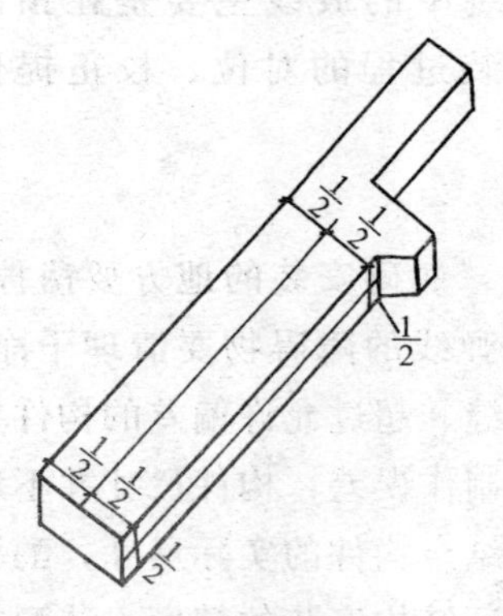

图 10-1 柱中线弹线示意

每根柱要在三个侧面弹出中线，以便安装对位，图 10-1 是柱取中和弹线示意图。方法是：在下端截面高度 1/2 处标一中点，在柱上端截面高度 1/2 处再标一中点，将两中点连线即为该柱面的中线。用同法可弹出两个面的中线。

第三个面中线要求的条件是它与对应面的中线必须互相平行。柱底四边中线连成的十字线必须互相垂直。如果柱子制作时几何尺寸存在误差，截面不是矩形，柱的各角不是直角，第三面就不能采取简单取中的方法标定中点。如图10-2中，A、B、C都是柱面的中线，但由于柱截面不呈矩形，对位时虽然A、B、C三点与杯口三条中线对齐，但柱身还是偏离正确位置。采用如下方法可做到柱底中线连线互相垂直。

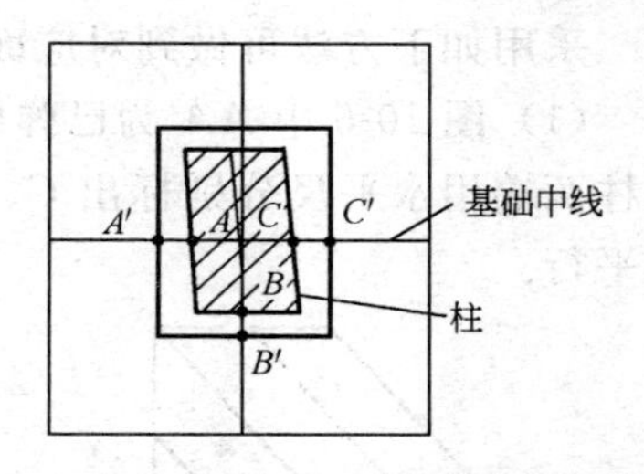

图 10-2 中线不正确对就位的影响

（1）如图10-3，A、B为已标好的两条中线。先在第四个面标中点D，作BD连线，然后过A点作BD垂线（用拐尺）并将垂线延长标出C点，用C点再弹出第三个面的中线，就可满足中线间连线互相垂直的条件。

（2）图10-4中A、B两条中线标出后，用拐尺量1、2两角，若有一直角时，量取与A点至角边相等的距离，标出C点。

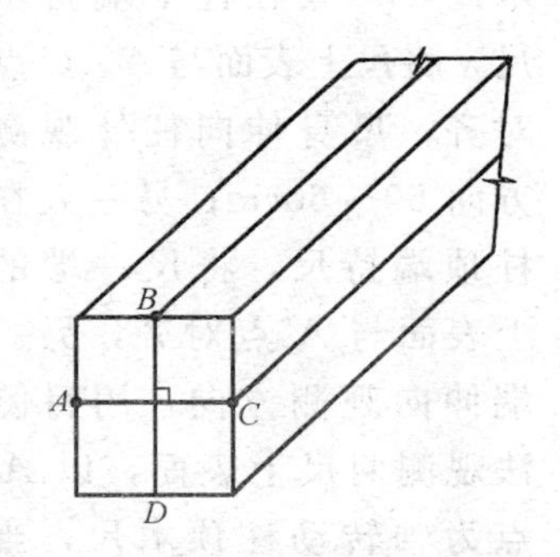

图 10-3 用垂线法标第三面中点

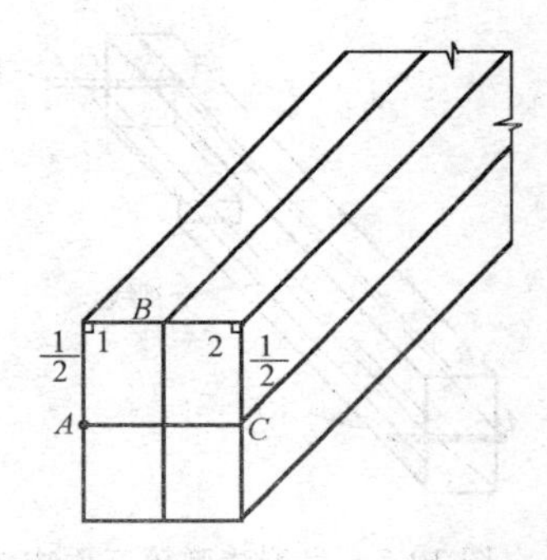

图 10-4 用量直角法标第三面中点

（3）如图10-5，A、B两条中线标出后，当BD为垂线时，利用水平尺（木工用的带气泡的水平尺），将尺的一端对齐A点，在尺的另一端可标出C点。

采用如下方法可做到对应面两条中线互相平行。

（1）图 10-6 中 AA'为已弹中线，若柱立面与垂线平行，在柱两端用水平尺分别标出 C、C'点，CC'连线与 AA'连线相平行。

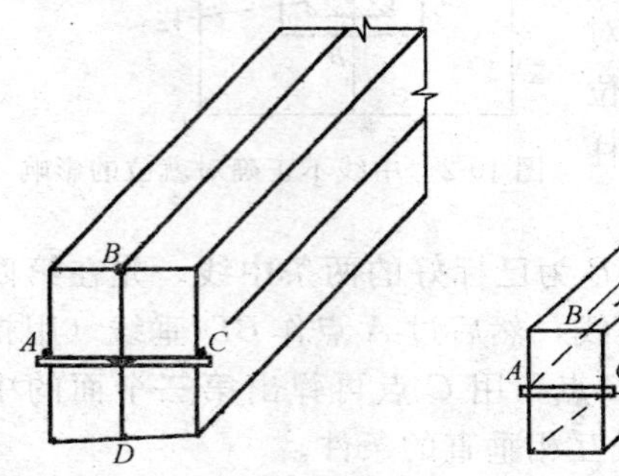

图 10-5 用水平尺标第三面中点

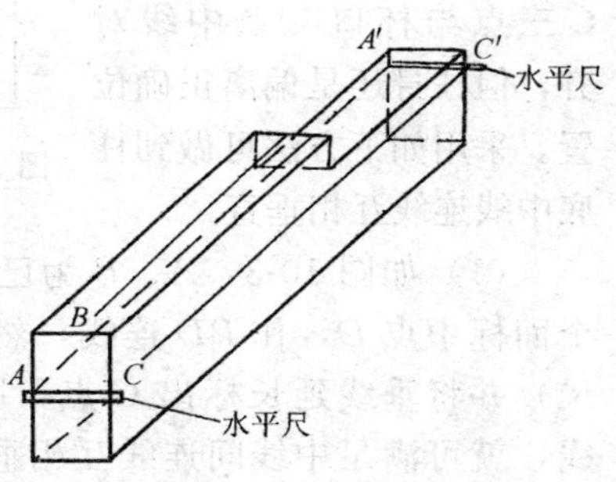

图 10-6 利用水平尺弹第三面中线

（2）图 10-7 中 AA'为已弹中线，用两根长 1.2m 左右木尺，一人在柱下端持木尺，将尺上表面与 A、C 点对齐，尺身伸向柱外观测方向 50～60cm；另一人在柱顶端持尺，将尺一端的上表面与 A'点对齐，另一端伸向观测方向，用目测法观测两尺上表面，以 A'点为轴转动柱顶木尺，当两尺面平行时，在柱顶标出 C'点。则 CC'与 AA'相平行。

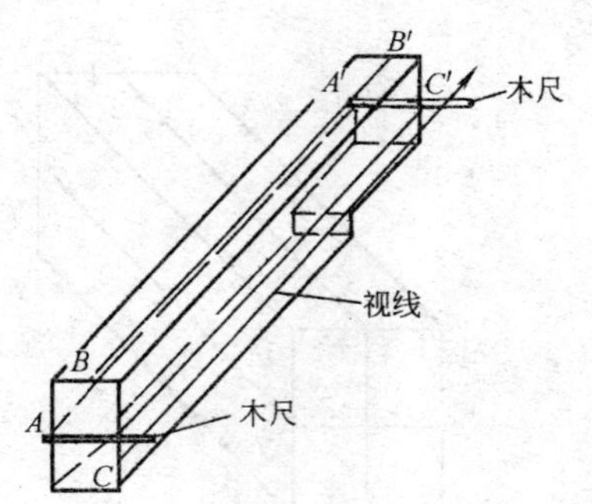

图 10-7 目测法弹第三面中线

（3）若构件截面尺寸较准确，可直接量尺取中，标出第三面的中线。

若柱为变截面（例如有牛腿的面），可采用拉通线或目测法来标出中线各点。图 10-8 是采用拉通线法标中线点的示意图，方法是：

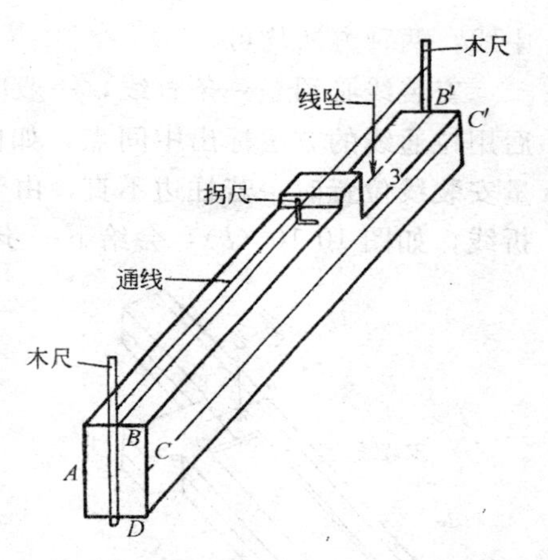

图 10-8 拉通线标中线各点

做两根木尺，尺长比牛腿处截面长 50～60cm，一人将尺边与 BD 点对齐，立稳；另一人在柱顶端将尺边与 B'对齐，以 B'点为轴转动木尺，用目测法观测，当两尺边平行时停住。在两尺间拉通线，标出中间点。如果拉线离柱面较高，可用吊线法（图中 3 点）或用拐尺把中点投测在柱面上。然后将各点连成通线。

沿尺边在柱顶弹出与 BD 相平行的中线。

2. 安装线的弹法

对于中线不能从柱脚通到柱顶的柱，或者中线不在同一平面上（如工字柱、双肢柱），安装时不便观测校正的柱，应在靠近柱边位置（一般距柱边缘为 10cm）作中线的平行线，这条从柱脚通到柱顶的线，叫安装线。

图 10-9 中如柱截面边长为 100cm，安装线距柱边 10cm，其安装线的弹法是：从柱中线向柱边量 40cm，标出 m、m'点，将 m、m'点连线并延长至柱顶，就弹出了所需的安装线。

先弹中线，后弹安装线；或者先弹安装线再依安装线弹中线，两种方法均可。

安装线必须是一条直线，一般应先标出柱两端的点，然后用拉通线的方法标出中间点，如图 10-10（a）。依据柱边量安装线位置时，若柱边不直，由于柱身弯曲，使安装线呈折线，如图 10-10（b），会给下一步工作带来困难。

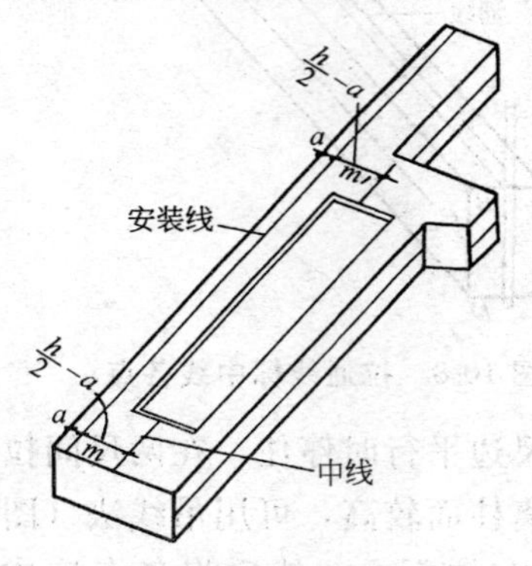

图 10-9 安装线的弹法（一）

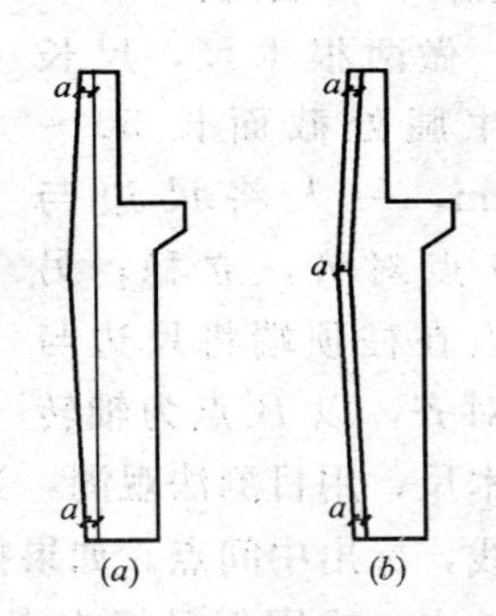

图 10-10 安装线的弹法（二）

3. 牛腿面吊车梁中线的弹法

吊车梁在牛腿面上有两条安装线，一条是横轴方向的中线，另一条是吊车梁纵向中线。横轴方向的中线可沿上、下柱的中线连线，也可根据柱截面宽度取中，纵向中线要根据柱安装线来确定。

图 10-11 中吊车梁纵向中线至安装线的距离为 h，当轴线至柱边缘没有联系尺寸时（图 10-11a）

$$h=H-a$$

当轴线至柱边缘有联系尺寸时（图 10-11b）

$$h=(H+D)-a$$

式中 H——吊车梁中线至轴线距离；

D ——轴线至柱边缘联系尺寸；

a ——安装线至柱边缘的距离。

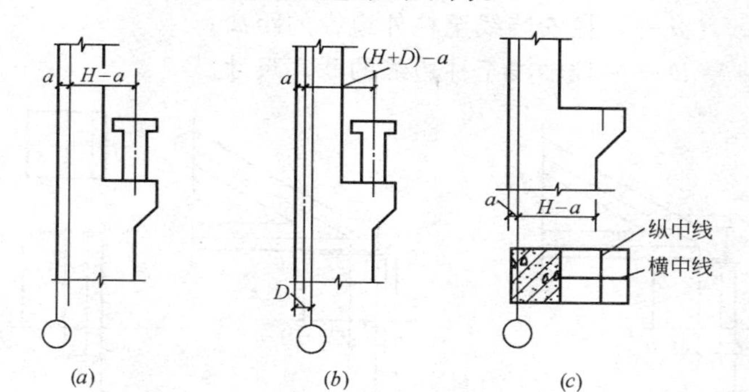

图 10-11　牛腿面吊车梁中线标法

在牛腿面上标线形式如图 10-11（c）所示，两条纵、横线要互相垂直。

端柱及伸缩缝处柱，由于吊车梁伸出柱支座外，牛腿面上中线被遮盖，不便对准就位，宜在牛腿面上标出吊车梁的边线。

4. 柱顶屋架中线的弹法

屋架在柱顶有两条安装线。一条是横轴方向的中线即柱小面中线，另一条是屋架跨度轴线。屋架安装时是以屋架几何轴线与柱顶支反力作用点相对应进行对位的。屋架跨度的轴线长度小于屋架跨度的名义长度，一般屋架跨度轴线至厂房柱轴线的距离每端为 150mm。

图 10-12 中屋架跨度轴线至柱安装线的距离 m：

柱轴线至柱外边缘没有联系尺寸时（图 10-12a）

$$m=M-a$$

柱轴线至柱外边缘有联系尺寸时（图 10-12b）

$$m=(M+D)-a$$

式中 M——屋架轴线至柱轴线的距离；

a——柱安装线至柱外边缘的距离；

D——柱轴线至柱边缘的联系尺寸。

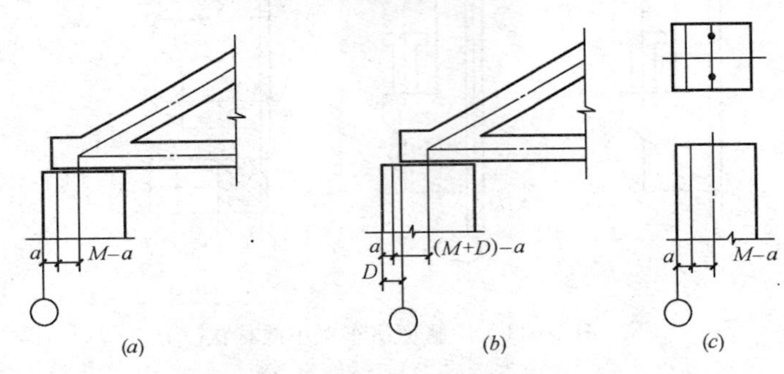

图 10-12　柱顶屋架中线的弹线方法

弹线方法是：先计算出屋架跨度轴线至柱安装线的距离 m，再从柱安装线起量出屋架轴线位置，在柱顶弹出纵轴线，如图 10-12（c），柱顶纵横两条轴线要互相垂直。

5. 柱长检查及杯底找平

（1）柱身长度检查：柱子安装时对标高要求准确的部位是承受吊车梁的牛腿面。因此，应以牛腿面为基准来检查柱长和确定柱子其他标高尺寸。若牛腿面倾斜，量尺时应以与吊车梁接触面最高的点为准向下量尺；当柱子有两个牛腿，两牛腿间实际高差又小于设计高差时，应以位于下部的牛腿面为准向下量尺；当两牛腿面间实际高差大于设计高差时，应以位于上部的牛腿面为准向下量尺；牛腿面与柱顶实际高差大于设计高差时，可适当修正牛腿面标高，这样柱子安装后，牛腿面及柱顶标高不会出现正偏差。

从图 10-13 中看出，柱底至牛腿面的设计长度 l，等于

牛腿面设计标高 H_2 减去柱底标高 H_1，即

$$l=H_2-H_1$$

H_1 是柱底标高，不是基础杯底设计标高，两者之间设计时一般留有 5cm 空隙，作为调整柱长的余地。

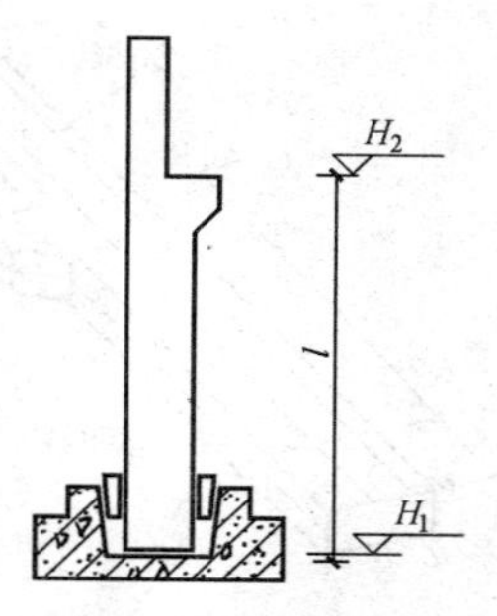

图 10-13　柱子与柱杯关系示意

如牛腿面设计标高 +7.800m，柱底标高为 −1.100m，那么牛腿面至柱底面的长度

$$l=7.800-(-1.100)=8.900\text{m}$$

柱身长度检查的具体作法如下。

用钢尺从牛腿面沿柱身向下先量出某一标高位置（一般选用±0.000 线，但距柱底宜在 1.0m～1.50m 之间），并在柱子三个侧面弹出同一标高的水平线，称“捆线”，如图 10-14。水平线与柱中线及安装线要垂直。一般用特制的拐尺画线，然后以这条水平线为标准向下量尺，检查柱底各角至水平线的长度，并将尺寸标在柱面上，作为修正杯底标高的依据。

（2）杯底找平：于杯口顶面标高下返 50mm，在杯口四角测一水平线，作为杯底找平的依据。如图 10-15 中设 H_3 为 −0.500m，那么柱底至柱水平线的长度 e 减去柱水平线与杯口水平线的高差，就是柱子插入杯口标高线以下的实际长度。然后按柱子插入杯口后各角的对应位置，在杯底立面分别标出各点杯底标高，用水泥砂浆或细石混凝土找平，即可做到柱底面与杯口底面吻合接触。

例如根据图 10-13、图 10-14、图 10-15 已知数据，进行

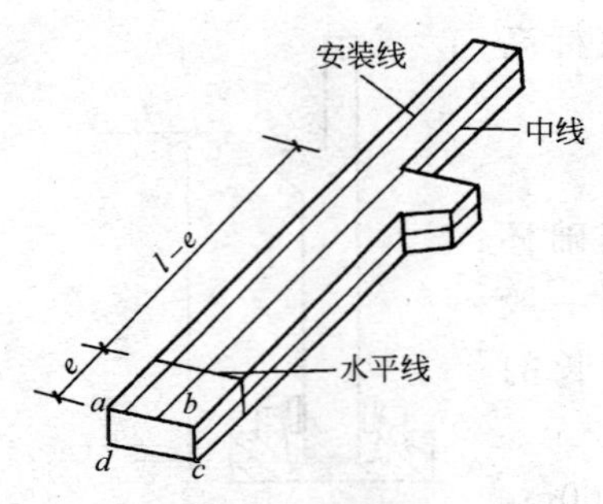

图 10-14　柱身捆线及柱长检查

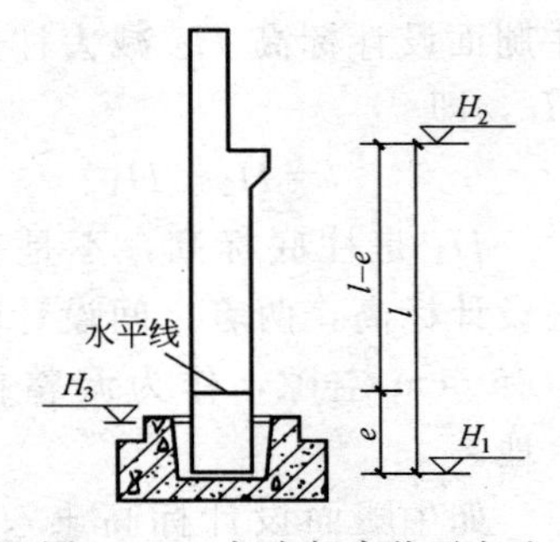

图 10-15　杯底标高找平方法

柱长检查及杯底找平，方法如下。

（1）用钢尺从牛腿面沿柱身向下量 7.80m 标出±0.000 位置，并在三个侧面弹出水平线。

（2）量出柱底各角至水平线的长度，*a* 角长 1110mm，*b* 角长 1090mm，*c* 角长 1100mm，*d* 角长 1110mm。

（3）杯口线与柱水平线高差

$$0.00-(-0.50)=0.50\text{m}$$

柱各角插入杯口线以下实际长度：

a 角 1110－500＝610mm，*b* 角 1090－500＝590mm，*c* 角 1100－500＝600mm，*d* 角 1110－500＝610mm，可从杯口线向下量出以上各角实际长度数值，进行找平。

6. 其他结构安装线的弹法

预制柱上有时还焊有钢牛腿、钢平台等，在柱子弹线时须把这些结构的安装位置标记出来。弹线方法是：在标高方向应以柱身所弹水平线为依据量尺划分，在水平方向应以柱中线或安装线为依据量尺划分，并且应在标线位置用数字或文字注明。

7. 柱的轴线编号

一个单位工程中预制柱的规格、型号很多；有的外形尺寸虽相同，但由于预埋件、配筋不同，也分很多型号。因此，要按施工图认真核对柱的型号和安装后所在的轴线位置，按轴线进行编号。安装时就可对号入座，防止出现差错。施工中可将所有柱都编号；也可只将特殊型号的柱进行编号，后者在安装就位过程中较为灵活。

8. 柱方向标志的画法

由于柱预制时平卧，朝向状态不同，对特殊型号的柱及吊装过程中不易辨别方向的柱（如双向牛腿、框架、双轴线柱等）要标明安装就位方向。方向标志的画法，如图 10-16 所示。在贴近中线或安装线边画一小三角形“▶”，柱身三角形顶尖指的方向应和杯口面三角形顶尖指的方向相一致，安装过程按柱身和基础三角形▶指的相同方向就位。一列柱中三角形顶尖指的方向应相同，一般是指向轴线数值增加的方向。如果三角形尖指的方向不规律，也容易造成错误。

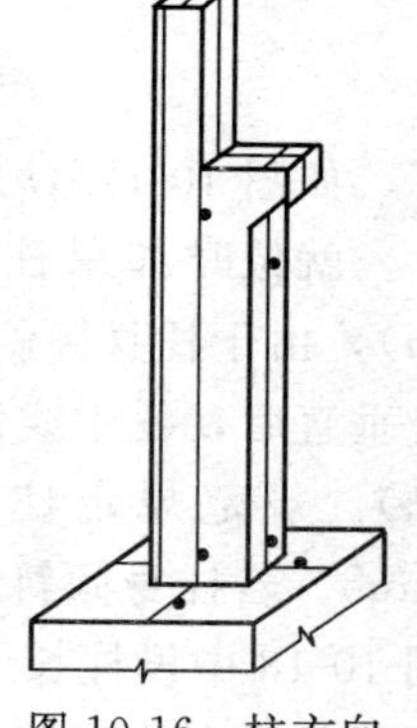

图 10-16　柱方向标志的画法

10.2.2　柱子的校正测量

1. 柱的就位与校正方法

（1）柱的安装就位：柱安装过程大都采用先就位，后校正的吊装方法。安装就位时要将柱脚下端三条中线与杯口底中线对齐，如图 10-17（*a*）。这时由于柱身倾斜，虽然柱中线没有与杯口顶面中线对齐，但校正过程柱身是以杯底中线为轴进行转动的，柱身垂直后，柱中线就与杯口中线对齐

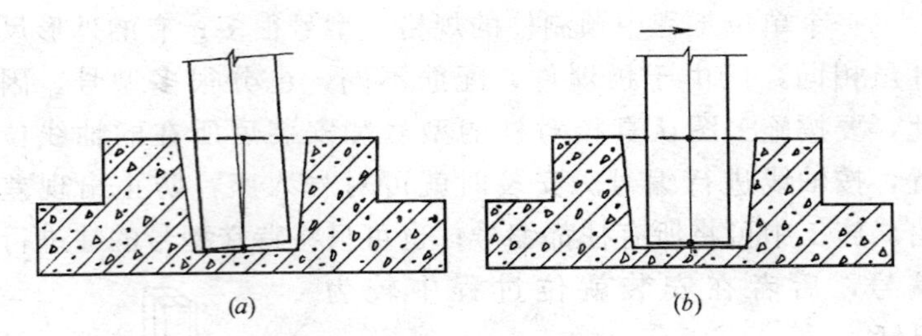

图 10-17　柱就位的正确方法

了，如图 10-17（b）。

就位时如果柱中线与柱杯上口中线对齐，如图 10-18（a），由于柱身倾斜，校正过程中柱身绕柱底中线转动，柱身垂直后，柱中线便偏离杯口中线，造成错位，如图 10-18（b）。规范规定柱中心线对定位轴线的位移允许偏差为 5mm。若柱身倾斜，校正过程引起的位移量是不可忽视的。图 10-18 中设柱长 15m，柱顶倾斜 200mm，杯口深 0.75m，校正后柱中线对杯口中线的位移量为（按相似三角形计算）

$$15:200=0.75:x$$

$$x=10\text{mm}$$

这个数值已超过规范规定的允许误差，柱子还须进行校正。

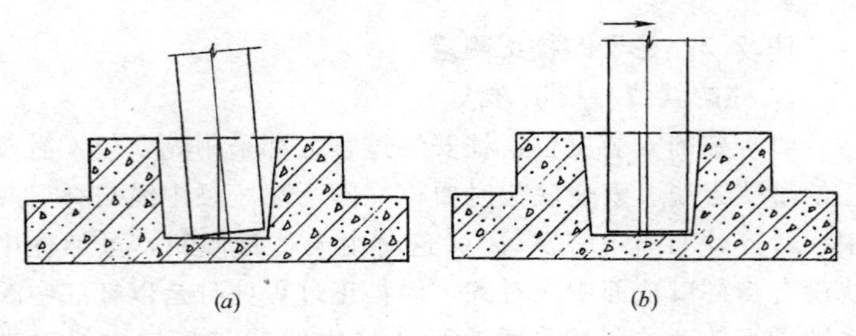

图 10-18　不正确的就位方法

（2）柱的校正方法：图 10-19（a）是用锤敲打楔子的校正方法。其作法是用锤敲打杯口楔子，给柱身施加一水平力，使柱子绕柱脚转动而垂直，此法适于 10t 以内的柱子校正。

图 10-19（b）是用千斤顶校正的方法。其作法是将千斤顶安置在杯口上，给柱身施加一水平力，使柱子绕柱脚转动而垂直。此法适用于 30t 以内的柱的校正，这是常用的方法。

图 10-19（c）是用钢管支撑斜顶的校正方法。其作法是利用斜支撑给柱施加斜向力，使柱子绕柱脚转动而垂直。

图 10-19（d）是用缆风绳校正的方法。其作法是利用倒链或紧线器拉紧缆风绳，给柱施以拉力，使柱子绕柱脚转动而垂直。此法适于柱自重较大或柱斜度较大的柱进行校正。

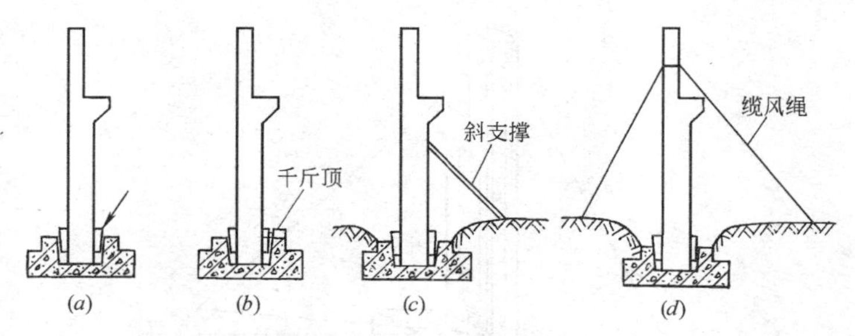

图 10-19　柱子的校正方法

柱子垂直度校好后，随即用混凝土做最后固定，以防因停放时间长而变形。

2. 柱的垂直校正测量

（1）经纬仪校正法：校正时要用 2 台经纬仪在纵横两个方向同时进行。实际工作中经常是成排的柱子，仪器不能安

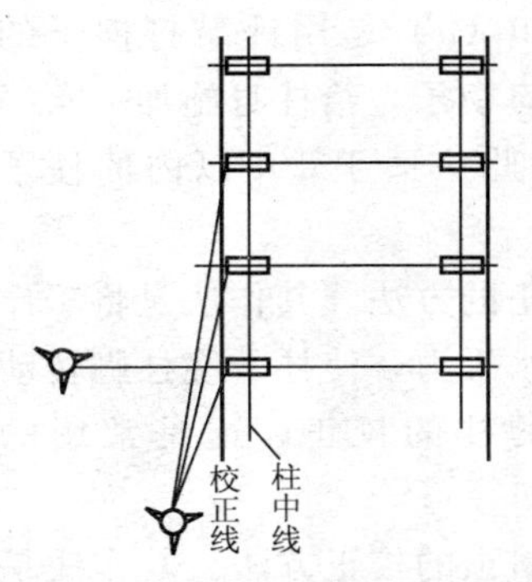

图 10-20　柱垂直校正测量

置在轴线上。因此，一台仪器安置在横轴方向上，另一台仪器可安置在纵轴线的一侧，如图 10-20。仪器至柱子的水平距离，不宜小于柱高的 1.5 倍，偏移轴线不宜大于 3m。

观测时先用望远镜照准柱校正线底部，然后逐渐抬高望远镜。若校正线偏离视线，应指挥安装人员利用校正工具转动柱身，见图 10-21。待柱子达到基本垂直后，再将视线照准校正线底部（因为在柱顶端位移过程中，柱底部也随之发生小量位移），重新抬高望远镜进行观测，直到柱顶校正线与视线重合为止。

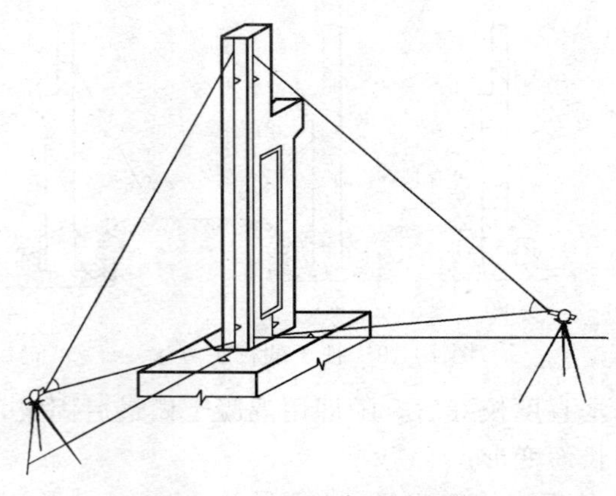

图 10-21　柱垂直校正测量

进行柱垂直校正时，应先校正垂直偏差大的方向，纵横两个方向必须都满足垂直条件。柱校正好后，要检查杯口处中线对位情况，合格后再做最后固定。

若校正线不在同一垂直面上，（如有牛腿的柱面上柱中线与下柱中线就不在同一垂直平面上），校正时仪器必须安置在轴线方向上，使视线与柱面垂直，否则柱子将难以校正垂直。仪器偏离轴线越远，误差越大。

（2）吊弹尺校正法：制作工字形吊弹尺，形状如图 10-22（*b*）所示，尺长 2～2.5m，尺身用 4cm × 5cm 木方，上下横拐用 3cm×4cm 木方制作，要求尺两端横拐等长。检查时，将尺靠在柱侧面，如图 10-22（*a*），当线坠稳定时，垂线下部与横拐顶端对齐，表示柱身垂直。此法灵活简便，适于小构件安装工程。

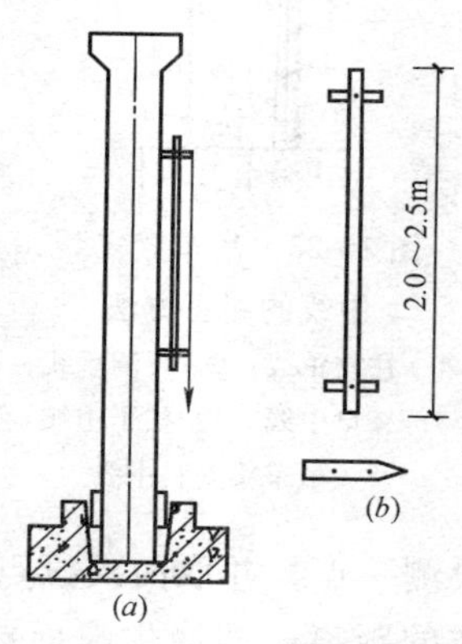

图 10-22　吊弹尺校正法

（3）抄测标高线：柱子做最后固定后，根据厂房标高控制点，在柱侧面测设一条比地面高 0.50m 的水平线，供下一步施工使用。

3. 柱垂直偏差的检查

规范规定，柱安装垂直度允许偏差，柱高等于或小于 5m 时为 5mm；大于 5m 时为 10mm；等于或大于 10m 时为柱高的 1/1000，但不大于 20mm。

柱垂直偏差的检查方法，先以望远镜正镜照准柱顶校正线，然后低转镜俯视柱底部，投测一点。同法用倒镜在柱底部再投测一点，取两次投点的中点，则该中点与柱底校正线间的距离，就是柱子的垂直偏差值，参见图 10-23。

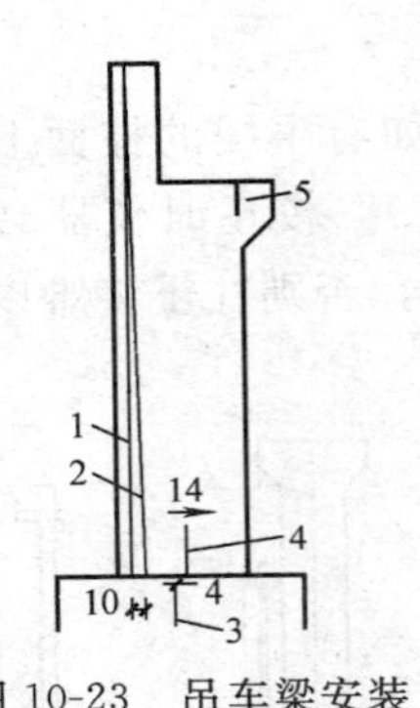

图 10-23 吊车梁安装中线的纠正方法

1—柱校正线；2—投测垂线；3—杯口中线；4—柱子中线；5—吊车梁安装中线

4. 吊车梁安装中线的纠正方法

规范规定，吊车梁中线对定位轴线位移的允许偏差为5mm。牛腿面吊车梁中线是根据柱安装线划分的，柱子安装时，柱中线对杯口中线产生平移以及柱身产生垂直偏差，都会造成吊车梁中线的位移。因此，必须加以纠正，才能满足吊车梁的精度要求。

检测方法见图10-23，先以望远镜正镜照准牛腿面标高的柱校正线，然后低转镜俯视柱下端投测一点，同法用倒镜在柱下端再投测一点，并取两次投点的中点，则该中点至柱下端校正线的距离，即为牛腿面标高处柱的垂直偏差。假设向里倾斜10mm，再检查柱中线对杯口中线存在的平移偏差，如也向里错位4mm，因为两项偏移的方向相同，所以牛腿面原吊车梁中线对定位轴线合计偏差为10＋4＝14mm。将此数值标记在柱面上，并画箭头指出吊车梁中线的偏移方向。

吊车梁安装时，将吊车梁中线对牛腿面安装中线向箭头指的反方向移位14mm，就把偏差纠正过来了。

10.2.3 柱子校正过程中的注意事项

(1) 柱子校正前，仪器必须经过检验、校正，尤其是横轴应垂直于竖轴。仪器距柱子的水平距离不宜小于柱高的1.5倍，安置仪器要调平，以减少仪器误差。观测过程中要随时检查仪器有无碰动，水准管气泡是否仍居中。

(2) 初校后要将视线再次照准柱底部校正线，进行复测，纵横两个方向都不超过允许误差，才能做最后固定。

(3) 临时固定要挤牢，一般校正过程中杯口内都使用木楔子，校好后再用石块或预制混凝土块将木楔子替出。应选用坚硬、规则的石块，以增加挤压面，以免因石块挤碎，造成柱子倾斜。柱子校正好后要及时灌筑混凝土固定，防止间隔时间长柱子发生倾斜。

(4) 在有风天气施工，风力会给柱身一侧向水平力，此时要采取可靠措施，防止在杯口混凝土凝固过程中柱子发生倾斜。

(5) 由于阳光照射，柱阳面温度高于阴面，按热胀冷缩的物理性质，柱子将向阴面弯曲，如图 10-24。在盛夏，对于较细长、高大的柱，为减少温差对柱校正精度的影响，最好利用阴天、清晨、黄昏等受阳光影响较小的时间进行校正。

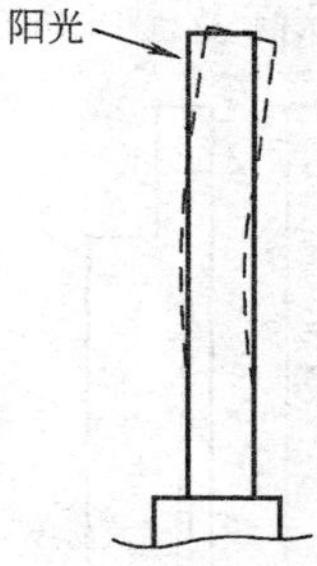

图 10-24 阳光照射使柱身弯曲

(6) 柱子立好后，上端为自由端，在吊装上部构件时要避免以柱子为支点强行撬拨，而造成柱身倾斜。操作用的大梯子要立在柱的小面，若立在大面上，因柱的刚度差，梯子及操作人员的侧压力会造成柱侧向倾斜，上部构件固定后，会约束柱子不能恢复原来位置。

(7) 柱子不宜向厂房外侧倾斜，否则屋架受力后下弦杆伸长，会增大柱子的倾斜度。

10.2.4 钢柱的弹线及垂直校正

钢柱的弹线和垂直校正方法与混凝土柱的方法基本相

同。不同的是钢筋混凝土柱是插入杯口内，而钢柱是坐在基础面上，基础面的高差用垫板找平。

钢柱牛腿面的设计标高减去柱底至牛腿面的长度等于柱底面的标高；柱底面标高减去基础面标高等于柱底垫板厚度。

弹线方法是：首先量出牛腿面至柱底面的实际长度（亦应在柱三个侧面弹出水平线，量出四个角的实际长度），计算出柱底各角的标高，然后测出垫板位置、基础面的标高，计算出每个角的垫板厚度。安放垫板时要用水准仪抄平，垫板标高及±0.000 标高的测量误差为±2mm。

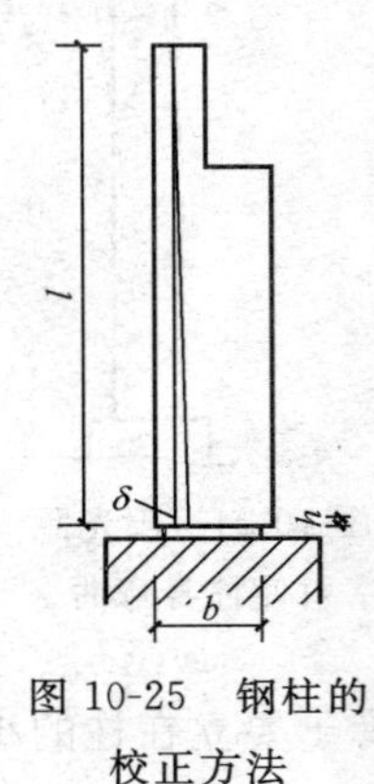

图 10-25　钢柱的校正方法

钢柱在基础面上就位，要使柱中线与基础面上中线对齐。

由于量尺和垫板抄平存在误差，柱子立起后，可能仍有垂直偏差，这时要加（撤）垫板，用改变垫板厚度的办法解决。图 10-25 中，柱子就位后柱身向一侧倾斜，调整方法是：先用望远镜照准柱顶端校正线，然后用正、倒镜向下投点，如图中投点偏离校正线距离为 δ，可按下面方法计算垫板调整厚度。柱长为 l，柱顶对柱脚垂直偏差为 δ，两垫板间中心距离为 b，垫板调整厚度 h 为

$$l:\delta=b:h$$

$$h=\frac{b\cdot\delta}{l}$$

按此法进行调整，不需反复试垫就能使柱子垂直，可减少重复劳动，提高工作效率。

10.3 分节柱（框架）的弹线与安装

当柱子（框架）过长或过重时，由于起重设备或构件刚度的限制，多采用分节预制、分节吊装的施工方法。常见的有以下几种形式（见图 10-26）。

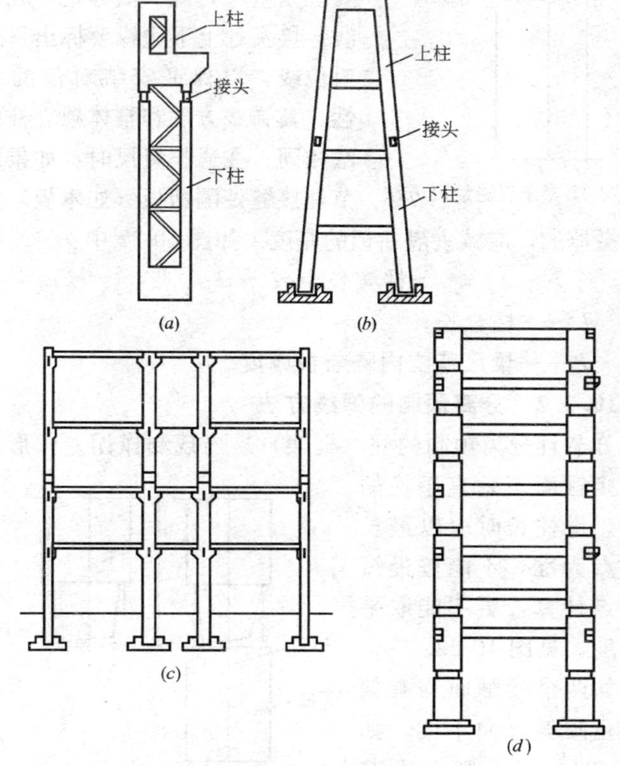

图 10-26 分节柱（框架）的几种形式

(*a*) 双肢柱；(*b*) A 型支架；(*c*) 梁柱型框架；(*d*) H 型框架

10.3.1　整体预制的弹线方法

采用分节吊装的柱（框架），为确保安装对位的精度和接头接触吻合，多采用通长支模、通长绑筋，上下节柱用钢板（预埋件）将混凝土隔断的方法施工。虽分节但通长预制的柱（框架）可视为一个整体，弹线时要统一量尺，统一做标记，统一弹线。接头处上下边缘要标出贯通的对位线，以保证安装对位的准确性，其弹线方法和整体独立柱的作法相同。在通长量尺时，如果上下节柱接缝处隔断板（如木板）安装时需撤掉的，应减去隔断板的厚度。如图 10-27 中：

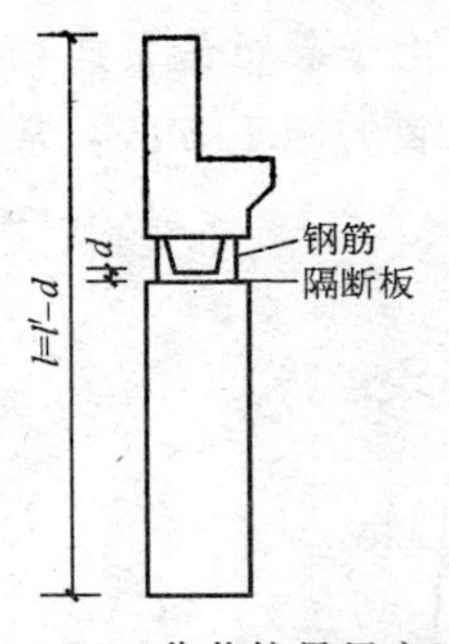

图 10-27　分节柱量尺方法

$$柱实长\ l=l'-d$$

式中　l'——柱全长；

　　　d——量尺范围内隔断板厚度。

10.3.2　分离预制的弹线方法

分节且分离预制的柱（框架）易出现制作误差，形成接头处接触面不垂直于柱的竖轴。量柱长时应以最长的一点为准，不能按最短的一点计算，更不能取平均长度，见图 10-28。

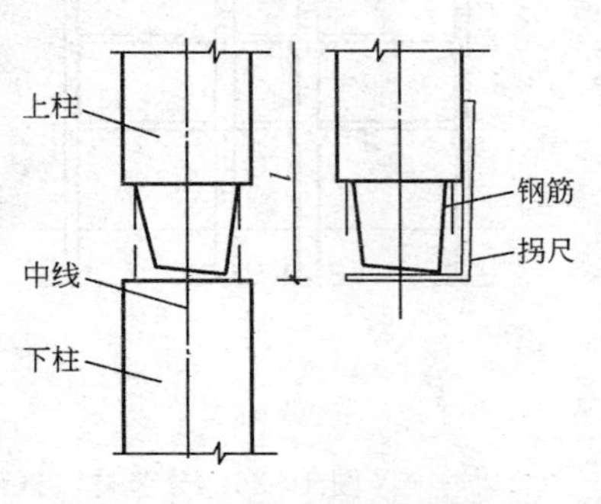

图 10-28　分节柱柱长的量尺位置

如两个接触面均有偏差，且倾斜方向不同，如图 10-29（a），则上下节柱都按最长的一点计算柱长。如果两个面的倾斜方向相同，如图 10-29（*b*），偏差大的按最长一点计算，偏差小的可按较短一点计算，遇这种情况一定要核准接触点的位置。

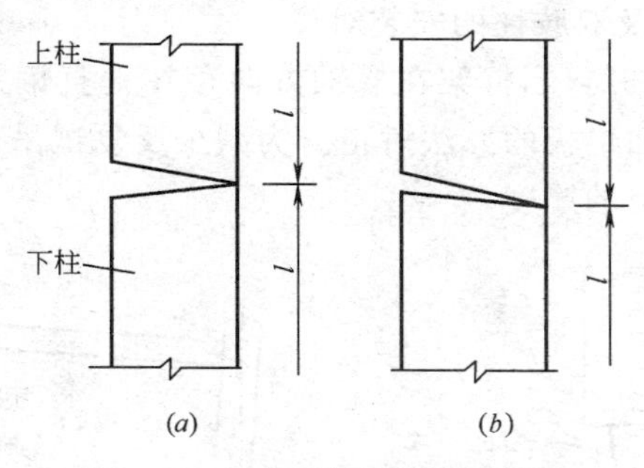

图 10-29　上下节柱的量尺位置

10.3.3　框架的弹线方法

框架由两个肢柱组成，要在三个侧面弹出四条中线，其中跨度方向的两条中线不仅要按柱截面划分，同时两条中线的间距必须等于两杯口间的中线距离，且两条中线要互相平行。在图 10-30 中，中线 AA' 与 BB' 互相平行，L 为两杯口间的中线距离。

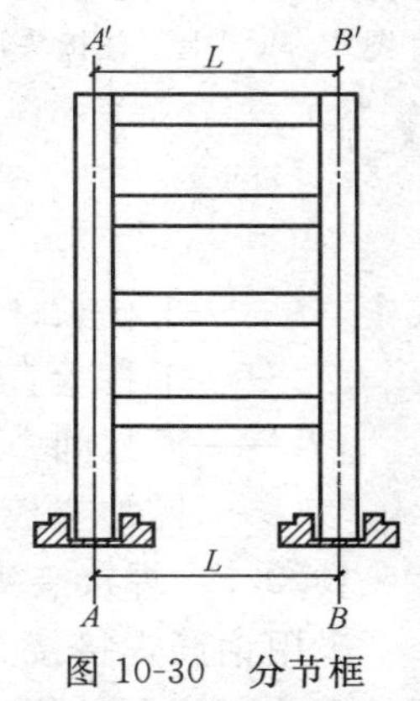

图 10-30　分节框架的弹线方法

10.3.4　分节柱的安装对位

1. 分节柱的安装对位

分节吊装的柱应严格控制下柱的垂直偏差，规范规定上下柱接口中心线位移允许偏差为 3mm。分节组合后的柱被视为一个整体，应符合独立柱的允许误差要求。

上柱的安装对位工作要在起重机

松钩前完成，接头形式如图 10-31 所示。上柱垂直度校正完成后，柱身要采取牢靠的稳定措施，防止柱子倾斜变形。上下柱接头处不准出现硬弯。

2. 框架及双肢柱的安装对位

如图 10-32，当框架在横轴方向存在垂直偏差时，要采用在柱接头加垫板的办法矫正。为减少反复试吊，可按下式计算出加垫板的厚度。

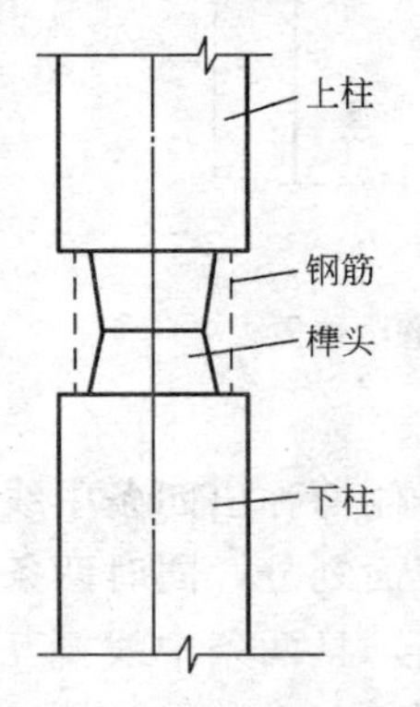

图 10-31　上下柱接头形式

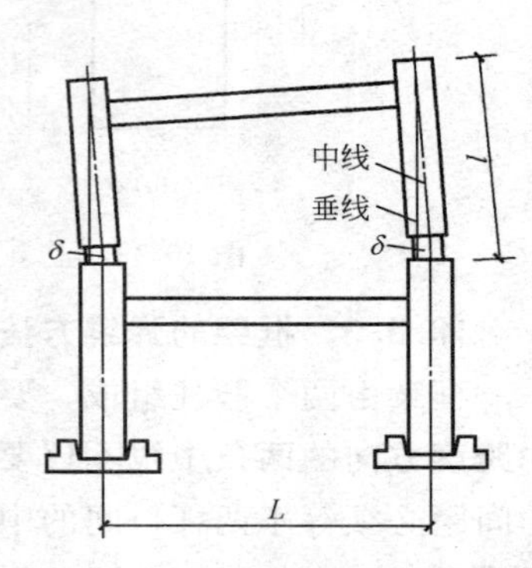

图 10-32　框架的接头形式

$$l : \delta = L : h$$

$$h = \frac{\delta \cdot L}{l}$$

式中　l——上柱长；

δ——上柱垂直偏差；

L——两柱间中线距离；

h——需加垫板厚度。

10.3.5　焊接接头对上柱垂直偏差的影响

采用钢筋焊接接头，如图 10-33（a）所示，由于钢筋焊接后收缩变形的影响，使钢筋产生拉应力，会把已校正好的上柱拉向一侧而发生倾斜，如图 10-33（*b*）。尤其对不对称荷载的柱更为明显。因此，对于钢筋焊接接头的柱，要采取对称、分层循环的施焊方法，施焊顺序参见图 10-33（*c*）。被焊钢筋完全冷却后，应重新复测柱子的垂直状况。

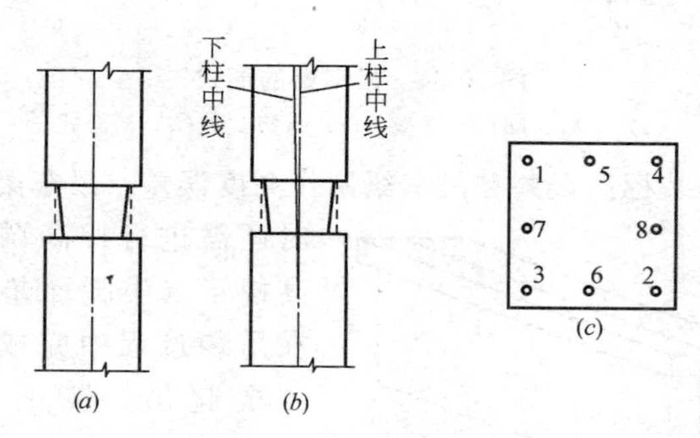

图 10-33　焊接对上柱的影响及施焊顺序

（*a*）焊接前；（*b*）焊接后；（*c*）施焊顺序

10.4　吊车梁、吊车轨的安装校正

10.4.1　吊车梁的弹线及安装

1. 吊车梁的弹线

吊车梁从几何形状上可分为 T 型、工字型，鱼腹式、桁架式等，从空间位置可分为上承式和下卧式，如图 10-34。

吊车梁弹线主要是在梁两端立面和顶面上弹出梁的中线，如图 10-35。梁两端的中线应互相平行，端跨及伸缩缝处特殊型号的梁，要在梁明显位置标明型号。

2. 吊车梁的标高校正

规范规定，吊车梁顶面标高的允许偏差为－5mm。由

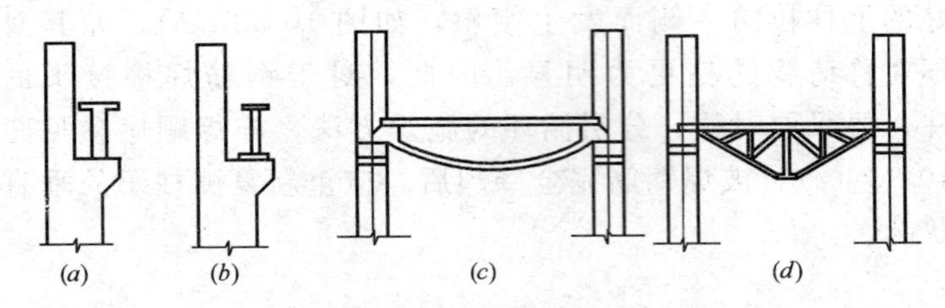

图 10-34　吊车梁的形式

（a）T 型；（b）工字型；（c）鱼腹式；（d）桁架式

于柱子安装标高误差和吊车梁制作高度误差，吊车梁在吊装时还需进行标高调整。标高校正（牛腿面垫板）应在吊装过程中完成，避免二次起吊。校正方法有两种：

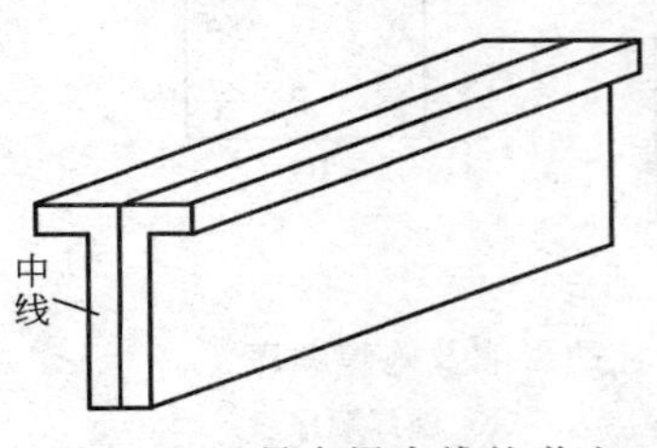

图 10-35　吊车梁中线的弹法

（1）根据柱子吊装后抄测的＋0.500m 标高线，用钢尺沿柱身向上量尺，在柱面上标出吊车梁顶面标高线，吊车梁安装时用水平尺进行检查，见图 10-36。

（2）图 10-37 中，±0.000 线是柱子弹线时从牛腿面往下返的标高线，＋0.500m 线是柱子安装后以厂房高程控制点抄测的标高线，H 为两条线的理论高差，设 H_1 为两条线间的实际高差，那么牛腿面存在的实际误差

$$a=H-H_1$$

a 为"＋"时，表示牛腿面高于设计标高，a 为"－"时，表示牛腿面低于设计标高。如两条线理论高差 500mm，实量为 510mm，那么

$$500-510=-10\text{mm}$$

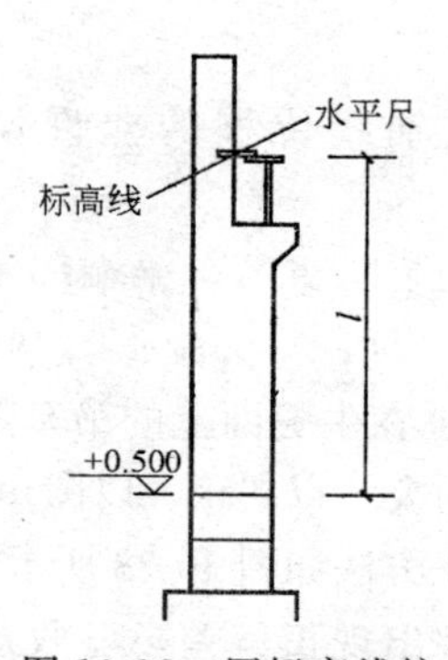

图 10-36　用标高线控制吊车梁顶面标高

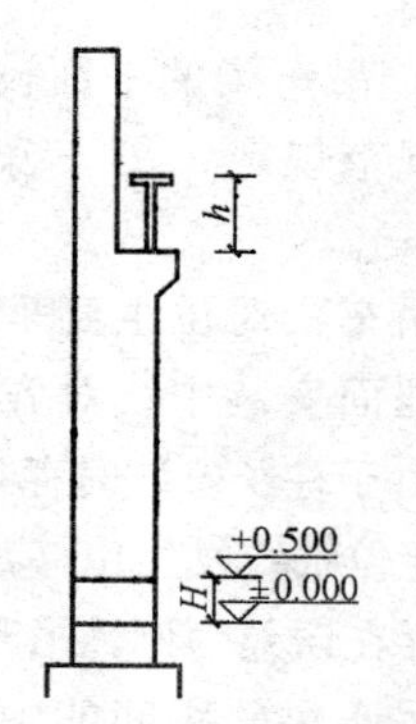

图 10-37　以标高线计算吊车梁顶面标高

表示牛腿面低于设计标高 10mm。

图中 h 为吊车梁的设计高度，h_1 为实际高度，吊车梁的制作误差

$$b=h_1-h$$

b 为"+"时，表示吊车梁实际尺寸大于设计高度；为"−"时，吊车梁实际尺寸小于设计高度。

故当 $a+b=0$ 时，吊车梁安装后顶面符合设计标高；

$a+b>0$ 时，吊车梁安装后顶面高于设计标高；

$a+b<0$ 时，吊车梁安装后顶面低于设计标高。

如 $a=H-H_1=-10$，即牛腿面比设计标高低 10mm；

$b=h_1-h=-5$，即吊车梁实际高度比设计高度低 5mm；

$a+b=(-10)+(-5)=-15$ 表示吊车梁安装后，顶面比设计标高低 15mm，需加垫找平。

根据计算的结果，便可在吊装前准备合适的垫板用来调整吊车梁顶面标高。

3. 吊车梁的平面校正

规范规定，吊车梁中线对定位轴线位移的允许偏差为5mm。

吊车梁对位主要是对中线，即安装时将吊车梁端部中线与牛腿面安装中线对齐。

由于柱子安装时存在误差，使原弹在牛腿面上的吊车梁中线对定位轴线发生位移，吊车梁对中时要予以纠正。以图10-23中柱存在误差为例，吊车梁对中的纠正方法如图10-38所示。

吊车梁轨距间的中线距离，不宜出现正偏差。验收规范规定：吊车梁校正应在屋面结构校正和固定完后进行。以避免校正屋面结构时，改变吊车梁位置。

4. 吊车梁的垂直校正

吊车梁的垂直校正，应根据梁端中线，用吊垂线的方法进行校正。

对于梁截面较高或下卧式（如鱼腹式）的梁，宜采用吊弹尺法进行校正。且要检查跨中截面尺寸最大的部位。检查

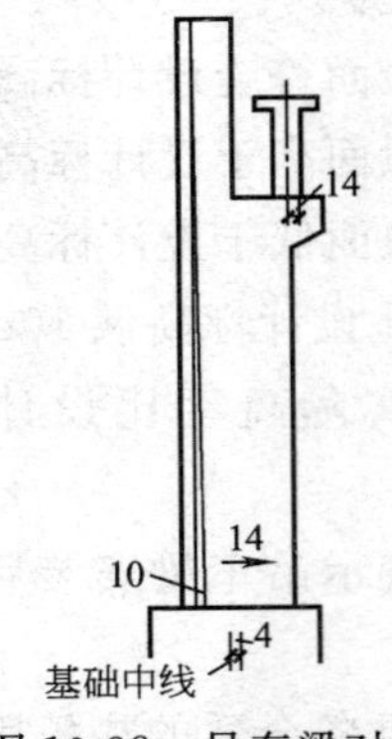

图10-38 吊车梁对中时纠正柱子误差

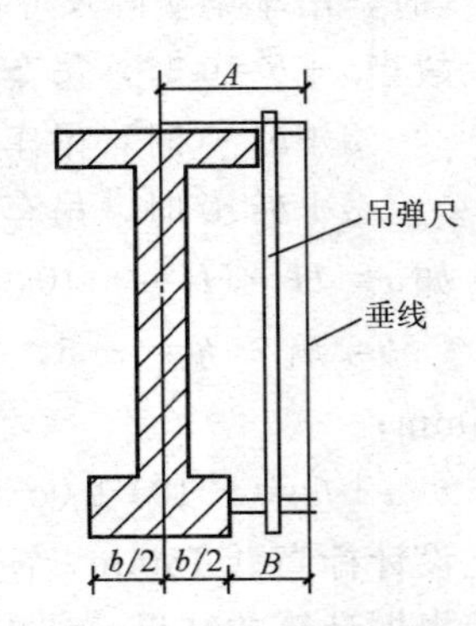

图10-39 吊弹尺法校正吊车梁

方法见图 10-39。检查时将尺的上横拐端点与梁顶面中线对齐，下横拐贴在梁的侧面，垂线与下横拐端头对齐，表示梁垂直。上、下横拐的长度关系是

$$A=B+\frac{b}{2}$$

10.4.2 吊车轨道的安装测量

吊车轨道安装测量包括吊车梁顶面找平、轨道放线、轨道校正三项内容。

1. 钢筋混凝土吊车梁顶面抄平

(1) 根据轨顶标高，按轨道联结图尺寸，计算出找平层标高。

(2) 根据柱子安装后抄测的+0.500m 标高线，在 2～3 根柱子上引测（用钢尺沿柱身向上量尺）找平层标高。

(3) 将水准仪置于梁上，以引测的找平层标高点为后视，在梁面上每隔 3～4m 测设一找平层标高，其测量误差为±3mm。

2. 吊车轨道放线

规范规定，轨道中线对吊车梁中线的允许偏差不大于 10mm，吊车轨距允许偏差为+5mm。

(1) 根据吊车梁中线投点：在厂房两端，根据吊车梁中线把轨道中线引测到找平层面上，再用钢尺检查两条轨道轨距是否符合设计要求，其误差应不超过±5mm。丈量轨距时要考虑钢尺挠度、温差和改正系数的影响。

将经纬仪置于吊车梁一端中点上，照准厂房另一端，在梁面上测设加密中线点，并弹上墨线，其投点允许误差为±2mm。如果梁面上不便放置三角架，可用特制仪

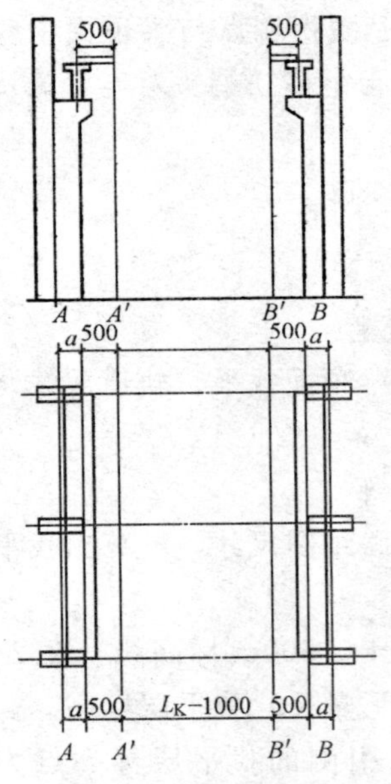

图 10-40　平行线法放轨道中线

器架安置仪器。如果距离不长，也可用细钢丝拉通线进行。

（2）平行线法：如图 10-40，AA、BB 为柱子中线，a 为吊车梁中线至柱中线的平面距离。距吊车梁中线 500mm 作柱中线平行线，并复核两条平行线间距应等于吊车轨距 L_k-1000mm。

将经纬仪置于平行线一端，照准另一端，然后仰起望远镜向上投测。这时一人在吊车梁顶面持木尺，让尺的 500mm 刻划与视线重合，尺的零端即是轨道中线位置。

3. 吊车轨道的检查校正

（1）轨道直线度检查：检查方法可用经纬仪抄测，亦可用细钢丝拉通线。轨道轴线对直线的偏差不大于 3mm，轨道不允许有折线。

（2）轨距检查：在厂房横剖面两条轨道对应处，用钢尺精密丈量，其实测值与设计值之差不超过±5mm。

（3）轨顶标高检查：在厂房跨间同一横剖面内吊车轨顶标高差，吊车梁支座处不大于 10mm，吊车梁其他处不大于 15mm。

相邻两柱间轨顶标高差不大于 $L/1500$。

相邻两轨间高差不大于 1mm。

10.5 屋架的弹线及安装校正

10.5.1 屋架的弹线方法

屋架形式有三角形、梯形、拱形、多腹杆、折线形等，结构材料有钢屋架、钢筋混凝土屋架、预应力钢筋混凝土屋架、组合屋架等。虽然几何形状和结构材料不同，跨度不等，但吊装过程中的弹线及校正方法基本相同。

首先要认真熟悉有关图纸，掌握结构的总体布置情况，在头脑中形成完整的空间概念，以便按屋架的不同型号及结构特点标出所需要的线。

以下以折线形钢筋混凝土屋架为例，介绍屋架弹线的基本内容和方法。

1. 跨度轴线弹线

屋架轴线长度小于屋架跨度的名义长度。图 10-41 是 18m 预应力折线形屋架的几何尺寸图，屋架弹线要标出跨度轴线，以便与柱顶安装线相一致。

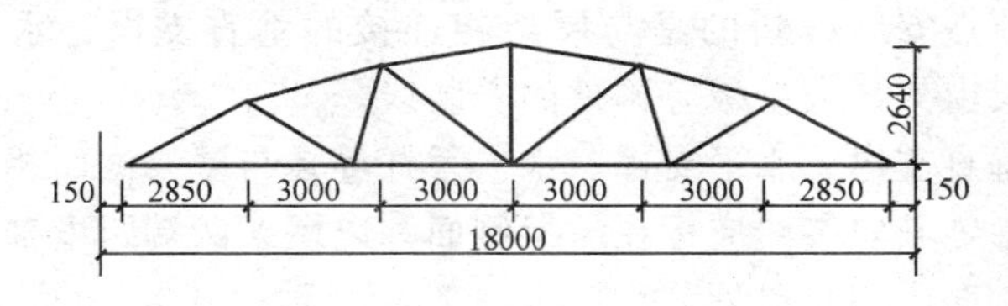

图 10-41　屋架几何尺寸图

屋架两端构造相同时，先量出屋架下弦的全长 l_1，减去屋架图示轴线长 l_2，其差值除以 2 即为屋架轴线至屋架端头的距离 b。再从屋架端头分别向中间量出 b 值，便是屋架轴线位置，见图 10-42。端部节点如图 10-43。

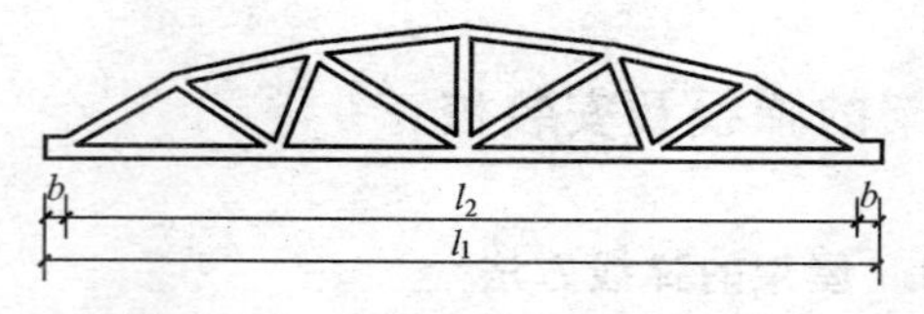

图 10-42　屋架长度与轴线的关系

2. 中线的弹法

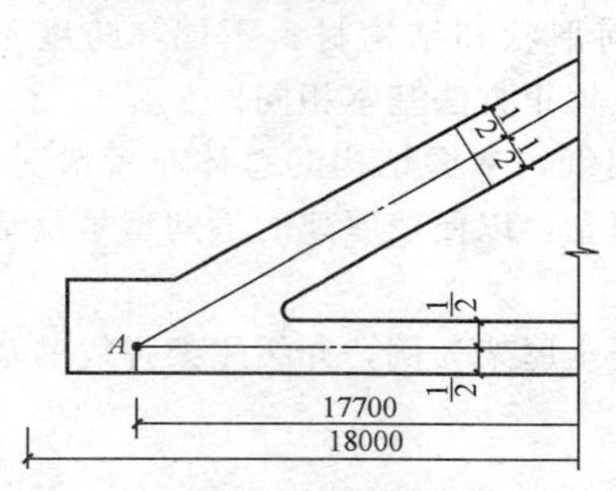

图 10-43　屋架跨度与轴线的关系

屋架应在两端立面和上弦顶面标出中线。量尺时可按屋架截面实际宽度取中，再将各中点连线，沿端头及上弦弹出通长中线，作为搭接屋面板和垂直校正的依据。当屋架有局部侧向翘曲时，应按设计尺寸取直弹线，以保证屋架平面的正确位置。

3. 节点安装线的弹法

节点安装线指的是与屋架相连接的垂直支撑、水平系杆、天窗架、大型板等构件的安装线。

垂直支撑、水平支撑、水平系杆等是与屋架侧面相联结的构件，其安装线应标在屋架侧面，以屋架两端跨度轴线为依据，向中间量尺划分。

天窗架、大型屋面板、天沟板等是与屋架上弦顶面相联结的构件，其安装线应标在上弦顶面，从屋架中央向两端量尺划分。

划分构件位置时要标构件的图示尺寸，如大型屋面板图示宽度 1500mm，制作宽度 1490mm，标线时要按 1500mm

划分板的位置。如果屋架预留孔、预埋件出现偏差，仍以图示尺寸划分，不能因按实物考虑而改变标线位置。

4. 屋架编号及方向

有时屋架外形尺寸虽然相同，但因屋架配筋、铁件，有支撑、无支撑，有天窗、无天窗等情况不同，限定了屋架安装的轴线位置。要按图纸详细核对每榀屋架的结构联结情况，在屋架上做好轴线编号，以便吊装时对号入座。编号时要考虑先吊哪榀、后吊哪榀，吊装的顺序，每榀屋架联结件的朝向，避免就位过程中发生二次倒运和吊装过程屋架调头转向。

10.5.2 屋架的安装校正

1. 屋架安装

屋架安装时要将屋架支座中线（跨度轴线）在纵横两个方向与柱顶安装线对齐。

规范规定，钢筋混凝土屋架下弦中心线对定位轴线的允许偏差为5mm；而柱子安装时柱顶位移偏差往往超过这一数值。为保证屋架的安装精度，屋架对中时也应向前面介绍的吊车梁纠正柱子错位的方法一样，把柱顶安装线的偏差纠正过来。

2. 屋架的垂直校正

规范规定，屋架垂直度的允许偏差不大于屋架高度的1/250。

(1) 垂线法：屋架立直后，一人站在屋架一端持线坠校正，若柱中线、屋架端头立面中线、上弦中线均与垂线平行，则表示屋架垂直，如图10-44。

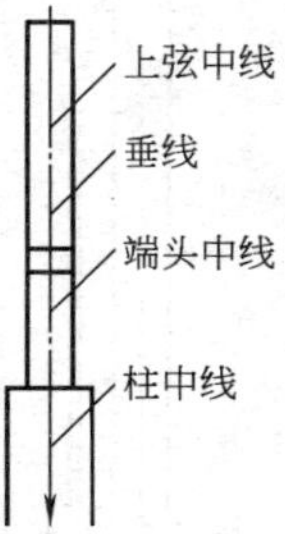

上弦中线
垂线
端头中线
柱中线

图10-44 垂线法校正屋架

由于柱、架端立面，上弦中线不在同一垂直面上，所以要特别注意校正人员要站在屋架下弦轴线的同一直线上，否则会影响校正精度。

(2) 经纬仪校正法：如图 10-45，在地面上作厂房柱横轴中线的平行线 AB。

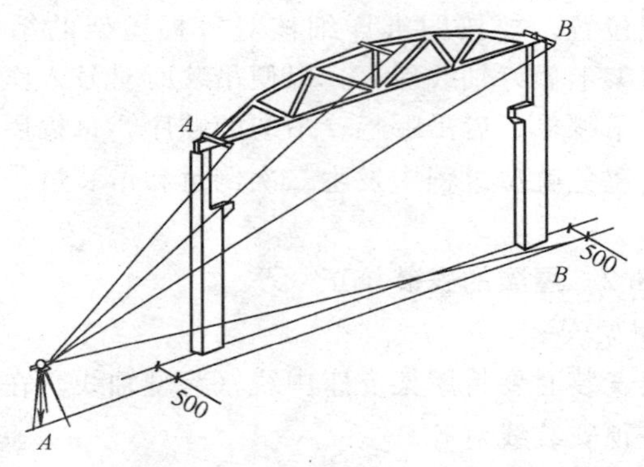

图 10-45　经纬仪校正屋架

校正时，将经纬仪置于 A 点，照准 B 点，仰起望远镜，一人在屋架 B 端持木尺水平伸向观测方向，将尺的零端与视线对齐，在屋架中线位置读出尺的读数，即视线至中线的距离 500mm。

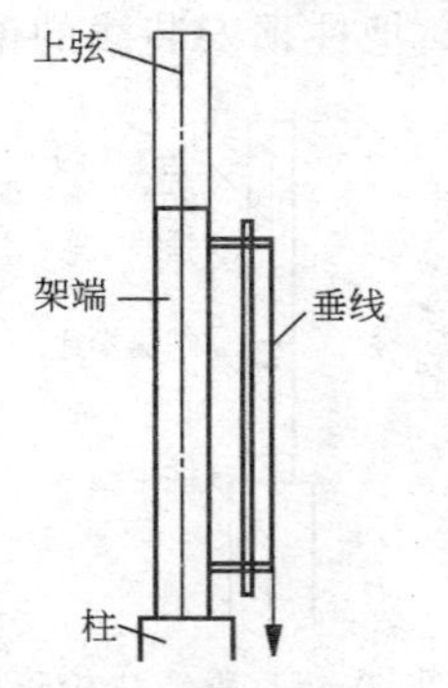

图 10-46　吊弹尺法校正屋架

一人在屋架上弦中央位置持尺，将尺的 500mm 对齐屋架中线，纵转望远镜观测木尺，尺的零端与视线对齐，表示屋架垂直；否则应摆动上弦，直到尺的零端与视线对齐为止。此法校正精度高，适于大跨度屋架的校正；受风力干扰虽小，但易受场地限制。

（3）吊弹尺校正法：做一吊弹尺，其上下横拐等长。校正时将尺靠在屋架的侧面，当垂线与下横拐端头对齐时，表示屋架垂直，见图 10-46。

此法适于端头立面较高的梯形屋架。注意此法不宜进行跨中校正，因为屋架吊装过程中下弦杆侧向变形较大，故利用下弦来校正上弦的垂直度，不能保证上弦中线对定位轴线的直线度。

10.6 刚架的安装校正

10.6.1 刚架的弹线方法

门式刚架是梁柱一体的构件，有双铰、三铰等形式，如图 10-47。柱子部分及悬臂部分都是变截面，一般是预制成两个“┌”型，吊装后进行拼接。

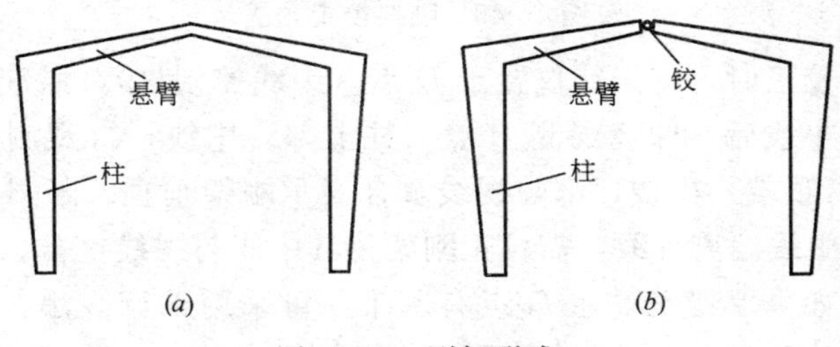

图 10-47 刚架形式

（a）双铰；（b）三铰

刚架的柱子部分应在三个侧面按图示尺寸弹出中线。悬臂部分应在顶面和顶端弹出中线，要从刚架铰接中心向两侧量尺，标出屋面板等构件的节点安装线。对特殊型号的刚架要标出轴线编号。

10.6.2 刚架的安装校正

门式刚架重点是校正横轴的垂直度，并保证悬臂拼接后中线连线的水平投影在一条直线上。图 10-48 是刚架校正透视图。

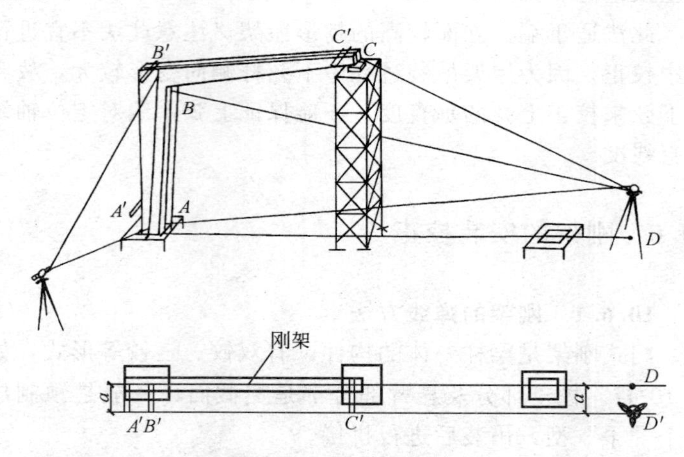

图 10-48　刚架校正方法

校正时，将经纬仪置于 D 点（中线控制桩），照准刚架底部中线后，仰镜观测 B 点（柱上部）中线，再观测 C 点（悬臂顶端）中线，都与视线重合表示刚架垂直。若 B 点或 C 点中线偏离视线，需校正刚架使其中线与视线重合。

如果仪器安置在 D 点有困难，可采用平行线法，从 D 点平移距离等于 a，将仪器置在 D' 点，在刚架 A、B、C 处放 3 个木尺，把尺平直伸出中线以外等于 a 的长度，观测时，视线先照准 A 尺顶端，再仰镜观测 B、C 尺，两尺顶端均与视线重合，表示刚架垂直。

11 复杂工程定位、施工观测、竣工图测绘

11.1 复杂工程定位

11.1.1 组合平面的定位

图 11-1 是某机关办公楼的一层平面图，其建筑特点是正面为圆弧形，中间正厅部分 a 轴为 6 根圆柱，柱高 16.2m 柱弧距 10m；两侧为实墙，半径为 93m；b 轴框架，幕墙；d 轴为弧形承重实墙。弧形对应圆心角为 65°09′46″。室外

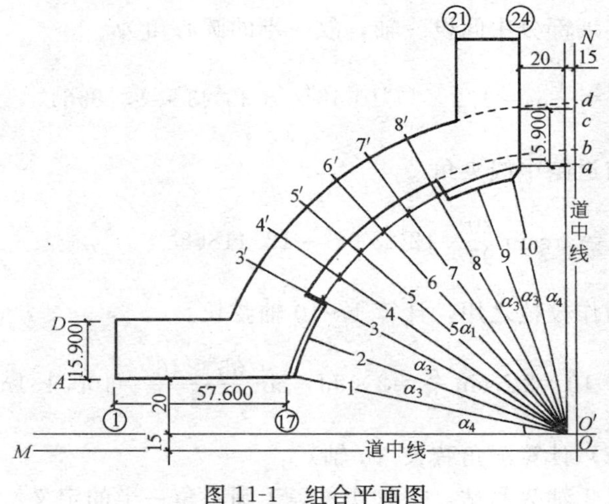

图 11-1 组合平面图

地坪比一层地面低 1.5m，其他平面尺寸见图示。

测设方案：拟先测弧形部分，因半径中间有障碍物，不能用拉线画弧和放射线方法施测，故采用测弦长的方法定位。又因弧形部分较长，计划分三段施测，即 1～3 轴，3～8 轴和 8～10 轴三段。

1. 数据计算

（1）计算圆心角

柱距弧长 10m，对应的圆心角

$$\alpha_1=\frac{360°}{2R_1\pi}\times10=\frac{360°}{2\times93\times\pi}\times10=6.16084°=6°9'39''$$

实墙部分对应的圆心角

$$\alpha_2=(65°9'46''-6°9'39''\times5)\times1/2=17°10'45''$$

实墙弧长 $l=\frac{2R_1\pi}{360°}\times17°10'45''=27.885\text{m}$

实墙部分中间设一轴，故一半的圆心角为

$$\alpha_3=\frac{1}{2}\alpha_2=1/2\times17°10'45''=8°35'23''=8.58961°$$

与道路中线夹角

$$\alpha_4=\arcsin\frac{20}{93}=12°25'07''=12.41868°$$

为作校核之用，计算 1～10 轴弦长。

$$1\sim10=2R_1\sin\frac{\alpha}{2}=2\times93\times\sin\frac{65°9'46''}{2}=100.161\text{m}$$

（2）计算测角弦长（a 轴）

以 1 轴为测站，按弦切角等于圆心角一半的定义

$$1\sim2=2R_1\sin\frac{\alpha_3}{2}=2\times93\times\sin\frac{8.58961^\circ}{2}=13.929\text{m}$$

$$1\sim3=2R_1\sin\frac{\alpha_2}{2}=2\times93\times\sin8.58961^\circ=27.780\text{m}$$

以 3 轴为测站

$$3\sim4=2R_1\sin\frac{\alpha_1}{2}=2\times93\times\sin\frac{6.16084^\circ}{2}=9.995\text{m}$$

$$3\sim5=2R_1\sin\alpha_1=2\times93\times\sin6.16084^\circ=19.961\text{m}$$

$$3\sim6=2R_1\sin\left(\alpha_1+\frac{\alpha_1}{2}\right)=29.870\text{m}$$

$$3\sim7=2R_1\sin2\alpha_1=39.692\text{m}$$

$$3\sim8=2R_1\sin\left(2\alpha_1+\frac{\alpha_1}{2}\right)=49.400\text{m}$$

以 8 轴为测站

8～9＝13.929m

8～10＝27.780m

以上数据列入表 11-1 中。

表 11-1

测点	1～2	1～3	3～4	3～5	3～6	3～7	3～8	8～9	9～10
弦切角	$\frac{\alpha_3}{2}$	α_3	$\frac{\alpha_1}{2}$	α_1	$\alpha_1+\frac{\alpha_1}{2}$	$2\alpha_1$	$2\alpha_1+\frac{\alpha_1}{2}$	$\frac{\alpha_3}{2}$	α_3
弦长(m)	13.929	27.780	9.995	19.961	29.870	39.692	49.400	13.929	27.780

计算外径弦长（d 轴）：

以 3 轴为测站。半径 $R_2=93+15.9=108.90$m 计算数据列入表 11-2。

表 11-2

测点	3′～4′	3′～5′	3′～6′	3′～7′	3′～8′
弦切角	$\frac{\alpha_1}{2}$	α_1	$\alpha_1+\frac{\alpha_1}{2}$	$2\alpha_1$	$2\alpha_1+\frac{\alpha_1}{2}$
弦长(m)	11.704	23.374	34.978	46.479	57.847

(3) 计算观测角

a 轴 1 站，后视 H 点，后视部分为道路中线的垂线，要先加 α_4 作为观测角。

a 轴 3 站，后视 1 点，3 点切线与 13 弦间夹角等于$\frac{\alpha_2}{2}$，故以 3 点为测站，以 1 点为后视时，应加以$\frac{\alpha_2}{2}$作为切线方向，如图 11-2 所示。

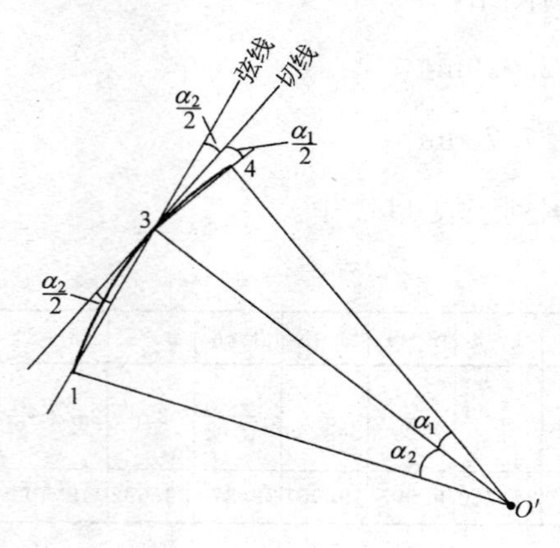

图 11-2 后视为弦时的弦切角

a 轴 8 站，后视 3 点，应加$\frac{5\alpha_1}{2}$为观测角，各站观测角（弦切角）列于表 11-3。

表 11-3

测　点	1～2	1～3	3～4	3～5	3～6
观测角	$\alpha_4+\frac{\alpha_3}{2}$	$\alpha_4+\alpha_3$	$\frac{\alpha_2}{2}+\frac{\alpha_1}{2}$	$\frac{\alpha_2}{2}+\alpha_1$	$\frac{\alpha_2}{2}+\frac{3\alpha_1}{2}$
弦长(m)	13.929	27.780	9.995	19.961	29.870
测　点	3～7	3～8	8～9	8～10	
观测角	$\frac{\alpha_2}{2}+2\alpha_1$	$\frac{\alpha_2}{2}+\frac{5\alpha_1}{2}$	$\frac{5\alpha_1}{2}+\frac{\alpha_3}{2}$	$\frac{5\alpha_1}{2}+\alpha_3$	
弦长(m)	39.692	49.400	13.929	27.780	

2. 施测方法

(1) 定道路中线及首站位置。根据图 11-3 各项数据，先测出道路中线 NO，MO 相交于 O 点（道中线桩）。计算⑰轴

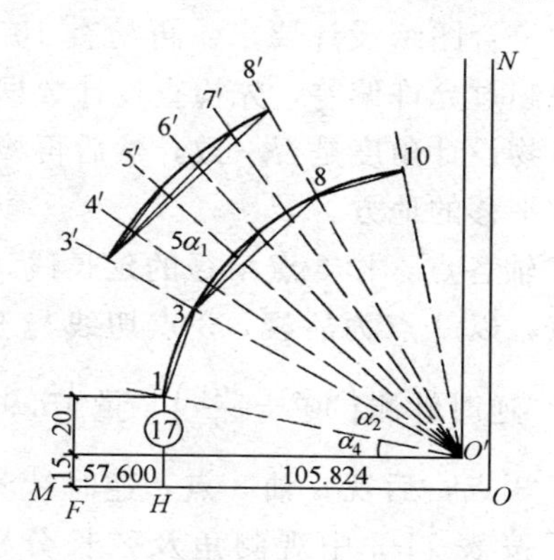

图 11-3　曲线分段测法

至圆心的距离（至坐标原点），⑰$O' = R_1 \cdot \cos\alpha_4 = 93 \times 0.97660 = 90.824$m；至道中线交点，⑰$O = 90.824 + 15 = 105.824$m。

从道中线交点量105.824m，定H点，续量57.60m定F点。

仪器置H点，后视O点，逆时针侧90°，量35m，定出Aa轴交点1（首站）。

（2）测a轴各点

仪器置1点，后视H点，倒镜180°，按表11-3中的观测角及弦长，依次测出2，3点。

移仪器于3点，后视1点，倒镜180°，按表11-3中观测角及弦长，依次测出4、5、6、7、8点。

移仪器于8点，后视3点，倒镜180°，按表11-3中观测角及弦长，测出9、10点。

实量1、10点，弦长＝100.161m作为校核。如果弦长误差在允许范围内，说明各项计算和测设过程无误，建筑物整体几何尺寸符合图纸设计要求。再检查10点至道路中线的距离，如果超过允许偏差，先检查设计数据，道路中线之间夹角与建筑物设计角度是否一致，然后再检查测设过程中易产生偏转和平移的地方。

（3）测d轴各点，作3点半径的延长线，定d轴$3'$点。置仪器于3点，以8点为后视，3点切线与3、8弦之间的夹角等于$\frac{5\alpha_1}{2}$，逆时针测$\left(90° + \frac{5\alpha_1}{2}\right)$，量15.90m，定$3'$点。

移仪器于$3'$点，后视a轴3点，逆时针测90°，定出$3'$点切线，然后按表11-2中观测角及弦长分别定出$4'$、$5'$、$6'$、$7'$、$8'$点。

(4) 利用 a 轴及 d 轴对应点，按直径方向，用拉通线的方法定出 b、c 轴各点。并将轴线引测至地槽以外建立控制桩。

测设在轴线上的桩位，挖槽时将被挖掉。因此，控制桩距轴线的距离应是一个常整数，以便利用控制桩来恢复曲线位置。

至此，弧形部分轴线点即测设完毕。

(5) 测直线部分，根据道路中线和平面图尺寸，利用直角坐标法，便可测出两翼建筑的平面控制桩。直线与曲线交点处应定出交点桩。

(6) 制作曲线放样板，曲线部分为圆滑曲线，应按弦长、矢高做成弦形样板，一般样板的弧形半径应以轴线半径为准。在实体放样时将样板放在地面（垫层或墙体）上，按样板画出轴线或边线位置。

11.1.2　椭圆形平面建筑的定位

椭圆形平面建筑多用于大型体育场馆，从使用功能方面看，椭圆形平面可合理利用空间，使观众席获得良好的视觉质量，各个方位的观众都能获得比较匀称的深度感和高度感。立面造型灵活，富有动态感。

椭圆形图形的作图方法有多种，如同心圆法、四心圆法和拉线画弧法等（详见本书第 1 章）。值得指出的是，在长轴 a 和短轴 b 均相等的条件下，采用不同的作图方法，其作出的图形是不相同的。因此，在具体工程放线中必须按照图纸给定的条件，按图施工。尤其是大型体育馆屋面系统多采用网架结构或悬索结构，各柱的间距和轴线方向必须符合图纸的要求，不能简单地按一般椭圆形来放线定位。

1. 几何作图法

【例 1】 某体育馆平面为椭圆形，设计图纸给定的条件是：长轴（a）40m，短轴（b）30m，按四心圆法作图，要求计算出焦距 c，长轴方向的圆弧半径 R_1，短轴方向的圆弧半径 R_2，椭圆周长 S，并按计算的各项数据实地放线。

【解】 步骤如下：

（1）按四心圆法作图，可选用 1∶200 或 1∶500 比例尺在图纸上放样，见图 11-4。

（2）计算各项数据

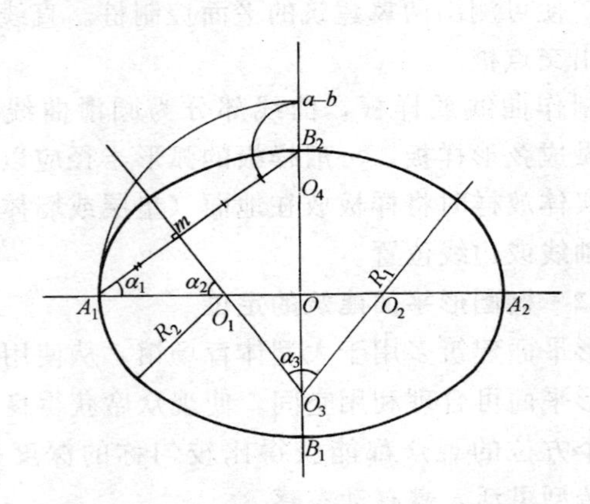

图 11-4　四心圆法作图

在$\angle A_1OB_2$ 三角形中

$$A_1B_2=\sqrt{40^2+30^2}=50\text{m}$$

$$A_1m=20\text{m}$$

$$\text{tg}\alpha_1=\frac{30}{40}=0.75 \quad \alpha_1=36°52'12''$$

$\angle A_1mO_1$ 与$\angle A_1OB_2$ 相似，所以：

$$\frac{A_1B_2}{a}=\frac{A_1O_1}{A_1m}$$

$$R_2=A_1O_1=\frac{50\times 20}{40}=25\text{m}$$

$$\frac{b}{a}=\frac{mO_1}{A_1m}\quad mO_1=\frac{30\times 20}{40}=15\text{m}$$

焦距 $O_1O=40-25=15\text{m}$

$$\alpha_2=90-\alpha_1=53°7'48''$$

$\angle A_1mO_1$ 与$\angle O_3OO_1$ 相似，所以，

$$\frac{mO_1}{A_1O_1}=\frac{O_1O}{O_1O_3}\quad O_1O_3=\frac{25\times 15}{15}=25\text{m}$$

$$\frac{mO_1}{A_1m}=\frac{O_1O}{OO_3}\quad OO_3=\frac{25\times 15}{15}=20\text{m}$$

$$R_1=O_3B_2=b+OO_3=30+20=50\text{m}$$

$$\alpha_3=\alpha_1=36°52'12''$$

长轴方向的弧长

$$S_1=\left(50\times 2\pi\times\frac{36°52'12''\times 2}{360°}\right)\times 2=128.705\text{m}$$

短轴方向的弧长

$$S_2=\left(25\times 2\pi\times\frac{53°7'48''\times 2}{360°}\right)\times 2=92.729\text{m}$$

周长

$$S=S_1+S_2=128.705+92.729=221.434\text{m}$$

（3）实地放线

根据建筑物的坐标，先测出长轴和短轴两条互相垂直的基准线，然后以 O 点为中心，量距定出 O_1、O_2、O_3、O_4 各点，设置较稳固的点位桩，用拉线画弧的方法：

分别以 O_3、O_4 为圆心，以 R_1 为半径画弧，

分别以 O_1、O_2 为圆心，以 R_2 为半径画弧，

其闭合曲线即为所要测设的椭圆图形。

2. 坐标作图法

【例 2】 某展馆平面为椭圆形，图纸给定条件为长轴 $a=20$m，短轴 $b=14$m，椭圆图形为标准方程形状，即：

$$\frac{x^2}{a^2}+\frac{y^2}{b^2}=1$$

采用坐标作图法定位测量，如图 11-5。

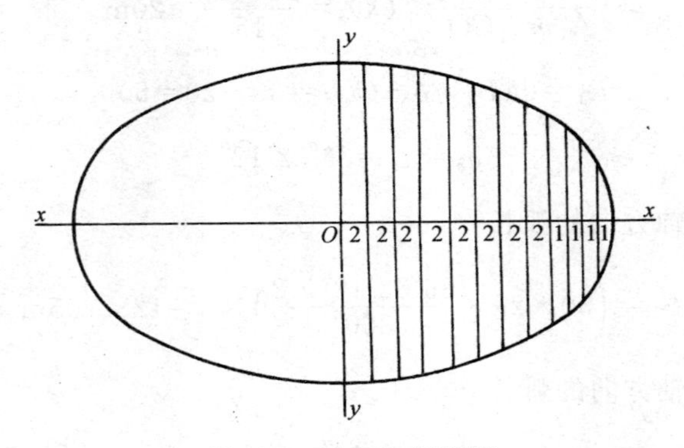

图 11-5　坐标法测椭圆

【解】 设长轴（横轴）为 x，短轴为 y，横轴 0～16m 范围内每 2m 测一点，16～20 范围每 1m 测一点，计算出各点对应的纵坐标 y。

(1) 计算各点坐标，把椭圆方程式移项，变为：

$$y=\pm\frac{b}{a}\sqrt{a^2-x^2}$$

将 $x=0$、2……20 分别代入式中，求出对应点的 y 值，最后将计算结果列入表 11-4 中。

表 11-4

x	0	2	4	6	8	10	12
y	14.00	13.930	13.717	13.355	12.831	12.124	11.200
x	14	16	17	18	19	20	
y	9.980	8.400	7.375	6.100	4.371	0	

只计算出图形右上半部分便可，其他上下，左右为对称关系。

（2）实地放线：根据建筑物坐标，先测长短基准线。从 O 点起在 x 轴上依次定出 1……20 各点（左右对称），然后在各点置仪器，用测直角的方法，按表中 y 值分别测出弧上各对应点，最后将各点连成圆滑曲线，便是要测设的椭圆图形。

3. 弦坐标法

【例 3】 某体育场为椭圆形平面，图纸给定条件为长轴方向的圆弧半径 $R_1=180$m，与短轴的夹角为 19°，短轴方向的圆弧半径 $R_2=55$mm，与长轴的夹角为 71°，试进行该椭圆的施工放线。

【解】（1）数据计算：因长轴方向的圆弧半径较长，无法利用圆心点施测，所以采用计算弦高矢量的方法施测。首先根据图示已知尺寸，按一定比例作图，如图 11-6。

计算：

半弦长 $m_1n=R_1\sin19°=180\times0.325658=58.602$m

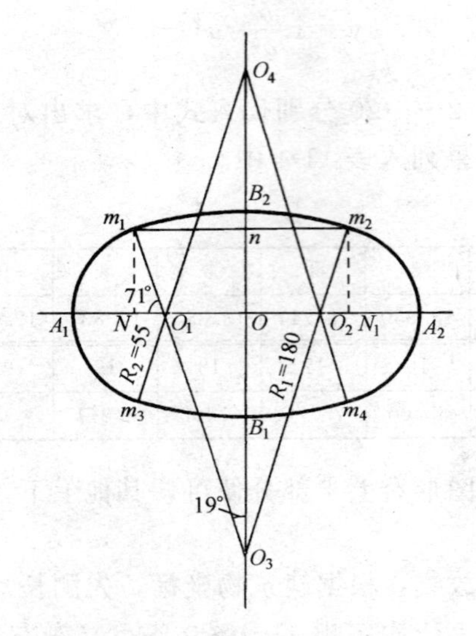

图 11-6 椭圆平面尺寸

弦长 $m_1m_2=58.602\times2=117.204\text{m}$

弦至圆心距离 $nO_3=180\cdot\cos19°=170.193\text{m}$

弦至长轴距离

$nO=180\cdot\cos19°-(180-55)\cdot\cos19°=52.003\text{m}$

焦距 $c=O_1O=(180-55)\cdot\sin19°=40.696\text{m}$

长轴 $a=A_1O=55+40.696=95.696\text{m}$

短轴 $b=B_2O=180-(180-55)\cdot\cos19°=61.810\text{m}$

弦上各点至圆弧距离如图 11-7。设横轴为 x，纵轴为 y，在弦上从 n 点起每 3m 测一点。计算弦上各点矢量高的基本公式为：

$y=\pm\sqrt{R_1^2-x^2}-nO_3$，$nO_3=170.193\text{m}$ 是个常数。

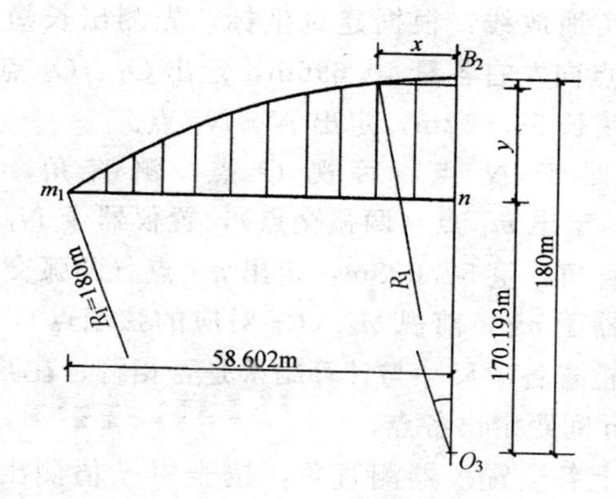

图 11-7　弧至弦的各点距离

将横轴各点的 x 值代入式中，便得出弧上对应点的距离 y 值。

如 $x=3$　$y=\pm\sqrt{180^2-3^2}-nO_3=9.782$m。

根据计算结果将数据列入表 11-5 中。

表 11-5

x	0	3	6	9	12	15	18	21	24	27	30
y	9.807	9.782	9.707	9.582	9.407	9.181	8.905	8.577	8.200	7.770	7.289
x	33	36	39	42	45	48	51	54	57	58.602	
y	6.756	6.170	5.531	4.838	4.091	3.289	2.331	1.516	0.544	0	

长轴方向的弧长 $S_1=\left(180\times2\pi\dfrac{19°\times2}{360°}\right)\times2=238.761$m

短轴方向的弧长 $S_2=\left(55\times2\pi\dfrac{71°\times2}{360°}\right)\times2=272.620$m

周长 $S=S_1+S_2=238.761+272.620=511.381$m

(2) 实地放线：根据建筑坐标，先测出长短轴两条基线。从 O 点向左右各量 40.696m，定出 O_1、O_2 点（焦点），再各量半弦长 58.602m，定出 N、N_1 点。

置仪器于 N 点，后视 O 点，测直角，量 $nO=$ 52.003m，定出 m_1 点（两弧交点），置仪器于 N_1 点，后视 O 点，测直角，量 52.003m，定出 m_2 点（两弧交点）。

置仪器于 m_1，前视 m_2（R_1 对应的弦端点），相交于短轴 n 点，检查各项尺寸与计算结果是否相符。在弦上从 n 点起，按 3m 间距定出各点。

在弦上各点置仪器测直角，按表中 y 值测出弧上各对应点，然后连成曲线。

顶点 R_2 部分的圆弧，宜以 O_1 为圆心，以 R_2 为半径用拉线画弧法画弧。或采用放射线法定位。m_3m_4 圆弧和 m_2m_4 圆弧用同法画出。

11.1.3 多边形平面建筑的定位

图 11-8 是某宾馆平面示意图。图中两侧正方形部分为塔式高层建筑，中部是裙房。建筑平面左右对称于 y 轴。建筑轴线与 y 轴呈 45°夹角。xox' 在一条直线上。①～⑦轴、⑦～⑬轴、Ⓐ～Ⓖ轴、Ⓖ～Ⓨ轴距离均为 47.50m，呈方格网布置。y 轴垂直于道路中线，至广场中心 120m。

测设方法：

(1) 测出道路中线 MN，从广场中心量 120m，定出 y 点。

(2) 置仪器于 y 点，后视 M 点，顺时针测 90°，从 y 点量 85m，定出 O 点。在建筑物以外定出 y' 点。

(3) 置仪器于 O 后，后视 y 点，顺时针测 45°，从 O 点量 47.50m，定出 G 点。再倒镜 180°，量 47.50m，定出 G'

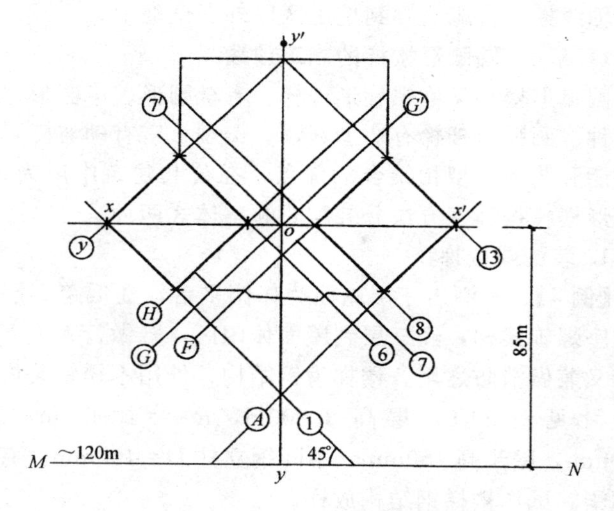

图 11-8　多边形平面建筑示意图

点。再顺时针测 90°，量 47.50m，定出 7 点，然后倒镜 180°，量 47.50m，定出 7′点。

经过上述测设，建筑物就建立了以 GG' 和 $77'$ 为基线的十字形控制网。其他各轴均可依据控制网，用测直角的方法测设。

（4）仪器仍在 O 点不动，后视 y 点，顺时针测 90°，定出 x 点，再倒镜 180°，定出 x' 点。

$$xo = ox' = \sqrt{47.50^2 \times 2} = 67.175\text{m}$$

（5）为校核控制网的测量精度，置仪器于控制网 A_1 点，后视 O 点，逆时针测 45°，观察 x 点，并量距，检查是否与 x 点重合。同法再检查 x' 点，经误差归化调整后，便可依据十字形控制网进行各轴线放线。

轴线控制桩应引测到挖土区以外安全地带。

11.1.4 圆弧形楼梯的施工放线

圆弧形楼梯又称螺旋形楼梯，有全圆形、半圆形、扇形等多种。圆弧形楼梯有造型新颖、美观、富有动态感，及使用功能和艺术造型相结合的优点，在公共建筑中广为采用。圆弧形楼梯按施工方法分装配式和整体式两种。

1. 装配式楼梯

【例 4】 某酒店三层屋面为休闲平台，在低跨一层屋面设一座螺旋楼梯，经三层到屋面休闲区，既做行人上下的通道，又兼做消防之用。楼梯为钢结构，外用不锈钢装修，平面尺寸见图 11-9。层高 3.300m，$R_1=1000$mm，$R_2=1800$mm，踏步高 150mm，中间钢立柱 $D=400$mm，有两根悬挑梁。试作楼梯钢结构放样。

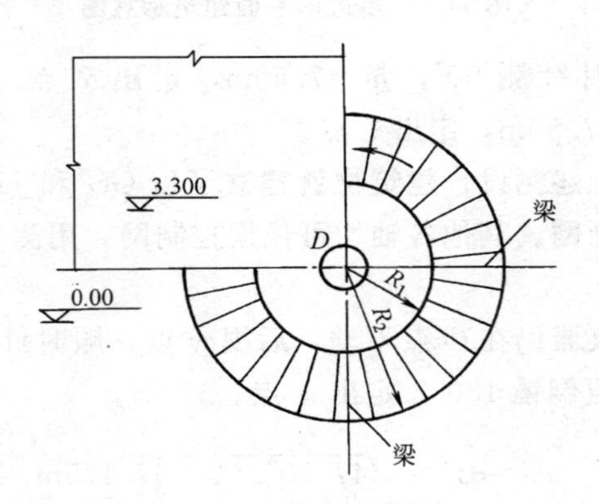

图 11-9 螺旋形楼梯平面

【解】 放样方法如下：

(1) 先计算内、外径圆弧的平面弧长及踏步数。内径平面弧长：

$$l_1=\frac{3}{4}\times 2R_1\pi=\frac{3}{4}\times 2\times 1.0\times\pi=4.712\text{m}$$

外径平面弧长：

$$l_2=\frac{3}{4}\times 2R_2\cdot\pi=\frac{3}{4}\times 2\times 1.8\times\pi=8.482\text{m}$$

踏步数 3300÷150＝22 步（上层平台占一步，钢梯 21 步）

踏步宽　内侧 $d_1=\frac{4712}{21}=224.4\text{mm}$

外侧 $d_2=\frac{8482}{21}=404\text{mm}$

（2）作图：在一块平整水泥地面上，按内外径弧长分别作图。以内径平面弧长为底边，以层高（减一步高）为立边作直角三角形，如图 11-10（a）。连接斜边，此斜边便是内径斜弧长。在底边上按踏步宽分成 21 等分，向上作垂线与斜边相交，并比斜边高出 150mm（踏步高），然后过垂线顶点作水平线与斜边相交，这样内径踏步图形就画出来了。

用同法，再以外径平面弧长为底边作图，见图 11-10（b）。

画踏步侧板宽度：侧板宽度应以踏步图形来确定，三角形斜边可作为侧板的底边，上边按踏步直角，再上返 20～30mm 作为护板，画出平行与斜边的平行线（虚线部分），然后实量两线之间的宽度。

计算挑梁顶面高度，从 0 点起三分之一圆弧处梁顶高

$$h_1=3.300\div 3=1.100\text{m}$$

三分之二圆弧处梁顶高

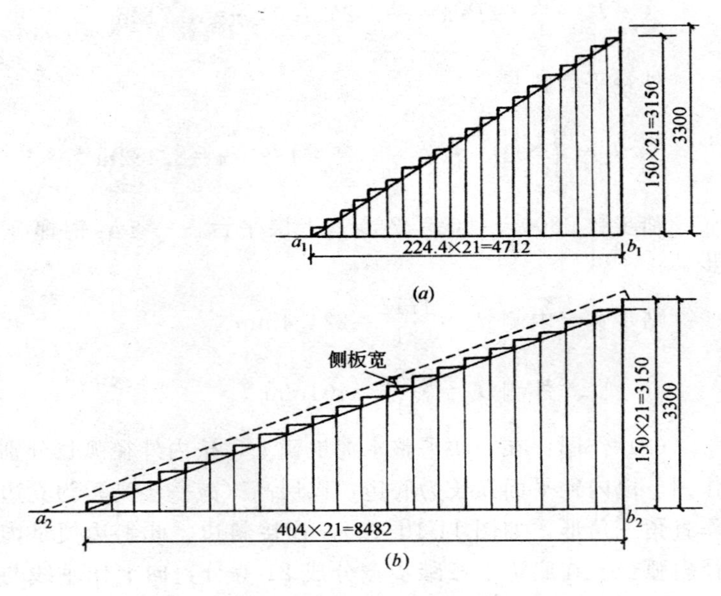

图 11-10 内外径踏步放样图

$$h_2 = 3.300 \div 3 \times 2 = 2.200\text{m}$$

此高度是梁中线与踏步侧板底边相接触的高度，实际上应考虑梁宽一半所占位置的影响，安装时应按实际情况调整。

（3）结构安装：重点是挑梁的位置应正确。一是梁与柱焊接时，平面角度应正确；二是梁的方向必须与直径一致，不能有摆头现象；三是梁顶面应水平，标高准确。

（4）钢扶手的弯制方法：圆弧形楼梯多为钢扶手，弯制过程中不易掌握斜度和弧度的尺寸，现以本楼梯外侧扶手为例，简述弯制方法。

外弧斜边长 $l_3=\sqrt{8.482^2+3.3^2}=9.101\text{m}$

以原圆弧对应的圆心角，求假定半径

$$R_3=\frac{4}{3}\cdot\frac{l_3}{2\pi}=\frac{4}{3}\times\frac{9.101}{2\pi}=1.933\text{m}$$

以 R_3 为半径在地面上画弧，按此圆弧弯制出来的扶手，基本符合 $R_2=1.800\text{m}$ 半径的外侧扶手要求。但每次弯制的弧长不能超过整个周长的一半。

2. 整体式楼梯

【例 5】 图 11-11 是某剧院门厅 2 座对称的圆弧形楼梯，内半径为 8.500m，外半径为 10.500m，圆弧对应的圆心角为 55°，楼梯中间有一个相当于 3 个踏步宽的平台，层高 3.900m，踏步高 150mm，结构形式为现浇整体楼梯，中间板厚 400mm。试作支模放样图。

【解】 (1) 计算内外径弧长及踏步数

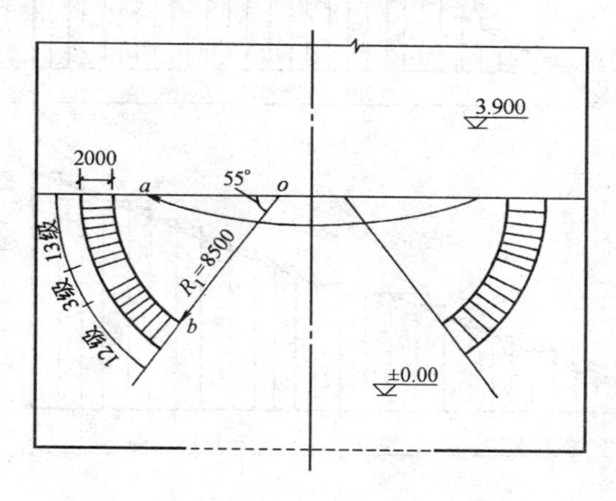

图 11-11　圆弧形楼梯平面图

内径平面弧长

$$l_1 = 2R_1\pi\frac{55°}{360°} = 2\times8.500\times\pi\frac{55°}{360°} = 8.159\text{m}$$

外径平面弧长

$$l_2 = 2R_2\cdot\pi\frac{55°}{360°} = 2\times10.500\times\pi\frac{55°}{360°} = 10.080\text{m}$$

踏步数　3.900÷150＝26 步

内径踏步宽 d_1＝8159÷(26＋2)＝291.3mm

外径踏步宽 d_2＝10500÷(26＋2)＝360mm

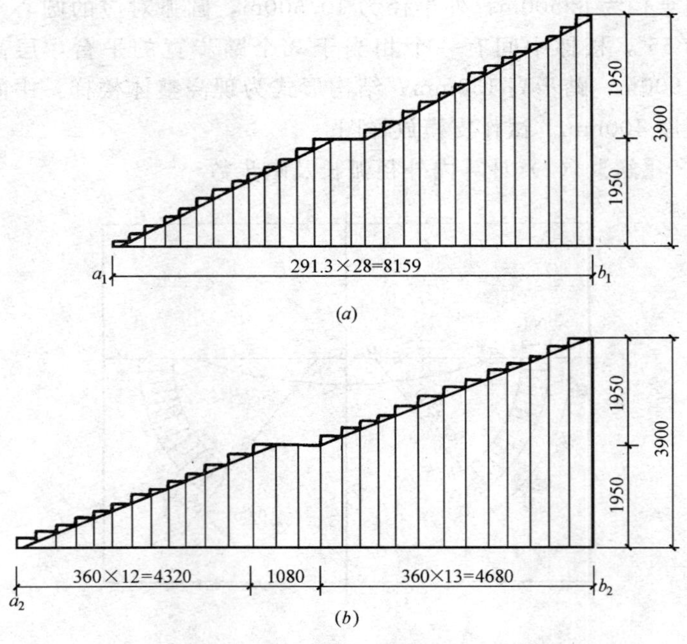

图 11-12　弧形楼梯踏步放样图

(2) 作踏步展开图：作图方法同例 1，见图 11-12。图 11-12（*a*）为内径展开图，图 11-12（*b*）为外径展开图。

(3) 确定支模方案：底模支撑系统采用排架式布置，平面图见图 11-13（*a*），剖面图如图 11-13（*b*）。楼梯底面应是圆滑曲面，如果排架间距过大，会形成折线型。本图采用 14 榀排架，外径最大间距为 774mm。每榀排架的方向均应对向圆心点，成放射线布置。

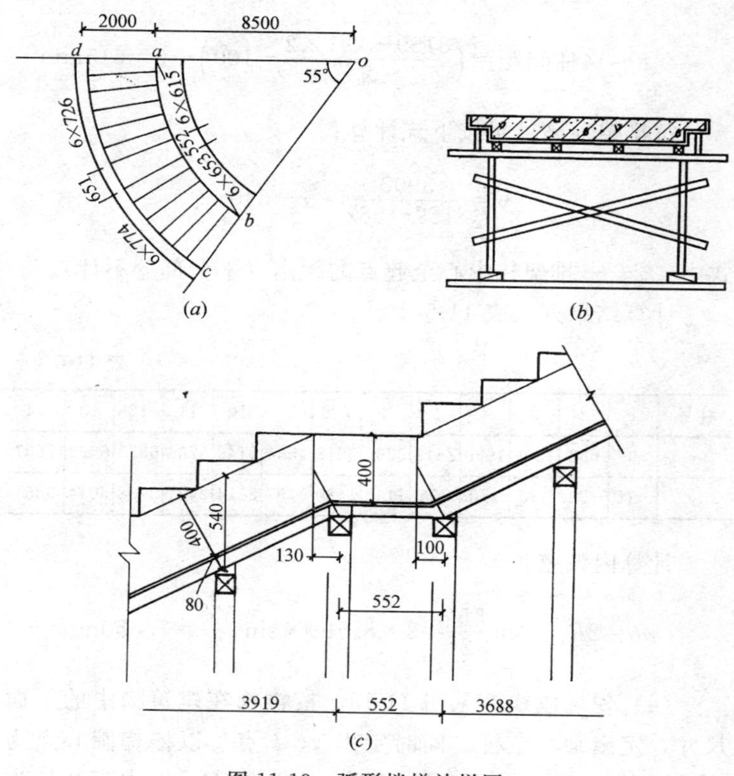

图 11-13 弧形楼梯放样图

内径支模展开图如图 11-13（c），平台部分设两排柱。底板混凝土厚度是指垂直于斜边的厚度，计算立柱高时要考虑斜度的影响。另外，经放样显示，平台的两排立柱也不在踏步边缘，要经换算，才能保证平台混凝土的厚度。

$$1\sim7柱间距=\left(\frac{8159-291\times2}{2}+130\right)\div6=653\text{mm}$$

$$7\sim8柱间距=291\times2-130+100=552\text{mm}$$

$$8\sim14柱间距=\left(\frac{8159-291\times2}{2}-100\right)\div6=615\text{mm}$$

每排架顶高度可按下式计算：

$$y=\frac{3900}{8159-582}\cdot x-540$$

式中　x——排架柱中心至起点的距离（平台部分不计）。

计算结果列入表 11-6 中。

表 11-6

柱号	1	2	3	4	5	6	7、8	9	10	11	12	13	14
x	0	653	1306	1959	2612	3265	3918	4534	5149	5764	6379	6992	7607
y	−540	−282	133	470	806	1143	1480	1797	2114	2421	2738	3044	3361

计算内弧弦长

$$ab=2R_1\cdot\sin\frac{55^\circ}{2}=2\times8.500\times\sin\frac{55^\circ}{2}=7.850\text{m}$$

（4）现场放线：见图 11-13。按楼梯在建筑物中的平面尺寸，定出圆心点桩。同时定出 a、b 点。以楼梯圆心点为圆心，以 R_1 为半径画弧；再以 a 点为圆心，以内弧弦长为半径画弧，两弧相交于 b 点，此点即为楼梯内弧的起点。再延长 ob 定出 c 点。

在内弧线上按立柱间距分出排架柱位置，铺上垫木、立排架柱。在圆心点位置，从楼上到地面拉一条垂线，以便校正，使每榀排架都指向圆心，防止摆头。外弧比内弧长，混凝土部分含的斜度小，经计算外柱顶高度比内柱顶高 10mm 左右（如果底板混凝土厚度较薄可不考虑此因素）。

支踏步侧模时，每级踏步的直角边都应指向圆心，与直径方向一致，上表面应水平。

圆弧形楼梯支模是一项复杂的工作，它不仅是弧形，又是斜的，其中有很多垂、斜尺寸关系应细心分析。特别是如果底模支撑系统的立柱高度和位置不当，将会出现坡度不对，折线形，底板厚度不符，踏步高，宽不交圈，踏步边不在直径上（摆头）等情况。因此，支模前不要简单地仅利用数学计算数据进行操作，建议先放出大样图，然后再施工。

11.1.5　逆作法施工工艺的施工测量

随着国民经济的迅速发展，城市建筑规模越来越大，黄金地段的土地资源更加宝贵，为发挥区位优势，平战结合的地下建筑工程在各大城市广为采用。

1. 逆作法施工测量

所谓逆作法施工工艺，就是先施工上层，后施工下层。在地下建筑中，先施工地面工程，待地面完工后，在不影响地面正常运作（如交通）的条件下，再施工地下部分。在繁华道路的地下，这种逆向施工工艺有其独特的优点。

（1）逆作法施工程序：图 11-14（a）是某地下商业街

平面图，图 11-14（*b*）是剖面图。本工程坐落在繁华道路地下，长 242m，宽 21m，地下两层，柱网 7m×7m，采用无梁结构，建筑面积 14000m²。

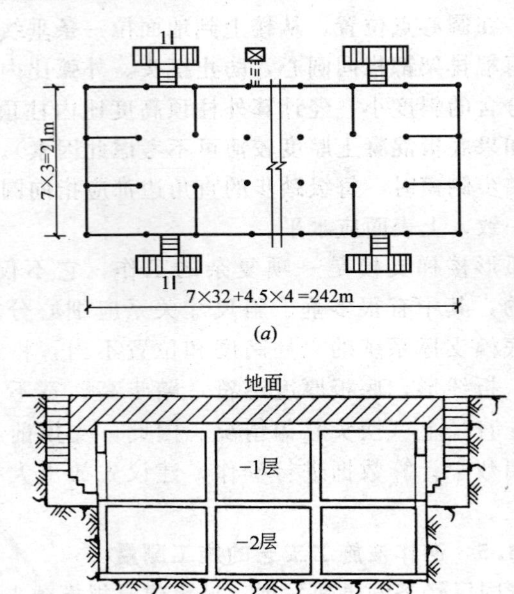

图 11-14　地下工程平、剖面示意图

逆作法施工有两种情况，一种是先施工柱，然后施工顶板；另一种是先施工顶板，其他工程全部在地下施工。两者的基本施工程序是：

先柱法（如图 11-15 所示）：

1）挖地面土方，挖至顶板底标高；

2）柱钻孔、成型；

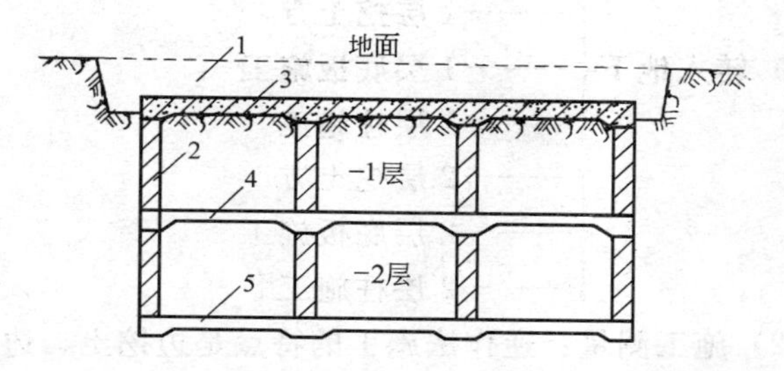

图 11-15　先柱法施工程序示意图

3）顶板施工；

4）恢复地面工程，保证地面正常使用；

5）转入地下
——−1 层挖土方
——−1 层底板施工
——−2 层挖土方
——−2 层底板施工。

先顶板法（如图 11-16 所示）：

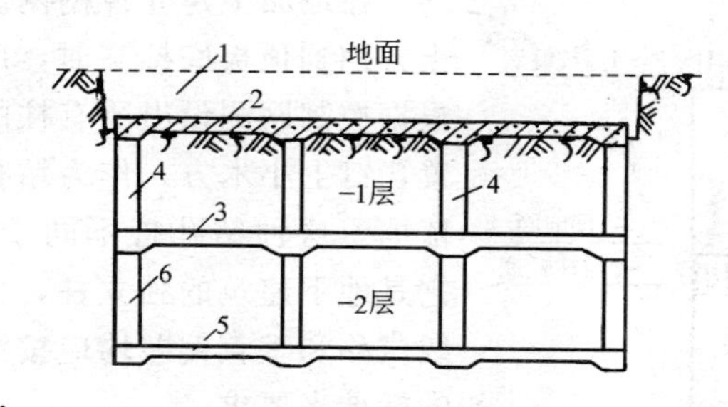

图 11-16　先顶板法施工程序示意图

1）挖地面土方，挖至顶板底标高；

2）顶板施工；

3）恢复地面工程，保证地面正常使用；

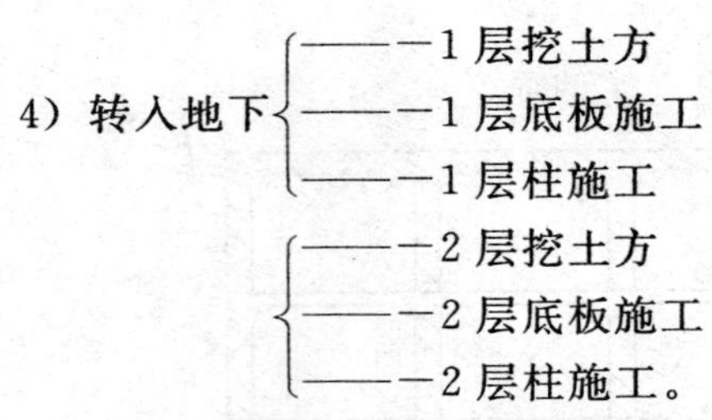

4）转入地下
——－1层挖土方
——－1层底板施工
——－1层柱施工
——－2层挖土方
——－2层底板施工
——－2层柱施工。

（2）施工测量：逆作法施工的特点是边挖土、边施工主体，分段、分块施工，障碍多，不通视，放线难度大。测量工作的重点是将轴线从地面传到地下（顶板已封死），为地下工程施工提供依据。逆作法施工测量分上控法和内控法两种。内控法就是把轴线控制网引入地下，在地下建立控制系统，依此来测设各轴线位置。本书主要介绍上控法的测量方法和步骤。

1）定柱位桩。建筑物的承重柱一般采用直径为600mm的圆形混凝土柱、钻孔成型。挖方前，根据地下建筑的平面图，在地面上建立控制网。当地面土方挖到顶板底标高时，用经纬仪根据控制网测设出所有柱的中心位置，钉上小木方，作为钻孔就位的依据。这种钻孔桩不同于桩基础，它是地下建筑的独立柱，所以其轴线位移和垂直偏差均应按混凝土柱的标准来要求。

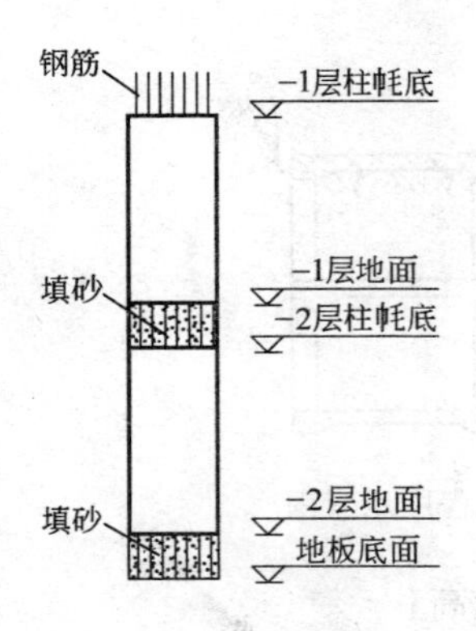

图 11-17　混凝土柱预留柱帽位置的方法

2）控制柱帽、楼层板标高。地下柱在浇注过程中，要预留出各层柱帽的位置，以备2次浇注，如图11-17。方法是先在柱帽位置填充砂子，施工柱帽时再将砂子挖出，然后支模绑筋。柱混凝土的灌注高度；柱帽底不能出现正偏差，一般应低 30～50mm 作为调整余地。楼地面处不能出现负偏差，应略高于设计标高。

在浇注混凝土过程中，每根柱、每个柱帽都应实际测量，不能马虎。

3）轴线投测：柱混凝土凝固后，顶板支模前要用经纬仪根据控制网把柱中线投测在柱的侧面上，用墨水弹出标记，为下层施工提供依据，见图 11-18。由柱混凝土顶面下返 100mm 左右，在柱面上抄出标高线。这样，当下层施工挖开土方后，中线、标高便都显露出来了。地下工程基本上是每柱单一施工，因此要求每根柱都应标出标记。

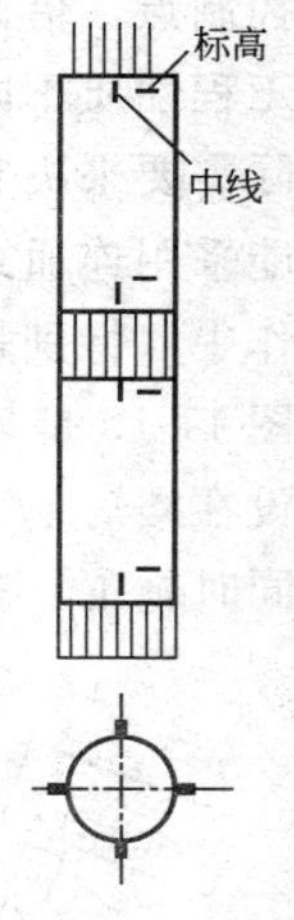

图 11-18　从地面向下引测轴线方法

4）轴线传递：在－1 层底板施工，柱帽支模前，用同样方法再把轴线从－1 层投测到－2 层柱的柱面上，标出中线和标高标记，为－2 层施工提供轴线依据。

如果采用先顶板法施工，应在顶板支模后，把地面轴线投测在柱头或柱帽处。方法是在模板上轴线位置预埋木砖，木砖下表面钉上轴线钉。下层施工时，拆除模板预埋在混凝土中的轴线钉便显露出来了。

标高可从柱顶引测，也可采用钢尺丈量方法从竖井引测。

采用上控法应与内控法相结合，以内控法为辅。要利用竖井将轴线引到地下，以便利用地下轴线，掌握土方挖掘方向。

2. 地下建筑施工测量

有的地下建筑由于距地面较深，或地面条件不允许，不能采用露天开挖的方法施工，而是通过竖井、斜洞采用挖掘式方法施工。施工测量工作的重点是通过竖井、斜洞把地面上的轴线（或坐标）、高程传递到地下，在地下建立平面和高程控制点，借以指导地下工程施工。

工程性质不同，对测量精度的要求也应有所不同，要根据实际需要来决定测量精度。由于地下作业面小、干扰大，又不能采用连通式测量，给测量工作带来不少困难。因此，在操作中（特别是轴线传递方面）要细心、准确。

图 11-19 是某地下建筑平面图，洞底至地面深 15m，出入口设在楼房地下室内，通过斜道进入地下，计划采用 4 个竖井同时施工，测设方法如下。

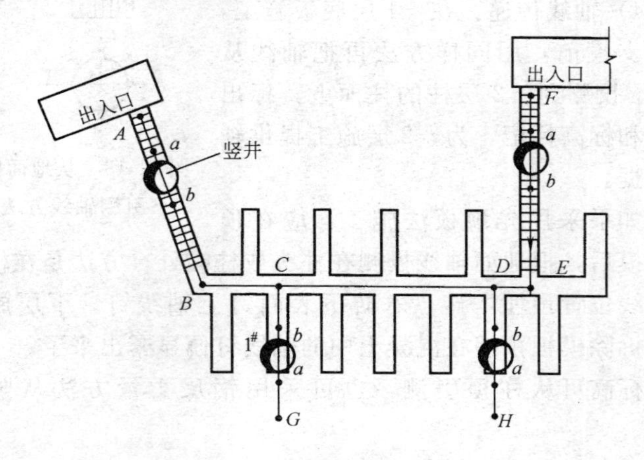

图 11-19　地下建筑平面图

(1) 在地面建立控制网。根据平面图布置特点和有关资料，在地面测设 A、B……H 各点，建立轴线控制网。并在每个竖井附近的轴线上，定出 a、b 两点，供向下投测轴线之用。见图 11-19。

(2) 轴线竖向传递。当竖井挖至设计标高时，要把地面控制轴线引测到地下，如图 11-20。方法是：在地面 a、b 间拉小线（用直径 0.5mm 左右的细钢丝），然后贴靠小线向下吊线坠，注意线坠垂线不要将小线靠成侧向弧形。在井底线坠的对应位置钉木桩，如图中 a'、b'，把点投测在桩顶，钉上小钉。

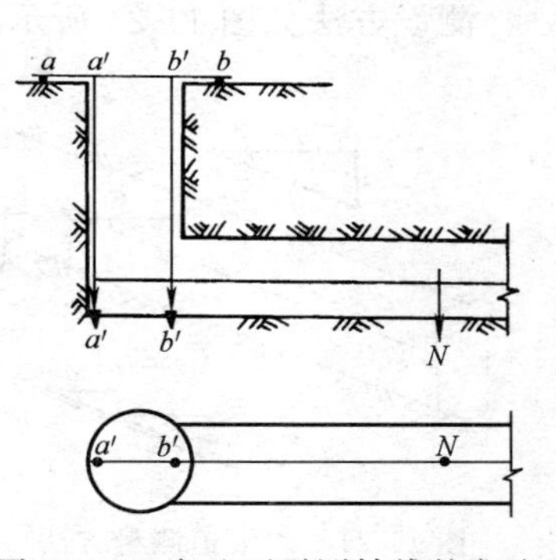

图 11-20 向地下引测轴线的方法

在井下通过 $a'b'$ 拉小线（或用经纬仪）作 $a'b'$ 延长线，定出 N 点。此线便是地下控制轴线。

因竖井直径所限，$a'b'$ 距离较短，而所要延长的部分却较长，所以点位应靠近井壁，尽量控制投点误差。

(3) 在地下恢复点位。以 1 号竖井为例，在地面量出 $a'C$ 两点间距离，当地下平洞挖到一定长度时，在地下 $a'N$ 延长线上，自 a' 点量出 $a'C$ 长度，定出 C' 点，则 CC' 点在一条垂线上。按此方法再把 B、D、E 点引测下去，便在地下形成轴线控制网。

(4) 高程传递。通过竖井用钢尺丈量的方法把地面高程引测到地下，在洞壁上按一定标高（整分米数）测设出高程控制桩，作为地下施工高程控制点。

(5) 斜道坡度测量。斜道踏步的高、宽为已知，其坡度也为已知，如图中踏步高 120mm，宽 330mm，坡度倾角：

$$\text{tg}\alpha=\frac{120}{330}=0.363636, \alpha\approx20^{\circ}$$

测设方法如图 11-21 所示。

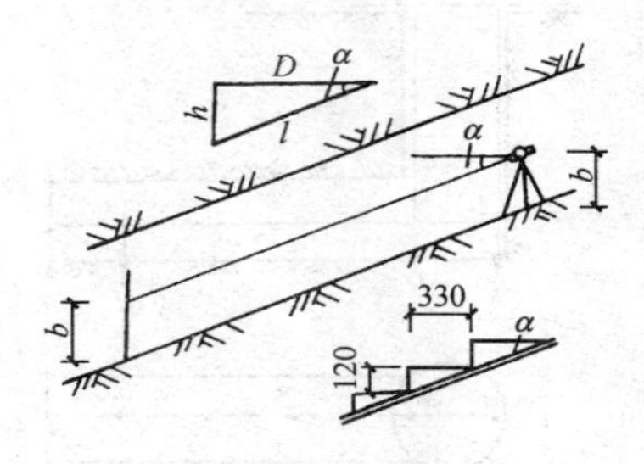

图 11-21 斜坡道测量方法

在洞中置经纬仪，前视挖进方向，在待测点立标尺，将经纬仪倾角 20°，观测标尺，若尺面读数等于仪器高，表示坡度符合要求；若不等于仪器高，其差值便是误差。

丈量标尺至仪器中心的斜向距离 l，在标尺读数等于仪器高时，

两点间高差 $h=l\cdot\sin\alpha$

两点间水平距离 $D=l\cdot\cos\alpha$

根据 h 值和 D 值，便可计算出斜洞的挖进长度和深度。

11.2 建（构）筑物的施工观测

11.2.1 建筑物的沉降观测

1. 布设观测点

对于高层建筑、大型厂房、重要设备基础、高大构筑物以及人工处理的地基，水文地质条件复杂的地基，使用新材料、新工艺施工的基础等，都应系统地进行沉降观测，及时

掌握沉降变化规律，以便发现问题，采取措施，保证结构使用安全，并为以后施工积累经验。

（1）选择观测点的位置：观测点应设在能够正确反映建筑物沉降变化、有代表性的地方。如房屋拐角、沉降缝两侧、基础结构变化、荷载变化和地质条件变化的地方，对于圆形构筑物，应对称地设在构筑物周围。点位数量要视建筑物的大小和平面布置情况，由技术人员和观测人员确定。点与点之间的距离不宜超过30m。

（2）观测点的形式和埋设要求：观测点可选用图11-22的构造形式。图11-22（*a*）是在墙体内埋设一角钢，外露部分置尺处焊一半圆球面。图11-22（*b*）是在墙体内或柱身内埋一直径20mm的弯钢筋，钢筋端头磨成球面。图11-22（*c*）是在基础面上埋置一短钢筋。

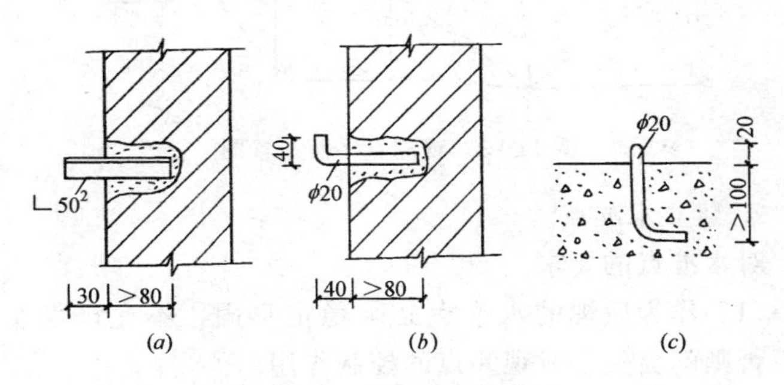

图11-22　观测点构造形式

对观测点的要求：

1）点位必须稳定牢固，确保安全，能长期使用。

2）观测点必须是个球面，与墙面要保持一定距离，能够在点位上垂直立尺，注意墙面突出部分（如腰线）的影响。

3）点位要通视良好，高度适中，便于观测。

4）当建筑物施工达到建点高度时，要及时建点，及时测出初始数据。

5）点位距墙阳角不少于 20cm，距混凝土边缘不少于 5cm。要加强保护，防止碰撞。

6）按一定比例画出点位平面布置图，每个点都应编号，以便观测和填写记录。图 11-23 是某建筑物观测点的平面布置图。

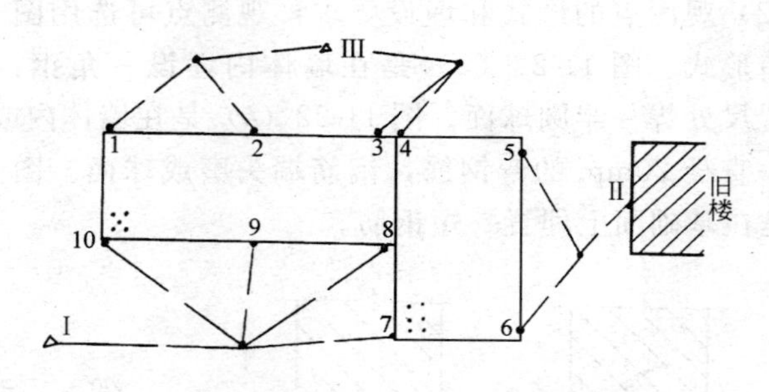

图 11-23　观测点平面布置图

2. 建立水准点

对水准点的要求：

(1) 作为后视的水准点必须稳定牢固，不允许发生变动，否则就会失去对观测点的控制作用。

(2) 水准点和观测点应尽量靠近，距离不宜大于 80m，做到安置一次仪器即可直接进行观测，以减少观测中的误差。

(3) 水准点不应少于 3 点，各点间应进行高程联测，组成水准控制网，以备某一点发生变化时互相校核。水准点可采用绝对高程，也可采用相对高程。

(4) 点位要建在安全地带，应避开铁路、公路、地下管线以及受震地区，不能埋设在低洼积水和松软土地带。如附近有施工控制点，可利用施工控制点作为水准点。

(5) 埋设水准点时，还应考虑冻胀的影响，采取防冻措施。

(6) 如观测点附近有旧建筑物，可将水准点建在旧建筑物上，但旧建筑物的沉降必须证明已达到终止，且不受冻胀的影响，绝对不能建在临建工程、电杆、树木等易发生变动的物体上。

3. 沉降观测

(1) 观测时间：

1) 在施工阶段从建观测点开始，每增加一次较大荷载(如基础回填，砌体每增高一层，柱子吊装，屋盖吊装，安装设备，烟囱每增高 10m 等) 均应观测一次。

2) 工程恒载后每隔一段时间要定期观测。如果施工中途停工时间较长，在停工时和复工前都应进行观测。

3) 在特殊情况下 (如暴雨后、基础周围积水、基础附近大量挖方等)，要随时检查观测。

4) 特殊工程竣工后施工单位要将观测资料移交建设单位，以便继续观测。

观测工作要持续到建筑物沉降稳定为止。

(2) 观测方法及要求：

1) 各观测点的首次高程必须测量精确。各点首次高程值是以后各次观测用以进行比较的依据，建筑物每次观测的下沉量很小，如果初测精度不高或有错误，不仅得不到初始数据，还可能给以后观测造成困难。

2）每次观测都应按固定的后视点，规定的观测路线进行。前、后视距应尽量相等，视距不大于50m，以减少仪器误差的影响。有条件的宜使用 S_1 水准仪和带有 mm 分划的水准尺。

3）应选在成像清晰、无外界干扰的天气进行观测。

4）观测前仪器要经过检验校正。各点观测完毕要回到原后视点闭合。对于重要工程，测量误差不应超过 1mm；一般工程测量误差不应超过 2mm。测量成果不能出现升高记录。

5）沉降观测是一项长时间的系统工作，为获得正确数据，要采用固定人员，固定测量工具，按时间，按规定的观测路线进行观测。

6）观测点和水准点要妥善保护，防止碰撞毁坏，造成观测工作半途而废。

（3）观测记录整理：

每次观测结束后，要对观测成果逐点进行核对，根据本次所测高程与前次所测高程之差计算出本次沉降量，根据本次所测高程与首次所测高程之差计算出累计沉降量。并将每次观测的日期、建筑物荷载（工程形象）情况标注清楚，填写在表格内，一式二份，一份交技术部门，供技术人员对观测对象进行分析研究。

图 11-24 是某教学楼建筑平面、水准点、观测点、观测路线布置图。观测成果见表 11-7。该楼采用的是人工砂基础。

为更清楚地表示出沉降、时间、荷载之间的变化规律，还要画出它们之间的曲线关系图。如图 11-25。

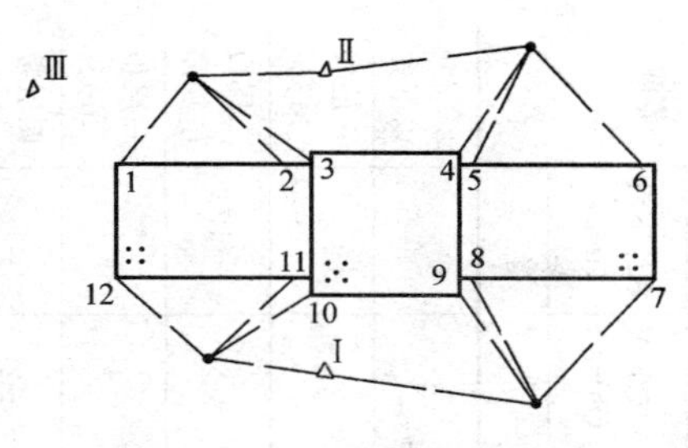

图 11-24　观测点布置图

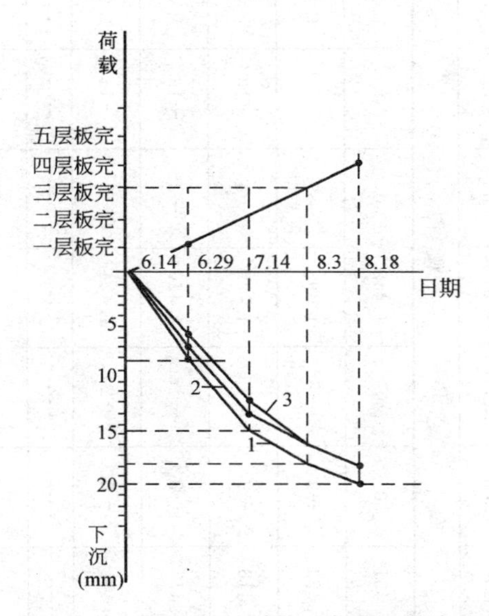

图 11-25　时间、荷载、沉降关系图

时间与沉降量关系曲线的画法是：在毫米方格计算纸上画，纵轴表示沉降量，横轴表示时间，按每次观测的日期和该点沉降量，在坐标内标出对应点，然后将各点连线，就描绘出该点的关系曲线。

沉降观测记录表 **表 11-7**

工程名称：××教学楼　　　　观测：×××

观测次数	观测日期	观测点									荷载
		1			2			3			
		高程(m)	本次下沉(mm)	累计下沉(mm)	高程(m)	本次下沉(mm)	累计下沉(mm)	高程(m)	本次下沉(mm)	累计下沉(mm)	
		观测点号									
1	1986.6.14	1.431	0	0	1.442	0	0	1.425	0	0	±0.000以下完
2	6.29	1.423	−8	−8	1.435	−7	−7	1.419	−6	−6	一层板吊完
3	7.14	1.416	−7	−15	1.429	−6	−13	1.413	−6	−12	二层板吊装完
4	8.3	1.413	−3	−18	1.426	−3	−16	1.409	−4	−16	三层板吊完
5	8.18	1.411	−2	−20	1.424	−2	−18	1.407	−2	−18	四层板吊完
	……	……	……	……	……	……	……	……	……	……	
注	水准点为假定高程，Ⅰ点为1.000m，Ⅱ点为1.240m，Ⅲ点为1.120m										

时间与荷载关系曲线的画法是：以纵轴表示荷载，横轴表示时间，按每次观测的日期和荷载标出对应点，然后将各点连成曲线。图 11-25 下部为时间与沉降量曲线，上部为时间与荷载曲线。

曲线图可使人形象地了解沉降变化规律，如发现某一点突然出现不合理的变化规律，就要分析原因，是测量误差还是点位发生变化。若点位移动，要重新引测高程继续观测。

11.2.2 构筑物的倾斜观测

对于圆形构筑物（如烟囱、水塔）的倾斜观测，应在互相垂直的两个方向分别测出顶部中心对底部中心的垂直偏差，然后用矢量相加的方法，计算出总的偏差值及倾斜方向。方法如图 11-26 所示，在距烟囱约为烟囱高度 1.5 倍的地方，建一固定点安置经纬仪，在烟囱底部地面垂直视线放一木方。然后用望远镜分别照准烟囱底部外皮，向木方上投点得 1、2 点，取中得 A 点。再用望远镜照准烟囱顶部外皮，向木方上投点得 3、4 点，再取中得 A'。则 A、A'两点间的距离 a，就是烟囱在这个方向的中心垂直偏差，称初始偏差。它包含有施工操作误差和筒身倾斜两方面影响因素。（烟囱由顶部向底部投点时，应用正倒法观测）

用同样方法在另一方向再测出垂直偏差 b。

烟囱总偏差值为两个方向的矢量相加。

$$c=\sqrt{a^2+b^2}$$

例如烟囱向南偏差 25mm，向西偏差 35mm，其矢量值为：

$$c=\sqrt{25^2+35^2}=43\text{mm}$$

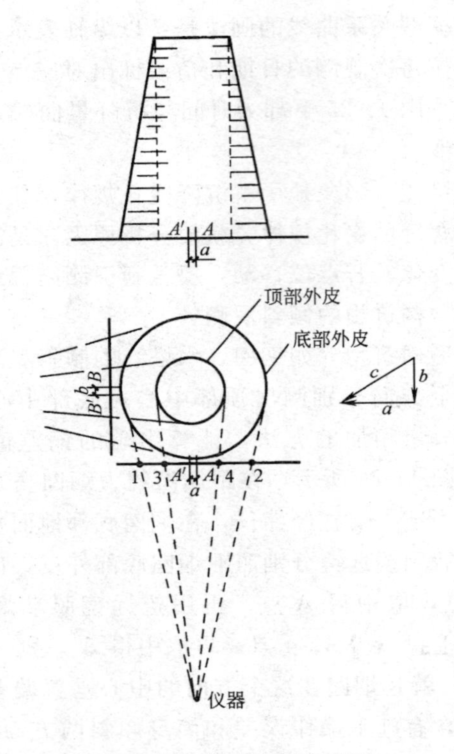

图 11-26 烟囱倾斜度观测

烟囱倾斜方向为矢量方向，即图中按比例画的三角形斜边方向（向西南偏 43mm）。

然后用经纬仪把 A、A' 及 B、B' 分别投测在烟囱底部的立面上，作为观测点，为以后进行倾斜观测提供依据。

以后进行的倾斜观测仍采用上述方向，分别测出烟囱顶部中心对底部中心 A、B 点的位移量，即得出烟囱倾斜的变化数据。

11.2.3 冻胀观测

基础周围土受冻后，埋置在土中的基础受到两个上托力：一是地基受冻土隆起，给基础底面以冻胀力；二是基础侧壁土受冻隆起，由于基础侧面的摩擦作用，给基础以冻切力，如图 11-27，由于冻胀影响，常使基础发生不均匀隆起，造成上部结构变形、裂缝，甚至损坏。即使非冻胀性土，入冬前土层若处于饱和状态或结冻过程中有水源浸入基础周围，也会产生冻胀。冻害严重的可将上部结构抬高 10cm 以上。到春暖化冻时，基础发生明显下沉，严重的会造成上部结构破坏。

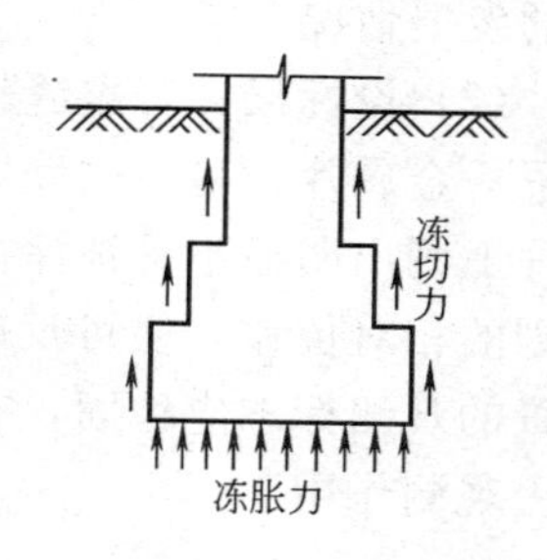

图 11-27 冻胀对基础的影响

冻胀观测的特点是：结冻过程中要观测基础的升高变化，而化冻过程中要观测基础的沉降变化。观测工作贯穿结冻、化冻全过程，时间要从地表结冻开始，直到土层全部化冻、建筑物沉降稳定为止。每次观测的间隔时间要随温度的变化而定。

对于不采暖房屋，化冻过程中由于基础阳面、阴面温度不同，阳面先化冻，造成上部结构倾斜，因此化冻过程中更要加强对建筑物的倾斜观测。

冻胀观测与前面介绍的沉降观测道理相同。

11.2.4 建筑物的裂缝观测

建筑物或某一构件发现裂缝后，除应增加沉降观测次数外，还应对裂缝进行观测。因为裂缝对建筑物或构件的变形反应更为敏感。对裂缝的观测方法大致有两种：

(1) 抹石膏：如果裂缝较小，可在裂缝末端，抹石膏作标志，如图 11-28。石膏有凝固快、不收缩干裂的优点，当裂缝继续发展，后抹的石膏也随之开裂，便可直接反映出裂缝的发展情况。

(2) 设标尺：若裂缝较宽且变形较大，可在裂缝的一侧钉置一金属片，另一侧埋置一钢筋勾，端头磨成锐尖，在金属片上刻出明显不易被涂掉的刻划。根据钢筋勾与金属片上刻划的相对位移，便可反映出裂缝的发展情况。如图 11-29 设置的观测标志应稳固，有足够的刚度，以免因受碰撞变形失去观测作用。

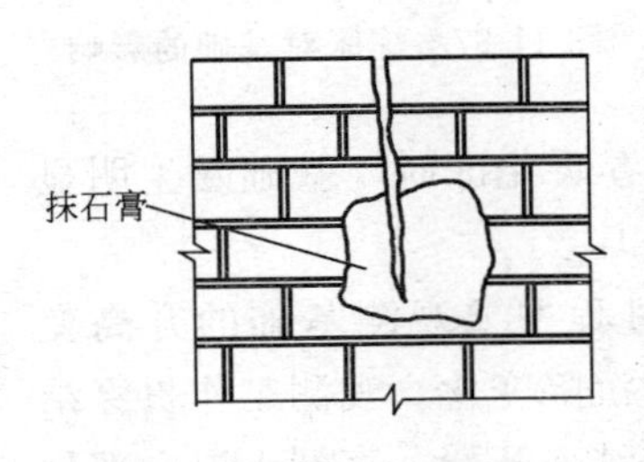

图 11-28 抹石膏观测裂缝变形

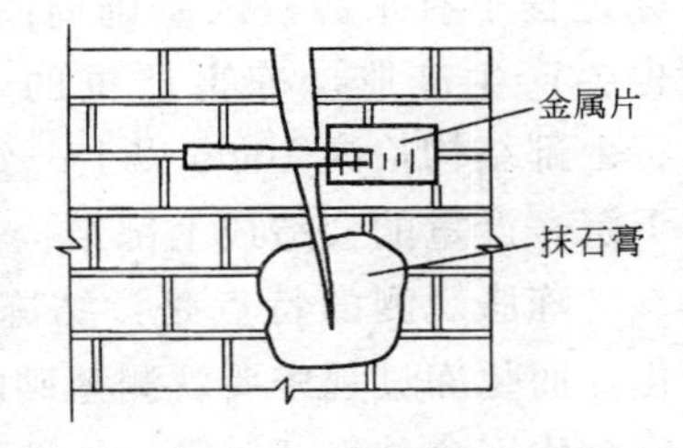

图 11-29 设标尺观测裂缝变形

11.2.5 高层建筑的倾斜观测

高层建筑的地基在荷载作用下，会产生较大的压缩变形，一旦发生不均匀下沉，会造成建筑物倾斜，因此，应及时的进行倾斜观测。

1. 垂直观测法

在场地条件允许的情况下，用经纬仪观测。此法直观、精度高。方法是：垂直于观测面安置经纬仪，先以正镜照准建筑物顶部边缘边角，然后向下投点。再以倒镜照准顶部该点，向下投点，取两次投点的中点（如顶点与底边在同一平面），此中点至底部边缘的距离，即为倾斜误差。

在初始观测的误差中，含有施工误差和倾斜误差两个因素。以后的观测中，与初始误差相比较，便可测得倾斜的变化规律。

如果高层周围有裙楼，不能直观高层底部，可将点投测在裙楼底部，作为基点（不能测出初始误差）。顶点与底部点虽不在一个平面上，因为视线垂直于观测面，所以上、下点仍在同一视线的竖直面内，测出的误差仍是正确的。只是以后的观测中，仪器必须安置在同一点上。

2. 水平观测法

此法是通过观测基础的沉降变化，来推算建筑物的倾斜变化。观测方法和沉降观测方法相同。如图 11-30，在建筑物两端建立高程观测点，测出两端点的沉降差，然后根据建筑物的高度推算出倾斜值，按图中所示。

$$\Delta h = h_2 - h_1$$

$$\Delta = \frac{\Delta h}{l} \cdot H$$

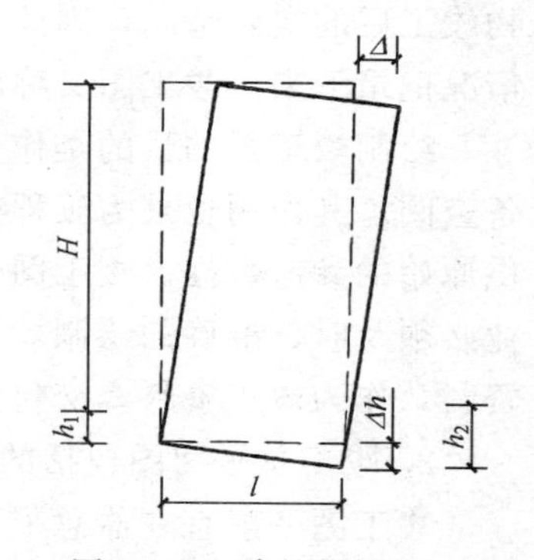

图 11-30　建筑物倾斜计算示意图

注意的是以上计算式适用于建筑物主体完工后的观测条件。因为施工过程不均匀下沉引起的建筑物倾斜，在上部施工过程中，已得到逐步纠正。

3. 吊线坠法

吊线坠法是测量建筑物倾斜的最简单方法。从顶部沿外墙面挂一线坠（或选用 5kg 左右的金属重物），然后量取垂线顶部至墙面的距离，再量垂线下部至墙面的距离，用上、下距离之差，来衡量建筑物的倾斜值。此法应选在无风天气进行，为防止垂线摆动、可在下面放一水桶，让线坠悬在水中，利用水的阻尼作用减小垂线摆动。

11.3 竣工总平面图的测绘

1. 测绘竣工总平面图的目的及竣工图的作用。

竣工图分单位工程竣工图和总平面竣工图。

建筑工程在施工过程中，因某种原因需进行设计变更，竣工后的工程与原设计图发生了变化，即原图不能反映建筑物竣工后的实际情况，因此，要绘制竣工图，把工程的实际情况记录下来。竣工图又称施工成果图。

绘制竣工图的目的是作为施工技术资料，归档保存，以备查阅。其作用也是为工程交付后的维修和工程改、扩建提供原始的参考数据。竣工图是非常重要的技术资料。施工企业必须及时、准确的绘制竣工总平面图。收集有价值的有关资料，作为竣工资料，交付建设单位。

2. 竣工总平面图包括的内容。

竣工图一般宜在原总平面图上修改，把变动的地方更改过来，把竣工后的实际数据标注清楚。竣工图仍按原图的表示方法（如坐标系、高程系）绘制。在原图上改动不仅省时、省力同时还可减少测图方面的误差。如改动后的图面较乱，应重新描图。竣工图应标明的内容：

（1）各建筑物的平面位置。如建筑物的房角坐标、边长或相对距离，室内室外标高、层数、结构形式、用途，各种管线进出口平面位置及标高、竣工时间。

（2）各种管线平面位置。特征点、窨井、转折点坐标或相对距离，各点编号，井盖、管底标高、管径、材质、坡度流向、间距。

（3）架空管线平面位置。各特征点坐标，标高，交叉点坐标，标高距地面高度，支架结构、支架间距。

（4）交通网络图、各种道路的平面位置，起点及终点，相关的附属设施、路面宽度、标高、各交叉点的坐标，必要时画出曲线元素，挡土墙桥涵沟渠。

（5）地下工程平面位置用虚线表示，以便与地上建筑相区别。各特征点坐标、结构形式、用途、出入口位置，顶标高、底标高，断面尺寸，外露点位置。

（6）其他。施工范围以外，但在总图上与之有关的地物、地貌，如铁路、公路、河流、输电线路等，虽不用标明具体数据，但在图中应表示出来。

3. 竣工总平面图的测绘方法：

（1）总平面图包括的内容很多，有建筑工程、给水、排水、通讯、电力、热网、道路、地上、地下构筑物，都绘制在一个平面图上很难表示清楚，且图面杂乱、容易误解。因此，应分专业分别绘制。那些专业可分，那些可合，要视情况而定。

（2）竣工后的建筑物、构筑物、地下工程都是施工中经定位放线确定的，可按定位放线的数据，绘制竣工图，不必重测。

（3）对于数字不清或有疑点的地方，要深入现场进行实测，测取可靠数据填入总图。认为施工过程可能产生偏差的地方，要进行竣工测量。总之，竣工图一定反映竣工后的真实情况。

(4) 注意收集施工过程的观测资料。施工中不按放线位置施工是不允许的，但有时因某种原因发生临时变化，施工成果与原图不一致，所以要随时掌握变化了的数据，尤其地下隐蔽工程，要在回填前进行观测，并做好隐蔽观测记录，绘制竣工图时要把平时采集的资料充实到实践当中。

(5) 图例符号，建筑图按国家统一的建筑制图标准的图例绘制。地形图按国家统一地形图图例绘制，需说明的要用文字说明予以注解。

(6) 在图边绘出坐标方格网，标出平面控制点和高程控制点位置，标明数值以备以后使用。

12 房地产开发与规划测量

12.1 房地产规划测量

12.1.1 房地产开发测量的任务

房地产开发测量主要是通过对欲开发建设地区的测量调查，摸清规划区域范围内土地数量，房屋数量，用地类别，土地、房屋权属关系；可开发建设的土地面积；测绘出详细的平面图。用测量调查取得的各种资料，为城市开发建设，为决策者提供可靠依据。

房地产测量按其用途分两种情况。一是城市管理方面的调查，主要是调查房屋以及承载房屋的土地自然状况和权属关系，为房产产权管理、房藉管理、开发利用、征地以及城市规划建设提供数据和文档。另一种是为开发企业，摸清房屋，土地状况，为开发建设，利用土地资源提供参考数据。房地产开发测量，侧重于开发建设。

房地产测量调查不同于一般工程测量，房地产测量所提供的图件、权证和各种资料，一经有关部门批准，便具有法律效力。房地产开发测量包括两项内容。

1. 房地产调查

房地产调查可分为房产调查和土地调查。

（1）房产调查。房产调查是指对房屋的坐落，产权人，产权性质、类别、层数、面积、建筑、结构、用途、建成年份、权属界线等基本情况的调查。

（2）用地调查。用地调查是指对欲开发建设地区内土地的坐落，产权性质，用地类别，用地人，用地界线以及用地面积等基本状况的调查。

（3）土地可利用面积调查。是调查在规划区域内哪些是城市规划用地，哪些是可开发建设用地，利用比例多少，需拆迁房屋与开发建设的比例是多少，为规划建设提供依据。

图 12-4 是旧城区改造、欲开发建设的平面图。虚线表示原有街区平面图，粗实线是可开发建设用地，粗实线之间是城市规划道路红线以内用地。（面积计算方法见后）

2. 测绘房地产图

按一定比例和精度测绘的房屋及其附属用地的平面图，再把调查到的有关资料和数据绘制或标注在图上，便成为房地产图。

房地产图分总平面图、分幅图、分丘图、分户图。总平面图是全面反映规划区域房屋及其用地的位置和权属等状况的基本图。是分幅图，分丘图的基础，是全面掌握本区域内的房屋建筑，土地状况的总图。分幅图是总平面图的局部，当总图不能详细表示房屋及地形状况时，将总图分成若干幅，分幅图用大于总图比例尺更详细地测绘出房屋及用地状况，分幅图是扩大了的总平面图。当总图可以表示清楚时，可不设分幅图。分幅图可分若干个丘。分丘图是分幅图的局部，内容更加详细，可作为房地产权证的附图。当分丘图还不能表示清楚时，则测设分户图，更详细的表示房屋及土地状况。

所谓“丘”就是指房地产测量中，用地界线封闭的地块。一个用地单位的地块称独立丘，几个用地单位组成的地块，称组合丘。

12.1.2 房地产测绘的特点

房地产测绘主要是为房地产开发建设提供所需的数据，有其特殊性，主要表现在：

1. 房地产图是平面图。只测绘点或建筑物的平面位置。不测高程、不绘等高线。

2. 测图比例尺较大，内容详细。房地产图比例尺：总图及分幅图一般为 1∶500 或 1∶1000，主要根据房屋疏密程度而定。分丘图的比例尺，可根据丘的面积大小与需要，一般在 1∶100～1∶1000 之间选用。分户图由于表示的更详细，一般采用的比例尺为 1∶50～1∶200，主要根据房屋大小和复杂程度而定。

3. 包括内容广泛。与普通地形图不同，除表示房屋及用地等地物的平面位置外，还要表示其数量、用途、权属等状况、而这些内容还必须经过调查核实才能确定。

4. 精度要求高。所测数据都与经济利益有关，因此，对房屋面积，权界线、地界线的测量精度要求较高。测图上主要地物点的点位中误差，不超过图上的 0.5mm，次要地物点的点位中误差不超过图上的 0.6mm。对重要的房地产要素，如界址点，建筑物边长、用地边长还要进行实地测量。以满足面积计算和界线界定的要求。

5. 具有法律效力。房地产图和各种数据，一经确认，即具有法律效力，是日后进行各项工作的依据。

12.1.3 界址点的测量

1. 界址点的确定

界址点又称地界点。地界点是在实地确定地界位置的。为了准确划定房屋及用地界线，计算土地面积，减少和防止发生用地纠纷，确定地界点时，必须由相邻用地单位（或个人）双方合法指界人到现场指界。单位使用的土地要由单位法人代表到场指界，组合丘用地，要由该丘各户共同委派代表指界。房屋用地人或法人代表不能亲自到场，应由委托的代理人指界，并且均需出具委托书和相关证件。

界址点之间连线，即为权属分界线，是相邻双方在实地认定的界线，应共同恪守。界址桩应采用永久性桩位，以便长期保存。双方认定的界址，必须由双方指界人在用地调查附图上签字盖章，作为文件存档。

地界范围不仅要得到相邻用地单位的认可，还须得到土地部门和城市规划部门的认可。

2. 界址点的测量方法和精度要求

界址点的测设，可采用独立坐标系或统一坐标系。采用的坐标系一般应与城市坐标系相连接，以便统一规划管理。

《房产测量规范》规定，界址点的测量精度可分为三个等级。一级界址点相对于邻近基本控制点的点位中误差应不超过 0.05m，二级界址点的点位中误差应不超过 0.1m，三级界址点的点位中误差应不超过 0.25m。

房地产测量的特点是在城镇建筑群中进行，多为狭长街道，无法布设附合导线，只能布设支导线，规范规定，为保证一、二级界址点的精度，必须用实测的方法求得其解析坐标。一般一级界址点采用一级导线测量方法测定，二级界址点采用二级导线测量方法测定。边长丈量较差相对误差应不超过 1/10000。此误差高于房产测量规范规定的一、二级界址点的精度要求。

三级界址点规范规定可采用野外实测法、也可采用航测图内业量距法求其坐标。在图上量距时读尺精度应读至

0.1mm，加上图上主要地物点本身的误差约为 0.5～0.75mm，取其平均值为 0.5mm，如在 1∶500 的测图上，0.5mm 基本上相当于 0.25m，符合规范要求。故三级界址点在大于 1∶500 的测图上可采用内业量距法。实测法可采用大平板测图法，小平板配经纬仪联合测图法，以及小平板配皮尺测图法测设。

界址点按其用途大致分为：开发区域用地边界界址点；分丘界址点；兼做测图图根界址点。对于大、中城市繁华地段和重要建筑物的界址点，用地边界界址点，一般采用一级或二级，其他次要地段可选用三级。点位精度的选用应根据其所在位置的重要性和土地价值以及对城市规划建设的影响程度而定。

界址点测量完成后，要绘制平面简图，标注点位的平面位置，按一定顺序对每个点进行编号、并绘制界址点测量成果表，把各点坐标值标注清楚，装订成册，以备查用。

12.1.4 房产分幅图和分丘图的测绘

1. 施测前的准备工作

房地产开发企业对开发区域测量调查的目的是摸清开发区域内房屋数量、土地数量、权属关系的基本状况。测算出拆迁补偿、土地利用等综合效益指数，以便规划建设。

首先要收集有关资料，内容有：城市规划部门航测图、有实用价值的街区平面图、各房屋用地单位房屋用地平面图。利用原有资料，可获得很多数据，缺的补测，废的删除，能减少很多测绘工作量。

深入现场实地考察，确定测图范围，选定施测方案。

2. 分幅图包括的基本内容

(1) 测量控制点，界址点，导线图根点是测图的依据，要展绘在图面上，注明点位的编号及坐标。

(2) 分幅图在测区范围内应是完整的街区平面图，注有街道的地理名称。

(3) 丘界线，丘界线是指各丘房产及用地范围的界线，是分幅图上的重要内容。每个丘都应在图上注记，不能遗漏。按一定顺序对丘进行编号。无争议的丘界线用粗实线表示，有争议的用虚线表示。丘内标记的内容繁简适度，分幅图中不能表示清楚时，另设分丘图。丘界线及丘内内容应与房屋及用地使用人的图件相一致，如有变更之处应以现状为准。

(4) 房屋，各种房屋的平面位置、结构、用途应表示清楚，图上表示方式参见第6章“建筑制图图例”标准绘制，房屋只绘外轮廓线。注明相关数据。

(5) 围护物，围护物指围墙、栅栏、篱笆等。围护物与丘界线重合时，用丘界线表示。

(6) 其他，如水塔、烟囱等附属设施，临时性建（构）筑物可不表示。

3. 丘、房屋在图上的表示方法

丘、房屋需标明的内容很多，用文字表示图面注记过密，因此，用固定的代号进行注记，即方便快捷、又能保持图面整洁。各种代号全图必须统一，并在图上绘出图例，以备对照使用，参见图12-1。具体表示方法为：

(1) 丘、幢、门牌号

(35)—丘号、(35-2)—丘支号、37—门牌号、(2)—幢号。

(2) 房屋产权分类

1—直管公产、2—自管公产、3—私产、4—其他产。

(3) 结构分类

1—钢结构、2—钢、钢筋混凝土结构、3—钢筋混凝土结构、4—混合结构、5—砖木结构、6—其他结构。

(4) 用途分类

㊀—住宅、㊉—医疗、㊐—工企单位、㊂—办公、⑪—商服、㊦—……。

表示方式为：

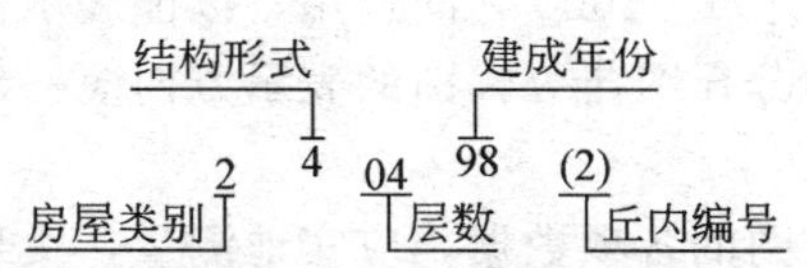

上式表示该房屋为自管公产，混合结构，共4层，1998年建成，丘内第2幢。

房屋的主要要素及编号综合示例图如图12-1所示。

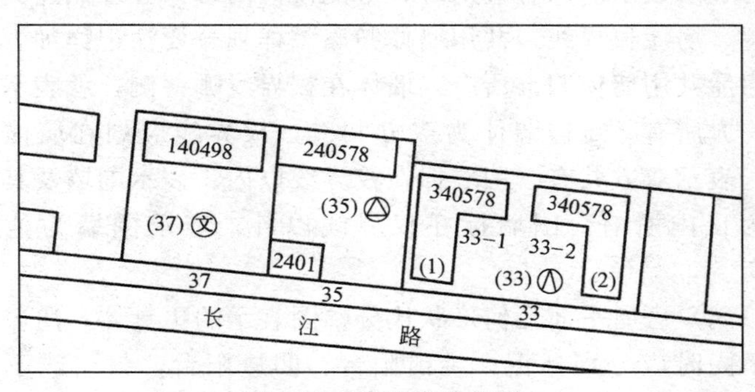

图12-1 房地产分幅图

以图33号为例，该房屋坐落于长江路33号，(33)为33号丘。(33-1)为丘支号，房屋编号第一项3表示私产，第二项4表示混合结构，第三项05表示共5层，第四项78表示1978年建成，(1)表示丘内第1幢，㊀表示住宅。

4. 分丘图的绘制

分丘图是以一个丘的房屋及其用地为单位绘制的图件。是房产产权证附图的基本图。每丘一张。各丘内房屋及用地产权要素，是确定权属的依据，分丘图具有法律效力，是保护产权人合法权益的凭证，是拆迁补偿及各项经济核算的依据。

（1）分丘图图幅的大小，以所测丘面积的大小而定。比例尺在1∶100～1∶1000之间选用，以能表示清楚房屋各种要素为前提。分丘图与分幅图的表示方向应一致，坐标系统应相同。

（2）分丘图的各项数据，应实地测量，丈量精度精确至0.01m，图上各种地物的取舍，做到有用不漏，无用的不取。

（3）表示的内容应明确，不能模棱两可，界址点的具体位置、房屋权界线，共用墙体归属怎样划分要注记详细。毗连房屋共用墙体归谁所有，墙体在权界线哪一侧，就表示归哪一方所有。毗连墙体为双方共有，权界线应划在墙体中间，表示双方共有。围墙标在权界线以内。表示围墙及其用地为丘内所有。围墙标在权界线以外，表示围墙为他人所有。

（4）房屋平面几何形状比分幅图表示的更具体，房屋层数不同时应分别标记。挑出阳台、凹进阳台，封闭或不封闭，有柱迴廊、有无围护结构以及与面积有关的建（构）筑物应表示清楚。若丘内房屋较多（如一个工厂）可绘制大幅分丘图。

（5）各种尺寸的标记方法，见图12-2。

房屋边长：注记在房屋边长线的中部外侧。以米（m）

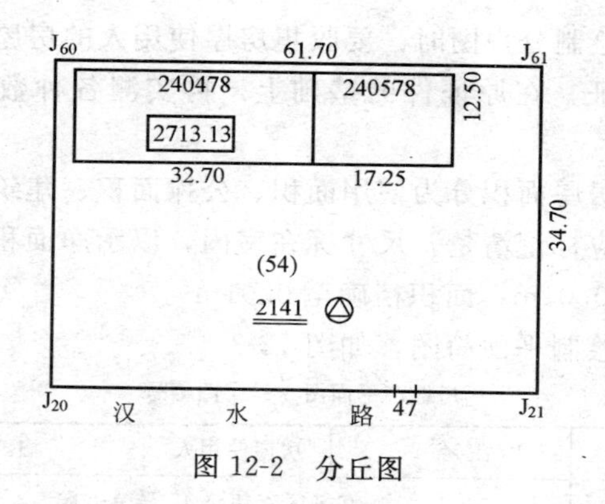

图 12-2 分丘图

为单位，精确到 0.01m，矩形房屋可只注记对称边中的一条边。

用地边长，用地边长指的是相邻两地界点之间的水平距离，注记在丘界线中部的外侧，以米（m）为单位，精确至 0.01m。用地界线与房屋界线重合时，完全重合只注记丘界线，部分重合时要分别注记。

房屋面积，以幢为单位，注记在房屋平面图正中下方。数字周边圈以方框。以平方米（m^2）为单位，精确至 0.01m^2。

用地面积，标记在丘号下方正中，下面划两道粗实线，以平方米（m^2）为单位，精确至 0.01m^2。

（6）丘的四邻做简要标记，以便互相对照使用。

12.1.5 分层分户图的绘制

房屋分层分户图（简称分户图），是指一幢建筑中，有多个产权人时，以一户产权人为单位，分层分户地表示出房屋权属范围的细部图。用以作为房屋产权证件的附图。分户图是比分丘图更详细的平面图。

（1）绘制分户图时，要收集房屋使用人的房屋产权证或房屋承租证，在原证件的基础上，再实测各种数据，进行复核。

（2）房屋面积分为使用面积、公摊面积、建筑面积。三种面积均应标记清楚，尺寸标在室内，以示净面积，丈量精度精确至 0.01m，面积精确至 0.01m^2。

（3）绘制平面简图，如图 12-3。

房地产平面图　　　图幅号

房屋所有权人	王××			房屋使用人	王××		
房屋坐落	和平区宏伟路 47 号 A-3 幢						
丘(地)号				产别	私有房产		
房屋状况	幢号	房号	结构	房屋总层数	所在层数	建筑面积(m^2)	设计用途
	3-1	1	混合	7	3	76.34	住宅
附图及说明 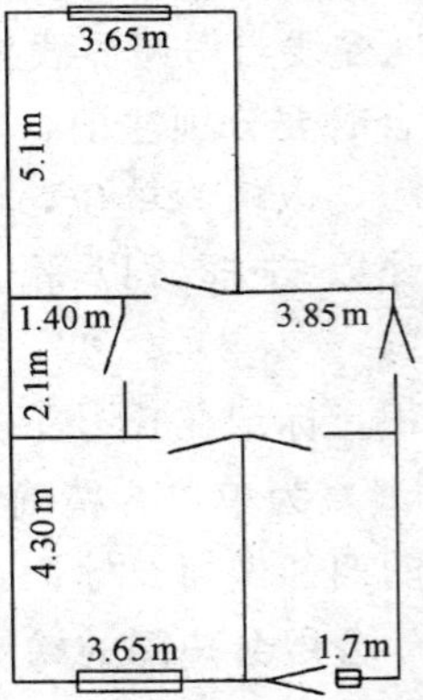							
使用面积 52.65m^2 公摊面积 23.69m^2 建筑面积 76.34m^2							
比例尺	1∶100						

图 12-3　分户图示例

分户图要标记房屋坐落位置，街区门牌号，分幅图号、丘号、幢号、单元号，楼层以及户号等有关的自然状况。

12.2 开发与规划土地面积计算

12.2.1 原占地面积与土地划拨面积的关系

欲开发区域占地面积中，原有的道路、绿化、市政公共用地较少，经新的规划设计，道路加宽了，市政公共用地增加了。因此，开发企业所能利用的土地面积比原占地面积要少。原占地面积中分解成两部分，一是市政公共用地（包括道路、绿化、公共设施等），另一部分是开发企业可用土地。企业用地是在满足市政公共用地条件下的可用土地，即市政红线以外的土地。这部分土地需审批、划拨。土地资源越来越宝贵，对土地面积测量精度的要求越来越高。

图 12-4 是旧城区拆迁改造示意图，图中由 *abcd* 虚线所包围的面积为原有占地面积（拆迁范围），1，2……8 点是规划道路中线交点，道路红线宽均为 40m，粗实线范围内为企业可开发利用（需审批、划拨）的土地。

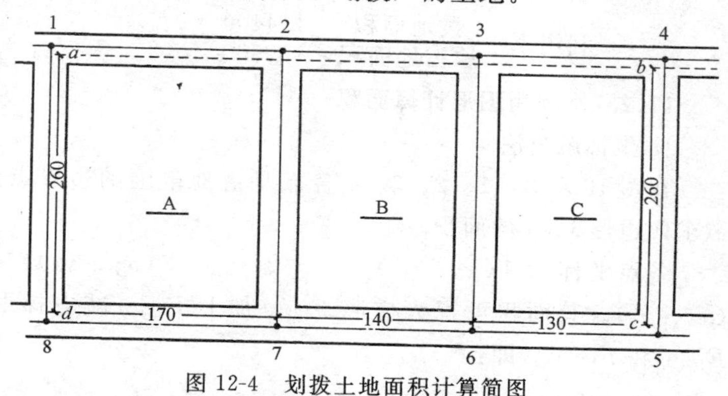

图 12-4　划拨土地面积计算简图

点 位 坐 标 **表 12-1**

点位	A	B	点位	A	B	点位	A	B
1	440.000	180.000	5	140.000	740.000	*a*	435.000	185.000
2	440.000	390.000	6	140.000	570.000	*b*	435.000	735.000
3	440.000	570.000	7	140.000	390.000	*c*	145.000	735.000
4	440.000	740.000	8	140.000	180.000	*d*	145.000	185.000

表 12-1 是各点坐标

拆迁范围面积：

$a-b$ 距离＝735.000－185.000＝550m

$a-d$ 距离＝435.000－145.000＝290m

拆迁土地面积＝550×290＝159500m²

土地划拨面积：

A 区面积＝260×170＝44200m²

B 区面积＝260×140＝36400m²

C 区面积＝260×130＝33800m²

合计 114400m²

拆迁面积与拨地面积差＝159500－114400＝45100m²

$$利用率=\frac{拨地面积}{原占地面积}=\frac{114400}{159500}=72\%$$

12.2.2 利用图形计算面积

1. 坐标解析法

在图 12-5 中，1、2、3、4 各点是占地范围的边界点。欲求四边形 1234 的面积。

各点坐标为 1(x_1、y_1)、2(x_2、y_2)、3(x_3、y_3)、4(x_4、y_4)。其面积可视为梯形 $F_{122'1'}$ 加上 $F_{233'2'}$ 减去梯形 $F_{144'1'}$ 和 $F_{433'4'}$。即：

$$F_{1234}=F_{122'1'}+F_{233'2'}-F_{144'1'}-F_{433'4'}$$

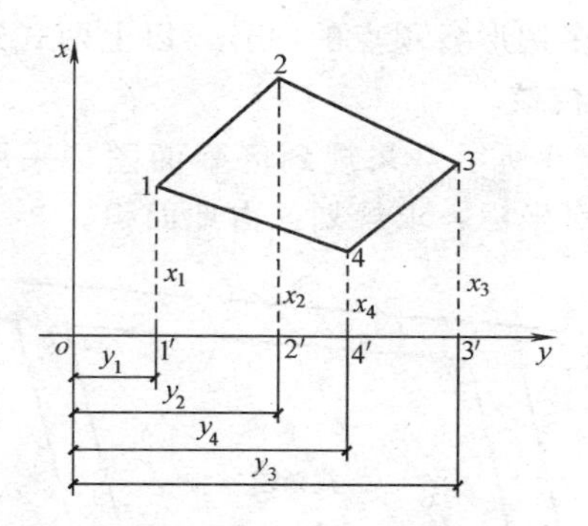

图 12-5 解析法计算面积

利用梯形面积计算公式得，

$$F_{1234}=\frac{1}{2}[(x_1+x_2)(y_2-y_1)+(x_2+x_3)(y_3-y_2)-(x_1+x_4)(y_4-y_1)-(x_3+x_4)(y_3-y_4)]$$

解括号，提 x 项，整理得：

$$F_{1234}=\frac{1}{2}[x_1(y_2-y_4)+x_2(y_3-y_1)+x_3(y_4-y_2)+x_4(y_1-y_3)]$$

或提 y 项，得：

$$F_{1234}=\frac{1}{2}[y_1(x_4-x_2)+y_2(x_1-x_3)+y_3(x_2-x_4)+y_4(x_3-x_1)]$$

以上两式可以推广至 n 边形，得：

$$F=\frac{1}{2}\sum_{i=1}^{n}x_i(y_{i+1}-y_{i-1})$$

$$F=\frac{1}{2}\sum_{i=1}^{n}y_i(x_{i-1}-x_{i+1})$$

式中 i 为多边形各顶点的序号，以上两式运算结果应相等，可供互相校核。

例： 图 12-6 所示是某规划区平面图，采用导线法测得 1、2……6 各点坐标，求规划区占地面积。

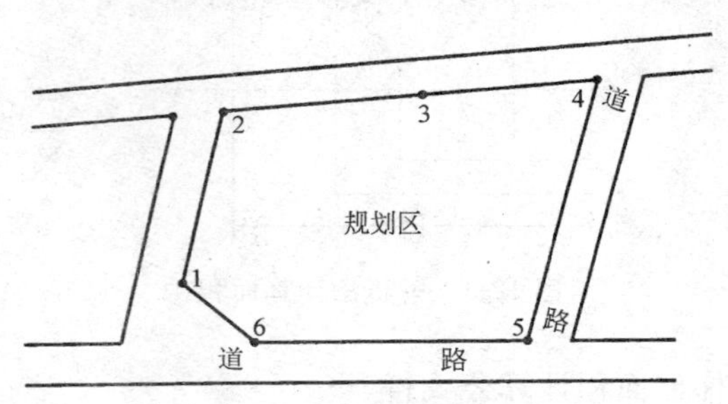

图 12-6 测规划区面积

采用列表法进行计算，各点坐标值列入表 12-2 内。先计算坐标差，按前面面积计算公式，当 $i=1$ 时，坐标栏内的 x_i 为 x_1，y_i 为 y_1，坐标差栏内的 x_{i-1} 指顶点 1 的前一点（图中第 6 点）的纵坐标值，x_{i+1} 指顶点 1 的后一点（图中第 2 点）的纵坐标值。纵坐标差 $x_{i-1}-x_{i+1}=x_6-x_2$，同理横坐标差 $y_{i+1}-y_{i-1}=y_2-y_6$。面积栏内的 $x_i(y_{i+1}-y_{i-1})=x_1(y_2-y_6)$，$y_i(x_{i-1}-x_{i+1})=y_1(x_6-x_2)$，以此类推。坐标差栏内的总和应等于零。面积栏内的总和是按梯形面积计算的，因此实际面积应为乘积面积的 1/2。

某规划区占地面积计算表　　　　表 12-2

点号	坐标值(m)		坐标差(m)		面积(m²)	
	x_i	y_i	$x_{i-1}-x_{i+1}$	$y_{i+1}-y_{i-1}$	$x_i(y_{i+1}-y_{i-1})$	$y_i(x_{i-1}-x_{i+1})$
1	52.60	34.50	−167.73	−4.48	−235.65	−5786.69
2	183.45	57.32	−155.02	+166.60	+30562.77	−8885.75
3	207.62	201.10	−43.76	+285.89	+59356.48	−8800.14

续表

点号	坐标值(m)		坐标差(m)		面积(m^2)	
	x_i	y_i	$x_{i-1}-x_{i+1}$	$y_{i+1}-y_{i-1}$	$x_i(y_{i+1}-y_{i-1})$	$y_i(x_{i-1}-x_{i+1})$
4	227.21	343.21	+191.90	+79.23	+17956.41	+65862.00
5	15.72	280.13	+211.49	−281.41	−4423.76	+59244.69
6	15.72	61.80	−36.88	−245.63	−3861.30	−2279.18
校核			0	0	$2F$=99354.95 F=49677.47	$2F$=99354.93 F=49677.47

利用纵坐标计算的面积和利用横坐标计算的面积，两者应相等。以资校核。

2. 几何图形法

若图形为较规则的多边形（如图 12-7），可将图形划分成若干个可计算图形，如图中划分为三角形、梯形、矩形。然后用比例尺量取有关边长（长、宽、高），再应用面积计算公式分别算出每个图形面积，最后汇总成多边形总面积。如果图形某一部分为曲线，可近似按某种图形进行估算。

3. 方格法

如果平面图形是不规则图形，可采用方格法计算面积。一种方法是在平面图上用细铅笔轻轻地绘成方格网，把图纸分成若干方格；另一种方法是用绘有正方形的透明纸蒙在平

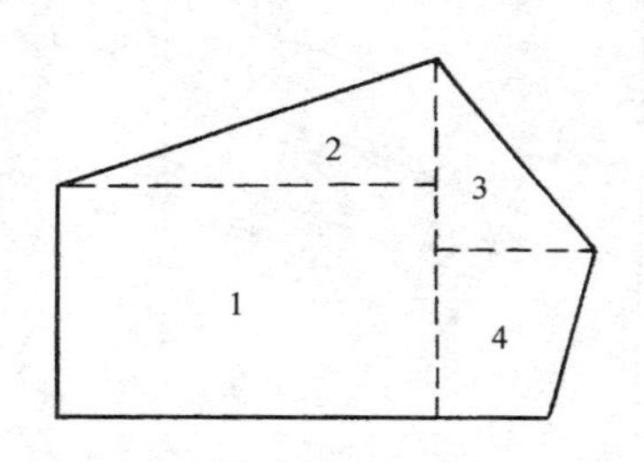

图 12-7　图形法算面积

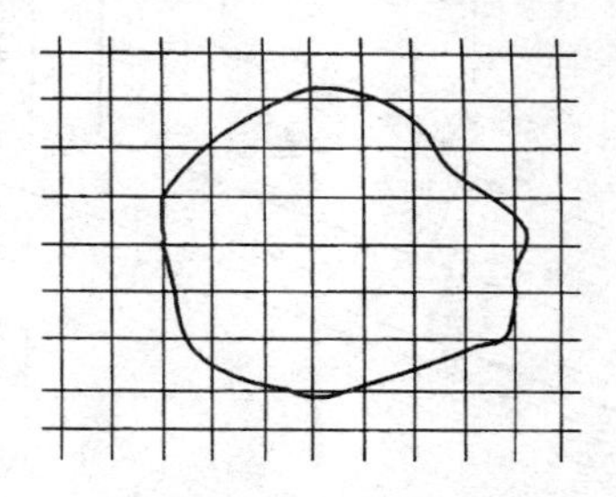
图 12-8　方格法算面积

面图上，然后数方格数来计算面积。格网的边长应视图幅的大小进行选择。在 1∶1000 的平面图上，格网边长为 20mm，则每一方格代表 400m²。若在 1∶500 平面图上，格网边长为 20mm，则每一方格代表 100m²。平面图周边不足整方格的破格部分，一般可按半格计算，见图 12-8。

总面积＝方格数×每格代表面积值

如 1∶1000 平面图，方格边长为 20mm，共量得 340 个方格，其面积为

$$340\times400=136.000\text{m}^2$$

12.2.3 根据道路测面积

图 12-9 中，拟将平房拆除，新建楼房。要求测出 *AB*、*BC* 长度及占地面积，为建筑设计和申报土地提供数据。已知中央大街道路中线 *M*、*N* 点，红线距道中线 15m。规划道路与中央大街夹角为 111°40′，原建筑距道路中线 13.80m，

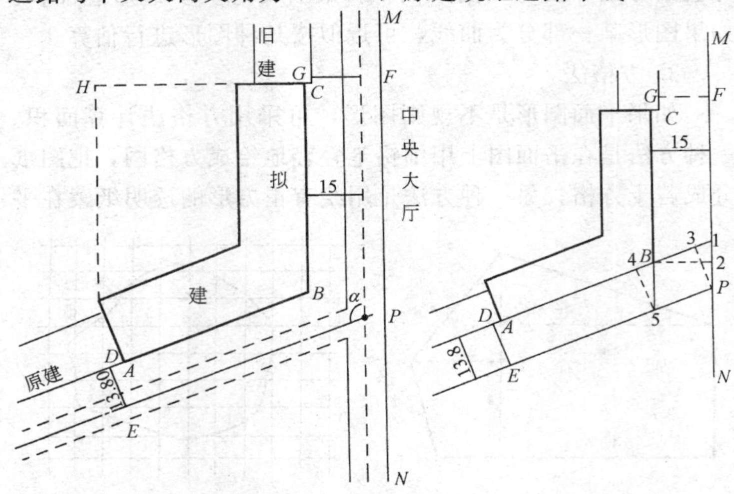

图 12-9　根据道路测面积

新建与原建筑在同一红线（待拆平房直至路边）。

测量方法：

（1）置经纬仪于 M 点，前视 N 点，在视线方向相对旧建筑房角位置定 F 点，目测规划道路中线位置，定出道路中线交点 P，并丈量 FP 距离为 98.73m。

（2）移仪器于 F 点，后视 N 点，顺针测 90°，投点于旧建筑物上得 G 点，量取 G 点至房角的距离为 0.85m。

（3）移仪器于 P 点，后视 M 点，逆测 111°40′得规划道中线平行线，在相对原建筑房角位置定出 E 点，并丈量 PE 距离为 89.45m。

（4）移仪器于 E 点，后视 P 后，逆针测 90°，投点于原建筑上得 D 点，量取 D 点至房角距离为 0.42m，量 E 点至建筑物外皮为 13.80m。

计算 AB、BC 长度：

$$\sin 21°40' = 0.36921 \quad \cos 21°40' = 0.92935$$

$$\mathrm{tg}21°40' = 0.39727$$

$$P.1\text{距离} = \frac{13.80}{0.92935} = 14.849\text{m}$$

$$2.1\text{距离} = 15.00 \times 0.39727 = 5.959\text{m}$$

$$BC = FP - P.1 + 2.1 - GC = 98.73 - 14.849 + 5959 - 0.85$$
$$= 88.99\text{m}$$

$$B.1 = 5.P = \frac{15.00}{0.92935} = 16.140\text{m}$$

$$B.4 = 13.80 \times 0.39727 = 5.482\text{m}$$

$$AB = EP - 5.P + B.4 - DA$$
$$= 89.45 - 16.14 + 5.482 - 0.42$$
$$= 78.372\text{m}$$

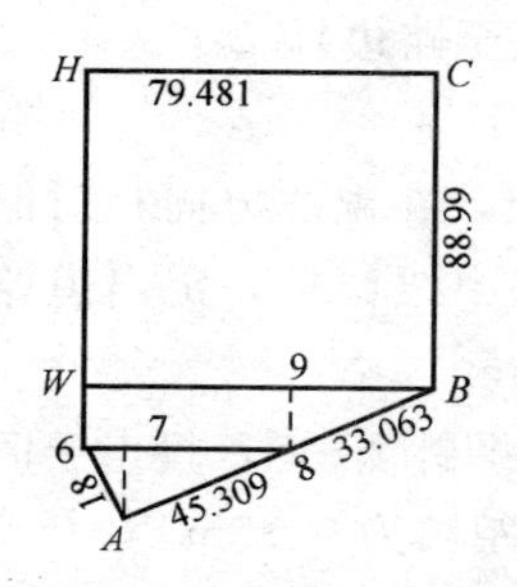

图 12-10　图形法算面积

计算占地面积：

见图 12-10

$$A.8=\frac{18.00}{0.39727}=45.309\text{m}$$

6.7 长度＝18.00×0.36921＝6.646m

$$6.8\ 长度=\frac{18.00}{0.36921}=48.753\text{m}$$

WB 长度＝78.372×0.92935＋6.646
＝79.481m

8.9 长度＝33.063×0.36921＝12.207m

三角形面积＝45.309×18.00×1/2＝407.78m^2

梯形面积＝(48.753＋79.481)×12.207×1/2
＝782.68m^2

矩形面积＝79.481×88.99＝7073.01m^2

总面积＝407.78＋782.68＋7073.01＝8263.47m^2

12.2.4　根据原建筑物测面积

图 12-11 中计划将旧平房区拆除新建楼房。条件是新建

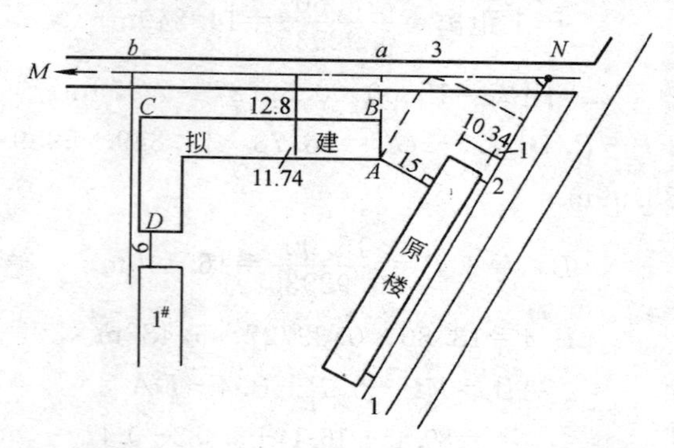

图 12-11　根据建筑物测面积

工程距原楼房垂直距离为15m。距道路中线12.80m，长度与1号楼外皮对齐，要求测出新建工程外廓尺寸，为设计提供依据，约束新建工程平面位置的关键部位是A点，但A点与原建筑物之间既不通视，又无法量距。

测量方法：

（1）由原楼房外皮向外量1m得1、2两点，置仪器于1点，前视2点作楼房平行线，并延伸至道路中心，再量出道路中线，使道路中线与平行线相交于N点。

（2）再量出道路中线M点，置仪器于N点，后视1点，顺针测角照准M点，测平行线与道路中线夹角为61°30′（应注意根据道路中线定位时，要与城市规划部门联系，因为现有道路中线不一定是规划道路中线，要找出规划道路的中心桩）。

（3）计算a点至N点的距离

$$3.N=\frac{26.34}{\sin 61°30'}=\frac{26.34}{0.87882}=29.972\text{m}$$

$$a.3=\frac{24.54}{\text{tg}61°30'}=\frac{24.54}{1.84177}=13.324\text{m}$$

$$a.N=29.972+13.324=43.296\text{m}$$

（4）置仪器于N点，前视M点，在视线方向自N点量取43.296m定出a点。在相对1号楼外皮位置定出b点，并丈量ab间距离为67.86m。

（5）移仪器于b点，后视N点，顺针测90°，在视线方向量得视线距1号楼外皮为0.76m。从b点量到1号楼墙角为52.40m。

（6）计算新建工程外廓长度

$$BC=67.86-0.76=67.10\text{m}$$

$$CD=52.40-12.80-6.00=33.60\text{m}$$

12.2.5　根据红线测面积

图 12-12 是某开发区的一部分街区，欲测出规划场地的外廓尺寸、占地面积，并测设红线位置，以便进行个体设计和施工测量。已知道路中线交点 M、道路夹角 107°34′30″、红线距主干道中线 36m、距规划道中线 18m，并量得已建楼房 1、2 点距离为 124.57m。

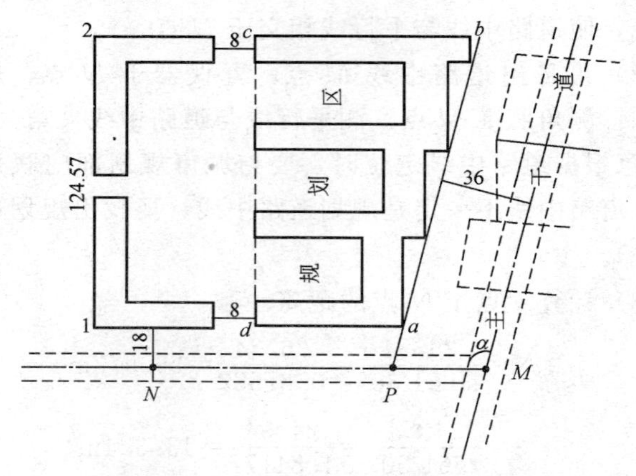

图 12-12　根据红线测面积

测量方法：

（1）计算各点间距离

$$\cos 17°34'30''=0.953322$$

$$PM=\frac{36.00}{\cos 17°34'30''}=\frac{3600}{0.953322}=37.763\text{m}$$

$$Pa=\frac{18.00}{\cos 17°34'30''}=\frac{18.00}{0.953322}=18.881\text{m}$$

$$ab=\frac{124.57}{\cos 17°34'30''}=\frac{124.57}{0.953322}=130.669\text{m}$$

（2）从已建楼外皮量18m得规划道路中线N点，置仪器于M点，前视N点，在视线方向自M点量37.763m，定出P点。

（3）移仪器于P点，后视N点，顺针测107°34′30″在视线方向自P点量18.881m，定出a点。再续量130.669m，定出b点。拟建建筑物的红线及边线即测设完毕。

（4）量仪器于b点，后视a点，顺针测72°25′30″(180°－107°34′30″)，观察已建楼房外墙角，以资校核。如有误差需进行调整。

（5）实量a点至已建楼房墙角距离为61.47m，减楼间距离8m，有效宽度$ad=61.47-8.00=53.47$m。实量b点至已建楼角距离为100.93m，有效宽度$bc=100.93-8.00=92.93$m。

（6）计算面积：

面积为　$(92.93+53.47)\times124.57\times1/2=9118.52\text{m}^2$。

12.3　房屋面积计算

房屋面积计算，目前国家有两个文件，即“住宅建筑设计规范”（GBJ 96—86）和“房产测量规范”。另外还有商品房销售方面的有关规定，几个文件规定的计算方法基本上是一致的。

12.3.1　建筑面积的计算规则

1. 计算建筑面积的范围

（1）单层建筑物不论其高度如何均按一层计算建筑面积，其建筑面积按建筑物外墙勒角以上的外围水平面积计算。单层建筑物内如带有部分楼层者（不包括首层），亦应计算建筑面积。

（2）高低联跨的单层建筑物，如需分别计算建筑面积时，应以结构外边线为界分别计算。

（3）多层建筑物的建筑面积按各层建筑面积之和计算。其首层按建筑物外墙勒角以上外围水平面积计算，二层及二层以上按外墙外围水平面积计算。

（4）地下室、半地下室、地下车间、仓库、商店、地下指挥部等及相应出入口的建筑面积，按其上口（不含采光井、防潮层及其保护墙）外墙水平面积计算。

（5）建于坡地的建筑物利用吊角空间设置架空层和深基础地下架空层加以利用时，其层高超过 2.2m 的，按围护结构外围水平面积计算建筑面积。

（6）穿过建筑物的通道，建筑物的门厅、大厅、不论其高度如何，均按一层计算建筑面积。门厅、大厅内回廊部分按其自然层水平投影面积计算建筑面积。

（7）室内的楼梯间、电梯井、提物井、垃圾道、管道井等均按建筑物自然层计算建筑面积。

（8）书库，立体仓库设有结构层的，按结构层计算建筑面积，没有结构层的按承重书架层或货架层计算建筑面积。

（9）有围护结构的舞台灯光控制室，按其围护结构外围水平面积乘以层数计算建筑面积。

（10）建筑物内设备管道层、贮藏层其层高超过 2.2m 时，应计算建筑面积。

（11）有柱的两篷、车棚、货棚、站台等，按柱外围水平面积计算建筑面积，独立柱的雨篷、单排柱车棚、货棚、站台等，按其顶盖水平投影面积的一半计算建筑面积。

（12）屋面上部有围护结构的楼梯间、水箱房、电梯机房等，按围护结构外围水平面积计算建筑面积。

（13）建筑物外有围护结构的门斗、眺望间、观望电梯间、阳台、橱窗、挑廊、走廊等按其围护结构外围水平面积计算建筑面积。

（14）建筑物外有柱和顶盖的走廊，檐廊，按柱外围水平面积计算建筑面积，有盖无柱走廊，檐廊挑出宽度在1.5m以上时，按其顶盖投影面积一半计算建筑面积。无围护结构的凹阳台，挑阳台，按其水平面积一半计算建筑面积。建筑物间有顶盖的架空走廊，按其顶盖水平投影面积计算建筑面积。

（15）室外楼梯按自然层投影面积之和计算建筑面积。

（16）建筑物内变形缝，沉降缝等，凡缝宽度在300mm以内者，均依其缝宽按自然层计算建筑面积。并入建筑物建筑面积之内计算。

2. 不计算建筑面积的范围

（1）突出墙外的构件、配件、附墙柱、架、勒角、台阶、悬挑雨篷、墙面抹灰、镶贴块材、装饰面等。

（2）用于检修，消防等室外爬梯。

（3）层高2.2m以内管道设备层、贮藏室、设计不利用的深基础架空层和吊脚架空层。

（4）建筑物内操作平台，上料平台，安装箱缸平台；没有围护结构的屋顶水箱，花架、凉棚等。

（5）独立烟囱、烟道、地沟、油（水）缸、气柜、水塔、贮油池、贮仓、栈桥、地下人防通道等构筑物。

（6）单层建筑物内分隔单层房间、舞台及后台悬挂的幕布、布景天桥、挑台。

（7）建筑物内大于 300mm 宽的变形缝，沉降缝。

3. 其他

（1）建筑面积以一个单位工程为一计算单位。同时有多个单位工程，应分别计算。

（2）建筑物与构筑物连接成一体的、属建筑物部分按规定计算建筑面积。

12.3.2 住宅房屋使用面积的计算

住宅使用面积是指户门内除墙体所占面积外的全部净面积。其中包括卧室、起居室、门厅、过道、厨房、卫生间、储藏室、壁橱、户内楼梯（投影面积），以及可利用的斜坡空间按规定应计算面积的部分。净面积指初装后的室内净面积、门窗口处凹进部分并入墙体计算。

12.3.3 住宅房屋套内面积的计算

套内面积是指每套住宅的建筑面积，有三部分组成。

（1）套内使用面积，按前法计算。

（2）套内墙体面积，套内墙体面积有两部分，户内非共用墙体面积全部计入套内面积，套之间分隔墙，套与公用建筑空间的分隔墙以及外墙（包括山墙）均称共用墙，共用墙按水平投影面积的一半计入套内面积。

（3）阳台建筑面积，按建筑面积计算规划计算面积，全部计入套内面积。

套内面积＝套内使用面积＋套内墙体面积＋阳台面积。

12.3.4 住宅房屋共用面积的计算

1. 按使用面积计算

共用面积＝共用使用面积＋全部墙体面积＋阳台面积

或者说共用面积＝扣除使用面积后的全部建筑面积。

（1）共用使用面积包括楼梯间、电梯井、门厅过道、垃圾道、管道井、水箱房等面积。

(2) 全部墙体面积。包括承重墙、非承重墙、围护墙所占的面积。

(3) 阳台面积、不分户型，综合统一计算。

2. 按套内面积计算

共用面积＝共用使用面积＋套内墙体以外的墙体面积。

(1) 共用使用面积包括楼梯间、电梯井、门厅、套外过道、垃圾道、管道井、水箱房等的共用使用面积。

(2) 套内以外墙体是扣除套内所含墙体后的全部墙体面积。

凡已作为独立使用空间，不计入共用面积，如人防地下室，地下车库等。

可以理解为：

按使用面积计算时

$$共用面积=总建筑面积-使用面积之总和$$

$$公摊面积系数=\frac{全部共用面积}{全部使用面积}$$

$$户建筑面积=使用面积+公摊面积$$

$$户公摊面积=使用面积\times 公摊系数$$

按套内面积计算时，

$$共用面积=总建筑面积-套内建筑面积之总和$$

$$公摊面积系数=\frac{全部公用面积}{全部套内建筑面积}$$

$$户公摊面积=套内面积\times 公摊系数$$

$$户建筑面积=套内建筑面积+公摊面积$$

在房地产测量中，还有几项考核指标：

$$建筑密度=\frac{建筑物总占地面积}{总用地面积}$$

$$容积率=\frac{建筑物总建筑面积}{总用地面积}$$

$$绿化率=\frac{总绿地面积}{总用地面积}$$

$$人口密度=\frac{用地范围内人口总数}{总用地面积}$$

12.3.5 住宅面积计算实例

图 12-13 是某住宅平面图，图 12-14 是其中的一户，试计算户使用面积，套内面积，共用面积，公摊系数，公摊面积，户建筑面积。

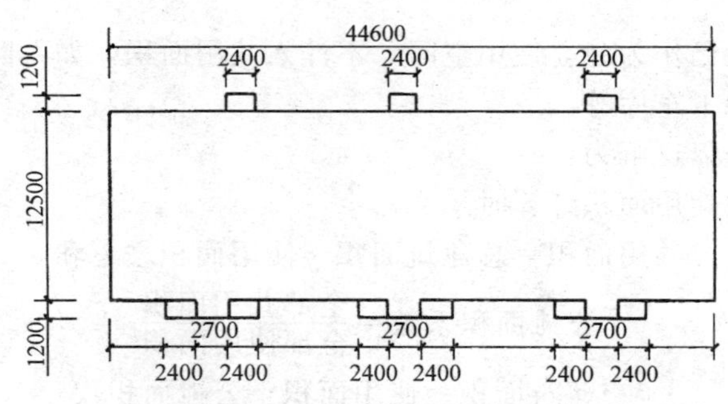

图 12-13 建筑平面图

设本工程共 3 层，每层均有阳台。

单位工程建筑面积：

主体部分 44.60×12.50＝557.50×3＝1672.50m²

单元门处 2.70×1.20×3＝9.72×3＝29.16m²

阳台 2.40×1.20×9＝25.92×3＝77.76m²

计 1779.42m²

按使用面积计算方法：

户使用面积（内墙抹灰层厚度按 2cm 计算）：

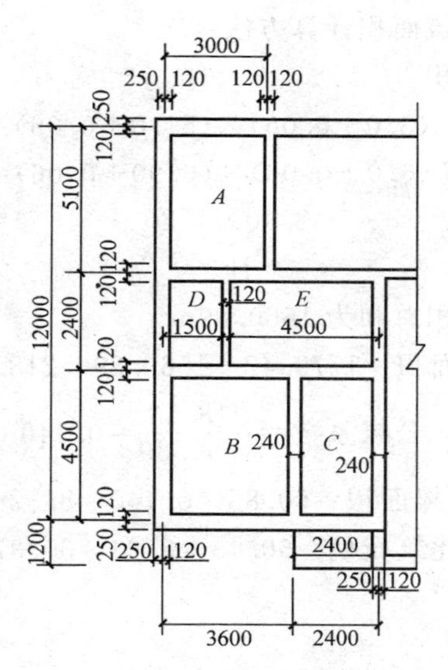

图 12-14　分户平面图

$A(3.0-0.28)\times(5.10-0.28)=13.11\text{m}^2$

$B(3.60-0.28)\times(4.50-0.28)=14.01\text{m}^2$

$C(2.40-0.28)\times(4.50-0.28)=8.95\text{m}^2$

$D(1.50-0.22)\times(2.40-0.28)=2.71\text{m}^2$

$E(4.50-0.22)\times(2.40-0.28)=9.07\text{m}^2$

计　　　　47.85m^2

设使用面积总和为 1227.19m^2

公用面积 $=1779.42-1227.19=552.23\text{m}^2$

$$公摊系数=\frac{552.23}{1227.19}=0.45$$

公摊面积 $=47.85\times0.45=21.53\text{m}^2$

户建筑面积 $=47.85+21.53=69.38\text{m}^2$

按套内建筑面积计算方法：

户套内面积：

$A \quad (3.0+0.06)\times(51.0+0.06)=15.79m^2$

$B\sim E \quad (6.0+0.06)\times(6.90+0.06)=42.18m^2$

阳台 $\quad 2.40\times1.20 \quad =2.88m^2$

计 $\quad 60.85m^2$

设套内面积总和为 1560.89m²

共用面积＝1779.42－1560.89＝218.53m²

$$公摊系数=\frac{218.53}{1560.89}=0.140$$

公摊面积＝60.85×0.140＝8.52m²

户建筑面积＝60.43＋8.94＝69.37m²

13 地形图测绘

13.1 测图的一般规定

1. 比例尺

地形图的比例尺应根据工程性质、规模大小，使用要求来选择，以满足使用要求为基本条件。一般规划设计用图选用 1∶5000 比例尺，初步设计用图选用 1∶2000 比例尺，施工设计用图选用 1∶1000、1∶500 比例尺，施工现场小面积局部测图亦可选用 1∶200 比例尺。

测图用纸应选用变形小，不易出现皱折的亚光纸，有条件者应选用厚度为 0.07～0.1mm，伸缩率为 0.04‰的聚酯薄膜（现专业测绘单位均用此材料）。

2. 图面标点精度

图上点位距离精确至 0.1mm，图廓格网和控制点展点误差不大于 0.2mm，图廓格网对角线和图根点间长度误差不大于 0.3mm。图上地物点位置的中误差不应超过表 13-1 的规定。

地形图上地物点的位置中误差规定　　表 13-1

地区类别	图上地物点的位置中误差(mm)	
	主要地物	次要地物
一般地区	±0.6	±0.8
城市建筑区	±0.4	±0.6

等高距和等高线高程的中误差不应超过表 13-2 的规定。

地形图上等高距和等高线高程的中误差规定　表 13-2

地面倾斜角	等 高 距(m)				等高线的高程中误差(等高距)
	1∶500	1∶1000	1∶2000	1∶5000	
6°以下	0.5	0.5	1	2	1/3
6°～15°	0.5	1	2	5	1/2
15°以上	1	1	2	5	1

碎部测量时，地物点间距和视距长度不应超过表 13-3 的规定。

地物点间距和视距长度规定　表 13-3

测图比例尺	地物点最大间距(m)	最 大 视 距(m)			
		主要地物点		次要地物点	
		一般地区	城市建筑区	一般地区	城市建筑区
1∶500	15	60	50(量距)	100	70
1∶1000	30	100	80	150	120
1∶2000	50	180	120	250	200
1∶5000	100	300	—	350	—

3. 测区分类

依据测区类型、精度要求，用图性质的不同，地形测量可分为一般测区、城市建筑区、工厂区地形测量。对工厂区细部坐标点的位置中误差和高程中误差不应超过表 13-4 的规定。

厂区细部坐标点的位置中误差和高程中误差规定　表 13-4

地物名称	细部坐标点(cm)	细部高程点(cm)
主要建筑物，构筑物	±5	±2
一般建筑物，构筑物	±7	±3

两相邻坐标点间反算距离与实地丈量的较差，不应大于表13-5的规定。

两相邻坐标点间反算距离与实地丈量的较差的规定　　表13-5

项　　目	较差(cm)	项　　目	较差(cm)
主要建筑物 构筑物	$7+\frac{S}{2000}$	一般建筑物 构筑物	$10+\frac{S}{2000}$

注：S为两相邻点间的距离（cm）。

13.2　小平板仪的构造及使用方法

13.2.1　小平板仪的构造

平板仪分大平板仪和小平板仪两种。

小平板仪构造比较简单，见图13-1，它主要由测图板、照准仪和三角架组成。附件有对点器和罗盘仪（指北针）。

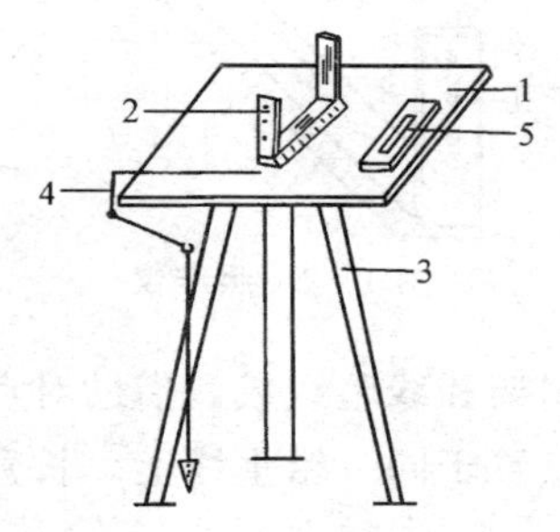

图13-1　小平板仪

1—测图板；2—照准仪；3—三角架；

4—对点器；5—罗盘仪（指北针盒）

测图板和三角架的连接方式大都为球窝接头。在金属三角架头上有个碗状球窝，球窝内嵌入一个具有同样半径的金属半球，半球中心有连接螺栓，图板通过连接螺栓固定在三角架上。基座上有调平和制动两个螺旋，放松调平螺旋，图板可在三角架上任意方向倾、仰，从而可将图板置平。拧紧调平螺旋，图板不能倾仰，可绕竖轴水平旋转。当拧紧制动螺旋时，图板固定。

照准仪是用来照准目标，并在图纸上标出方向线和点位的主要工具，构造如图 13-2。它是一个带有比例尺刻划的直尺，尺的一端装有带观测孔的觇板，另一端觇板上开一长方形洞口，洞中央装一细竖线，由观测孔和细竖线构成一个照准面，供照准目标用。在直尺中部装一个水准管，供调平图板用。

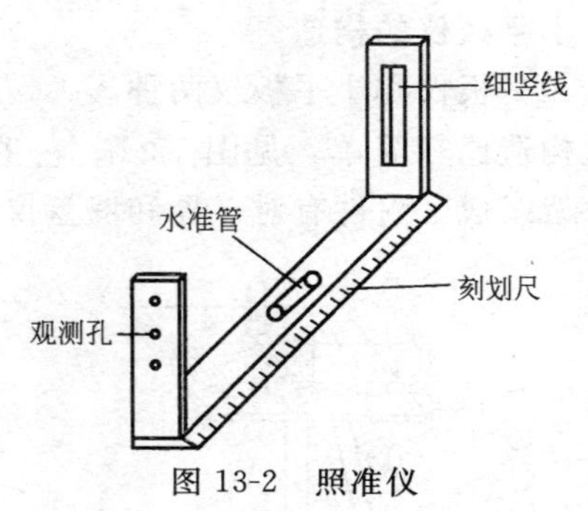

图 13-2　照准仪

对点器由金属架和线坠组成，借助对点器可将图上的站点与地面上的站点置于同一铅垂线上。长盒指北针是用来确定图板方向的。

13.2.2　平板仪测图原理

如图 13-3，地面上有 AOB 三点，在 O 点上水平安置图板，钉上图纸。利用对点器将地面上 O 点沿铅垂方向投影到图纸上，定出 o 点，将照准仪测孔端尺边贴于 o 点，以 o

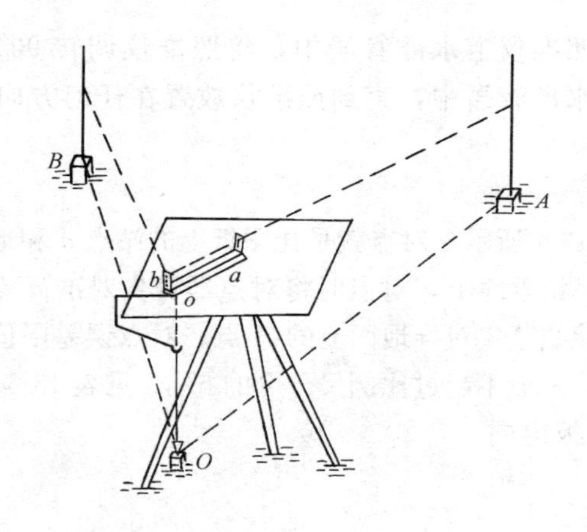

图 13-3　平板仪测图原理

点为轴（可去掉对点器，在 o 点插一大头针）平转照准仪，通过观测孔和竖线观测目标 A，当照准仪竖线与目标 A 重合时，在图纸上沿尺边过 o 点画出 OA 方向线，再量出 OA 两点地面的水平距离，按比例尺在方向线上标出 oa 线段，oa 直线就是地面上 OA 直线在图纸上的缩绘。

再转照准仪观测 B 点，当目标 B 与照准仪竖线重合时，沿尺边画出 OB 方向线，量出 OB 两点距离，按比例在方向线上标出 ab 线段。则图上 aob 三点组成的图形和地面上 AOB 三点的图形相似，这就是平板仪测图的原理。

按同样方法，可在图上测出所有点的位置，如果把所有相关点连成图形，就绘出了所要测的平面图。再测出各点高程，标在图上，就形成了既有点的平面，又有点的高程的地形图。

13.2.3　平板仪的安置

1. 图板调平

方法是：将照准仪放在图板上，放松调平螺旋，倾、仰图板，让照准仪上水准管居中，将照准仪调转 90°，再调整图板，让水准管居中，直到照准仪放置在任何方向气泡皆居中为止。

2. 对点

如图 13-4 所示，对点就是让图纸上的站点 a 和地面上站点 A 位于同一铅垂线上，对点时将对点器臂尖对准 a 点，然后移动三角架让线坠尖对准地面上的 A 点。对点误差限值与测图比例尺有关，一般不超过比例尺分母的 5‰，见表 13-6。

3. 图板定向

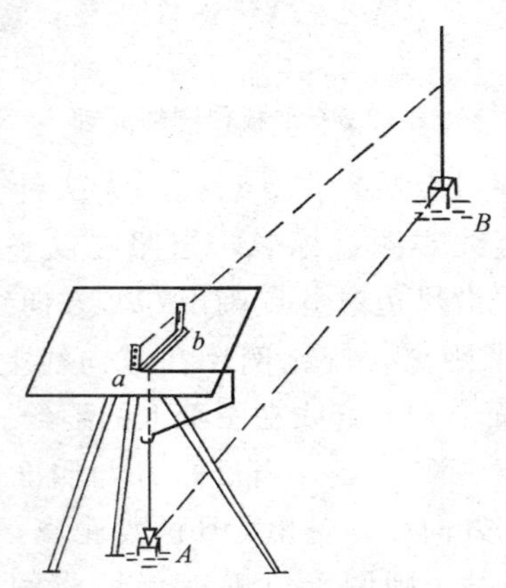

图 13-4 对点和直线定向

不同测图比例尺的对点允许误差 **表 13-6**

测图比例尺	对点允许误差(mm)	对点方法
1∶500	25	对点器对点
1∶1000	50	对点器对点
1∶2000	100	目估对点
1∶5000	250	目估对点

（1）根据控制点定向

当测区有控制点时，要把控制点（图根点）展绘在测图图纸上。展绘方法是先在测图上画出坐标方格网，然后根据控制点或图根点坐标，逐点展绘在图纸上。定向时，如图13-4，把照准仪尺边贴于 ab 直线上，将图板安在 A 点上，大致对点。通过照准仪照准 B 点，使 ab 展点和 AB 测点在一个竖直面内。然后平移图板，精确对点，这时测出的图形和已知坐标系统相一致。

（2）根据测区图形定向（适于测图第一站）

先根据测区的长、宽，把测区图形大略地规划在图纸上，然后转动图板，使图纸上规划图形与地面图形方向一致，以便使整个测区能匀称的布置在图幅上。

（3）根据测站点定向

图 13-4 中 AB 是地面测站点，欲在图上测出 ab 直线方向和 b 点位置。方法是：在 A 点安置图板，调平，对点，把照准仪尺边贴于 a 点，以 a 点为轴转动照准仪照准 B 点，然后沿尺边画出 ab 方向线，标出 b 点。因为图上 ab 点和地面上 AB 点对应关系已确定，所以图面方向已确定。此法主要用于转站测量或增设图根点。

（4）利用指北针定向

利用指北针定向有两种情况。

1）当对测图有方向要求时，应将指北针盒长边紧贴于图边框左或右边上，平转图板，使磁针北端指向零点，然后固定图板。布图时要考虑上北下南的阅图方法，这时图面坐标系统为磁子午线方向。

2）当图面为任意方向，需要在图上标出方向时，可将指北针盒放在图的右上角，然后平转指北针盒。当磁针北端指向零点时，沿指北针盒边画一直线，在磁针北端标出指北方向，这时指北方向为磁北方向。

13.3 测图的基本方法

13.3.1 小平板仪量距测图

小平板仪量距测图是利用照准仪测定方向，用尺丈量距离相结合的测图方法，适于地形平坦、范围较小、便于量尺和精度要求较高的测区。

测图方法见图 13-5 所示。将仪器安置在测站上，定向、

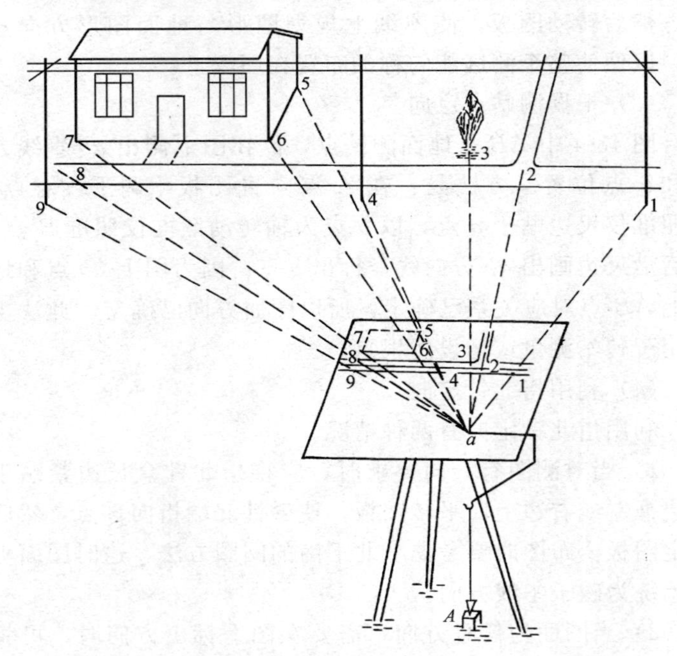

图 13-5 测图的基本方法

对点、调平。

用照准仪照准1点，在图上标出1点方向线，实量1点至测站的距离，按测图比例在方向线上标出1点位置。

用同法依一定顺序（一般按逆时针方向）依次测出图上1、2……9点。测点要选择地物有代表性的特征点，如房屋拐角、道路中线、交叉路口、电杆以及地形变化的地方。凡在图上能表示图形变化的部位都应设测点。

如果操作熟练可不画方向线，直接在图上标出点位，以保持图面规则、干净。量距读数误差不应超过测图比例尺分母的5‰，即图上0.05mm的长度。

然后将相关点连成线，如图中5、6、7点连线为房屋外轮廓线，1、4、9点连线为输电线路，2、8点连线为道路中线，3点为树的单一地物。

对于测站不能直接测定的地物点，如房屋背面，可实地丈量，然后根据该点与其他相邻点的对应位置，按比例画在图上，便可画出完整的图形，如图中虚线部分。

由于测量误差和描图误差的影响，测绘到图纸上的图形与实际可能不符，例如把矩形变成菱形，地面上是直线测出来的却是折线等。因此，在测绘过程中要注意测量精度，对密切相关的相邻点还要实际量距，用实量距离改正图上的点位，以便使测图与实际相符。

13.3.2 小平板仪、水准仪联合测图

小平板仪水准仪联合测图，是利用照准仪测定方向，用水准仪（或经纬仪）测距离和高程的测图方法。

测图方法如图13-6所示。平板仪安置在测站A点上，水准仪安在测站旁2m左右的A'点上，用照准仪照准A'点，在图上标出a'点。

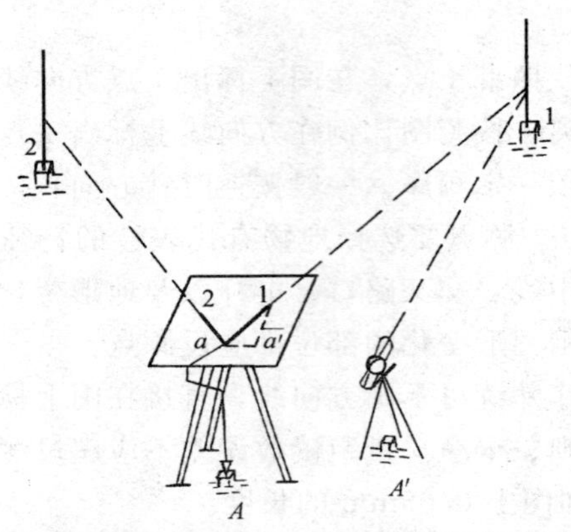

图 13-6　平板仪、水准仪联合测图

测点时先用照准仪照准 1 点，过 a 点标出 1 点方向线。用水准仪测出 1 点至 A' 的距离，如水准仪上丝读数为 1.82m，下丝读数为 1.42m，读数差 1.82－1.42＝0.40m。视距常数 k＝100，那么，

$$1\text{点至}A'\text{点距离}=100\times0.40=40\text{m}$$

设测图比例尺为 1∶500，则 $1a'$ 线段长度 80mm，以 a' 为圆心，以 $1a'$ 长为半径在图上画弧与 $1a$ 方向线相交，得 1 点。利用 $1a'$ 为半径画弧较费事，也可根据 $1A'$ 距离用目估法计算出 $1A$ 的距离，如估为 40.40m，便可在方向线上从 a 点起量 80.8mm 标出 1 点。

其他碎部点位的测法与此法相同。对于互相关系密切的相邻点，仍需实地丈量，以免图形失真。视距测量方法详见第 5 章。各点高程的测量方法宜采用仪高法，详见第 3 章。

采用视距法测距离，精度较低，一般只能达到 1/200～1/300 左右。因此规范对视距长度有所要求，不应超过表 13-3 的规定。

13.3.3 测站选择与转站测量

测站点（也叫图根点）要选在视野宽阔，便于观测的地方。对周围各测点的距离要适中，能清晰地照准目标。视线与地物直线的夹角不宜小于 30°。建首站时要考虑图面布置是否合理，布图是否匀称和下一步转站是否方便。

建图根点的精度，要比碎部点的测图精度高一个等级，建图根点不应用视距法测距。

对于超过视距的场地，安置一次仪器不能测完全图，需要转站来扩大测图范围，如图 13-7，地面上有 1、2、3、4 点，仪器安置在 A 站只能测绘出 1、2 两点，需转站 B 点。转站方法是：

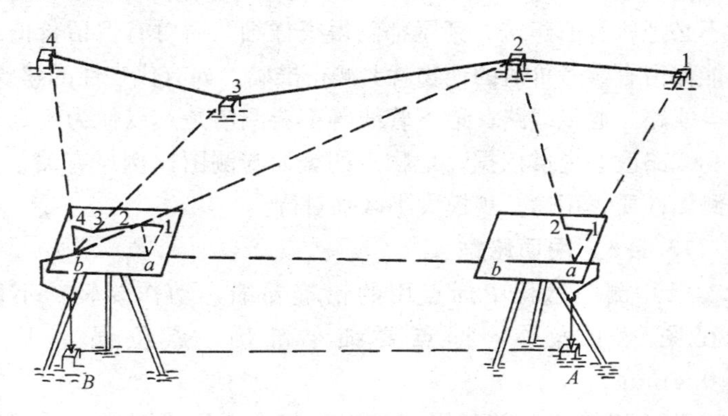

图 13-7　转站测图方法

先在拟建站处建立一固定点 B（或已知图根点），用照准仪照准 B 点，定出 ab 方向线，再实量 AB 距离，按比例在图上标出 b 点，得 ab 直线。

移仪器于 B 站，按直线定线法，将照准仪直尺边对齐 ab 直线，转动图板，通过观测孔照准 A 点定向，使 ab 直线

与 AB 直线方向一致，固定图板。定向和对点过程都需转动图板，两者互相影响，一般应采用先定向、后对点的安置步聚。图板固定后，还要将照准仪尺边对齐 $b2$ 直线，照准地面上 2 点检查是否相符，以作为校核。

平板仪安好后，以 B 点为测站接续测出 3、4 点，然后将 1、2、3、4 点连线，即得出完整的测区图形。

13.3.4 测图内容的取舍

地物点的取舍应以满足地形图使用需要为前提。测设的内容过少，可能降低地形图的参考价值；若内容过多过细，不仅会增加测量工作量，还会使图面杂乱，影响使用效果。如城市某街区要进行改造，将原有棚户区拆除，重新规划街区，这时就不必把所有旧建筑、棚屋都测得很详细，而对有保留价值或可能保留有参考价值的地物就要测得准确。如有代表性的建筑、输电线路、通讯线路、地下管线等都要测清楚，以便为规划设计和线路改造提供依据。地物点的繁简与测图比例尺有关，要视测图性质、用途、规模大小区别对待。

13.3.5 图面修饰

（1）测图过程中标点用的铅笔要细，动作要轻，不能伏在图板上操作，标点要细小准确，点位误差不大于 0.4mm。

（2）相关点要随时用细线连接起来，形成图形，并用橡皮擦掉不必要的线条。

（3）测图完成后，将地物、地貌图形按要求描绘清楚。道路、池塘等弯曲部分要连成圆滑曲线，不规则或模糊不清的字要改正过来。需描绘等高线的，要根据测点高程用目估法画出圆滑曲线。做到图面粗细线条分明，符号规范。

（4）用测图到现场对照检查，把错误、漏测的地物点填补齐全。

（5）如果测区较大，需分幅测量时，每幅图边要多测5mm以上，以便拼图时图幅可互相搭接，有不吻合处加以修边改正。

（6）在图面上标出方向，图签栏注明图名、比例尺、日期和施测人员姓名等。

13.3.6 大平板仪的构造

图13-8是平板仪基座，图13-9是照准仪，与小平板仪的区别在于照准仪带有望远镜，代替了经纬仪的功能、并和刻划尺联在一起，测图更为方便；利用基座调平螺旋能快捷将图板调平。附件有对点器和长合指北针。测图原理与小平板仪相同。

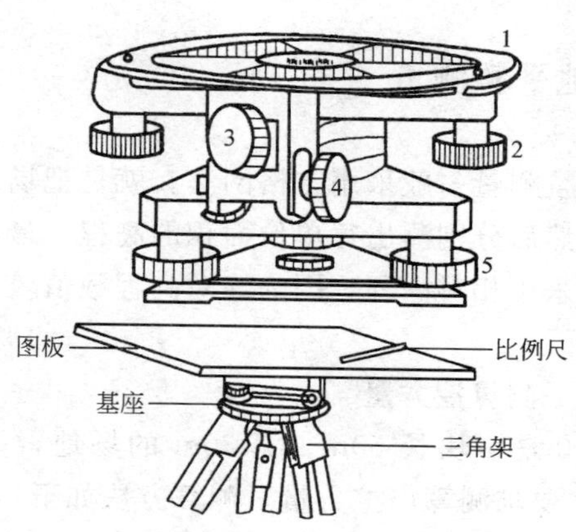

图13-8 大平板仪基座

1—金属圆盘；2—图板固定螺旋；3—水平方向制动螺旋；4—水平方向微动螺旋；5—脚螺旋

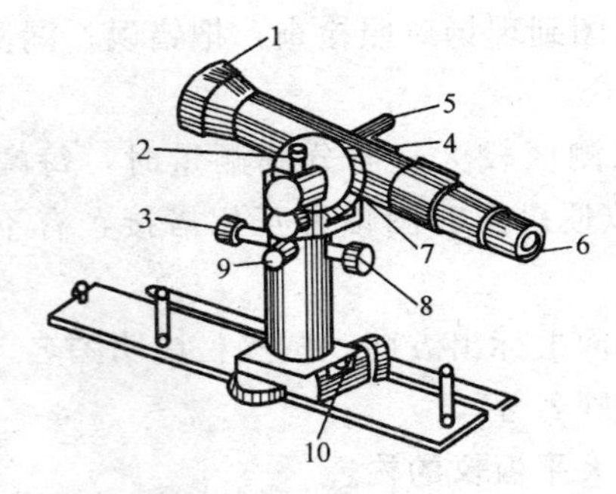

图 13-9　照准仪构造

1—物镜；2—望远镜制动螺旋；3—望远镜微动螺旋；
4—竖盘指标水准管；5—读数显微镜；6—目镜；
7—竖直度盘；8—竖盘指标水准管微动螺旋；
9—横轴微倾螺旋；10—横轴水准管

13.4　场地平整测量

场地平整测量一般采用方格网法。就是把场地划分成若干正方形，然后分别测出每单位面积的高程，最后计算挖方量。测点宜采用相对高程，因为绝对高程数值较大、计算过程比较麻烦。

13.4.1　测算挖方量

图 13-10 是一块长 50m、宽 30m 的场地，设计标高为 +0.500m，要求测算出挖方量。测算方法如下。

1. 建立方格网

设格网为 10m×10m，在每个方格网交点处钉上木桩，将木桩分别编号。画出格网平面图，把桩号标在桩位左上角。

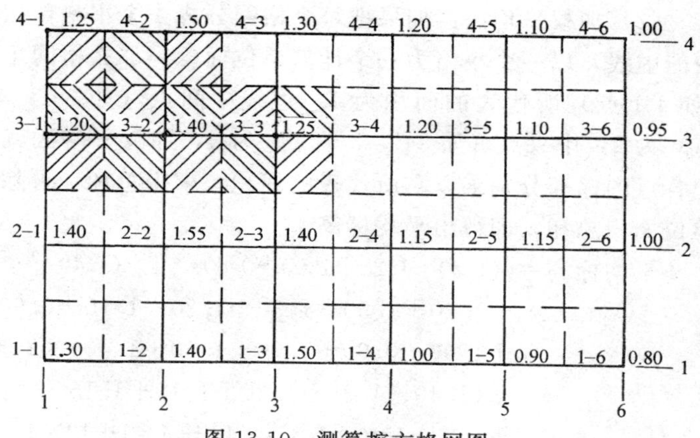

图 13-10　测算挖方格网图

2. 抄测高程

根据附近水准点，抄测出各桩点的“地面”标高，并标记在平面图桩的右上角。

3. 计算挖方量

(1) 算术平均法：图 13-10 中共有 24 个桩点，把高于设计标高的桩点标高相加之总和，除以桩点数，再乘以面积，即得出挖方量。

标高总和＝1.30＋1.40＋1.50＋1.00＋0.90＋0.80
＋1.40＋1.55＋1.40＋1.15＋1.15＋1.00
＋1.20＋1.40＋1.35＋1.20＋1.10＋0.95
＋1.25＋1.50＋1.30＋1.20＋1.10＋1.00
＝29.10m

平均标高＝29.10÷24＝1.21m

场地面积＝50×30＝1500m^2

挖方量＝(1.21－0.50)×1500＝1065m^3

(2) 加权平均法：如果把每个格网分成 4 个小格，如图中的虚线，以一个小格为一个计算单位面积，那么格网角点（如 4-1 点）所代表的面积为 1，边线中间点（如 3-1，4-2 点）为 2，中央点（如 3-2，3-3 点）为 4，加权平均法就是把各点的标高分别乘以它所代表的面积，求得总和，再除以单位面积总和，即得出平均标高。

$$平均标高=[(1.30+1.25+1.00+0.80)\times1+(1.40+1.20+1.50+1.30+1.20+1.10+0.90+1.00+0.90+1.00+1.50+1.40)\times2+(1.40+1.35+1.20+1.10+1.15+1.15+1.40+1.55)\times4]\div[4\times1+12\times2+8\times4]$$

$$=\frac{74.45}{60}=1.24\text{m}$$

$$挖方量=(1.24-0.50)\times1500=1110\text{m}^3$$

两种计算方法挖方量误差为 4.2%。加权平均法是将大格又划成小格，每个桩点标高所代表的单位面积比较合理，因此比较精确。对于高差较大的场地，应采用加权平均法。

13.4.2 平整成水平面

如图 13-11，场地建有 10m×10m 方格网，各点标高已知，要利用场地现有土方（不外运），将场地平整成水平面，要求计算出平整后的场地标高、挖方量、填方量。

1. 计算场地平均标高

用加权平均法计算：

$$平均标高=[(1.40+1.50+0.90+0.80)\times1+(1.50+1.60+1.30+1.10+1.10+100+1.00+130)\times2+(1.40+1.50+1.30+1.20)$$

$\times 4] \div [1\times 4+8\times 2+4\times 4]$

$=\frac{46.00}{36}=1.278\text{m}$

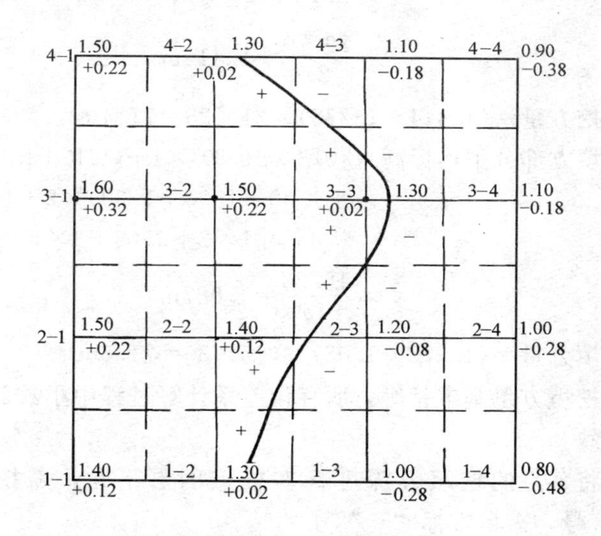

图 13-11　场地平整方格网

平整后的场地标高为 1.278m。

2. 计算挖方量

场地平均标高即是场地平整标高。按平均标高值在平面图上用目估法画出等高线（图中的粗线），这条等高线称零点线。高于零点线的桩点需挖方，低于零点线的桩点需填方。

为简化计算，小方格被零点线切割后，挖方部分占大部分按挖方计算（图中标＋号者），填方部分占大部分按填方计算（图中标－号者）。

挖方部分平均标高＝[(1.50＋1.40＋1.20)×1＋(1.30

$+1.60+1.50+1.30+1.30)\times2$

$+(1.50+1.40)\times4]\div[1\times3$

$+2\times5+4\times2]$

$$=\frac{29.70}{21}=1.414\text{m}$$

挖方量$=(1.414-1.278)\times21\times25=71.4\text{m}^3$

填方部分平均标高$=[(0.90+0.80)\times1+(1.10+1.10$

$+1.00+1.00+1.30)\times2+1.20$

$\times3]\div[1\times2+2\times5+3\times1]$

$$=\frac{16.30}{15}=1.087\text{m}$$

填方量$=(1.278-1.087)\times15\times25=71.6\text{m}^3$

挖填方量基本相等，所存误差系计算过程中小数部分舍取所致。

将各点的挖填方深度标在桩点的右下角，需挖方标“+”号，需填方标“－”号。

13.4.3 平整成设计的斜坡面

如图 13-12，场地建有 10m×10m 方格网，设计坡度为 1%，要求左高右低，土方量不外运。其方法仍是先测出各点标高，计算出原场地平均标高，取场地平均标高作为场地平整面中心的设计标高。

场地平均标高$=[(1.50+1.45+1.20+1.00)\times1$

$+(1.70+1.50+1.40+1.30+1.15$

$+1.20+1.10+1.20+1.70+1.60$

$+1.40+1.60)\times2+(1.60+1.55$

$+1.40+1.30+1.35+1.35+1.60$

$+1.75)\times4]\div[1\times4+2\times12+4\times8]$

$$=\frac{86.45}{60}=1.44\text{m}$$

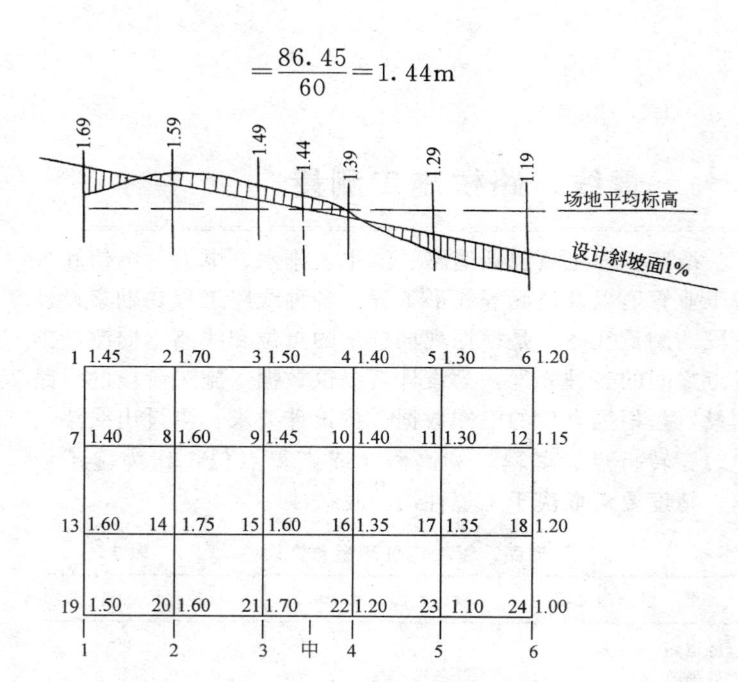

图 13-12　平整斜坡面的测算图

中点标高确定以后，按设计坡度便可计算出各点高差及标高，如图 13-12 纵剖面图。

坡向每 10m 高差＝10×0.01＝0.10m

1 点平整标高＝1.44＋25×0.01＝1.69m

2 点平整标高＝1.44＋15×0.01＝1.59m

3 点平整标高＝1.44＋5×0.01＝1.49m

4 点平整标高＝1.44－5×1%＝1.39m

5 点平整标高＝1.44－15×1%＝1.29m

6 点平整标高＝1.44－25×1%＝1.19m

按计算的各点标高，便可进行场地平整面测量。

14 管线、路桥施工测量

线路工程主要包括道路、给水、排水、电力、电信和各种工业管道以及桥涵等线形工程。各种线路工程在勘察设计阶段的测量任务，是根据现场选定的点位和线路走向测量出各点之间的各种元素，为设计者提供数据。施工阶段的线路测量，是根据点位的已知数据、按设计要求，测设出线路的中线、转折点、里程桩和高程。或恢复点位，作为施工依据。精度要求取决于工程性质。见表 14-1。

道路、管线定位测量允许误差　　表 14-1

测 设 内 容	点位允许误差(mm)	测角允许误差(′)
厂区道路	50	±4.0
厂外道路	300	±15.0
厂区管线	30	±1.0
厂外管线	200	±1.0
厂外架空管线	100	±1.0
厂内输电线路	100	±1.0
厂外输电线路	300	±10.0
厂内铁路	30	±1.5

14.1 线路、管道施工测量

14.1.1 线路中线测量

勘察设计阶段的线路测量，参见第 7 章导线测量方法，不再叙述。

图 14-1 是某开发区环区公路中线定位图，各点坐标为已知，要求计算出各点之间观测角、各点之间距离、进行施工放线，测设出各点位置。图中 AB 点为场区控制点，施测方案从 1 点开始，依次测出 1～6 点。

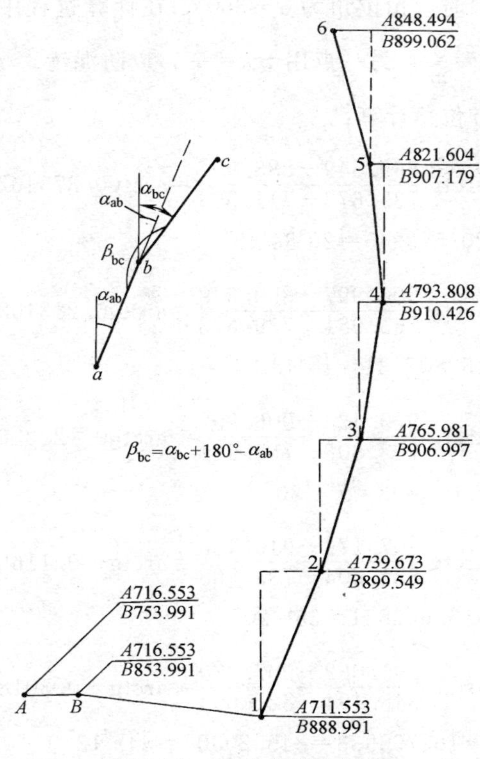

图 14-1　道路中线定位图

有两个概念应明确，一是方位角，方位角是表示直线在坐标系中方向的。直线的前进方向与以坐标纵轴北端方向为始边，顺时针旋转所形成的左夹角，称方位角。从 0～360°。利用方位角计算观测角比较方便。二是计算角度时宜用 $\mathrm{tg}\alpha=\frac{y}{x}$，因为图中给出的是坐标差，$y$ 值是方位角的对应边。当 α 角出现在Ⅱ、Ⅲ象限时，方位角为 $\alpha+180°$，α 角在Ⅳ象限时，角位角为 $\alpha+360°$，在计算过程中，不宜这一点用 $\mathrm{tg}\alpha=\frac{y}{x}$，另一点用 $\mathrm{tg}\alpha=\frac{x}{y}$，以防混淆。

各点方位角计算：

$$\alpha_{12}=\mathrm{arctg}\frac{899.549-888.991}{739.673-711.553}=\mathrm{arctg}0.375462$$
$$=20.579245=20°34'45''$$

$$\alpha_{23}=\mathrm{arctg}\frac{906.997-899.549}{765.981-739.673}=\mathrm{arctg}0.283108$$
$$=15.807231=15°48'26''$$

$$\alpha_{34}=\mathrm{arctg}\frac{910.426-906.997}{793.808-765.981}=\mathrm{arctg}0.123226$$
$$=7.024893=7°1'30''$$

$$\alpha_{45}=\mathrm{arctg}\frac{907.179-910.426}{821.604-793.808}=\mathrm{arctg}-0.116815$$
$$=-6.662831=353°20'$$

$$\alpha_{56}=\mathrm{arctg}\frac{899.062-907.179}{848.494-821.604}=\mathrm{arctg}-0.301859$$
$$=-16.796933=343.20307=343°12'$$

$$\alpha_{B1}=\mathrm{arctg}\frac{888.991-853.991}{711.553-716.553}=\mathrm{arctg}-7.000$$
$$=-81.869898+180=98.1301=98°7'48''$$

各点观测角计算：

$\beta_{12}=20.57925+180-98.1301=102.44915=102°26'57''$

$\beta_{23}=15.807231+180-20.57925=175.22798=175°13'41''$

$\beta_{34}=7.044895+180-15.807231=171.23766=171°14'16''$

$\beta_{45}=353.3333+180-7.044895=166.2884=166°17'18''$

$\beta_{56}=343.200+180-353.3333=169.8667=169°52'8''$

各点间距离计算：

$$B-1=\frac{716.553-711.553}{\cos 98°7'48''}=\frac{5.000}{0.1414213}=35.355\text{m}$$

$$1-2=\frac{739.673-711.553}{\cos 20°34'45''}=\frac{28.12}{0.936187}=30.037\text{m}$$

$$2-3=\frac{765.981-739.673}{\cos 15°48'26''}=\frac{26.308}{0.9621836}=27.342\text{m}$$

$$3-4=\frac{793.808-765.981}{\cos 7°1'30''}=\frac{27.827}{0.992493}=28.037\text{m}$$

$$4-5=\frac{821.604-793.808}{\cos 353°20'}=\frac{27.796}{0.993238}=27.985\text{m}$$

$$5-6=\frac{848.494-821.604}{\cos 343°12'}=\frac{26.890}{0.957320}=28.089\text{m}$$

为减少仪器移动次数，可一站测多点，如测 1～3 点。

$$\alpha_{13}=\text{arctg}\,\frac{906.997-888.991}{765.981-711.991}=\text{arctg}0.333506$$
$$=18.44386=18°26'37''$$

$\beta_{13}=18.44386+180-98.1301=99.8759=99°52'33''$

$$1-3=\frac{765.981-711.991}{\cos 18°26'37''}=\frac{53.99}{0.948641}=56.413\text{m}$$

14.1.2 管道施工测量

1. 熟悉管道图纸

管道平面图又称条形图，带形图，它是按管线走向，包括管线附近地形的平面图。

图 14-2 某给水管线平面图，图 14-3 是这段管线的纵剖面图。为了明显表示出地形起伏状况和管道坡度，高程的比例尺要比水平距离比例尺大 10～20 倍，粗横线以上是管道的纵剖面图，粗横线以下是管道的各项数据，图中包括的主要内容如下：

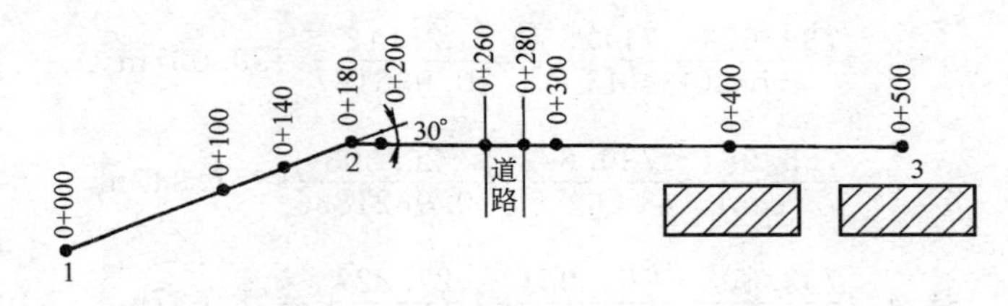

图 14-2　管道平面图

(1) 表示管线位置的长度的起、止点和折转点。这些点称为管线的主点，如图 14-2 中 1 点为起点，2 点为折转点，3 点为终点。

(2) 对于规模较大的管线要从起点开始，标有里程桩。起点桩为 0＋000（＋号前面的数值表示公里数，＋号后面数值为米数），以后每 100m 钉一桩，编号分别为 0＋100，0＋200，……。如果百米桩之间有重要地物（如穿越道路或地形变化较大处），应增加标桩，称为加桩。加桩的编号按该桩所在位置表示，如 1＋140 表示该桩距起点为 1140m。

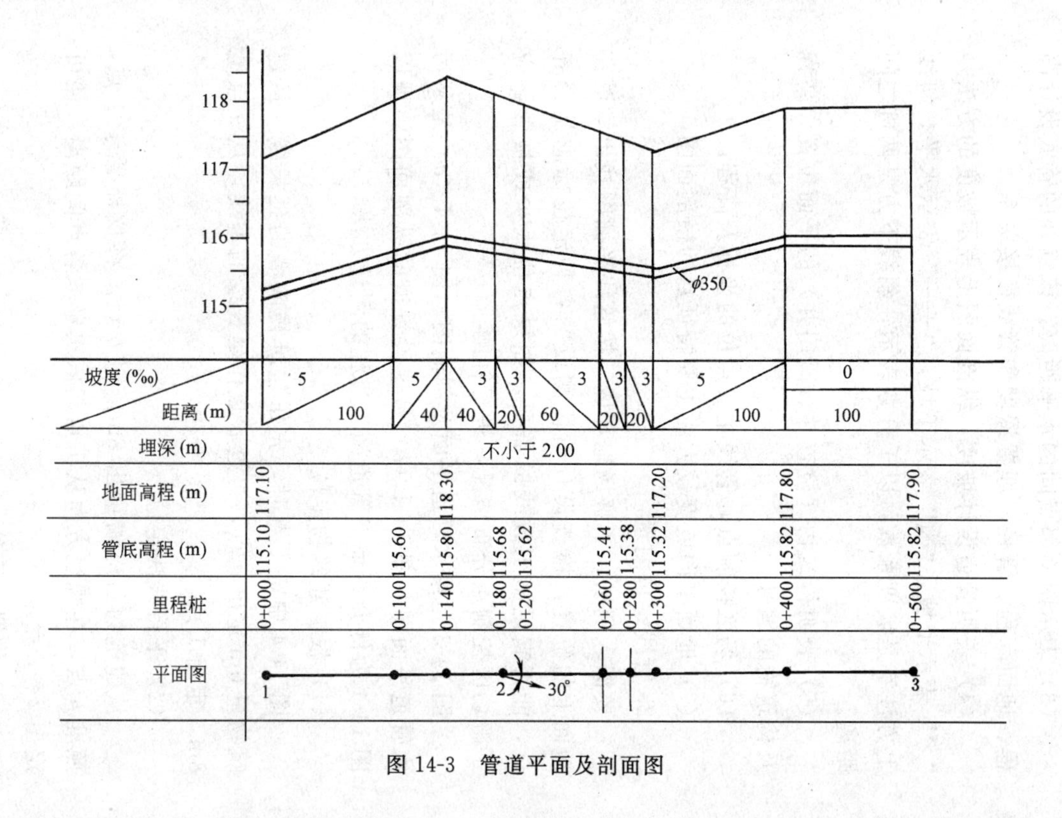

图 14-3　管道平面及剖面图

（3）表示两相邻点间的水平距离，该点处的管底设计高程、地面高程、管径、埋置深度和管线衔接关系。

（4）表明管道设计坡度，纵剖面图上表示坡度的方法是“↗”表示上坡，“↘”表示下坡，“——”表示水平。斜线上方注字是坡度系数，以千分数表示；斜线下方是两桩之间距离。

（5）表明构筑物（检查井、阀门井）的平面位置、高程及构筑物的编号。

（6）场区控制点，管线主要点位的坐标及高程。

（7）地面横向坡度较大时主要特征点的横剖面图。

2. 管线定位测量

要深入现场，了解场地环境，按管线平面图找出管道在地面上的位置，检查设计阶段测设的各种定位标志是否齐全，能否满足施工放线的需要。如果点位太少或被毁，应了解场区控制点分布情况，进行补测。

图 14-3 是给水管道平面及剖面图。图 14-4（*a*）是某污水管道平面图，图 14-4（*b*）是这段管道的纵剖面图，现以图 14-4 为例介绍地下管道施工过程的测量方法。

（1）根据建筑物定位

图 14-4 中定 1 点时，先作建筑物南墙的延长线，从建筑物量 6m 定出 *a* 点，再过 *a* 点作延长线的垂线，从 *a* 点量 8m，定出 1 点。

（2）平行线法定位

从建筑物乙南墙量出 8m，定 *b* 点。将仪器置于 1 点，照准 *b* 点，在视线方向从 1 点起依次量取各点间距离，便可定出 2～7 点。

（3）导线法定位

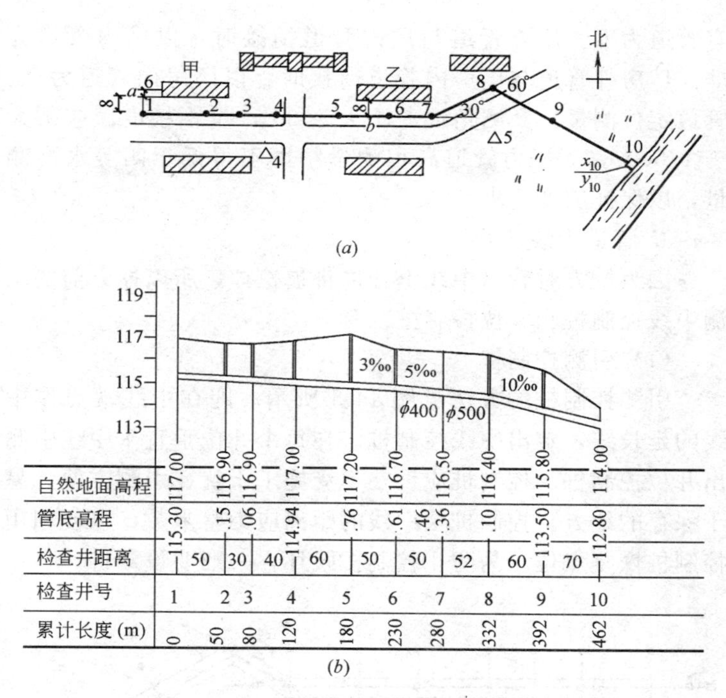

图 14-4　管道平面及纵剖面图

（a）管道平面；（b）管道纵剖面

将经纬仪置于 7 点后视 1 点，顺时针测角 150°，在视线方向从 7 点量距定出 8 点。同法将仪器置于 8 点，后视 7 点测角可定 9、10 点。

（4）极坐标法定位

为校核 10 点位置是否正确，根据管线终点 10 点的坐标和控制点 4、5 点的坐标计算出测量数据，将仪器置于控制点 5，后视控制点 4，用极坐标法校核 10 点位置。

管线主点定位测量，新建管道与原有管道衔接时，以原有管道为准。厂外管道与厂内管道衔接时，以厂内管道为准。厂房外管道与厂房内管道衔接时，以厂房内管道为准。管道定位测量，其测角误差不大于30″，量距精度误差不大于1/5000，无压力管道高程测量精度不得低于四等水准测量，以保证坡度要求。

3. 管道中线放线

因为挖方时管道中线上各桩将被挖掉，所以挖方前要引测中线控制桩和井位控制桩。

（1）引测控制桩

引测控制桩的方法见图14-5所示。即在中线端点作中线的延长线，定出中线控制桩。在每个井位垂直于中线引测出井位控制桩。控制桩应设在不受施工干扰、引测方便、易于保存的地方。控制桩至中线的距离应为整米数，以便利用控制桩恢复点位。为防止控制桩毁坏，一般要设双桩。

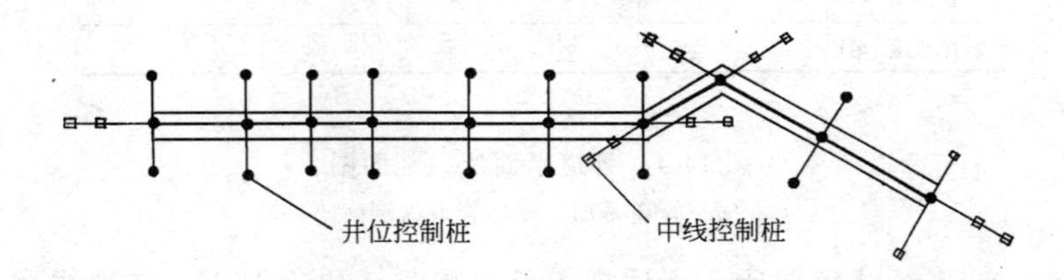

图14-5　管道控制桩布置图

（2）设置龙门板

挖方前沿中线每隔20～30m，或在构筑物附近设置一道龙门板，根据中线控制桩（主点桩）把中线投测到龙门板上，并钉上中线钉，如图14-6。在挖方和管道铺设过程中，利用中线钉用吊垂线的方法向下投点，便可控制中线位置。

(3) 确定沟槽开挖边线

为避免塌方，挖土时需要放边坡，坡度的大小要根据土质情况而定。放坡的技术要求见 9.1.2 节及表 9-1。挖方开口宽度按下式计算，如图 14-7 所示。

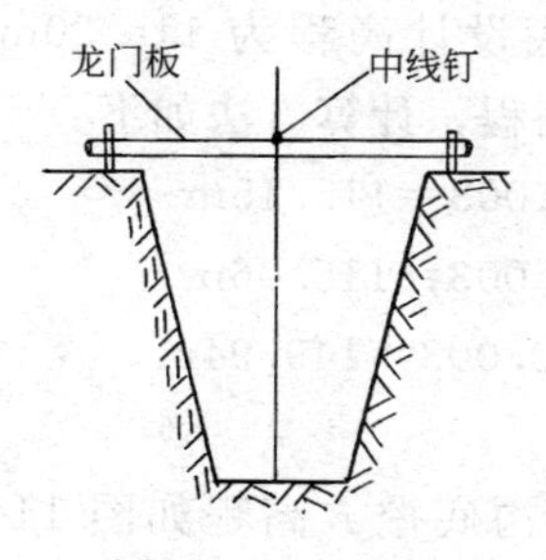

图 14-6　龙门板

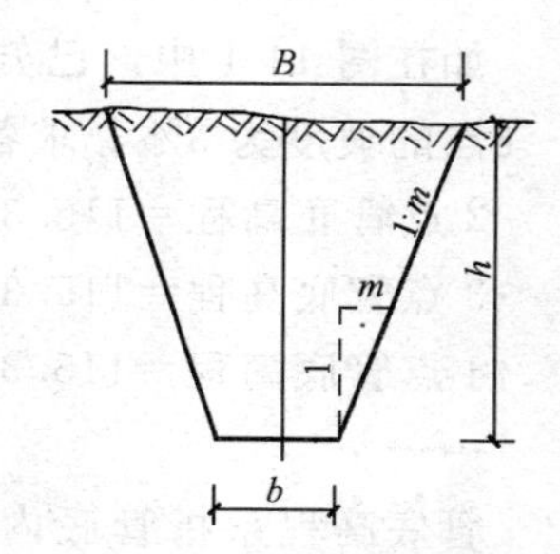

图 14-7　挖方宽度示意

$$B=b+2mh$$

式中　b——沟底宽度（管外径+2 倍工作面）；

h——挖方深度；

m——边坡放坡率。

若横剖面坡度较大，中线两侧槽口宽度不同，如图 14-8，要分别计算出中线两侧的开挖宽度

$$B_1=\frac{b}{2}+mh_1$$

$$B_2=\frac{b}{2}+mh_2$$

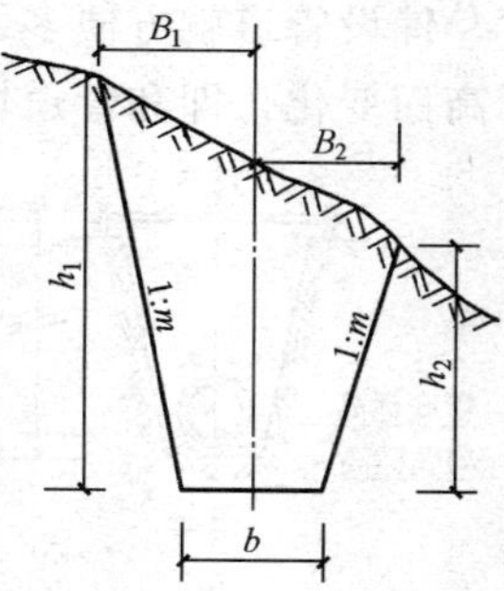

图 14-8　挖方宽度计算示意

确定放坡率是一项慎重的工作，尤其沟槽较深时放坡率过大会增加挖填方量，放坡率过小又

容易塌方（特别是松散土质、春季解冻后及雨季），测量人员要按施工方案规定的放坡系数来确定开挖宽度。

4. 测设龙门板标高

（1）各点高程的计算方法

如在图 14-4 中，已知 1 点管底设计高程为 115.30m，1～6点的坡度为 3‰，求各点管底高程，计算方法如下：

2 点管底高程＝115.30－50×0.003＝115.15m

3 点管底高程＝115.30－80×0.003＝115.06m

4 点管底高程＝115.30－120×0.003＝149.94m

……

管底高程系指管底内径高程，沟底挖方高程如图 14-9（*a*）所示：

沟底高程＝管底高程－(管壁厚＋垫层厚)

龙门板顶面高程与管底高程之差称为下返数，实际挖方深度应等于下返数＋管壁厚＋垫层厚。

如果龙门板顶面连线与管道坡度相同（即各龙门板下返数为一个常数），见图 14-9（*b*），则利用龙门板控制挖方深度、铺设管道就方便多了。因此，龙门板顶面标高宜随管道标高而变化，即和管道坡度相同。

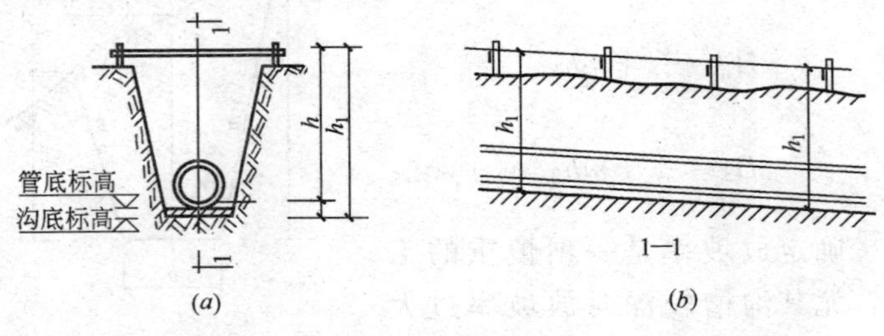

图 14-9　龙门板与管底高程的关系

（2）高差法测龙门板高程

下返数的大小要根据自然地面高程来选择。下返数确定后，那么

龙门板顶面高程＝管底高程＋下返数

图 14-4 中，1 点管底设计高程是 115.30m，设下返数为 2.10m，那么

1 点龙门板高程＝115.30＋2.10＝117.40m

2 点与 1 点高差＝50×0.003＝0.15m

2 点龙门板高程＝117.40－0.15＝117.25m

3 点与 1 点高差＝80×0.003＝0.24m

3 点龙门板高程＝117.40－0.24＝117.16m

4 点与 1 点高差＝120×0.003＝0.36m

4 点龙门板高程＝117.40－0.36＝117.04m

依此类推，如果水准点的高程为 117.60m，后视读数为 1.22m，视线高为 118.82m，那么

1 点龙门板应读读数＝118.82－117.40＝1.42m

2 点龙门板应读读数＝1.42＋0.15＝1.57m

3 点龙门板应读读数＝1.42＋0.24＝1.66m

4 点龙门板应读读数＝1.42＋0.36＝1.78m

测设方法如图 14-10 所示。

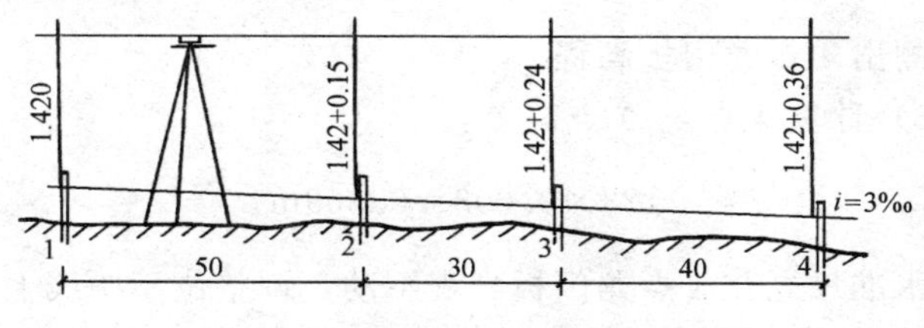

图 14-10　高差法测龙门板高程

(3) 斜线法测龙门板高程

仍按图 14-4 中有关数据，测设方法如图 14-11。

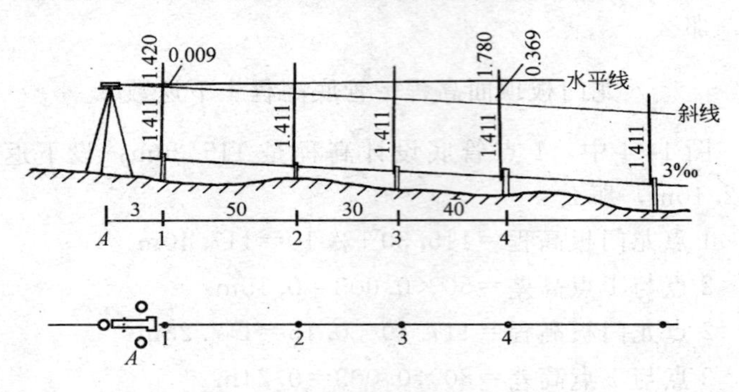

图 14-11 斜线法测龙门板高程

1) 在距 1 点 3m 处安置仪器，让仪器的一个调平螺旋在中线连线上，另两个调平螺旋的连线垂直于中线。仪器置平，后视水准点（视线高 118.82m），读前视读数 1.42m，测出 1 点龙门板高程（117.40m）。

2) 4 点与 1 点高差：

$$120\times0.003=0.36\text{m}$$

立尺于 4 点，读前视读数

$$1.42+0.36=1.78\text{m}$$

测出 4 点龙门板高程。

3) 计算 4 点与 A 点高差：

$$123\times0.003=0.369\text{m}$$

水准尺立在 4 点龙门板高程不动，调整位于中线上的仪器调平螺旋，使视线倾斜，照准尺面读数为：

$$1.78-0.369=1.411\text{m}$$

这时视线的坡度与管道坡度相同。

4）在视线方向任意距离立尺，只要前视读数为 1.411m，其龙门板的高程都符合设计要求（下返数 2.10m）。

（4）水平线法测龙门板标高

图 14-12（*a*）是某室外排水管道平面图。图 14-12（*b*）中龙门板标高都在－0.500m 的水平线上，施工时各点要用不同的下返数来控制挖方和管底标高。

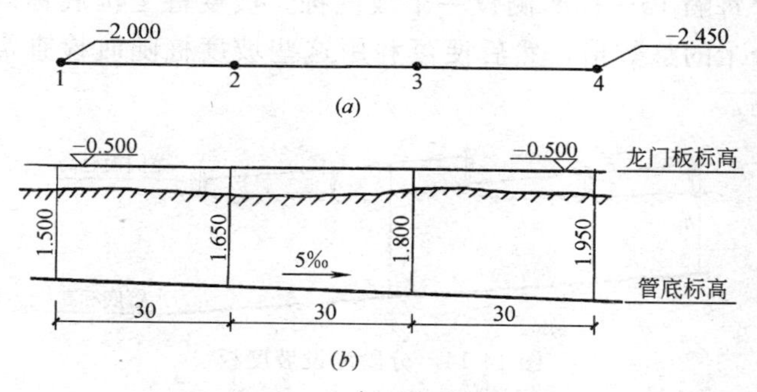

图 14-12　水平线法测管底标高

$$1\text{点下返数}=(-0.50)-(-2.00)=1.50\text{m}$$

$$2\text{点与}1\text{点高差}=30\times0.005=0.15\text{m}$$

$$2\text{点下返数}=1.50+0.15=1.65\text{m}$$

$$3\text{点与}1\text{点高差}=60\times0.005=0.30\text{m}$$

$$3\text{点下返数}=1.50+0.30=1.80\text{m}$$

$$4\text{点与}1\text{点高差}=90\times0.005=0.45\text{m}$$

$$4\text{点下返数}=1.50+0.45=1.95\text{m}$$

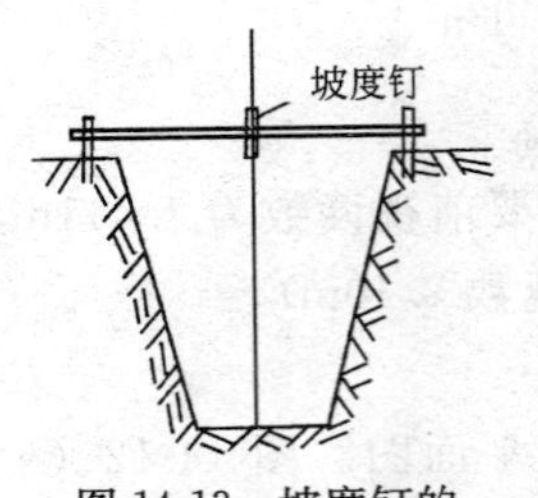

图 14-13　坡度钉的测设方法

由于地形条件限制，各龙门板标高可以采用任意高程，只控制中心位置。然后在龙门板上另设坡度钉，如图 14-13 施工过程中利用坡度钉来控制管底高程。

还可以选用不同的下返数、分段测设龙门板，如图 14-14。

当沟槽挖到一定深度时，在沟槽侧壁每隔 10～15m 测设一个坡度桩，坡度桩至沟底标高应为分米的整数倍，然后便可利用这些坡度桩随时检查沟底标高。

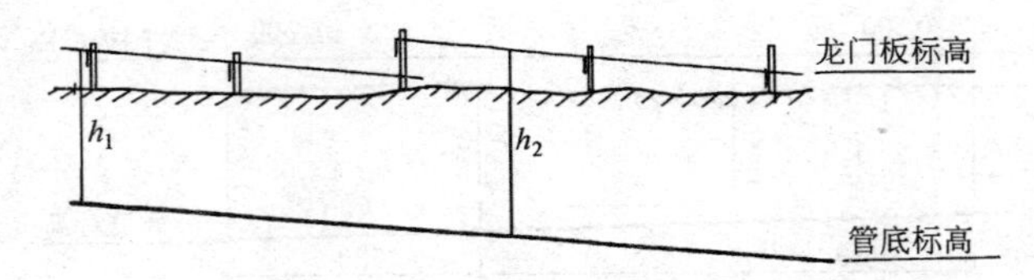

图 14-14　分段测设坡度板

14.1.3　热网施工测量

图 14-15 是热网平面图。热网包括热水管道和蒸汽管道。热水（汽）从热电站供出，分送到各用户。热网与其他给排水管道不同。热网供应是热水（汽），管道受热后产生膨胀，为防止管道位移，每隔一段距离需设置推力墩（又称支力墩，支力架）和补偿器（伸缩器），为让管道能在小范围移动，管道周围需填砂，并且管壁外设有保温层，如图 14-16，因此，挖槽深度和槽底宽度与其他管道有所不同。

热水（汽）均为强制循环，管道有上坡也有下坡，在管道高处要设放气阀，在低处要设泄水阀，有的检查井中设有

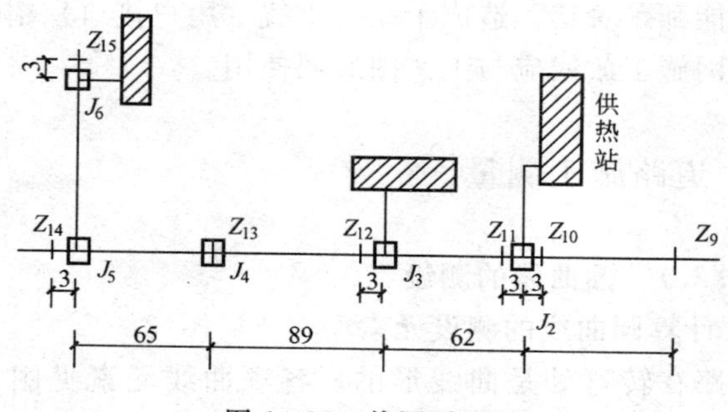

图 14-15　**热网平面图**

J—检查井；*Z*—支力墩

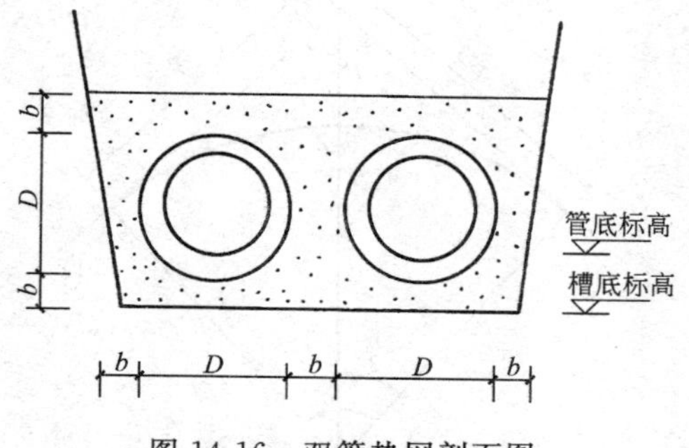

图 14-16　双管热网剖面图

支力架或截止阀，因此，检查井型号较多，管线各支线的点位（用户接口）要求要准确，与一般管线相比放线精度要高。

根据以上特点，热网定位放线应在挖土前采用正规的定位测量。不仅要定出中线桩，而且要把各构筑物、管线交点桩的位置测设出来，并引测到沟槽以外设控制桩，以便恢复点位。决不能边挖槽，边计算距离，边丈量，临时测设构筑物位置。临时随挖沟进度丈量，一旦某一段出现错误，以后部分可能都跟着错，造成干线与支线（用户接口）错位。

热网施工放线应与工艺图对照使用。

14.2　道路施工测量

14.2.1　圆曲线的测设

1. 计算圆曲线的测设元素

道路在转弯处是曲线形的，各项曲线元素见图 14-17。圆曲线的曲线半径 R、线路转折角 α、切线长 T、曲线长 L、

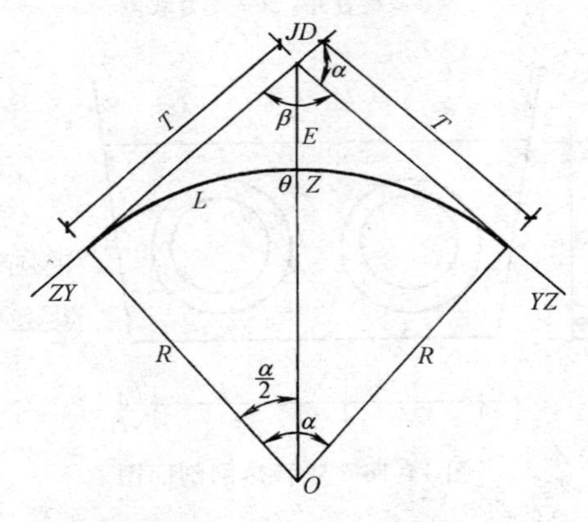

图 14-17　圆曲线测设元素

（图中转角 $\alpha=\alpha$ 圆心角，弦切角 $=\frac{1}{2}$圆心角，

切线 $T\perp R$ 半径，$\sec\alpha=\frac{1}{\cos\alpha}$）

外矢距 E，是计算和测设曲线的主要元素，从图 14-17 中几何关系可知，若 α、R 为已知，则曲线元素的计算公式为：

切线长　　　　$T=R\cdot \text{tg}\,\frac{\alpha}{2}$

曲线长 $L=R\cdot\alpha\cdot\frac{\pi}{180}$

外矢距 $E=R\cdot\sec\frac{\alpha}{2}-R=R\left(\sec\frac{\alpha}{2}-1\right)$

$$=R\cdot\left(\frac{1}{\cos\frac{\alpha}{2}}-1\right)$$

切曲差 $D=2T-L$

这些元素值利用电子计算器很快算出，也可用 R 和 α 为引数由专用（曲线测设用表）查取。

2. 计算曲线主点的桩号

图 14-17 中：

起点桩号 $ZY=JD-T$

中点桩号 $QZ=ZY+\frac{L}{2}$

终点桩号 $YZ=QZ+\frac{L}{2}$

终点桩号可用切曲差来验算，公式为：

$$YZ=JD+T-D$$

【例 1】 线路两直线交点 JD_5（4＋154.56）位置已定，测得转角 $\alpha=44°53'$（右转），圆曲线半径 $R=120\text{m}$，求曲线元素 T、E、L 和曲线各点的桩号。

【解】 按曲线元素公式

$$T=120\times\text{tg}\frac{44°53'}{2}=49.56\text{m}$$

$$L=120\times\pi\times\frac{44°53'}{180}=94.00\text{m}$$

$$E=120\times\left(\frac{1}{\cos\frac{\alpha}{2}}-1\right)=9.83\text{m}$$

$$D=2\times49.56-94.00=5.12\text{m}$$

曲线各主点桩号（里程）

交点桩　　JD_5……4＋154.56

　　　　　$-T$……　49.56

起点桩　　ZY……4＋105.00

　　　　　$+\frac{L}{2}$……　47.00

中点桩　　QZ……4＋152.00

　　　　　$+\frac{L}{2}$……　47.00

终点桩　　YZ……4＋199.00

再按下式验算：

交点桩　　JD_5……4＋154.56

　　　　　$+T$……　49.56

　　　　　　　4＋204.12

　　　　　$-D$……　5.12

终点桩　　YZ……4＋199.00

两次计算里程相同。

3. 曲线测设

曲线元素计算后，便可进行主点测设。图 14-18 在交点 JD_5 安置经纬仪，后视来向相邻交点 JD_0，自测站起沿此方向量切线长 T，得曲线起点 ZY，打一木桩，经纬仪顺时针测 $\alpha+180$ 前视去向相邻交点 JD_6，自测站沿此方向量取切线长 T，测出终点 YZ。经纬仪前视 JD_5 点不动，顺时针

测两切线夹角 β 的平分角 $\frac{\beta}{2}$，此时视线指向圆心，在视线方向自 JD_5 量外矢距 E、测出曲线中点 QZ。

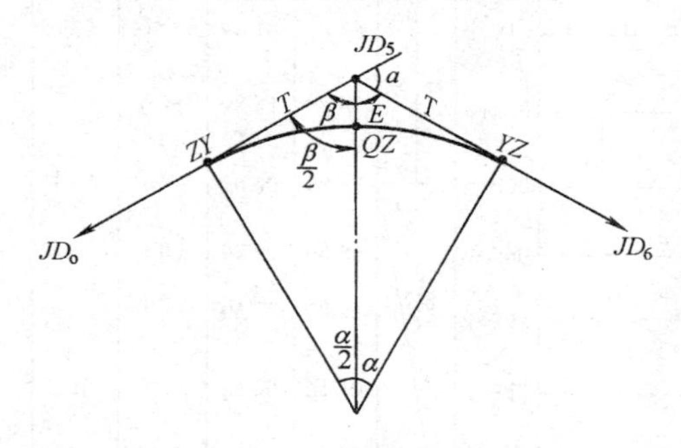

图 14-18　圆曲线主点测设

若 JD_5 有障碍不能设桩或不通视，可在来向方向自 JD_0 量出 ZY 桩位，$ZY=JD_5-T-JD_0$，再利用弦切法、偏角法测出曲线中点 QZ。测设方法参见第 8 章圆曲线测设方法。

14.2.2　道路施工测量

1. 熟悉图纸和勘察现场

设计图纸主要有线路平面图，纵剖面图、标准横断面图和附属构筑物图等，通过熟图，了解设计意图及对测量的精度要求，掌握道路中线和各种附属构筑物的位置，并找出其相互关系的施测数据。

图 14-19 是公路线路纵剖面图，图的上半部从左至右贯穿两条折线，粗折线是表示包括曲线在内的纵坡度及高程线，细折线表示中线上实际地面高程线。图的下部是各点的有关数据，有里程桩、设计高程、地面高程、桩距、坡度。直线与曲线栏，曲线部分用直角折线表示，上凸表示路线右

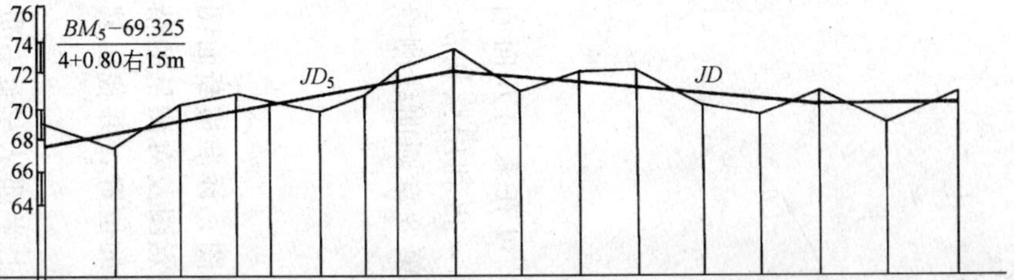

BM_5−69.325

4+0.80右15m

JD_5　　JD

76 74 72 70 68 66 64

里程桩号	4+000	4+040	4+080	4+105	4+125	4+152	4+179	4+199	4+220	4+260	4+300	4+340	4+365	4+390	4+430	4+470	4+510
坡度 / 距离	3.0% / 220								2.5% / 210						0 / 80		
设计高程	67.50	68.70	69.90	70.65	71.25	72.06	72.66	73.47	74.10	73.10	72.10	71.10	70.47	69.84	68.85	68.85	68.85
地面高程	68.80	68.21	70.25	71.80	71.50	70.60	72.20	73.61	75.30	71.50	72.60	72.20	69.20	68.81	70.20	68.31	69.10
填方高度		0.49				1.46	0.46			1.60			1.27	1.03	1	0.54	
挖方深度	1.30		0.35	1.15	0.25			0.14	1.20		0.50	1.10			1.35		0.25
直线与曲线				JB_5 α=44°53′ R=120m									α=3°10′				

图 14-19　道路纵剖面图

偏，下凹表示线路左偏并注明交点桩号和曲线元素。在转角过小不设曲线的交点位置，用锐角折线表示。

里程桩的形式见图 14-20。

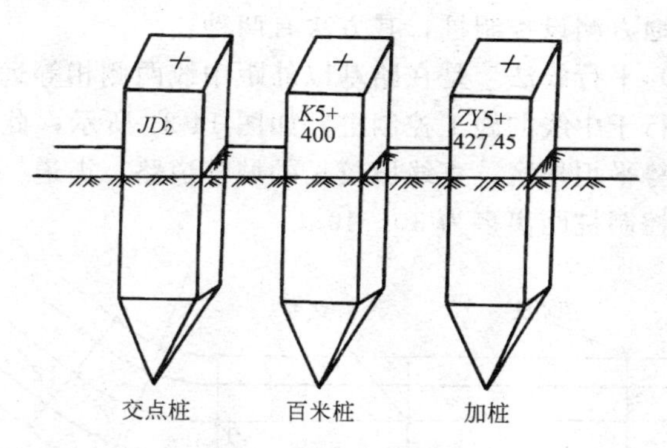

图 14-20　里程桩

里程桩分整数桩和加桩两种，整桩是由路线起点开始，桩号为整数里程，加桩是为特定的构筑物和地物测设的标志，如桥涵、交叉路口、构筑物、曲线主点等。起控制作用的重要桩一般用 6cm×6cm 木质桩，次要部位的加桩一般用 3cm×6cm 扁桩，桩面写有里程或特定点编号。书写桩号一面朝向路的起点方向。

在熟悉图纸的基础上到现场勘察，按平面图给出的桩号，查找出各桩的实地位置，包括中线桩、加桩及高程控制桩，构筑物的位置，边查边与图纸对照。

2. 恢复中线桩

线路在勘测设计时所测设的中线桩，加桩，到施工时有的被碰动和丢失，因此，在施工前应根据原定线条件进行复核，并将丢失的桩位补齐。恢复中线桩的同时把各加桩一并定出。

3. 施工控制桩的测设

由于中线上所定的各桩点在施工中都将被挖掉或掩埋，为在施工中控制中线位置，应在不受施工干扰、易使用、易保存的地方测设控制桩，其方法有两种：

(1) 平行线法　是在路基以外距中线两侧相等远处测设两排平行于中线的施工控制桩，如图 14-21 所示，此方法多用于地势平坦地区，直线段较长的城郊道路、街道。为施工方便，控制桩距离多为 30～40m。

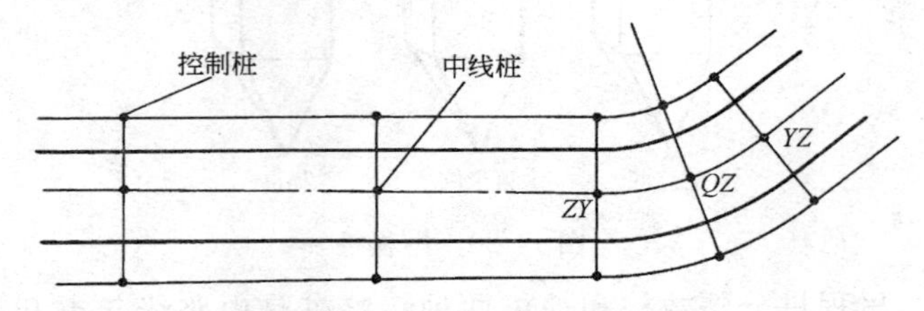

图 14-21　道路控制桩平面图

(2) 延长线法　是在中线和曲中点 QZ 至交点 JD 的延长线上测设控制桩，主要是控制交点位置。各施工控制桩距交点的距离应为米的整数倍，以便恢复点位，如图 14-22。此法多用于地势起伏较大，直线较短的山区公路。

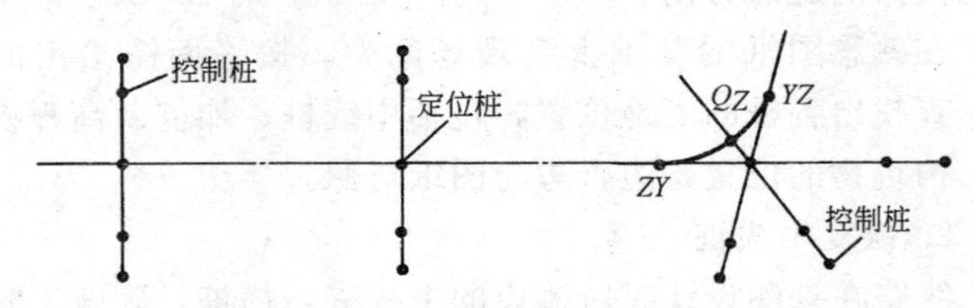

图 14-22　延长线法设控制桩

(3) 加密水准点　为在施工中引测高程方便施工前应在原有水准点之间再加设临时水准点，其间距约在 100～200m

左右，宜便于观测。在桥涵等构筑物附近应设水准点。

14.2.3 路基放线

路基一般有填方路基（称为路堤如图 14-23（a））和挖方路基（称为路堑如图 14-23（b））两种。路基放线是根据设计横断面和各中线桩的挖、填高度，把路基两侧的边坡脚与原地面的交点在地面上测设出来，作为路基挖、填方的边线。因此，如果能求出两侧边线至中线的距离，就可以在实地测设出路基边坡桩。

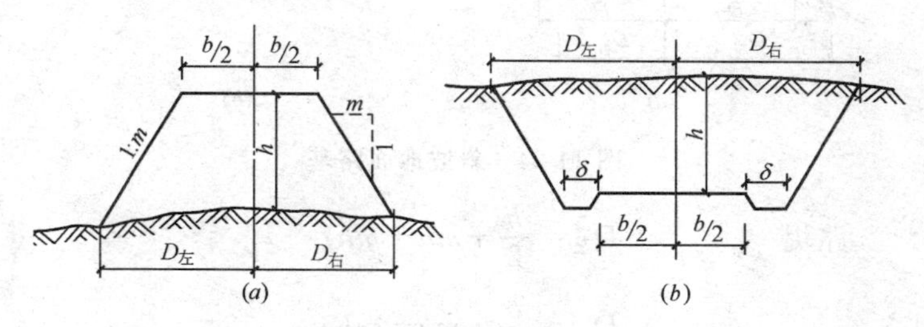

图 14-23 路基断面图

1. 平坦地面的路基放线

如图 14-23 所示，平坦地面的路堤与路堑的放线数据按下式计算：

路堤 $$D_{左}=D_{右}=\frac{b}{2}+mh$$

路堑 $$D_{左}=D_{右}=\frac{b}{2}+s+mh$$

式中 $D_{左}$、$D_{右}$——左、右边桩至中线桩的距离；

b——路基顶面宽度；

$1:m$——路基的坡度比；

h——填土高度或挖土深度；

s——路堑边沟顶宽。

2. 斜坡地面的路基放线

如图 14-24 所示，斜坡地面路基放线数据如下：

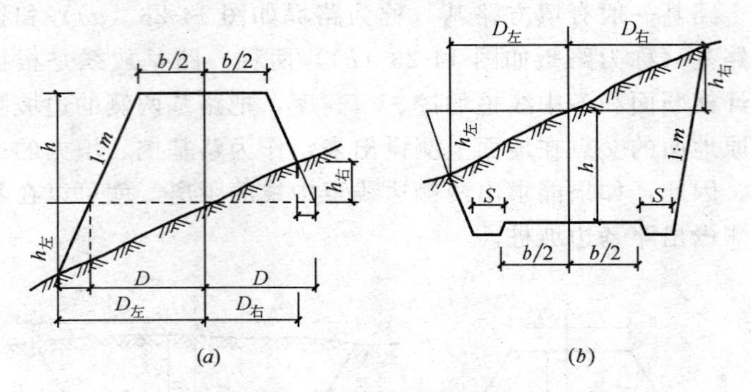

图 14-24 斜坡地面路基

路堤 $$D_{左}=\frac{b}{2}+mh+mh_{左}$$

$$D_{右}=\frac{b}{2}+mh-mh_{右}$$

路堑 $$D_{左}=\frac{b}{2}+s+mh-mh_{左}$$

$$D_{右}=\frac{b}{2}+s+mh+mh_{右}$$

式中 b、m、h、s 均为设计时已知，故 $D_{左}$、$D_{右}$ 随 $h_{左}$、$h_{右}$ 而变化，而 $h_{左}$ 和 $h_{右}$ 各为左右边桩与中桩的地面高差，由于边桩位置是待定的，所以两者均是变数。在实际工作中，是沿着横断面方向，采用逐点接近的方法测设边桩。设计图中路基边坡系数 m 是一个常数，路基宽度随 $h_{左}$ 或 $h_{右}$ 而变化，施测前可列出 $m\cdot h$ 换算表。如图 14-24（a），放线时，由中桩向左水平拉尺。在路基边处立尺杆，读取两尺读数，调整尺杆距离，使 $h:m$ 符合设计要求。如丈量右侧时，在中桩处立尺杆，在 D 的基础上减 $m \cdot h_{右}$。

【例 2】 某路路面 $b=10$m，中线处填方 2.80m，$h_{左}=4.30$m，$h_{右}=2.00$m，边坡系数 $m=0.65$，计算路基边线至中线的距离。

【解】 $D_{左}=5+(2.80+4.30)\times 0.65=9.62$m

$$D_{右}=5+(2.80-2.00)\times 0.65=5.52\text{m}$$

$$D_{左}+D_{右}=9.62+5.52=15.14\text{m}$$

14.3 桥梁施工测量

桥梁工程在勘测设计阶段在桥两岸的轴线上均测有永久性轴线控制桩。并给出控制桩的坐标。桥梁施工测量是在已有轴线控制桩的基础上，按设计图测设出桥台，桥墩的平面位置，测量精度按桥梁等级不同各有所异。如果轴线控制桩被毁，首先要采用三角测量或导线测量的方法恢复桩位。

14.3.1 建立施工控制网

桥梁建筑中，当遇到河宽、水深、流急而无法直接丈量桥的桥墩位置时，就必须建立施工平面控制网，借助控制网测设桥台，桥墩位置。

1. 平面控制网的建立

控制网的形式如图 14-25 所示。

以轴线控制桩 A 或 B 为基点，设两条基线边 AC 和 AD，基线边的长度应不小于桥轴线长的 70%。

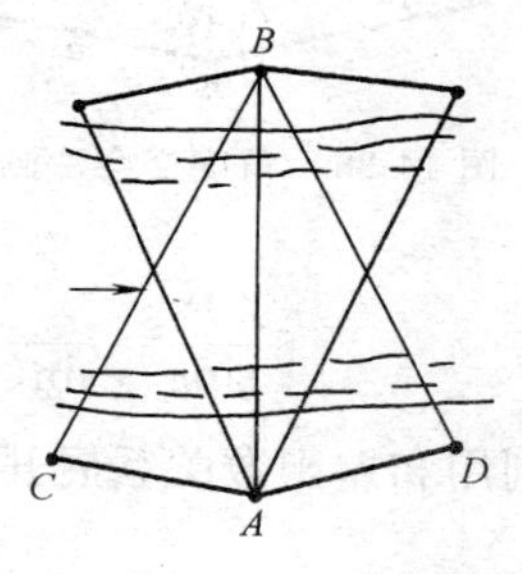

图 14-25 桥梁控制网

控制网的测量精度应按桥长和桥的等级而定，一般不应低于一级小三角的技术要求，即测角中误差不大于 5″，量距中误差不大于 1/20000，角度闭合差 15″或 30″。与轴线夹角小于 90°。如桥的轴线较长可在桥的两岸均设基线网，以便桥墩测量。

2. 高程控制网的建立

桥两岸均应测设永久性水准点，当桥长大于 200m 时，每岸至少设两个水准点，以便互相校核。并且在桥墩附近应设若干临时水准点，供施工过程抄平放线使用。引测水准点应采用四等水准测量。水准点选在不被水淹没，易于观测的地方。

14.3.2 桥墩中心桩的测设

测设桥墩中心桩，一般是利用施工控制网采用角度交会法，如图 14-26。

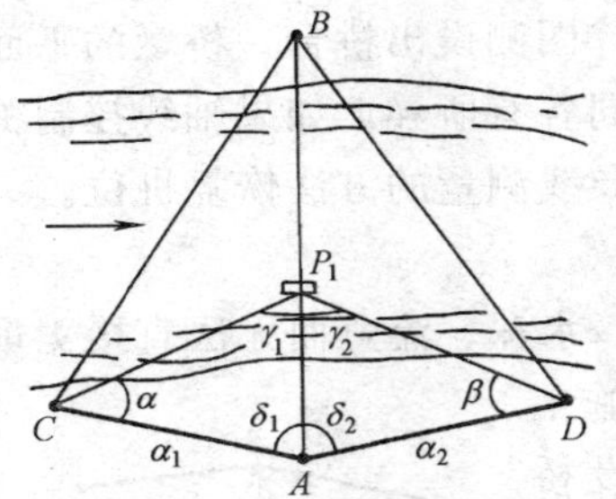

图 14-26 角度交会法测桥墩

1. 交会角的计算

在图 14-26 中两基线的长度分别为 d_1 和 d_2，角 δ_1 和 δ_2 在建立控制网时已测出，A 点至桥墩 P_1 的距离按图纸可以算出，根据以上已知条件便可计算出 α 和 β。按正弦定理可得：

在$\triangle CAP_1$ 中

$$\frac{AP_1}{\sin\alpha}=\frac{d_1}{\sin(180-\alpha-\delta_1)}=\frac{d_1}{\sin(\alpha+\delta_1)}$$

利用和差函数关系展开，整理后得：

$$\alpha=\operatorname{arctg}\frac{AP_1\cdot\sin\delta_1}{d_1-AP_1\cdot\cos\delta_1}$$

同理在$\triangle ADP_1$中有

$$\beta=\operatorname{arctg}\frac{AP_1\cdot\sin\delta_2}{d_2-AP_1\cdot\cos\delta_2}$$

【例 3】 设图中 $AP_1=75\text{m}$，$AC=100\text{m}$，$\delta_1=85°$，求 $\alpha=?AD=90\text{m}$，$\delta_2=82°$，求 $\beta=?$

【解】 $\alpha=\operatorname{arctg}\frac{75\times\sin85°}{100-75\times\cos85°}=\operatorname{arctg}0.79940$

$=38.638848=38°38'19''$

$\beta=\operatorname{arctg}\frac{75\times\sin82°}{90-75\times\cos82°}=\operatorname{arctg}0.933487$

$=4302977=43°1'47''$

为了对交会角 α 和 β 进行校核，用同法再求出 γ_1 和 γ_2，按三角形内角之和等于 180°进行验算。

$$\sin\gamma_1=\frac{100\times\sin38°38'19''}{75}=0.832547$$

$$\gamma_1=56°21'40''$$

$\triangle CAP_1$中，$85°+38°38'19''+56°21'40''=180°$
证明计算无误。

2. 测设方法

在 AC 两点分别安经纬仪，A 点经纬仪照准对岸 B 点，定出轴线方向，C 点经纬仪后视 A 点逆时针测 α 角，两条视线交点即为 P_1 点。为校核在 D 点安经纬仪，后视 A 点，顺时针测 β 角、若视线与 P_1 点重合，表示 P_1 点正确。

由于误差的影响，三条视线不会交在一点，而出现误差，如图 14-27 所示。若误差在允许范围内，需调正，轴线方向视线是正确的，取两交点的中点作为定位点。

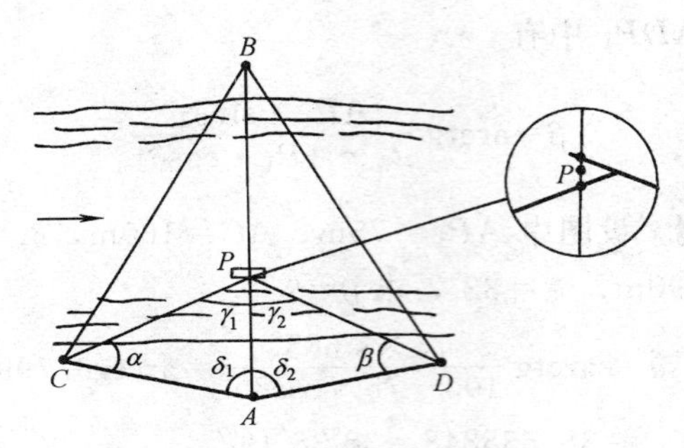

图 14-27　交点误差示意

随着全站仪在道路桥梁工程中的应用，桥墩定位方便多了，只要把全站仪安在 A 点，前视 B 点定出桥的轴线，轴线上各点便简单的测设出来。

在桥墩的施工过程中，要经常交会桥墩的中心位置，为了准确而迅速的进行交会，可把交会方向延伸河对岸，设立永久性标志，这样以后在测量桥墩中心位置时，只要照准对岸标志即可。

14.3.3　桥墩方向桩的测设

图 14-28 桥墩中心桩测定以后，在这些点处安经纬仪，以轴线为准，在基坑开挖线以外 1～2m 处设置桥墩纵、横轴线方向桩。纵横方向桩又称引桩，是施工过程中恢复中心位置的基础，应妥善保护。

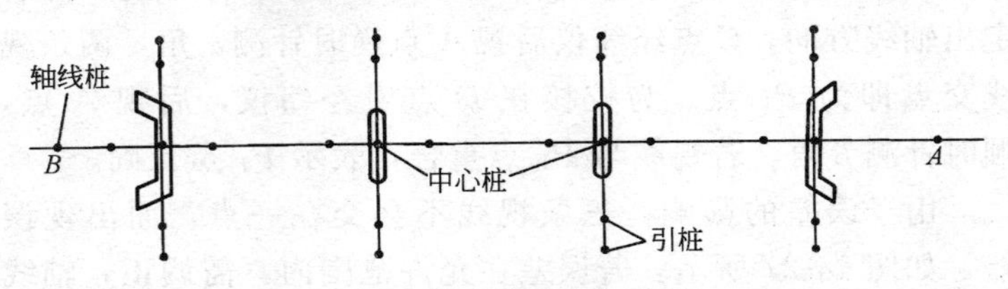

图 14-28　桥墩引桩示意

15 激光电子技术在测量中的应用

15.1 红外、电子测量仪器

15.1.1 红外光电测距仪

1. 红外测距仪的基本性能

红外测距仪是在经纬仪上装有红外测距装置，利用激光器发射的光波信号测量两点间距离的一种测距工具。与传统的钢尺量距比较，有测量精度高、机动灵活、速度快和受外界条件干扰小等优点。红外测距仪是从 20 世纪 60 年代开始发展起来的，新型测量仪器，见图 15-1。图 15-2 是与测距仪配套使用的反光镜正面图。

反光镜装在可倾斜的觇牌上方，按功能需要分为 1 块镜，3 块镜，8 块镜等几种。

红外测距仪的主要技术指标如下：

（1）测程：在普通气象条件下有效测程，1 块棱镜 1700m，3 块棱镜 2800m，8 块棱境 3500m。

（2）精度：自动测量档“▷”为$\pm(5\text{mm}+5\times10^{-6}\cdot D)$，算术平均值测量档“$\overline{\triangleright}$”为$\pm(5\text{mm}+3\times10^{-5}\cdot D)$，快速跟踪测量档“$\underset{\leftrightarrow}{\triangleright}$”为$\pm(10\sim20\text{mm}+5\times10^{-6}\cdot D)$，$D$ 为测量距离。

（3）距离读数分辨率：自动测量和算术平均值测量为 1mm，快速跟踪为 10mm。

(*a*)

(*b*)

图 15-1　红外测距仪外形图

（*a*）TM6 型红外测距仪；（*b*）红外测距在使用中

（4）测量时间：短程（＜1km）为 5s，长程（＞1km）为 7s，快速跟踪为 0.4s。

（5）作业温度范围：－20～＋50℃。

（6）光源：GaAs 砷化镓红外发光二极管。

（7）精测调制频率：15MHz，粗测调频 150kHz。

仪器功能如下：

（1）具备视、听照准装置，由望远镜和蜂鸣器的音量判断是否照准。

（2）电源低压报警，电池电压降到不能使用时，能自动显示，此时需要换电池。

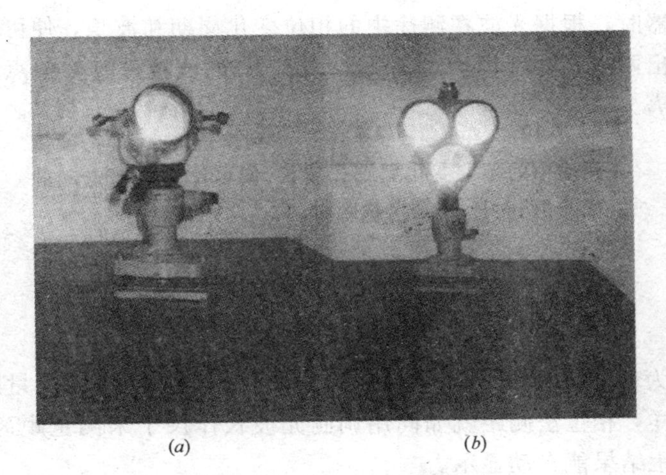

图 15-2　反光镜正面图

（a）单块棱镜；（b）3 块棱镜

（3）自动调节光强，以提高抗气象干扰能力，减少幅相误差。

（4）挡光停测、通光自动续测，适于车多人密的市区作业。

（5）能作加常数预置和气象改正系数预置。

（6）具有单次自动测量、平均值测量和跟踪测量三种测距方法。

2. 测距原理

如图 15-3，在 A 点安置测距仪，在 B 点立反光镜，当测距仪发出光脉冲，光速经过测距 D 到达反光镜，经反射又回到仪器接

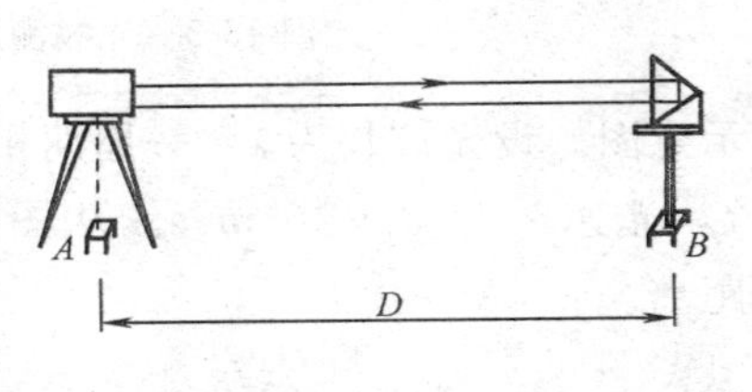

图 15-3　光电测距原理

收器时，根据光波在测途中的相位变化周期和波长，便可计算出两点间的距离。在图 15-4 中，用钢尺量距时，两点间距离。

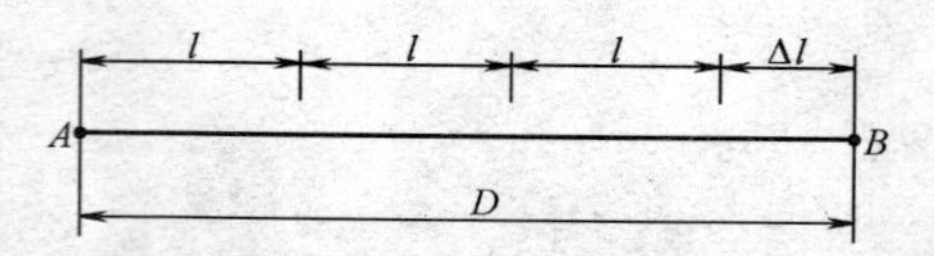

图 15-4　用钢尺量距方法

$$D=N\cdot l+\Delta l$$

N 为整尺段数，Δl 为不足一尺段的长度。如同用钢尺量距一样，相位法测距就如同用调制光波长作尺子来测量距离，测距结果能自动显示。

测距仪的砷化镓发光二极管加上交变电压以后，它发出的光强就随所加的交变电压而变化。这种随电压变化的光强的光称调制光。图 15-5 是光从 A 点发出又回到 A 点的往返

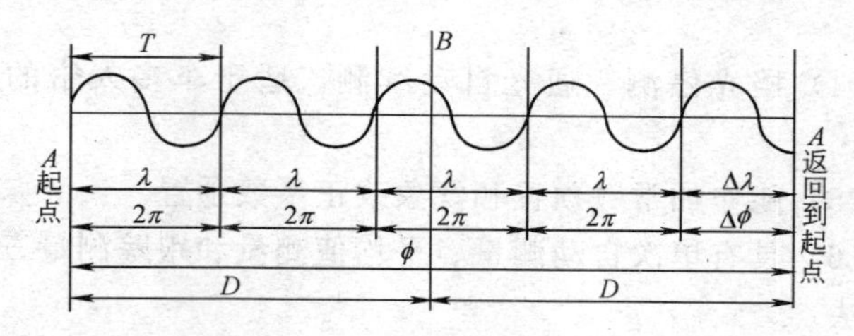

图 15-5　光波测距示意图

示意图。设光波长为 λ，一周期相位变化为 2π，每秒频率为 f，光速 c 为 3×10^8m/s。从图中可以看出，AB 两点间距离。

$$D=\frac{1}{2}(N\cdot\lambda+\Delta\lambda)=\frac{\lambda}{2}(N+\Delta N)$$

若用相位示意相应的距离，则

$$\phi = N \cdot 2\pi + \Delta\phi$$

式中　N 为整周期数；$\Delta\phi$ 为不足整周期的小数。

当调制光频率为 15MHz 时，波长

$$\lambda = \frac{c}{f} = \frac{3 \times 10^8}{15 \times 10^6} = 20\text{m}$$

调制光频率为 150kHz 时，波长

$$\lambda = \frac{c}{f} = \frac{3 \times 10^8}{15 \times 10^4} = 2000\text{m}$$

测距仪上把调制光频率 150kHz 作为“粗测尺”，把频率为 15MHz 的光作为“精测尺”，读数时把两者结合起来。如实测距离为 457.325m。

精测显示　　7.325m

粗测显示　　45

仪器显示　　457.325m

如实测距离超过 1km，则超过 1km 的大数，由测量人员根据实际情况用目估法确定。

3. 测距仪的使用方法

（1）测距改正

测距仪同钢尺一样，仪器本身和受外界条件的影响可能产生误差，施测前要进行检验，并在施测过程加以改正。

1）频率改正。仪器机内主振频率由石英晶体振荡器产生，它有较高的频率稳定性，但由于石英晶体老化等原因，实际测尺的频率和波长与设计时的频率有变化，使测量距离存在误差，因此仪器在使用前要在标准长度基线上进行检测，使误差在施测中得以修正。

2）气象改正。由于气压和温度与仪器元件设计时的参数不一致，可能产生误差。在施测过程中要随时测量实际温度（读至1℃）、气压然后利用仪器生产厂家提供的气象改正系数进行改正（见仪器附件及说明书）。如北京光学仪器厂生产的DCH 4型测距仪气象改正系数的计算公式为

$$R=\left(275-79.55\,\frac{p}{273+t}\right)\text{ppm}$$

式中　p——气压，以MPa为单位；

t——温度，以℃表示；

ppm——百万分率，即10^{-6}。

3）斜距改正。视线不水平时，根据经纬仪测得的竖直角，利用仪器计算按键，把斜距换算成水平距离

$$D=D'\cdot\cos\alpha$$

视线两端高差

$$h=D'\cdot\sin\alpha$$

待测点高程

$$H_{\text{B}}=(H_{\text{A}}+i_{\text{仪}})-(i_{\text{镜}}-h)$$

（2）施测方法

1）在测站安置仪器，对中，调平。实测气压、温度。把修正旋钮调到相应位置，按通电源，仪器显示ppm值。仪器处于待测状态。

在待测点立反光镜，目估对准测距仪。

2）视听照准。先用经纬仪十字丝照准反光镜的黄色觇牌中心（称光照准），有回光时，显示屏灯亮，同时蜂鸣器有音响信号。再利用经纬仪微调螺旋，使蜂鸣器达到最响（称电照准）。

3）距离测量

① 单次测量

将选择开关置于“▷”档，按 A/M 键，仪器进入短程测距状态，5s 钟后显示距离数据。如需要进行长程（大于 1km）测量，按 A/M 键，5s 后显示屏左端显示 L_i 长程标记，然后再松手，7s 后显示距离。

② 算术平均值自动测量

将方式选择置于“$\overline{\triangleright}$”档，根据测距远近来选择是否进行长程测量。轻按 A/M 键，在 5s 内显示出初测距离（短程），仪器以连续测量周期自动进行，并连续显示算术平均值。在普通气象条件下 20～30s 后读数已稳定，可以读取读数。

③ 跟踪测量

将方式选择置于“$\underset{\leftrightarrow}{\triangleright}$”档，按 A/M 键，距离一经显示，仪器便处于准备跟踪反光镜状态，显示出距离。当反光镜停止运动时，如果需要更高的测量精度，可把选择开关置于“▷”档（即单次测量档）进行测量。

15.1.2　电子经纬仪

电子经纬仪的精度等级分类见表 15-1，电子经纬仪的技术指标见表 15-2。

电子经纬仪是一种智能型的精密经纬仪，它带有一个双轴补偿器，采用机械型光电角度扫描系统，进行绝对角值的

电子经纬仪的精度等级分类　　　表 15-1

商标 / 精度等级	LEICA	OPTON	SOKKIA	南京测绘仪器厂	华东光学仪器厂
高精度	T3000				
中等精度	T1610	Eth2	DT2		
一般精度	T1010	Eth1	DT4	DZJ6	DJD6-1

电子经纬仪的技术指标　　　　表 15-2

型号		T2002	T1000	DT2	DZJ6
望远镜	倍率	32X	30X	32X	29X
	物镜孔径(mm)	42	42	45	40
	最短视距(m)	1.7	1.7	1.0	2.0
测角部	测角方式	绝对编码动态	绝对编码连续测量		增量式编码器
	标准差(″)	0.5	3	2	水平角 4 天顶距 10
	最小读数(″)	0.1	1	1(或 5)	1
自动补偿功能	方式	双轴液体传感	摆式	液体倾斜式	液体补偿器
	水准器 长	20″/2mm	30″/2mm	20″/2mm	20″/2mm
	水准器 圆	8′/2mm	8′/2mm	10′/2mm	8′/2mm
	显示	8 位,LCD 双面	7 位,LCD 双面	8 位,LCD 双面	7 位,LCD 双面

测量，每次读数沿着全度盘扫描，消除了度盘的刻划误差，消除了度盘偏心的影响。仪器内有微处理机控制电子测量系统，具有高精度的阻尼液体补偿器，为竖直角提供了自动指标。

电子经纬仪同一台测距仪相结合，便组成了积木式电子速测仪。

光学经纬仪采用光学度盘和手工旋转测微器进行读数，而电子经纬仪则采用光电扫描度盘及自动显示读数，与电子记录器连接后，能自动记录测量数据，做到了测量数据采集自动化。

15.1.3　电子速测仪

电子速测仪又称全站型电子速测仪，是由电子经纬仪、红外测距仪、计算机以及记录器（或电子外业手簿）等组合而成。这种仪器测量过程高度自动化，通过按钮，由微处理控制可自动进行角值和距离的测量。可进行测量数据的记录和各种归算，若配以电子外业手簿和电子内业数据处理装置，就组成综合测绘系统。

电子速测仪的精度等级分类见表 15-3。

电子速测仪的精度等级　　表 15-3

商标 精度等级	LEICA	OPTON	SOKKIA
高精度	TM3000		
中等精度	TC1610	EIta2	SET 2B SET 2C
一般精度	TC1010	EIta3	SET 4B SET 4C

电子速测仪的技术指标见表 15-4。

电子速测仪的技术指标　　表 15-4

型　号	TC1610	EIta2	SET2B
望远镜倍率	30x	30x	30x
测角方式	绝对编码连续	绝对式	光电增量编码器
测角标准差(″)	1.5	0.6	2
测角最小读数(″)	1	0.3	1或5
自动补偿器方式	摆式		双轴液体倾斜传感器
测距标准差(mm)	2+2ppm	5+2ppm	3+2ppm
测程(km)	单棱镜 2.5	三棱镜 2.0	单棱镜 2.4
显示	8位,LCD双位	9位,LCD单面	LCD双面
水准器 长	30″/2mm	15″/2mm	20″/2mm
水准器 圆		10′/2mm	10′/2mm

1. 全站仪的特点

全站仪的特点是，测角，测距，测高程，由微机处理自动控制，测量成果，一次完成。

电子速测仪使用时的辅助设备有：(1) 反光镜，反光镜一般都有一固定常数，将它和不同的速测仪配套使用时，必须在全站仪中对反光镜常数进行设置。常数一旦设置，关机后常数仍被保存。(2) 充电电池，电量不足时应及时充电，使用电源为 220 伏。(3) 温度计和气压表。光在大气中的传播速度并非常数，是随温度、气压而变化，不同温度和气压对应不同的修正值。仪器使用时按实际条件设置修正值，测量过程仪器会自动对观测数据实施修正，消除误差。

全站电子速测仪最大特点就是多功能、自动化。要充分利用仪器的多功能，关键是操作过程的程序设置。程序设计的准确，就能得到可靠的测量成果。目前全站仪的型号有多种。现以苏州一光仪器有限公司生产的 DTS 系列为例，介绍全站仪的性能和使用方法。

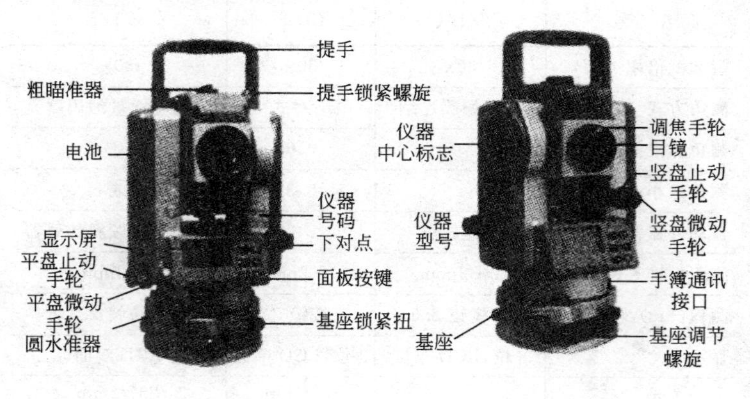

图 15-6　全站仪外形图

图 15-6 是全站仪的外形图，仪器的两面都有一个相同的液晶显示屏，如图 15-7，右边有 6 个操作键，下边有 4 个功能键。其功能随观测模式的不同而改变。显示屏中 VZ 为天顶距，HL 表示水平角为左角，HR 表示水平角为右角。SD 表示水平距离，显示屏采用点阵图形液晶显示，可显示四行汉字，每行 10 个字，通常前三行显示测量数据，最后一行显示随测量模式变化的按键功能，利用这些功能键可完成测量过程的各项操作。以上各键的具体功能如表 15-5。

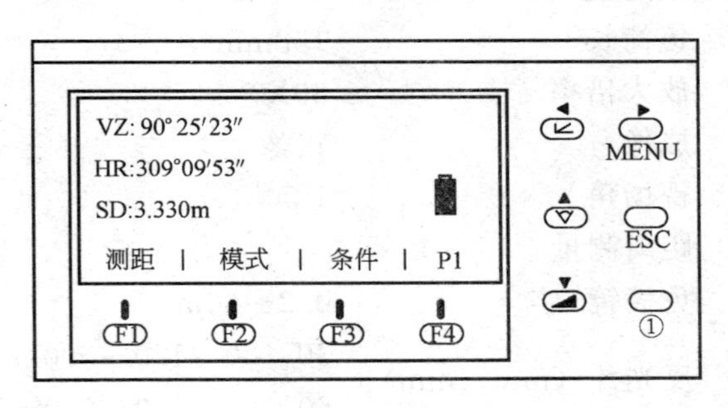

图 15-7　显示屏面

各种按键的功能　　　　**表 15-5**

按键	名称	功能	
		测量模式	菜单模式
	坐标测量键 左移键	进入坐标测量模式	进入菜单模式后的左移键
	角度测量键 上移键	进入角度测量模式	进入菜单模式后的上移键
	距离测量键 下移键	进入距离测量模式	进入菜单模式后的下移键
MENU	菜单键右移键	进入菜单模式	进入菜单模式后的右移键
ESC	退出键	退回到上一级菜端或返回测量模式	

续表

按键	名称	功能	
		测量模式	菜单模式
$F_1 \sim F_4$	功能键	对应显示屏上的对应功能与电源键组成快捷键	
⏻	电源键 第二功能键	控制电源开和关与 $F_1 \sim F_4$ 组成快捷键	

2. DTS 全站仪的主要技术指标

（1）望远镜

镜筒长　158mm

放大倍率　30X

成像　正像

视场角　1°20′

（2）距离测量

免棱镜　0.2～60m

反光片（mm×mm）　30×30　1.0～500m；60×60　1.0～700m

微型镜　1.0～1200m

单棱镜　1.0～5000m

（3）测距精度

精测　±(3mm＋3ppm×D)

快速　±(4.5mm＋3ppm×D)

跟踪　±(10mm＋3ppm×D)

（4）测量时间

初始　3.0 秒

标准　1.2 秒

跟踪　0.5 秒

3. 全站仪的使用方法

（1）安置仪器，精确对中和调平。

（2）开机，按住电源键，直到液晶显示屏显示相关信息为“请转动望远镜、以及反光镜常数、大气修正值、仪器软件版本”后，转动望远镜一周，仪器蜂鸣器发出一短声并进行初始化。仪器自动进入测量模式显示。仪器开机时要确认有足够的电源。

关机时按住电源键后，再按 F_1 键（即同时按电源键和 F_1 键），仪器显示关机，然后放开所有按键，仪器进入关机状态。也可选用自动关机功能，当选用自动关机，则 10 秒内，如果无任何操作，仪器自动关机。

（3）数字输入，仪器使用过程中要输入各种数据，如输入反光镜常数、气压、温度、任意水平角、坐标等。各型号全站仪操作程序均有不同，对模式设置、数字输入方法也不相同，使用前一定要仔细阅读有关说明，掌握操作方法，否则，由于模式和输入的程序不当，可能出现错误的成果。

（4）读取读数，显示屏显示的是数字化，非常直观，消除了读数误差。竖直角、水平角（左角或右角）、斜距、水平距、高差、高程、坐标都能按设计的模式显示出来，无需再作换算。可连续测量，也可自动归零。还可将测得数据输入作业手簿，以备查用。

15.2 激光测量仪器

15.2.1 激光经纬仪

图 15-8 所示是激光经纬仪外形图，它是在 J_2 型经纬仪望远镜筒上安装一套激光装置而组成的。激光器和望远镜筒连在一起，随望远镜一起转动，激光器可以拆卸。激光装置

由氦（He）、氖（Ne）气体激光器和棱镜导光系统组成。激光器的功率为 1.2mW。光束发散角 3mrad（毫弧度），100m 处光斑直径 5mm，照准有效射程白天约 500m，夜间约 2600m，照准中误差 0″，3。可接一般 220V 电源，也可接 15V 电压直流电源。激光器起辉发出的激光导入经纬仪的望远镜内与视准轴重合，并沿着视准轴方向射出一束可见的红色激光，以代替视准轴。

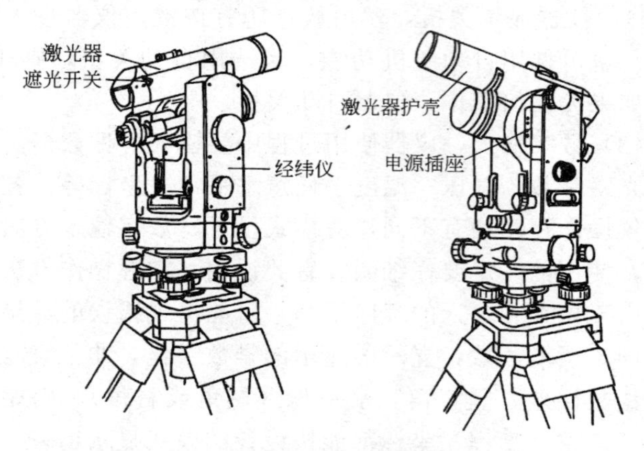

图 15-8　激光经纬仪外形图

图 15-9 是激光经纬仪的光路原理图，激光光束由发光器 8 发出，经反射棱镜 7 转向下方的聚光镜组 6，再通过针孔光栏 11，到达分光棱镜组 3，再由分光镜折向前方，通过与望远镜共同的调焦镜组 2，沿视准轴方向经物镜组 1 射向目标。物镜组 1、调焦镜组 2、十字丝分划板 4 和目镜组 5 都是望远镜的组成部分。为改善光束的质量，在物镜前方加装一块波带片 10，使之产生衍射干涉。以提高光束亮度和照准精度。如果用望远镜直接照准目标，应将波带片取下。

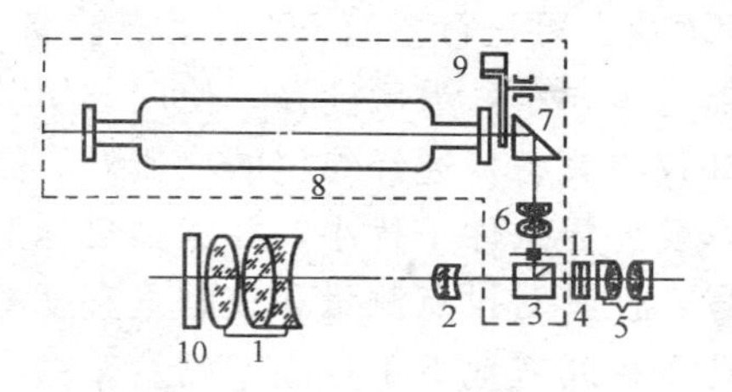

图 15-9 激光经纬仪光路图

1—物镜组；2—调焦镜组；3—分光棱镜组；4—十字丝分划板；
5—目镜组；6—聚光镜组；7—发射棱镜；8—氦氖气体激光器；
9—转换开关；10—波带片；11—针孔光栏

转换开关 9 是控制光源的，打开开关让激光光束通过，进入望远镜的光路系统；关闭开关可遮住光束，使望远镜不能发射激光。

硅半导体激光经纬仪：目前国产激光经纬仪有的采用半导体激光器。图 15-10 是苏州光学仪器厂生产的半导体激光经纬仪。激光器仍安置在 J_2 型经纬仪的望远镜筒上，代替氦氖激光器，其构造形式及光路系统与氦氖激光器相同。半导体激光器不需外部电源，只在激光器盒内装两枚普通干电池，更换电池也极为方便。另外，由于激光器体积小，望远镜仍可绕横轴 360°旋转。该仪器还配有 90°弯管观察目镜，可视垂

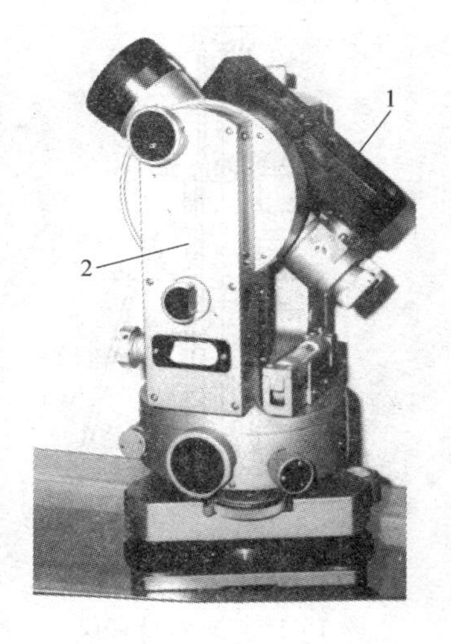

图 15-10 半导体激光经纬仪

1—激光器；2—经纬仪

直 90°的度盘读数。可进行垂直 90°的投点测量。两者相比，半导体激光器有体积小，灵敏度高、使用方便等优点。

激光经纬仪除具备普通经纬仪的功能外，因它的视准轴是一束光束，受外界条件干扰小，并能在目标上显示出视准轴的照准位置，使其对投点测量和控制垂直度测量有其独特的功能。更适于夜间或地下工程施工测量。激光经纬仪已在大型复杂工程，结构及设备安装工程等施工测量中广为应用。

如果借助经纬仪度盘水准管将望远镜视准轴调到铅垂方向，可作为铅直仪器进行高层建筑、烟囱等高大建（构）筑物的竖向投点，垂直度控制极为方便，且精度较高，是目前高层建筑、滑模工程等施工中广为使用的测量工具。

15.2.2 激光铅直仪

图 15-11 是激光铅直仪的示意图。仪器竖轴是一个空心的筒轴，两端有螺纹，连接望远镜和激光器套筒，激光器安在望远镜下端。当激光器发出的光束通过望远镜视准轴射向目标时，构成向上发射光束的激光铅直准轴。基座上装有灵敏度较高的水准管，安置仪器时，经对中调平，借助水准管将望远镜视准轴（激光光束）调到铅直方向，进行垂直测量。

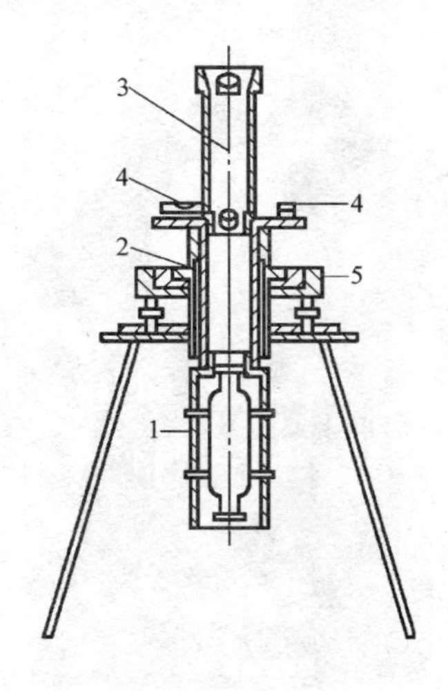

图 15-11 激光铅直仪

1—氦氖激光器；2—竖轴；3—发射望远镜；4—水准管；5—基座

激光铅直仪广泛用于高层建筑的轴线投测和垂直控制

测量。

15.2.3 激光水准仪

激光水准仪是在普通水准仪望远镜上方，安装一套激光装置，氦氖激光器发出的光束通过棱镜组导入望远镜筒内，沿视准轴方向发射一条可见红光的特殊水准仪。图 15-12 所示是烟台光学仪器厂生产的 YJS_3 型激光水准仪。激光器的功率为 1.5～3mW，光束发散角 2mrad（毫弧度），有效射程白天 150～300m，夜间 2000～3000m，电源采用交直流均可，附件有 12～30V 的直流蓄电池。

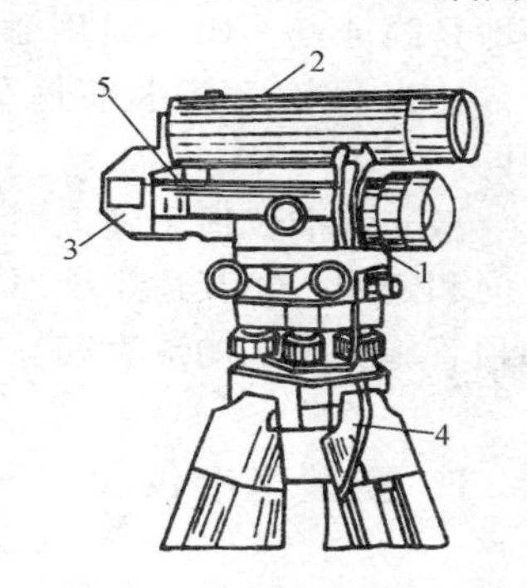

图 15-12 激光水准仪

1—S_3 微倾式水准仪；2—激光器；3—棱镜座；4—激光电源线；5—压紧螺丝

图 15-13 是激光水准仪的光路图。从氦氖激光器 1 发出光束，经 4 只反射棱镜转向目镜，进入望远镜与视准轴重合，

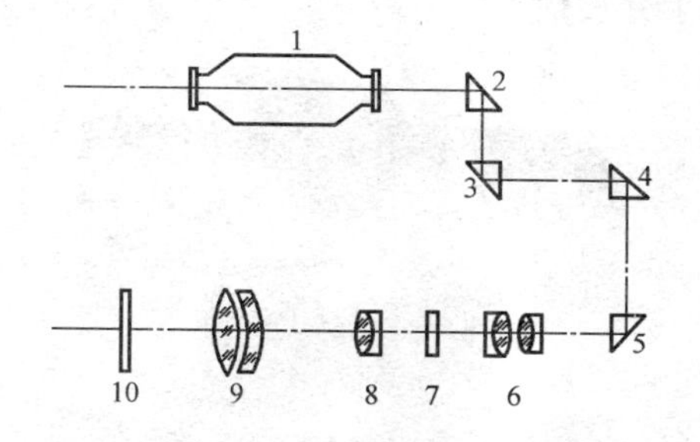

图 15-13 激光水准仪光路图

1—氦氖激光器；2、3、4、5—反射棱镜；6—目镜；7—十字丝分划板；8—调焦镜组；9—物镜；10—波带片

由物镜射出激光束。波带片的作用与经纬仪的波带片相同。

激光水准仪的水准仪部分的性能和使用方法与普通水准仪相同。因仪器视准轴为激光光束，故照准目标时，光斑中心即是瞄准点。如不需用激光时，可将目镜处的棱镜组移开，让出目镜，其水准仪部分的功能与普通水准仪完全相同。

激光水准仪适于施工测量、设备安装和机械化施工中的导向和定线，尤其适用于地下挖进、夜间施工、长视距测量和顶管施工工艺的准直和导向。

15.3 新型水准仪

15.3.1 新型自动安平水准仪

图 15-14 是新型自动安平水准仪外形图。

该仪器的测量等级为 S_3 型，其主要特点是自动安平系统，采用磁阻尼；比老式自动安平更加稳定。另外，基座部分带有 360°的刻度盘，利用度盘可进行简易的角度测量。一机两用，十分便捷。

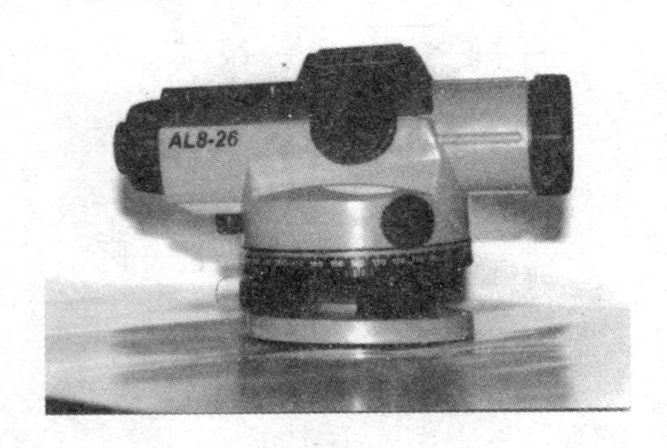

图 15-14（一）

图 15-14（二） 新型自动安平水准仪

15.3.2 数字编码水准仪

数字编码水准仪的技术指标见表 15-6。

数字编码水准仪的技术指标　　表 15-6

望远镜放大倍率	24X
物镜有效孔径(mm)	36
显示方式	点阵式液晶显示
屏面信息量	2 行，每行 8 个字符
电子测量法测程(m)	1.8～100
光学观测法测程(m)	0.5 以上
每千米往返标准差(mm)	电子 1.5、0.9、光学 2.0
电子编码测距精度	3～5mm/10m
电子测量平均时间(s)	4
计算所需基本数据	标尺读数和水平距离
摆式自动安平补偿器	作用范围±12′、安平精度±0.8″
内嵌式数据存贮器	REC 模块 GRM10 64KB 容量
外接式数据存贮器	GRE 3/4 或 PC 机

这种仪器使用时，只要照准目标，按一下按键，仪器就能自动、精确地确定目标点的高程和距离。其测量原理是利用数字影像处理技术，以数字形式显示观测值。并立即存贮在与仪器配套的记录仪或数据终端，或直接存贮在计算机内。

该仪器需同新型条形码双面标尺配套使用。该标尺一面为标准刻划，以便目视使用。另一面则是双色条形码，供电子扫描用。

新型条形码双面标尺的技术参数如下，

尺长＝4.05m，分三段折接式，每段长 1.35m；

刻划标准形式：条形码/cm 分划；

线膨胀系数：小于 0.4mm/10℃，尺长。

该仪器适于在工程施工测量、水准测量，沉降观测和变形观测等各项测量中使用。

15.4 新型测量仪器在施工中的应用

15.4.1 全站仪在施工测量中的应用

图 15-15，某折线，AB 为已知点，CD 点被毁，各点距离已知，各点间互不通视。使用普通经纬仪无法测设。现将全站仪安置房顶任意高度，任意距离处，恢复 CD 点位。虽然仪器高度有变化，但三角形的顶点 O 都在仪器中心的铅垂线上。

1. 观测角及三角形边长计算

在 $\angle AOB$ 中，测得 $AO=45.300$m，$BO=53.406$m，$\alpha_1=40°30'$

计算 $\beta_1=?$

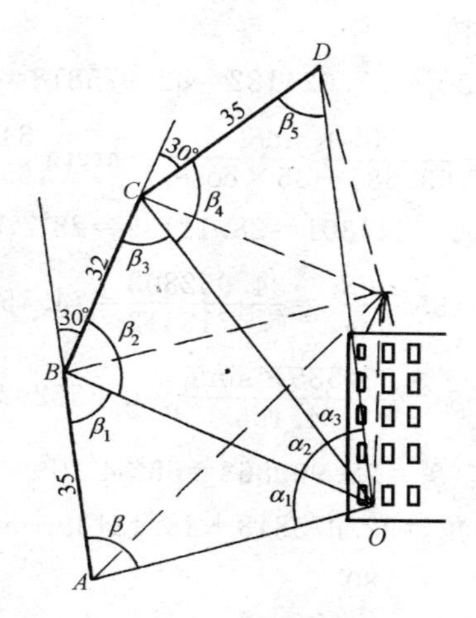

图 15-15　全站仪补测折线点

$$\sin\beta_1 = \frac{45.300 \times \sin\alpha_1}{35} = \frac{45.300 \times 0.649448}{35}$$
$$= 0.8405713$$
$$\beta_1 = 57.2005 = 57°12'2''$$

在$\angle BOC$ 中 $\beta_2 = 180° - 30° - 57.2005 = 92.7995 = 92°47'58''$

$$\alpha_2 = \text{arctg}\,\frac{32 \times \sin\beta_2}{53.406 - 32 \times \cos\beta_2}$$
$$= \text{arctg}\,\frac{32 \times 0.9988066}{53.406 - 32 \times 0.0488411}$$
$$= \text{arctg}\,0.5814607 = 30.176318 = 30°10'34''$$

$$CO = 32\,\frac{\sin\beta_2}{\sin\alpha_1} = 32\,\frac{0.9988066}{0.5026627} = 63.585\text{m}$$

$$\beta_3 = 180° - 30.176318 - 92.7995 = 57.024182$$
$$= 57°1'27''$$

在$\angle COD$中

$$\beta_4=180°-30°-57.024182=92.975818=92°58'32''$$

$$\alpha_3=\operatorname{arctg}\frac{35\times\sin\beta_4}{63.585-35\times\cos\beta_4}=\operatorname{arctg}\frac{34.952803}{65.402008}$$

$$=\operatorname{arctg}0.5344301=28.12139=28°7'17''$$

$$OD=35\frac{\sin\beta_4}{\sin\alpha_3}=\frac{34.952803}{0.4713412}=74.156\text{m}$$

验算 $$\sin\beta_5=\frac{63.585\times\sin\beta_4}{74.156}=0.8562929$$

$$\beta_5=58.902863=58°54'10''$$

$\angle COD$内角$=92.975818+28.12139+58.902863$

$=180°$

计算无误。

2. 测设步骤

仪器置于房顶，在测得α_1及边长的基础上，后视B点，顺针测α_2角，定出OC方向，在OC方向线上移动反光镜，直到$OC=63.585$m停住，定出C点。

再后视C点不动，顺针测α_3角，定出OD方向，在视线方向移动反光镜，直到$OD=74.156$m停住，定出D点。再实量BC，CD间距以资核对。

在测设过程中并没有提到仪器高度，反光镜高度和视线俯角，因为经过仪器微机处理，已经都换成测点到仪器中心的水平距离。

15.4.2 高层建筑的垂直控制和楼层放线

高层建筑的测量工作，重点是轴线竖向传递，控制建筑物的垂直偏差，保证各楼层的几何尺寸，满足放线要求。根据施工规范规定，各类结构允许偏差不超过表15-7的要求。

高层建筑各类结构的垂直和高程允许偏差　表 15-7

结 构 类 型	垂直允许偏差(mm)		高程允许偏差(mm)	
	每层	全高(*H*)	每层	全高(*H*)
现浇混凝土及框架	5	*H*/1000(最大 30)	±10	±30
装配式框架	5	*H*/1000(最大 20)	±5	±30
大模板工程	5	*H*/1000(最大 30)	±10	±30
滑模施工	5	*H*/1000(最大 50)	±10	±30

表 15-7 内的数值是构件质量检查标准。对测量误差应有更高的要求，一般两点间量距偏差不大于 3mm，投测标点偏差不大于 5mm，垂直测量误差不大于质量允许偏差的 1/2。

1. 沿柱中线逐层传递轴线

（1）第一层柱施工完后，根据基础顶面中线，将中线投测到柱顶端，作为第二层向上接柱的依据。从柱下端向柱顶投测中线，可采用吊线法，也可采用经纬仪投线法。如果楼层间有楼层板，要把下层柱的中线引测到二层楼板上，标出柱的纵横中线。以上各层以此类推。

（2）如有楼层梁，中线不能直接引测到柱顶，可采用借线法（如图 15-16）。在柱下端从中线向柱边量 150，做移点 1，投点时经纬仪先照准 1 点，然后抬高望远镜在柱顶视线处得 2 点，再从 2 点向柱中量 150，得中心线。

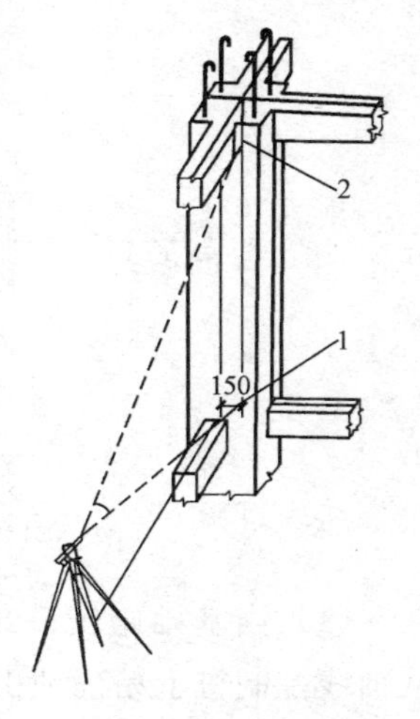

图 15-16　借线法投测中线

在向上层引测中线时，只能

依据下柱下端中线，不能按下柱上端几何尺寸取中。因为在浇筑混凝土过程中，模板可能发生倾斜，如果按下柱顶端模板中线向上接柱，下柱产生的垂直偏差不能纠正，对多层建筑累计的垂直偏差将超过允许范围，甚至会影响结构功能。

逐层传递中线的方法比较简单，是多层建筑测量中常采用的方法，即使采用激光测量也不能层层投测，其基本方法仍离不开吊线法。但吊线法易产生累计偏差，故一般每隔3～4层要用经纬仪进行校核。

2. 经纬仪投测法（又称外控法）

此法适于场地宽阔地区。例如某工程37层，全高117.75m，采用经纬仪投测法进行建筑物的轴线竖向传递测量，平面图见图15-17，测设步骤如下。

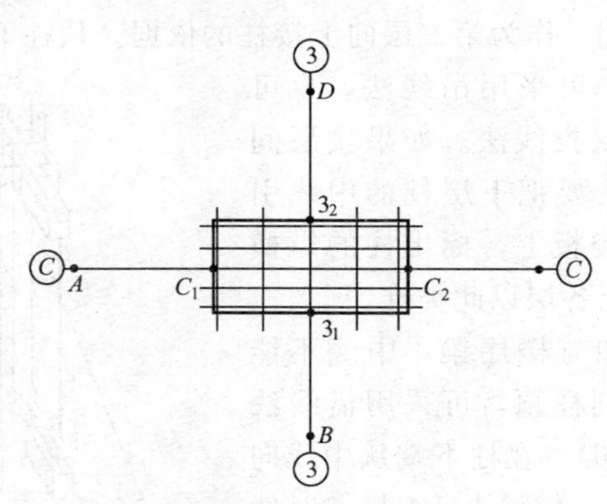

图15-17 标志及引桩的设置

(1) 当基础施工高出地面后，用经纬仪将③、Ⓒ轴线从轴线控制桩上精确地引测到建筑物四面的墙体立面上，并做好标记，如图15-17中的C_1，C_2，3_1，3_2四点，作为向上投点的后视点。同时作轴线的延长线，各在一定距离（30～50m）设置轴线引桩，如图中的 A、B、C、D 各点。

（2）随着建筑物的升高，须逐层向上传递轴线。方法是：将经纬仪安置在引桩 A 点，先将视线照准标志点 C_1，然后抬高望远镜，用正倒镜法把轴线投测到所要放线的楼面上，标出 C 点。按同样方法分别在 B、C、D 各点安置仪器，投测出 C'、3、$3'$各点，如图 15-18 所示。

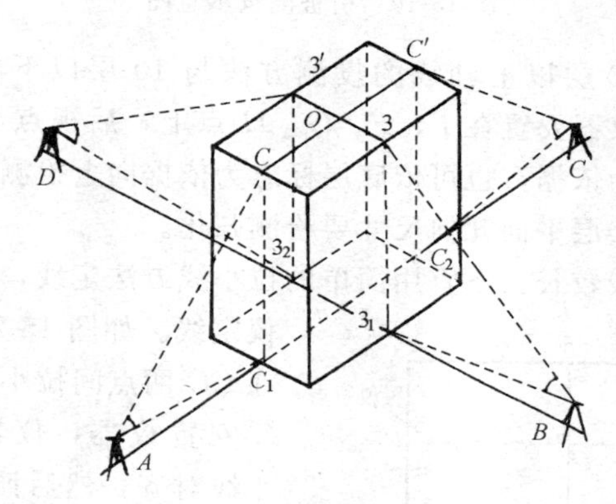

图 15-18　经纬仪投测示意图

（3）将 C、C'连线，3、$3'$连线，即在楼面上得到互相垂直的两条基准轴线，根据这两条基准轴线便可进行该楼层的放线工作。

（4）当楼高达到一定高度（如 10 层），因仪器距建筑物较近，投测仰角过大，会影响投测精度。为此，须把轴线再延长。方法是：在 10 层楼面的 C-C、3-$3'$轴线上分别安经纬仪，先照准地面上的轴线引桩，用定线法将轴线引测到距建筑物约 120m 处的安全地带或附近大楼屋面上，重新建引桩 E、F、G、H，如图 15-19 所示。

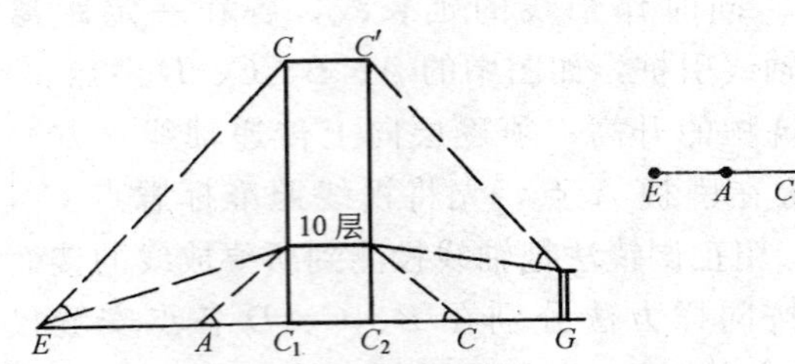

图 15-19　引桩测设示意图

（5）10 层以上轴线的投测方法与 10 层以下的方法相同，只是仪器要置在 E、F、G、H 点上，后视点可依第 10 层的标志为依据，也可依底层标志为依据向上投测。

（6）楼层平面几何尺寸要检测归化。

若轴线较长，不宜用简单的拉小线方法定线，须用经纬仪定线。如图 15-20 中，先在 CC'两点间拉小线，靠近 C'安置仪器，仪器中心与小线对齐，然后照准 C 点，便可定出 C 轴上各点位置。将仪器置于两轴交点 O 处，检验两轴交角是否等于 90°。若存在误差，应进行归化调整。

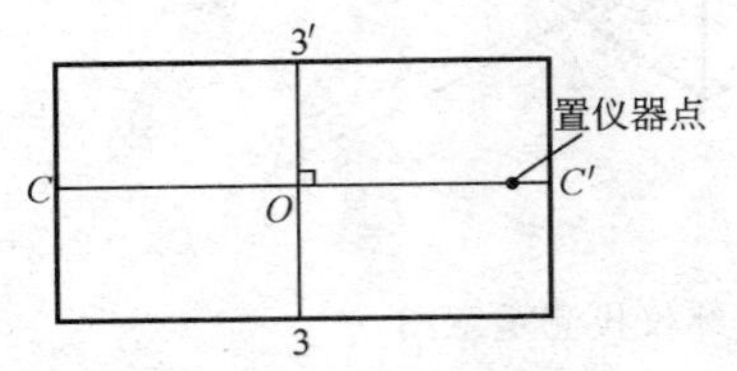

图 15-20　楼层平面放线

若轴线虽可延长，但延长的轴线点却不能安置仪器，如图 15-21（图中 1 点在墙的立面上），可将仪器置于楼层上，用直线归化法进行改正。

在楼层 A'点安仪器，后视 1 点，倒镜投点于楼层 B'点；移仪器于 B'，后视 A'，倒镜投点于地面 $2'$，量取 $22'$距离。

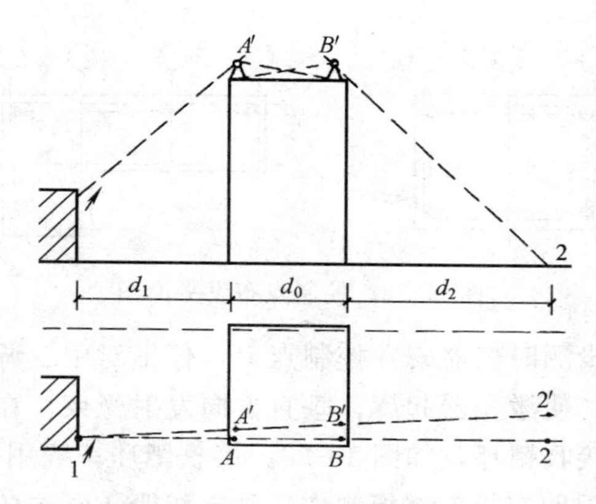

图 15-21 归化法测轴线

按相似三角形比例关系：

$$\frac{22'}{d_1+d_0+d_2}=\frac{BB'}{d_1+d_0}=\frac{AA'}{d_1}$$

按计算出的 AA' 和 BB' 进行改正，便可使 A' 与 A 重合，B' 与 B 重合，得出 1AB2 直线。

3. 激光投测法（又称内控法）

激光仪器有激光经纬仪、激光铅直仪和激光准直仪等。投测方法如下。

（1）布置控制点：要根据建筑物平面图形，在一层地面确定控制点位置。使控制点之间连线（基准线）能控制楼层平面尺寸，一般不少于 3 点。控制点不宜设在轴线上，应离开轴线 500～800mm，因为轴线上有梁柱妨碍观测，控制点之间应便于量尺和通视，如图 15-22 所示。注意要精确测量控制点间的距离和角度。

（2）为使激光束能通过各楼层，应在各层对应控制点位置留 200mm×200mm 孔洞。

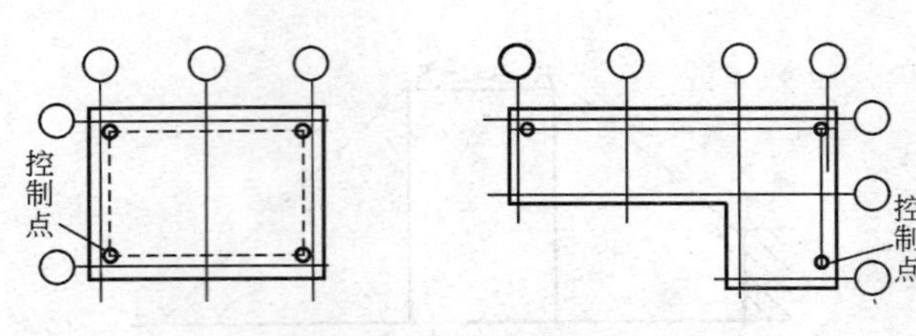

图 15-22 控制点布设平面图

（3）投测时仪器安在控制点上，仔细对中、调平，然后接通电源，使激光器起辉，垂直方向发射光束。在光束对应位置安放接收靶环，如图 15-23。接收靶环一般用 300mm×300mm 的透明有机玻璃板制作，画有相距 10mm 的靶环，镶在金属框内（靶环亦可用硫酸纸描画，夹在两层玻璃中间）。

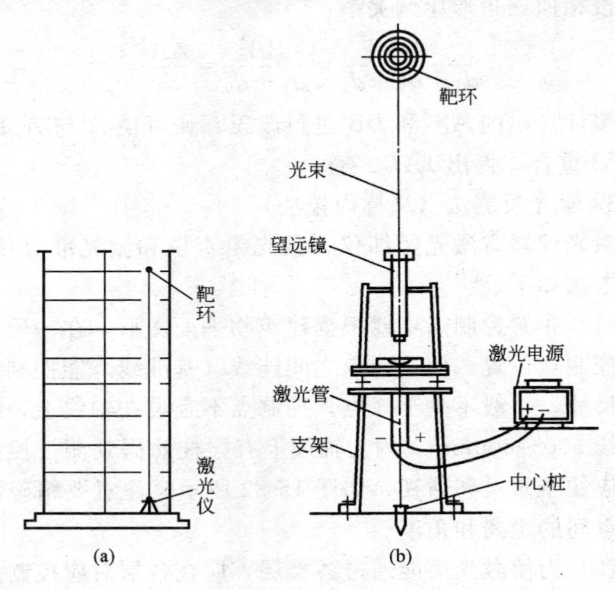

图 15-23 激光作竖向投测示意

通过调整望远镜焦距，使落在靶环上的光斑直径达到最小。为检验仪器的垂直误差，将仪器平转 360°。如果仪器本身无误差，则光点始终照在一点。如果光点在靶上移动时形成的是一个圆圈，应进一步调平（若仪器不能严格调平也可以以圆心为投测点）。

（4）让靶环中心对准激光光点，将靶环固定在楼板上。这时靶环中心与控制点在一条铅垂线上，靶环中心即为该楼层定位放线的基准点。

（5）各基准点投完后，要检查投测点间的距离和角度是否与底层控制点一致，如超过允许误差，应查找原因及时纠正。根据基准点便可进行该楼层的放线工作。

仪器安在下方向上观测称天顶准直法；如果将仪器安在上方向下观测，则称天底准直法。

垂直经纬仪是既能安在下方又能安在上方的经纬仪。垂直经纬仪与普通经纬仪不同之处在于：（1）垂直经纬仪的竖轴是空心筒轴，望远镜向下，视线通过竖轴空心可以观测下方目标；（2）配有 90°弯管目镜，望远镜可以向上作垂直观测，也可向下作垂直观测；（3）调平后照准部可以在基座上平移，纠正仪器中心与控制点间的垂直偏差。图 15-24 是将垂直经纬仪安置在施工层上，向下观测作竖向测量的示意图。

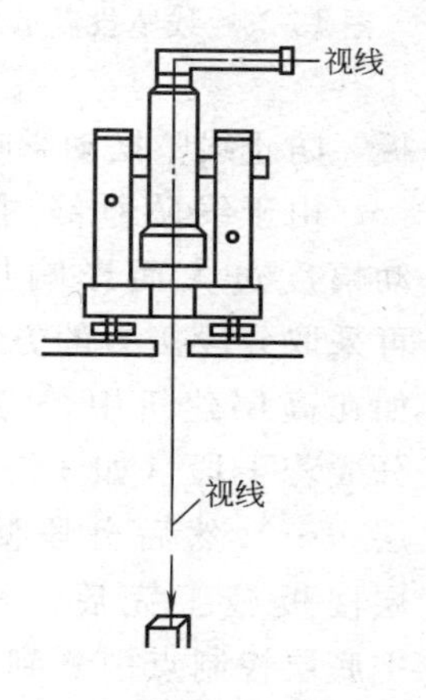

图 15-24　天底准直法作竖向观测

光学对中经纬仪有空心竖轴，可将竖轴中心的光学对中器物镜和棱镜以及中心圆盖卸下改装成垂直经纬仪，采用天底准直法进行竖向测量。亦可将普通经纬仪改装成90°弯管目镜，作为向上投测的铅直经纬仪，但改装工作必须由专业人员在可靠条件下进行。

4. 吊线坠投测法（又称内控法）

（1）布置控制点：控制点的布设程序、要求、作用和激光投测法相同。

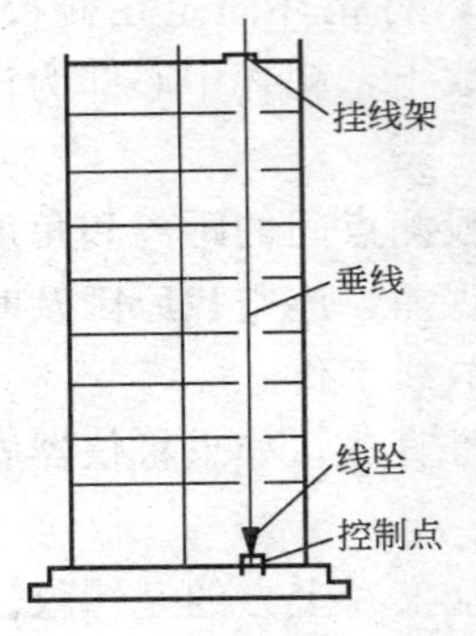

图 15-25　线坠投点示意图

（2）使用8～10kg左右重的特制大线坠和直径1mm的细钢丝，把线坠挂在金属架或木方上，挂线点要便于量尺和安置经纬仪（如图15-25）。

（3）投测时，一人在底层控制点处扶稳线坠，如发现线坠顶尖偏离控制点，即指挥上面人员移动垂线，直至线坠顶尖对准控制点为止。遇有风天气应设挡风板，防止线坠摆动影响投点精度。

由于线坠垂线过长、线坠摆动幅度过大而影响投点精度时，可采取分段接力的方法进行投测。如在高层建筑中，将建筑物竖向分成若干段（如1～5层，5～10层……）然后分段测量。如第5层楼板施工完后，经精细测量，把底层控制点引测到5层平面上，在5层重新建立控制点。10层施工完毕，再将控制点引测到10

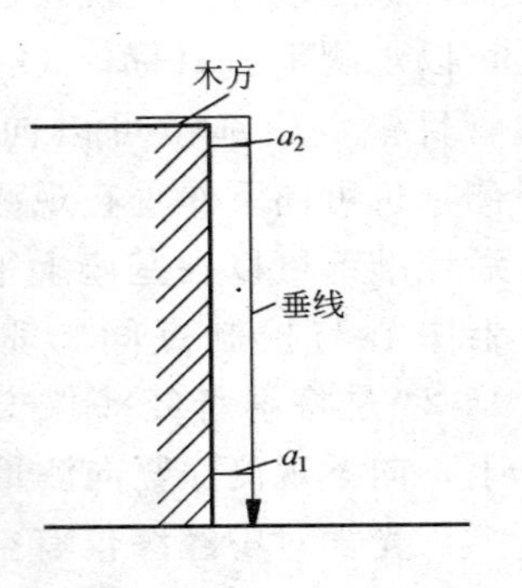

图 15-26　检查墙面垂直的方法

层，作为向上传递的基础。

侧面垂直检查（如图 15-26 所示）时，在墙体顶部伸出木方，挂上线坠，待垂线稳定时，逐点量出垂线至墙面的距离。以底部距离为基准，衡量墙体的垂直偏差。如底部距离 110mm，顶部距离 95mm，则墙体向外倾斜 15mm。

在高层建筑施工中，不仅应对轴线加强控制，对于重点的部位亦应重点检查，如电梯井壁的几何尺寸和垂直度、外部装饰线的平整和垂直度等，如果这些部位超过允许误差，也会给下一步施工带来麻烦。

15.4.3 烟囱的定位和垂直测量

1. 烟囱的定位测量

定位时根据烟囱的中心坐标，先测设出烟囱的中心桩，然后以中心桩为交点，测设两条互相垂直的轴线。其中一条轴线应是烟道的中线，建立 *A*、*B*、*C*、*D* 控制桩，如图 15-27，作为施工放线和恢复烟囱中心的依据。

为便于烟囱的倾斜观测，要把轴线延长到 *A*′、*B*′、*C*′、*D*′，引桩至烟囱的距离要大于烟囱的高度。

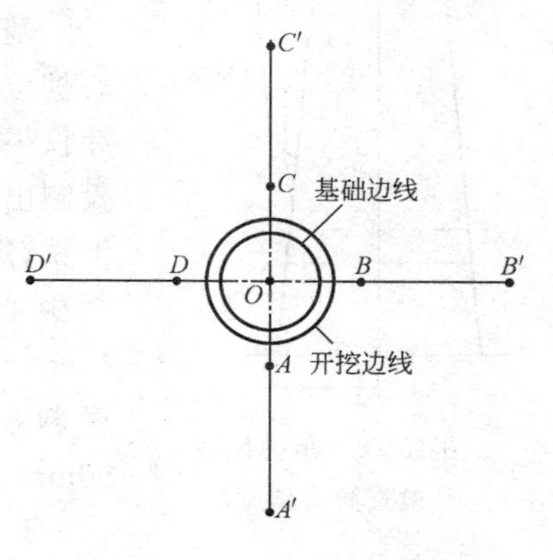

图 15-27 烟囱定位平面

2. 烟囱基础放线

烟囱基础放线主要是利用中心桩画圆来确定烟囱的各部位尺寸，烟囱的允许偏差见表 15-8。

烟囱的允许偏差　　表 15-8

部位名称	误差名称	允许偏差值(mm)
基础	基础中心点对设计坐标的位移	15
	基础底板直径和厚度的局部误差	±20
砖、混凝土烟囱	筒身中心线的垂直误差	
	烟囱高度在 100m 以下	高度的 0.15%，且不大于 110
	烟囱高度在 100m 以上	高度的 0.1%
	筒身任意截面的直径误差	该截面的 1%，且不大于 50

基础挖方时要利用四周控制桩拉小线，把中心桩投测在基坑内，以便掌握挖方尺寸，并及时抄测坑底标高。

垫层浇筑完毕后，要把中心桩投测到垫层上，以供基础绑筋、支模掌握尺寸之用。

基础混凝土凝固前，要在中心桩位置埋设中心桩，然后用经纬仪根据控制桩在预埋的桩顶面投测出烟囱中心的准确位置，钉上铁钉，作为筒身施工过程中控制中心的依据。中心桩可使用 10cm×10cm 硬木方或其他硬质材料，桩顶面宜高出基础面 50mm 左右，并认真加以保护。

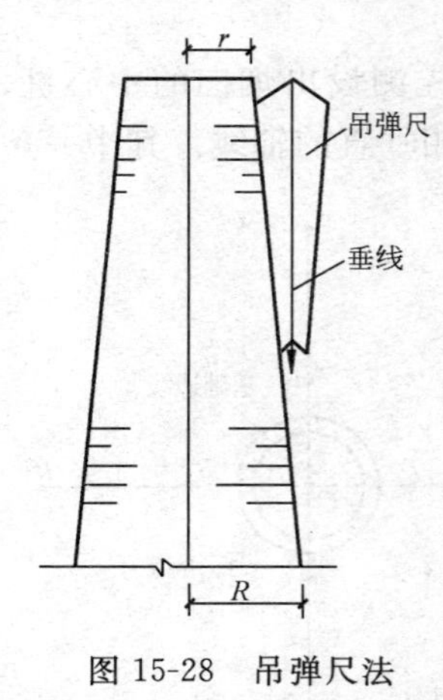

图 15-28　吊弹尺法检查筒身斜度

3. 吊弹尺法检查筒身斜度

检查方法如图 15-28 所示，按烟囱外皮的设计斜度（也叫收分）制作上宽下窄的斜形吊弹尺。

$$吊弹尺每米斜度=\frac{斜体最大外半径-上口外半径}{斜体高度}$$

如某砖烟囱斜体高度 45m，底部外半径为 2.225m，上口外半径为 1.100m，吊弹尺长 1.20m，尺下端宽 10cm，求尺上端宽度

$$每米斜度=\frac{2.225-1.100}{45}=0.025=2.5cm/m$$

尺上端宽度$=10+1.20\times2.5\times2=16.0cm$

在尺面上弹出中线，挂上线坠，检查时将吊弹尺贴在烟囱外皮，若垂线与尺的中心重合，表示筒身斜度符合要求。

筒身任意高度处的半径＝斜体最大外半径－斜度×下部斜体高度。例如 30m 高处的半径

$$R_i=2.225-0.025\times30=1.475m$$

4. 吊线法投测筒身中心

随着筒身的不断升高，要及时把烟囱中心投测到操作平面上，以便检查筒身垂直偏差和截面几何尺寸。

检查方法见图 15-29，在操作平面上横放木方，在中心处挂线坠（线坠重量视烟囱高度而定，一般用 8～15kg 的线坠和 1mm 直径的细钢丝）。由下面的人员指挥操作面上人员移动垂线，直到线坠尖对准底部烟囱中心点为止。然后根据投测在操作面上的中心点（挂垂线点）检查筒身半径、外皮尺寸是否符合设计要求，发现问题及时加以纠正。

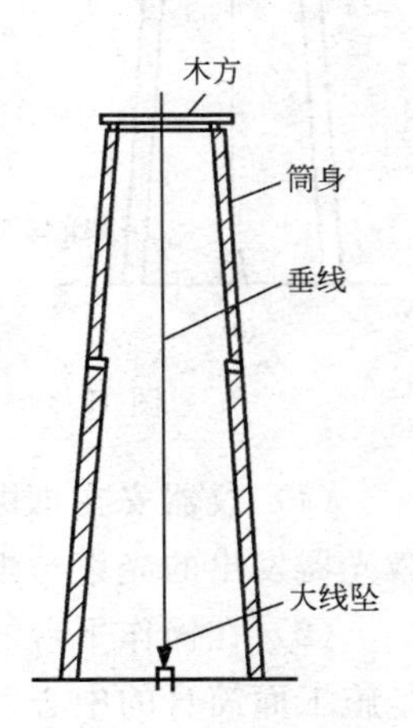

图 15-29 吊线法投测筒身中心

吊线坠操作简便，比较经济，常用于 70m 以下的烟囱施工，但因易受风力干扰，精度较低。

5. 激光铅直定位

目前在高大构筑物施工中，多采用激光铅直定位，使用仪器有激光铅直仪和激光经纬仪。它具有定位精度高、操作简便、不受自然条件影响等优点。

图 15-30 是采用激光定位示意图。方法如下：

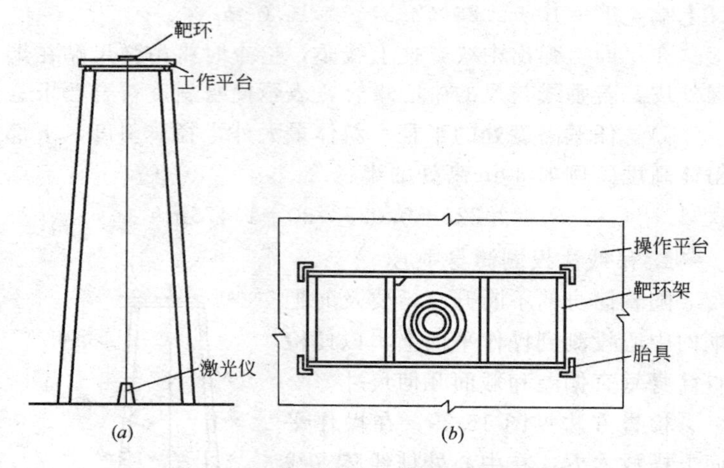

图 15-30　激光定位和靶环架安置方法

(1) 仪器安在烟囱底部的中心点上，经对中、调平，使激光器发出的光束与烟囱筒身中心轴重合。

(2) 在操作平台的烟囱中心安置接收靶环，靶环中心即是施工面筒身的中心。

激光光束在靶环上照出明亮的红点，将仪器平转 360°，若光点始终照在一起，表示光束垂直；若光点在靶环上画圆圈，要进一步调平仪器。如果靶环中心正对准光点，表示烟囱中心位置正确。若靶环中心偏离光点，其偏离的距离便是烟囱筒身中心的垂直误差，应在以后施工过程中逐步纠正。采用滑模施工时，靶环中心偏向何方（烟囱倾斜方向），就抬高该侧平台高度，这样偏差便会逐步纠正过来。然后，以靶环中心为烟囱的截面圆心，检查筒身截面尺寸。

(3) 由于采用筒身内部上料的施工方法，上料时要移开靶环，可用角钢做成靶环架，在平台上焊出胎具，如图 15-30(*b*)，使用时将靶环架卡在胎具内，以保证环心的正确位置。

6. 经纬仪外测法

经纬仪外测法如图 15-31。当筒身施工高出地面时，根据轴线控制桩把轴线投测在筒身的立面上，做好固定标志，同时把轴线延长到 *A*、*B*、*C*、*D* 各点。向操作面投点时，分别在 *A*、*B*、*C*、*D* 各点安置仪器，后视筒身底部轴线标志，抬高望远镜，在操作面上标出 *a*、*b*、*c*、*d* 四点。利用四点拉小线，小线交点即是筒身中心的正确位置。然后，以十字线交点为圆心，检查筒身尺寸是否正确。

要特别注意仪器必须安置在控制桩上，两轴线必须互相垂直。

高层建筑的高程测量，可采用由外墙，电梯间沿墙身向上引测的方法，用钢尺量距即可。在高层测量中，要特别注意每层楼楼地面本身的标高误差。如果地面水平误差较大，会给地面施工、门口高度造成麻烦。

15.4.4 物探技术在建筑工程中的应用

在建筑工程或城市建设中，常遇到地下有隐蔽工程或其他障碍物的情况，采用一般地质勘察的方法很难摸清地下隐蔽物的分布。为了给工程设计和地下工程施工提供翔实的地质资料，采用物探方法能比较容易地查清地下隐蔽物的平面

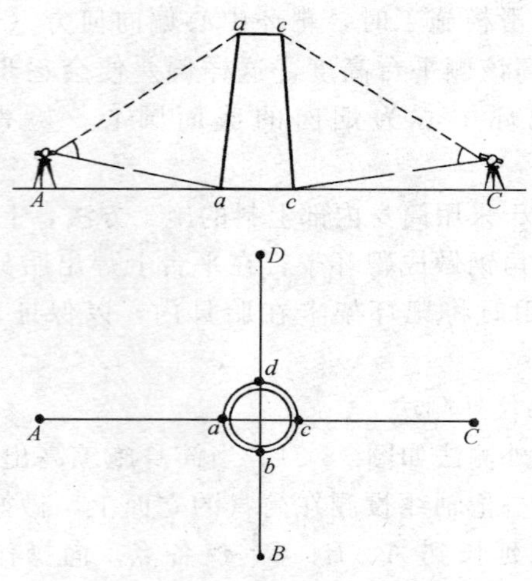

图 15-31　外测法测筒身中心

和埋深情况。

目前，物探方法已在探测地下隐蔽工程、查找地下管线走向等方面广为应用。物探方法不仅能测出隐蔽物的大小、几何形状和埋深，还能测出物体的性质（金属、非金属）直至管径的大小。例如某城市开发区，在建筑工程基槽挖土过程中对地基土质发现疑点，经深挖发现距地面 4.5m 深处有一个废旧防空洞，部分已冒顶塌方，分布情况不清，地下无法测量，一时成为现场一大难题。后来采用物探法较顺利地测出了防空洞的平面位置和深度，及时地进行加固处理（有 5 幢楼座在防空洞上），保证了工程的顺利进行。

物探大致分以下几种方法：

新方法：地质雷达

　　　　浅层剖面

新技术：层析成像

垂直地震剖面

传统方法：浅层地震

磁测

瞬变电磁

物探技术是一项专门技术，不在施工测量工作范围，应由专业人员，采用专业设备来完成。但作为建设单位，施测前首先应明确选用物探的目的，确定要查清什么，精确到什么程度。

探测对象一般可按以下分类

1. 结构形式——地下建筑物、构筑物、洞穴、管道、其他物体；
2. 物体性质——金属、非金属、有水无水；
3. 对电磁波的影响——电缆、通讯线路、其他磁场；
4. 一般性调查——对地下有怀疑、查找有无隐蔽物。

对隐蔽物进行以上分类，以便按调查对象使用相应的仪器和探测方法，或采用综合探测技术。

在探测前应提供以下资料：

1. 地质报告——建筑用地质报告，以便了解土层结构；
2. 地下有关其他资料——已掌握的地下隐蔽物及其特点；
3. 地表结构——建筑物、道路、草坪、地下通道等；
4. 周围环境——对电磁波和声波的干扰；
5. 布置平面和高程网点——以便布设探测点，绘制成果图；
6. 明确测区范围——该测的不漏测，不必测的地方不多测；

7. 搞好协作——与物探人员配合，了解第一手情况。

物探成果图要到现场进行放样，把查出的地下工程标在地面上，其作用一是进一步核实，二是把地下工程标在地上，使之一目了然。

16 测量放线的技术管理

16.1 技术管理

16.1.1 图纸会审

图纸会审是施工技术管理中的一项重要程序。开工前，要由建设单位组织建设、设计、施工单位有关人员对图纸进行会审。通过会审把图纸中存在的问题（如尺寸不符、数据不清，新技术、新工艺、施工难度等）提出来，加以解决。因此，会审前要认真熟悉图纸和有关资料。会审记录要经参加方签字盖章，会审记录是具有设计变更性质的技术文件。

16.1.2 编制施工测量方案

在认真熟悉放线有关图纸的前提下，深入现场实地勘察，确定施测方案。方案内容包括施测依据，定位平面图，施测方法和顺序，精度要求，有关数据。有关数据应先进行内业计算、填写在定位图上，尽量避免在现场边测量边计算。

初测成果要进行复核，确认无误后，对测设的点位、加以保护。

填写测量定位记录表，并由建设单位、施工单位施工技术负责人审核签字，加盖公章，归档保存。

在城市建设中，要经城市规划主管部门到现场对定位位置进行核验（称验线）后，方能施工。

16.1.3 坚持会签制度

在城市建设中，土方开挖前，施工平面图必须经有关部门会签后，方能开挖。已建城市中，地下各种隐蔽工程较多（如电力、通讯、煤气、给水、排水、光缆等），挖方过程中与这些隐蔽工程很可能相互碰撞，要事先经有关部门会签，摸清情况，采取措施，可避免发生问题。否则，对情况不清，急于施工，一旦隐蔽物被挖坏、挖断，不仅会造成经济损失，有可能造成安全事故。

16.2 安全管理

安全管理主要指的是基础（沟槽）挖方过程的放坡安全因素方面的管理。其发生的塌方事故，很大程度上与挖方放坡大小有关。减小放坡，可减少挖方量，很多施工单位把减小放坡作为一项节约措施，但往往忽视了塌方的危险。放线工是挖方过程第一实施者，由于放线是沟槽开挖的依据，因此一定要恪尽职守，按章施测。

（1）在基础（沟槽）挖方中，施工方案对放坡有规定的，按规定放坡。无规定的根据土质状况参考土方工程施工规范有关规定放坡。沟槽挖方中，槽底宽度小于槽深的1/2时，应视为危险区，坚持按规定放坡。因为一旦塌方、人员无处躲闪。

（2）目前很多工程采用人工挖深桩基础，桩基直径在1.2～2.0m，深度15～20m以上，塌方事故、沼气中毒不断发生。放线工更应坚持按施工方案施工，精心操作，采取可靠措施，保证人身安全。

（3）在城区拆旧房、建高层时，由于建筑稠密，不少新建筑挖基坑（尤其是深坑）时，会危及相邻建筑的安全，挖裂、挖塌邻楼现象时有发生。放线工必须坚持按施工方案精心施测，不能自作主张，无科学根据的改变施测方案，更不能野蛮施工。

（4）要随时观察坑槽边坡土质变化情况，砂质土、松散土，雨后极易发生塌方，发现可能出现危险时，要采取可靠措施后，再继续施工。

16.3 放线工的职责

16.3.1 放线工的职责

（1）测量放线是施工过程的先行工序，放线工要积极主动地做好本职工作，保证满足施工进度的需要。更要与有关工种密切配合，搞好工序衔接。

（2）放线工是现场按图施工的第一实施者，线放到哪活干到哪，线放错了，各工种也会跟着错，严重的会造成事故。因此，放线工作中不允许出现错误。

16.3.2 预防和处理施工测量中质量事故的方法

1. 预防措施

（1）放线工要树立"质量第一，预防为主"的思想，责任心要强。放线工作是为各工种施工提供依据的，一旦所提供的标记、数据发生错误，后续工种必然会出现错误。因此，必须树立全局思想，首先把好质量关。

（2）认真熟悉图纸和与放线有关的技术资料，所用图纸要互相对照审核，主要尺寸要进行核算。建立施测手册，必要时画成简图，防止因图纸未熟悉清楚而造成错误。

（3）学习和掌握规范的有关规定，了解各分项工程的质量标准、允许偏差和对测量的精度要求。所用的仪器型号、等级是否满足所测对象的精度要求。

(4) 定位测量要先做好内业计算，确定施测方案，并画出简图，以免到现场临时计算数据而出现错误，或发生原始点位使用错误。

(5) 对大型、复杂和特殊工程的定位测量，施测前要结合场地环境，经研究制定出周密的施测方案，并征得技术人员同意。若施测过程发生难点，应经研究后再做处理。

(6) 定位测量、方格网、轴线控制网及其他主要部位，放线工测量完毕，要经有关人员检查，核对无误后，才能进行下道工序施工。应随时整理测量成果，绘制施测记录（简图或表格），经有关人员签字后存档保管。

(7) 土建图纸与其他专业图纸（特别是工业建筑的工艺图）有条件时要互相对照审核，以免因各专业图之间不符，给安装设备时造成困难。

(8) 掌握施工进度安排，了解各工种的作业程序，以便按施工进度需要及时为各工种提供放线标记（或数据），免得因放线工作配合不及时影响工作。

(9) 明确责任范围，对各种放线标记，哪些应由放线工提供，哪些应由各工种自行测量，要分工明确，防止漏测漏标，或混淆不清，出现问题无人负责。

(10) 原始点位施测前要进行检查，如有变动应进行复查。原始数据（坐标、高程）要记清楚，防止将错误的数据引入测量过程中。

(11) 在各项尺寸、数字计算过程中应坚持笔算，不能用心算。计算底稿应保留，以备事后复查。各种记录要如实反映测量过程的实际情况，字迹要清楚，对模糊不清的数字要进行核对或重算，不要凭主观臆断，以保证记录的真实性和可靠性。

（12）作建（构）筑物的沉降观测必须仔细，精确。建（构）筑物每次观测的沉降量很小，稍许粗心便测不出准确的数据，或造成半途而废。

（13）所提供的各种标志，如中线、轴线、边线，标高应区别分明，统一、规范，以免在使用过程中用错。对一处多点（桩），现场杂乱的地方，点（桩）位更应区别分明，同时要用文字加以注明。

（14）联动生产线和大型工艺流程的厂房，有时是多个单位工程，要建立统一的控制网，保证整个系统工程的整体性。

（15）抓关键环节，如基础轴线、主要承重结构等要害部位。关键部位出现问题，会影响全局。

（16）仪器要定期检验。对仪器及其他测量工具存在的误差应心中有数，以便在使用过程中加以改正。测量工具要加强维修和保养。

（17）测量成果（如控制桩，龙门板等）要加强保护，防止碰撞、损坏。

（18）对未使用过的新型仪器，要先熟悉其构造、性能、精度、操作程序和读数方法，以免因对仪器使用不熟练，操作不当而造成错误。

（19）施测过程中每个环节都需认真，不能忙中出错，任何粗心大意都可能引发问题。

（20）放线前宜做好准备工作，力争主动，留有复查时间，放线工不能让人推着走，要做到布好阵，再进兵。

2. 质量事故的处理方法

发现问题，应清楚问题所在。是平面位移，平面旋转，还是平移加旋转；是点位间距离不符，还是标高不对。如果错误尚未造成后果，可由放线工查找原因，及时纠正过来。如果已造成后果，应由技术人员进行处理。查找事故原因时，首先要了解事故的性质，然后有针对性地逐步进行检查。

（1）对出现事故的部位再次认真复查，不要轻易下结论。对到底差多少，要搞清楚。

（2）要核对设计图纸，也有可能是图纸的尺寸间有矛盾，事先未检查出来。

（3）检查起算坐标、高程引用的数据是否准确，测量点位有无变动。

（4）检查各项计算数字，记录，计算结果是否有误。

（5）如果与其他专业配合施工，专业图之间是否一致。

（6）根据事故的性质，有针对性地进行局部检查。

（7）为保证质量，必要时应全部返工重测，在未查出错误所在的情况下，不允许无根据地改动点位。

16.3.3 测量工具的保养与维护

1. 仪器出箱及装箱

开箱取仪器时，要记住仪器在箱内的摆放位置及方向，以便装箱时按原位置摆进去。从箱中提仪器时，应双手抓握支架，或一手抓支架一手托基座，不要提望远镜。仪器用完后要去掉灰尘再入箱，如果仪器上落有雨点或汗水，要用软布擦净，镜头上的灰尘要用擦镜头纸或细软手帕轻擦，禁止用手或粗脏布擦拭。装箱前要把各制动螺旋放松，若箱盖关不严，要检查仪器各部分摆放是否正确，不要强压，以免损坏仪器。

2. 仪器使用

仪器放在三角架上要及时旋紧连接螺旋。操作过程中动作要轻，制动螺旋不要拧得过紧，拧紧制动螺旋后不要硬扭硬转。交通频繁和多工种穿插作业场地要注意行人及车辆，防止碰损仪器。搬站时，应将制动螺旋放松，要将经纬仪望远镜直立并使物镜朝下，三角架要合拢，直立抱持，或把架腿夹在肋下手托仪器行走。强阳光下或阴雨天作业时，要撑伞保护，不要让仪器受曝晒或受潮。

3. 仪器存放及运输

仪器应放在干燥、凉爽、通风良好的地方，防止受潮、受热，不要靠近火炉或暖气，箱内要放置一定数量的干燥剂。若长时间不使用，要定期拿出通风并活动各部分调节装置。

仪器在搬运过程中应防止碰撞振动。仪器箱要随时上锁，背带要经常检查，长途运输时要采取防振措施。

4. 钢尺的使用和保养

钢尺在使用过程中要保持尺身舒展平直。不要有卷曲打折现象，避免在泥水中拖拉，更要防止人踩车压。如有电焊机作业时，应特别注意不要让钢尺与带电物体接触，以免发生危险。

钢尺用完后，应用布蘸汽油将尺面擦拭干净，防止污、潮生锈。如果尺面潮湿，应将尺放开，放在通风处晾干，然后再收卷尺架。经检定过的钢尺更应妥善保管收藏。

5. 水准尺、标杆的保养

水准尺和标杆一般为木制，使用及存放时应注意防水防潮。要防止尺面刻划及漆皮被撞脱落。塔尺抽出上节用完后，要及时退回，以保持卡簧严密完好，存放时不要靠近火炉和暖气，以防开裂、变形。

附录1 《建设行业职业技能标准》——测量放线工

1. 职业序号：13—015。

2. 专业名称：土木建筑。

3. 职业名称：测量放线工。

4. 职业定义：利用测量仪器和工具，测量建筑物的空间位置和标高，并按施工图放实样、平面尺寸。

5. 适用范围：工程施工。

6. 技能等级：设初、中、高三级。

7. 学徒期：二年。其中培训期一年，见习期一年。

初级测量放线工

知识要求（应知）：

1. 识图的基本知识，看懂分部分项施工图，并能校核小型、简单建筑物平、立、剖面图的关系及尺寸。

2. 房屋构造的基本知识，一般建筑工程施工程序及对测量放线的基本要求，本职业与有关职业之间的关系。

3. 建筑施工测量的基本内容、程序及作用。

4. 点的平面坐标（直角坐标、极坐标）、标高、长度、坡度、角度、面积和体积的计算方法，一般计算器的使用知识。

5. 普通水准仪（S3）、普通经纬仪（J6、J2）的基本性能、用途及保养知识。

6. 水准测量的原理（视线高法和高差法），基本测法、记录和闭合差的计算及调整。

7. 测量误差的基本知识，测量记录、计算工作的基本要求。

8. 本职业安全技术操作规程、施工验收规范和质量评定标准。

操作要求（应会）：

1. 测钎、标杆、水准尺、尺垫、各种卷尺及弹簧秤的使用及保养。

2. 常用测量手势、信号和旗语，配合测量默契。

3. 用钢尺测量、测设水平距离及测设 90°平面角。

4. 安置水准仪（定平圆水准）、一次精密定平、抄水平线、设水平桩和皮数杆，简单方法平整场地的施测和短距离水准点的引测，扶水准尺的要点和转点的选择。

5. 安置经纬仪（对中、定平）、标测直线、延长直线和竖向投测。

6. 妥善保管、安全搬运测量仪器及测具。

7. 打桩定点，埋设施工用半永久性测量标志，做桩位的点之记，设置龙门板、线坠吊线、撒灰线和弹墨线。

8. 进行小型、简单建筑物的定位、放线。

中级测量放线工

知识要求（应知）：

1. 制图的基本知识，看懂并审校较复杂的施工总平面图和有关测量放线的施工图的关系及尺寸，大比例尺工程用地形图的判读及应用。

2. 测量内业计算的数字知识和函数型计算器的使用知识，对平面为多边形、圆弧形的复杂建（构）筑物四廓尺寸交圈进行校算，对平、立、剖面有关尺寸进行核对。

3. 熟悉一般建筑结构、装修施工的程序、特点及对测量、放线工作的要求。

4. 场地建筑坐标系与测量坐标系的换算，导线闭合差的计算及调整，直角坐标及极坐标的换算，角度交会法、距离交会法定位的计算。

5. 钢尺测量、测设水平距离中的尺长、温度、拉力、垂曲和倾斜的改正计算，视距测法和计算。

6. 普通水准仪的基本构造、轴线关系、检校原理和步骤。

7. 水平角与竖直角的测量原理，普通经纬仪的基本构造、轴线关系、检校原理和步骤，测角、设角和记录。

8. 电磁波测距和激光在建筑施工测量中的一般应用。

9. 测量误差的来源、分类及性质，施工测量的各种限差，施测中对量距、水准、测角的精度要求，以及产生误差的主要原因和消除方法。

10. 根据整体工程施工方案，布设场地平面控制网和标高控制网。

11. 沉降观测的基本知识和竣工平面图的测绘。

12. 一般工程施工测量放线方案编制知识。

13. 班组管理知识。

操作要求（应会）：

1. 熟练掌握普通水准仪和经纬仪的操作、检校。

2. 根据施工需要进行水准点的引测、抄平和皮数杆的绘制，平整场地的施测、土方计算。

3. 经纬仪在两点间投测方向点、直角坐标法、极坐标法和交会法测量或测设点位，以及圆曲线的计算与测设。

4. 根据场地地形图或控制点进行场地布置和地下拆迁物的测定。

5. 核算红线桩坐标与其边长、夹角是否对应，并实地进行核测。

6. 根据红线桩或测量控制点，测设场地控制网或建筑主轴线。

7. 根据红线桩、场地平面控制网、建筑主轴线或地物关系，进行建筑物定位、放线，以及从基础至各施工层上的弹线。

8. 民用建筑与工业建筑预制构件的吊装测量，多层建筑、高层建筑（构）物的竖向控制及标高传递。

9. 场地内部道路与各种地下、架空管线的定线、纵断面测量和施工中的标高、坡度测设。

10. 根据场地控制网或重新布测图根导线，实测竣工平面图。

11. 用水准仪进行沉降观测。

12. 制定一般工程施工测量放线方案，并组织实测。

高级测量放线工

知识要求（应知）：

1. 看懂并审校复杂、大型或特殊工程（如超高层、钢结构、玻璃幕墙等）的施工总平面和有关测量放线的施工图的关系及尺寸。

2. 工程测量的基本理论知识和施工管理知识。

3. 测量误差的基本理论知识。

4. 精密水准仪、经纬仪的基本性能、构造和用法。

5. 地形图测绘的方法和步骤。

6. 在工程技术人员的指导下，进行场地方格网和小区控制网的布置、计算。

7. 建筑物变形观测的知识。

8. 工程测量的先进技术与发展趋势。

9. 预防和处理施工测量放线中质量和安全事故的方法。

操作要求（应会）：

1. 水准仪、经纬仪的一般维修。

2. 熟练运用各种工程定位方法和校测方法。

3. 场地方格网和小区控制网的测设，四等水准观测及记录。

4. 用精密水准仪、经纬仪进行沉降、位移等变形观测。

5. 推广和应用施工测量的新技术、新设备。

6. 参与较复杂工程的测量放线方案制订，并组织实施。

7. 对初、中级工示范操作，传授技能，解决本职业操作技术上的疑难问题。

主要参考书目

1　合肥工业大学等五院校合编．测量学（第二版）．北京：中国建筑工业出版社，1985

2　建筑工程施工测量．成都：四川科技出版社，1985

3　《建筑施工手册》编写组、建筑施工手册．第四版．北京：中国建筑工业出版社，2003

4　福建建筑工程学校编．建筑工程测量．北京：中国建筑工业出版社，1995

5　建设部教育司编．土木建筑工人技术等级培训教材．测量放线工（高级工）．北京：中国建筑工业出版社，1992

6　建设部人事教育司编．土木建筑职业技能岗位培训教材测量放线工．北京：中国建筑工业出版社，2002